***ACCESO GRATIS** a la Lectura en la Nube*

Para visualizar el libro electrónico en la nube de lectura envíe junto a su nombre y apellidos una fotografía del código de barras situado en la contraportada del libro y otra del ticket de compra a la dirección:

ebooktirant@tirant.com

En un máximo de 72 horas laborales le enviaremos el código de acceso con sus instrucciones.

LA CAZA EN EL MUNDO ROMANO

Aspectos sociológicos, económicos y jurídicos

LA CAZA EN EL MUNDO ROMANO

Aspectos sociológicos, económicos y jurídicos

ALICIA VALMAÑA OCHAÍTA

tirant lo blanch
Valencia, 2024

En caso de erratas y actualizaciones, la Editorial Tirant lo Blanch publicará la pertinente corrección en la página web www.tirant.com.

EDITA: TIRANT LO BLANCH
C/ Artes Gráficas, 14 - 46010 - Valencia
TELFS.: 96/361 00 48 - 50
FAX: 96/369 41 51
Email: tlb@tirant.com
www.tirant.com
Librería virtual: www.tirant.es
DEPÓSITO LEGAL: V-669-2024
ISBN: 978-84-1056-344-5
MAQUETA: Dissset Ediciones

Si tiene alguna queja o sugerencia, envíenos un mail a: *atencioncliente@tirant.com*. En caso de no ser atendida su sugerencia, por favor, lea en *www.tirant.net/index.php/empresa/politicas-de-empresa* nuestro procedimiento de quejas.

Responsabilidad Social Corporativa: http://www.tirant.net/Docs/RSCTirant.pdf

Nota de lectura:

Las fuentes jurídicas las he numerado con arábigos y las literarias con romanos. En cuanto a las citas de las obras literarias, he incluido en la Bibliografía tanto las obras doctrinales como las ediciones de las fuentes literarias utilizadas. En algunos casos, el nombre del editor-traductor de algunas fuentes aparece como entrada en Bibliografía; esto sucede cuando ha sido citado expresamente, en el texto, alguno de sus comentarios.

Los créditos de las imágenes utilizadas son Museo Foro Romano-Molinete/Cartagena. Foto: Javier García-Conde Maestre (Fig. 1); PGI Villa romana de Salar (Fig. 2, 3 y 7); y Museo Nacional de Arte Romano (Mérida) (Fig. 4, MNARMC00000024_SEQ_002_R: Archivo MNAR/Lorenzo Plana Torres; Fig. 5, MNARMFCE26719_SEQ_009_R: Archivo MNAR/Lorenzo Plana Torres; Fig. 6, MNARMFCE27922_SEQ_024_R: Archivo MNAR/ Lorenzo Plana Torres; y Fig. 8, MNARMFCE37191_SEQ_006_R: Archivo MNAR/Ceferino López Reyes)

Este estudio ha sido posible gracias a la Ayuda 2021-GRIN-31232 a actividades de investigación dirigidas a grupos en el marco del Plan Propio de Investigación de la UCLM, cofinanciada con Fondo Europeo de Desarrollo Regional (FEDER), a ejecutar durante los años 2021 y 2022.

A mis hermanas,
Silvia y María

ÍNDICE

AGRADECIMIENTOS

Después de tantos años de docencia e investigación son muchos los agradecimientos que debo. A los que siempre están, familia y maestro, se van uniendo otras personas que se han cruzado en mi camino en determinados momentos de la vida y que me han ofrecido ayuda desinteresada sin recibir nada a cambio. Sería triste y pretencioso por mi parte querer devolver tanta generosidad con unas breves palabras en las primeras páginas de este libro, sobre todo porque puede ser que no sea justa merecedora de la misma.

Este es un libro que se gestó hace muchos años, pero que dejé apartado para ocuparme de otras investigaciones que tenían plazo. Sin embargo, es uno de los trabajos con el que más he disfrutado; a mí, que no me une ninguna ligazón con el mundo de la caza, me pareció que era un tema del que había que ocuparse y que había que hacerlo desde distintas perspectivas para poder lograr un enfoque correcto. Entrar en el estudio de los tratados agropecuarios ha sido una delicia y poder integrarlos con los textos jurídicos romanos, una tarea que, en ocasiones, me ha dado más de un quebradero de cabeza.

Que son muchos a los debo mi agradecimiento, ya lo he dicho; pero en este libro destaca, especialmente, Feliciano Barrios, prologuista de este libro y amigo generoso desde hace mucho. Igualmente, Margarita Orfila, Julián Garde, Ignacio J. García Pinilla, José Ignacio Pérez García, Francisco Javier Díaz Majano, Rosalía Rodríguez López y Jaime Vizcaíno: las conversaciones con ellos me han servido para reflexionar sobre agrimensura, animales, filología, fincas, derecho medieval, derecho romano y arqueología, y cambiar o confirmar alguna de mis afirmaciones; y Vanessa González Castaño, capaz de encontrar cualquier referencia bibliográfica que se le pida y hacerlo, siempre, de buen grado.

Quiero mencionar expresamente a Julio M. Román, Jesús Punzón, María José Madrid, Elena Ruíz Valderas, Fernando Aranda,

Trinidad Nogales, Agustín Velázquez y a las Instituciones que representan algunos de ellos, por facilitarme el uso de imágenes. A todos, muchas gracias.

Y por supuesto a Nacho, Andrés, Carmen e Ignacio. Sin ellos, esto sería mucho más difícil y, sobre todo, más aburrido.

PRÓLOGO

En la vida académica, es frecuente que algún compañero te pida un prólogo para una publicación que está pronta a editarse. Estas peticiones aumentan a medida que el prologuista avanza en años. Yo he procurado escapar, en la medida de lo posible, de este género literario que resulta más difícil de lo que parece. En esta ocasión, el aceptar escribir este prólogo es obligación ineludible dada la personalidad científica y humana de quien me lo solicita. Compañera de Facultad, y vecina de despacho, la profesora Alicia Valmaña Ochaíta es, además, una entrañable amiga de muchos años. Excelente docente. Mi ya dicha vecindad en el espacio físico que compartimos en el antiguo convento dominico de San Pedro Mártir sede de la Facultad de Ciencias Jurídicas y Sociales de Toledo de la Universidad de Castilla-La Mancha, ha hecho que haya vivido día a día una faceta de la Dra. Valmaña que quiero destacar desde ahora, antes de hablar del trabajo objeto de este prólogo y de su labor investigadora: me refiero a su dedicación docente. En su caso las tutorías que ofrece a los alumnos, no son un breve encuentro para despejar dudas, o, lo que es más frecuente, dar información sobre el desarrollo de los exámenes, pues ella las convierte en clase particulares de Derecho Romano, disciplina de la que es profesora titular. Miro el reloj y veo que han pasado cerca de treinta minutos, Alicia le ha explicado de nuevo un tema del programa que era de difícil comprensión para la alumna o alumno que ha acudido a su despacho. Su entrega docente se manifiesta de igual forma en el aula, así como en la dirección de trabajos de investigación. La materia que enseña –tan necesaria en la formación de un jurista– es en ella vocación sentida y trasmitida a sus alumnos y a cuantos la conocemos en el ámbito universitario. Fuera de la enseñanza reglada que encierra el plan de estudios de la Facultad en cuanto al Derecho Romano –escasa en horas, como sucede con la Historia del Derecho– la Dra. Valmaña es una entusiasta y eficaz organizadora de cursos, seminarios y actividades culturales en nuestro centro. A estas actividades invita a prestigiosos romanistas españoles y extranjeros; y me consta, pues muchas de estas actividades las organiza en colaboración con el área de Historia del Derecho, el gran éxito que tienen entre el alumnado.

Si su dedicación docente es importante, no lo es menos su faceta investigadora. Es autora de más de sesenta publicaciones. Estas se inician con su estudio *Apio Claudio* donde estudia la figura del censor romano –fue elegido para el cargo el año 312 a. de C., sin haber sido previamente cónsul– destacando su faceta jurídica; el libro publicado en 1998 por Ediciones Clásicas dentro de su colección Biblioteca de la Literatura Latina. Editora del volumen *Democracia en el Mundo Antiguo y en la actualidad*, Andavira Editores, 2013, en él tiene el capítulo titulado "Democracia en la Antigüedad". Con su libro *Los Discursos de Catón y Lucio Valerio en el 195 a. de C.* (2019) se dio inicio a la colección de monografías "Diálogos con el Mundo Antiguo" de la meritoria Fundación Teatro Romano de Cartagena; trabajo este último que mereció elogios muy merecidos de la crítica especializada. En los últimos tiempos ha dedicado atención al Derecho Penal Romano, tantas veces olvidado y generalmente ausente de la manualística de la especialidad con contadas excepciones. Mas en la obra de una romanista no podía estar ausente el Derecho Privado Romano, en el que se sumerge con una monografía dedicada a un tema clásico del derecho de contratos: *El depósito irregular en la jurisprudencia romana*, publicada en 1996; en ella pone en cuestión aquella afirmación tradicional de la tipicidad como característica principal de los contratos en derecho romano. A este estudio seguirían otros también de naturaleza privatista, destacaré uno que me parece especialmente interesante, me refiero a su comentario a Gayo 2, 7 (*Diritto@Storia, Revista Internazionale di Scienze Giuridiche e Tradizione Romana*, 18) en el que se enfrenta con un texto de ambivalencia interpretativa, aportando una lectura correcta desde el punto de vista de la argumentación. En otro orden de cosas, y con un contenido transversal en cuanto a los sectores del ordenamiento tratados y sin circunscribirse exclusivamente a lo propiamente jurídico y al mundo romano, la Dra. Valmaña nos ofrece una larga serie de estudios sobre la mujer en la antigüedad, con aportaciones importantes en un campo de la mayor actualidad. En relación con esta dedicación nuestra autora participa activamente en las actividades que organiza la Universidad de Castilla-La Mancha en relación a temas de igualdad y feminismo.

Ahora tiene el lector en sus manos un libro de Alicia Valmaña, ambicioso y bien planteado: *La caza en el mundo romano. Aspectos sociológicos, económicos y jurídicos*. He dicho ambicioso y diré por qué; la autora en cuanto que romanista es historiadora del derecho, pues su objeto de estudio es un ordenamiento jurídico creado y desarrollado en una sociedad que ya no existe, aunque el derecho romano –en figura genial expuesta por Vinogradoff en sus lecciones de Historia del Derecho romano en la Edad Media– nos haya acompañado y nos acompaña a los occidentales después del 476 como una permanente luz espectral. Digo esto, ya que frecuentemente se nos ha acusado a los historiadores del derecho de vivir sumidos en el sueño de la legislación, de vivir apegados a la norma y a los documentos de aplicación del derecho, sin reparar en la sociedad para la que fue creado y en la que se aplica con la profundidad necesaria. Pues bien, la Dra. Valmaña en su libro relaciona los aspectos jurídicos de la caza, en los términos en que ella desarrolla su estudio, con la sociedad y la vida económica en su relación con la normativa venatoria, lo cual es un acierto indiscutible del estudio que prologamos.

Como bien sabemos, Romanistas e historiadores de los derechos nacionales y del derecho comparado se han encargado del tema de la caza. No podía ser de otra manera, pues la caza acompaña al hombre desde los primeros tiempos de su presencia en la tierra, y como precipitado lógico se haría presente en las primeras estructuras de organización social de las comunidades de cazadores, recolectores y pescadores; de manera que a medida que estas se fueron desarrollando en su vida social y económica lo fue haciendo también la atención que el derecho habría de prestar a la caza. Y así desde una normativa primitiva, que es posible hiciera referencia al modo de reparto de las piezas cobradas en los primeros asentamientos humanos, pasaríamos a un derecho de soluciones a toda la problemática que la caza, la acción de los cazadores y la intervención de todos aquellos que los participantes en este complejo fenómeno fueran planteando. Si nos situamos en el presente la caza afecta, de una u otra manera, a los distintos sectores del ordenamiento: el derecho civil, el derecho administrativo en múltiples facetas –con un apartado específico dedicado al derecho de caza–, el derecho mercantil y el derecho penal, implicando en este universo jurídico tanto a la administración central del Estado, como a las autonómicas, provinciales y locales, con una extensión al derecho de la Unión Europea y convenios internacionales, en un mundo, además, altamente preocupado por la conservación de la naturaleza. Pues bien, si desde el presente miramos al pasado podremos observar cómo los distintos ordenamientos hicieron de la caza objeto de su atención, con el fin de resolver conflictos o para caracterizar y dar solución a situaciones que requirieran de un marco jurídico que las incardinara en un determinado sistema normativo.

Mas volvamos al libro. La profesora Valmaña, como ya he avanzado, ha querido que su trabajo no se detenga en la norma o en la opinión de los jurisprudentes, pues en su estudio ha referido el fenómeno de la caza a la sociedad en que se desarrolla y las consecuencias económicas de su ejercicio, tan importantes entonces y ahora. El libro está planteado con un acierto de origen, ya utilizado por otros romanistas de nuestro tiempo: comenzar por exponer cuestiones relativas al tema de estudio refiriéndose a lo acontecido después del 476. Así en el primer capítulo hace una "breve revisión histórica" sobre "la caza después de Roma", y sobre la presencia de lo venatorio en la literatura, prestando referencia a la España medieval. A continuación, utilizando una metodología que resulta acertada en la estructura expositiva que la autora ha querido dar al libro, nos introduce en lo que llama "aspectos sociológicos de la caza en Roma" donde lo jurídico nos sorprende en las primeras líneas con una curiosa constitución imperial de

Honorio y Teodosio del 414 recogida en el *Código Teodosiano* (5, 11, 1 y 2). Y tras esta introducción vemos desfilar en este capítulo a historiadores, poetas, dramaturgos y tratadistas de la actividad cinegética, mientras nos familiariza con los distintos tipos de caza entonces practicados y con los espectáculos de fieras y cazadores en el anfiteatro que, en la Ciudad Eterna, será la forma en que los romanos de la metrópoli estén más cerca de la actividad venatoria y que tanto eco encontraron en Plinio. No olvida nuestra autora oportunas referencias a restos arqueológicos en que aparecen escenas de caza o a testimonios epigráficos que adquieren gran valor por la información que aportan. Como siempre sucede al hablar de cualquier aspecto relacionado con la cultura romana debemos huir de planteamientos uniformistas que describan con parecidos o iguales perfiles un mismo fenómeno en las diferentes épocas de la historia de Roma; así terminará la Dra. Valmaña este capítulo exponiendo los cambios que en la visión y ejercicio de la caza se experimentaron en los distintos periodos. El capítulo III lo refiere nuestra autora a espacios y animales, así como a la actividad económica que supone la caza. Nos lleva en su libro a los terrenos acotados; en unas páginas habremos de familiarizarnos con los leporarios y otros espacios de reserva, no muy lejos de los terrenos agrícolas actuales destinados al mismo fin con diferentes características. Aprenderemos mucho de los animales que allí se crían e incluso de los viveros de peces. En este capítulo lo jurídico se hace presente con importantes textos no siempre de fácil interpretación; por ejemplo, la interesante discusión acerca de la consideración de las abejas a la luz del derecho. El capítulo IV ya nos anuncia en su título lo que va a ser su contenido: *Venatio, Venationes, Venaticum*; se trata de analizar las posibles acepciones de los tres conceptos que nos conducen a la caza como ejercicio, a la caza como espectáculo y, en tercer lugar, a todo aquello que es propio o relativo a la caza, recogiendo los textos de Varrón que se refieren a cada uno de los términos, de los que nos ofrecerá un análisis minucioso y esclarecedor. El capítulo V, en el que lo jurídico es el elemento central, está referido a la visión que tienen los juristas acerca de qué régimen le es aplicable en derecho a los animales que viven en las *villae.* Partiendo del hecho de que el animal salvaje capturado "ha dejado de ser *res nullius* y pasa por ocupación a estar bajo el *dominium* del dueño de la *villa*", el objetivo de nuestra autora es ofrecernos las distintas soluciones que desde el derecho se presentan a toda la problemática a que da lugar este tipo de animales, exponiendo tanto aquellas que cabría incluir dentro de lo que serían criterios generales, como la interesante casuística, que con frecuencia encuentra su origen en la intervención de la mano del hombre en relación con los animales que están bajo su custodia.

Las 435 notas que acompañan al texto nos dicen del buen oficio de la profesora Valmaña. Sin duda, podemos decir de ella que es una investigadora sólida, que siendo aún joven quizá está en el mejor momento de su producción. Con estas líneas he querido invitar a especialistas e interesados en la cultura romana a la lectura de un libro hecho con profesionalidad pero, sobre todo, con amor al Derecho.

FELICIANO BARRIOS
de la Real Academia de la Historia
Catedrático de Historia del Derecho

INTRODUCCIÓN

Como todo en el mundo del Derecho, al régimen jurídico de la caza se llega entendiendo y atendiendo a las aspiraciones sociales y económicas que están detrás de cada institución y la evolución que sufren a lo largo de los diferentes periodos históricos. Sociedad y economía son caras de la figura poliédrica que siempre es una comunidad ciudadana, junto con el derecho, la política, la cultura o la religión. Por eso, al enfrentarme al estudio de la caza en Roma, consideré oportuno estudiar sus implicaciones sociales y económicas. En realidad, los textos jurídicos sobre el régimen de la propiedad de la pieza cazada, la pieza huida o perseguida, la caza como *fructus fundi* o como *res nullius*, ofrecían una respuesta válida para una época determinada (la clásica y la integración que se hizo de ellos en la etapa justinianea) pero, necesariamente, tenían que ser fruto de una concepción anterior, ya asentada suficientemente en sus principios básicos y que respondía a una realidad tanto económica como social de la caza.

Si se analiza la caza con perspectiva histórica se puede comprobar cómo los aspectos sociales y económicos se solapan en muchos casos, puesto que es una actividad que sirve no solo para procurar alimento o pieles para la fabricación de ropa o instrumentos de trabajo, sino también ganancias económicas procedentes de la venta, engorde o cría de animales considerados "de caza". Además, la caza es una actividad que realizan tanto sujetos pertenecientes a las clases elevadas como sujetos de las clases inferiores: los esclavos cazadores; los niños que cogen pájaros usando artes de engaño; los *venatores* y *vestigatores* en la *villa* romana; los emperadores; los campesinos medievales; los ciudadanos de las ciudades aforadas; los nobles o el rey. Los diferenciará, únicamente, la finalidad con la que se enfrenten a dicha actividad y los medios utilizados para cazar, especialmente a partir de la introducción de las armas de fuego. Entre esas finalidades estarán la diversión u ocio; ser instrumento de formación militar; como provisión de medios, o como defensa. También los tipos: la *venatio* o el *aucupium*; cetrería o montería; y caza mayor o caza menor, con las diferentes artes en cada uno de ellos.

Todo ello dará lugar a una clasificación posible entre la caza defensiva, la caza ofensiva y la caza lúdica: los perros de los que habla Ulpiano en D. 41, 1, 44 son para defenderse ellos y para defender a sus animales de las alimañas; la caza ofensiva, que sería la actividad venatoria dirigida a "obtener ciertos beneficios económicos [...] ingresos o alimentos complementarios"; y la lúdica, especialmente ejercitada en el mundo antiguo y en la Edad Media por las clases más elevadas, de la que se esperaba un ejercicio deportivo o de ocio[1], aunque para algunos autores el ocio por el ocio no existiera en el mundo antiguo y se buscaba en la caza la satisfacción de alguna finalidad más, normalmente la ejercitación de cara a la práctica militar[2].

En Roma, el elemento económico recorrerá la historia de la caza hasta los tiempos más tardíos, ya sea como beneficio derivado de una explotación; como venta al por menor de las piezas en las clases más desfavorecidas; como destinado al propio sustento o como recurso del fundo, aunque, evidentemente, no será el único. Por eso, el derecho romano tendrá que enfrentarse a la regulación de una materia que afecta a personas muy diferentes, que afrontan esta actividad con finalidades y medios distintos. No es de extrañar que la colisión entre derechos: caza y propiedad; la atribución de la propiedad de la pieza cazada en determinadas circunstancias complejas; la idoneidad y naturaleza del animal; la licitud de los medios; los daños ocasionados por el ejercicio de la caza o por el animal cazado; o la explotación económica de ani-

---

1 GARCÍA CAÑÓN, P., "La caza en la montaña noroccidental leonesa en la baja Edad Media", en *La caza en la Edad Media*, J. M. Fradejas Rueda (Ed.), Tordesillas, 2002, pp. 93ss.

2 FRADEJAS RUEDA, J. M., "Los libros de caza medievales y su interés para la historia natural", *ARBOR Ciencia, Pensamiento y Cultura*, Vol. 193-786, octubre-diciembre, 2017, http://dx.doi.org/10.3989/arbor.2017.786n4002, p. 2.

males de caza, sean algunos de los problemas que se plantearon en esta materia y a los cuales los juristas intentaron dar respuesta.

En principio, los juristas partieron de una regulación del hecho de la caza en cierto modo neutra: la captura de un animal salvaje por parte de un hombre. Es un punto de partida originario, puesto que arranca de la concepción de la actividad venatoria como propia del hombre desde la época más primitiva, anterior a cualquier sociedad organizada y al reconocimiento del derecho de propiedad sobre la tierra. La naturaleza de los animales objeto de caza les daba la condición jurídica de *res nullius*, por lo que el régimen de propiedad sobre los mismos se construyó en torno a la *occupatio*, uno de los modos de adquirir más antiguos[3]; a partir de ahí, los juristas darán solución a todos aquellos casos relativos a la pérdida de la posesión/propiedad; los supuestos de la persecución del animal herido; la caza en fundo ajeno con o sin oposición del dueño; y, en definitiva, todos aquellos aspectos derivados de la afirmación de la cosa como *nullius* y el modo de adquisición.

Pero en los juristas encontramos también un interés importante por resolver los problemas nacidos del aspecto económico más allá de la posible ganancia que pudiera generar la pieza de caza abatida. Los juristas se interesan por aquellos fundos en los que la caza, la *venatio*, constituye una realidad de la que, en ocasiones, derivan importantes beneficios. Son estos textos en los que aparece la problemática de los fundos dados en usufructo, la *venatio* como instrumento *fundi* y, en definitiva, la posible consideración de la caza como *fructus fundi* o como *res nullius*. Esta no es la única derivación que encuentran los juristas clásicos: los tipos de animales salvajes y las determinadas características de algunos

---

3 En relación con las cosas quitadas al enemigo, *la occupatio bellica*, Gayo, 4, 16.
Nec tamen ea tantum, quae traditione nostra fiunt, naturali nobis ratione adquiruntur, sed etiam quae ocupando ideo adepti erimus, quia antea nullius essent, qualia sunt omnia, quae terra mari caelo capiuntur.

llevan a construir, para ellos, un régimen propio y exclusivo en relación con los criterios generales establecidos para la pérdida de la posesión y de la propiedad; es el *animus revertendi* una condición que provoca el detenimiento de los juristas en cuestiones que provienen de la historia natural, de la zoología, diríamos hoy. Lo hacen también con las características de los animales *qui collo dorsove domari solent*[4].

De igual modo, a mi juicio, no pudieron ser ajenos al conocimiento de las obras *de agri cultura* o *de re rustica* que Catón, Varrón o Columela habían escrito[5] y que constituían verdaderos tratados sobre cómo dirigir una *villa* para la mayor y mejor obtención de ganancias, incluidas aquellas derivadas de la explotación económica de animales objeto de caza. En ellos se encuentran dos ideas fundamentales respecto de esta cuestión: el hecho del acotamiento de un espacio y los tipos de animales que se incluyen en él, porque de estos hechos derivará la regulación de un régimen jurídico que, en ocasiones, sigue y, en otras, se aleja de los principios generales en materia de caza. Así, no será lo mismo, jurídicamente, cercar un espacio en el que queden recluidos diferentes animales que cercar un espacio e introducir, posteriormente, los animales en él.

Son, precisamente, los propietarios de tierras los que descubren esta posibilidad de obtener importantes beneficios de las explotaciones de animales y surgen, así, espacios acotados -*vivarii*-, donde se encierra a los animales capturados y se pueden criar en jaulas o en régimen de semilibertad. *Villae* o explotaciones dentro de ellas, por otro lado, que podían ser grandes o pequeñas, según la riqueza de cada propietario, como recuerda Columela[6], pero para las que el derecho se aplicaba exactamente igual.

---

4 Gayo, 2, 16.

5 Aunque anteriores a la jurisprudencia clásica en casi trescientos años y que no serían las únicas. Palladio es posterior, IV-V d. C.

6 *Modus silvae pro cuiusque facultatibus occupatur*, Columela, IX, 1, 2.

El derecho romano buscó ofrecer respuestas lo más generales posibles ante situaciones con un componente económico claro pero que, realmente, distaban mucho, a veces, de ser equiparables. Así, la finca de Quinto Hortensio de la que nos habla Varrón será muy diferente a algunas de las *villae* a las que se refiere Columela porque las finalidades que se pretenden conseguir con unas y otras son distintas y porque, también, incluso en un mismo *fundus* se pueden encontrar distintos tipos de finalidades.

Esto no significa que el derecho romano se moviera con rigidez frente a estas distintas realidades; se ve claramente en la regulación de los animales con *animus revertendi* que el derecho buscó dar solución a los resultados que una acción humana había conseguido en ciertos animales salvajes.

La existencia de un elemento económico indiscutible en la caza, como en otras manifestaciones de la vida romana, determinó que el elemento jurídico siempre estuviera presente y ha conducido a que, a menudo, esta haya sido la única perspectiva desde la que se ha examinado la institución por la romanística. Sin embargo, solo hay que asomarse a los tratados agropecuarios y a otras fuentes para darse cuenta de las varias facetas que presenta la caza en la sociedad romana y la distinta forma en que los ciudadanos romanos se acercaron a esta actividad; esta constatación me ha llevado a hacer un estudio de la concepción de la caza desde el punto de vista social, acercándome a las distintas finalidades con las que se afronta esta actividad en Roma desde finales de la República y durante el Imperio y que ofrecen una cosmovisión de la misma a la que, en ocasiones, no se le ha dado el valor suficiente pese a los datos derivados de las informaciones literarias y epigráficas. Por eso mismo, no hay que tomar de manera literal la afirmación de García Garrido cuando señala que "el romano no llega a considerar la caza como motivo suficiente en sí mismo, ni como una actividad a ejercitar por ser deportiva"[7] porque cuando

---

7 GARCÍA GARRIDO, M. J., "Derecho a la caza e *ius prohibendi* en Roma", *Anuario de Historia del Derecho Español* (26), 1956, p. 271.

se dice "el romano" estamos realizando una generalización plagada de excepciones pero, sobre todo, es una generalización que, en realidad, se puede hacer de otros pueblos, ya que tomamos la regulación jurídica como medida de la especial afición de la sociedad en general hacia cierta actividad. La extensión de esta actividad, que siempre existió en Roma, se produce con el paso de los siglos y comienza a ser considerada también desde otro punto de vista, el deportivo o lúdico, que no sustituye a otros, sino que convive y, simplemente, se expande a sectores más amplios de la población. Si no se extiende a toda la población la consideración de la caza como deporte es, entre otras cosas, porque sólo determinados estratos de la población tienen tiempo y recursos para que la caza, y los frutos obtenidos con ella, no sean un elemento vital en sus necesidades cotidianas; pero esto no impide pensar que la afición se generalizó independientemente de que la caza tuviera un componente económico muy importante para muchos cazadores.

No se trata ya tanto, desde mi punto de vista, del espíritu práctico de los romanos, sino de una realidad que, estoy segura, también fue común a otros pueblos, en todas las épocas: el que no puede, caza para subsistir –o para negociar, o para sacar determinados réditos- y el que puede, caza por placer. La diferencia, ya lo he señalado, entre Roma y otros pueblos, es que mientras que en los segundos la caza queda restringida a las clases elevadas, en Roma fue, desde el punto de vista jurídico, una actividad libre, independientemente del tipo de caza del que se hablara. Estas ideas se podrán ver claramente en la reseña histórica recogida al principio de este trabajo; en este sentido, he considerado oportuno ofrecer una perspectiva histórica de lo que ha supuesto la caza desde la literatura y el derecho, una vez finalizado el ciclo romano, porque estos ámbitos reflejan la diferente forma de acercarse a la actividad venatoria que ha estado presente en la sociedad en cualquier tiempo.

La concepción de la caza como actividad a lo largo de la Historia y, especialmente, después del ciclo romano, trae consigo una forma de verla que se aleja, en ciertos territorios romanizados, de la antigua consideración jurídica de la caza. En general, la Edad Media y el régimen feudal que impregna la nueva Europa hace de la *venatio* una actividad propia de reyes y nobles. Diferente es el caso de España, en el que la invasión musulmana y la posterior reconquista de los territorios se vio acompañada de la promulgación de cartas pueblas y fueros municipales en los que el derecho de caza se otorgaba a todos los habitantes del territorio foral y donde, en principio, se mantuvo un derecho más cercano al romano.

La actividad de la caza o, mejor dicho, el gusto por la caza se vio reflejado en Roma también cuando se ofrece como espectáculo. Los animales salvajes, especialmente los llegados desde África, pero también animales autóctonos que servían para la delectación de los invitados de ciudadanos ilustres, como el caso del *therotropium* de Quinto Hortensio, se exponían para el asombro de ciudadanos de todas las clases sociales en el circo y en otros espacios, a veces menores, y con cualquier motivo. Eran, algunas, *venationes* sin muerte, solo como exhibición, más parecido a las antiguas casas de fieras, actuales zoológicos. Las *venationes* con muerte, por su parte, constituyeron uno de los espectáculos más concurridos en Roma durante la época dorada de los juegos circenses o en el anfiteatro. La riqueza epigráfica con la que contamos con los anuncios de estas *venationes* que solían acompañar a juegos gladiatorios en muchas ocasiones; los restos óseos de animales hallados en actuaciones arqueológicas; los restos murales en los espacios destinados al ocio de los romanos; y las referencias que encontramos en distintos autores (Marcial llega a escribir un *liber de spectaculis* y Plinio, en su *naturalis historiae,* relata la llegada de distintos animales a Roma y la primera vez que se les vio en el circo), dan una muestra clara del papel que jugó la caza como espectáculo.

Pero no solo se testimonia la afición por la caza en espacios públicos: también en los espacios privados, en las casas romanas o en la parte urbana de las *villae* donde se encuentran numerosas representaciones musivarias en las que se representan escenas de caza donde los protagonistas no son solo gladiadores, sino también ciudadanos particulares, quizá los dueños de la *domus*, en las que se ven algunas de las artes venatorias más frecuentes: animales alanceados, redes y perros, caza a caballo o a pie.

Una parte importante de este libro tiene como objeto el estudio de los términos utilizados para designar la caza. La terminología en relación con la caza en fuentes jurídicas, literarias y epigráficas es, como sucede en la actualidad en español, polisémica, puesto que se refiere tanto a la actividad como a los animales objeto de caza; así, el Diccionario de la lengua española de la RAE ofrece estas dos acepciones: *s.v.* caza "1. f. Acción de cazar. 2. f. Conjunto de animales no domesticados antes y después de cazados", con una segunda acepción que hace referencia a la naturaleza de los animales y no al hecho de ser cazados[8]. En cambio, en lenguas como el francés, los autores utilizan frecuentemente la palabra *gibier* para referirse más a los animales y *chasse* a la actividad; en inglés, *hunt* o *hunting* se refiere más a la actividad y *game* a los animales de caza[9]; en italiano, *caccia* designa la actividad y *selvaggina* los animales salvajes que se pueden cazar. En latín, al que nuestra lengua se parece más en este caso, el término por excelencia es *venatio*; con él se expresa tanto la actividad como los animales objeto de caza. Ciertamente, hay un término más, relacionado con la caza y es *aucupium*, pero este se refiere a la caza de aves que tuvo en Roma una significación menor al ser considerada una actividad impropia de ciudadanos de una cierta posición social, destinada más bien a niños y esclavos, quizá por el tipo de artes ejercitadas.

Sin embargo, la utilización de *venatio* y su plural *venationes* en los textos jurídicos y literarios, junto a *venaticum*, adjetivo que se

---

8 Aunque también tenemos la palabra "presa" para indicar los animales cazados, no se utiliza demasiado normalmente. DRAE, *s.v.* presa: f. Animal que es o puede ser cazado o pescado.

9 En ambos idiomas *game* y *gibier* se pueden traducir también por juego, lo que indica la conexión lúdica de la actividad con el término.

usa también en ocasiones, se ha interpretado por una corriente doctrinal en el sentido de explotaciones de cría de animales (salvajes). En relación con esta cuestión, dedicaré un capítulo al análisis de estos términos y de los contextos en los que están utilizados en todos los tipos de fuentes para poder ofrecer una interpretación basada en la información textual y, muy especialmente, en la configuración que en los textos jurídicos se dio al término, y al sentido y uso de los mismos, dentro de lo que era, en la época clásica, la experiencia económica de este tipo de explotaciones en las *villae*, que se basaba en la trayectoria e información cimentada desde siglos atrás por los libros de *agri cultura*.

El trabajo que hoy presento maneja un buen número de fuentes históricas, tanto literarias como jurídicas. No pretendo una reivindicación de un tipo de fuentes a veces descartadas por la romanística[10]; simplemente se trata de no infrautilizar una información que ha llegado hasta nosotros y que, en el caso de los tratados de *agri cultura* ofrecen una información detallada y precisa de actividades económicas que fueron, también, reguladas por el derecho romano.

---

[10] Suscribo las palabras de CANTARELLA cuando señala que aunque todavía hoy, si bien más raramente, en la romanística se siga distinguiendo entre fuentes jurídicas y fuentes no jurídicas en el sentido de "atécnicas" o literarias (que se entienden como fuentes "accesori, utili ma non indispensabili, e comunque da maneggiare con cautela"), lo cierto es que en nuestros días es un método de investigación al que se le reconoce toda la fecundidad, CANTARELLA, E. y GAGLIARDI, L., *Diritto e teatro in Grecia e a Roma*, (Premessa), Milano, 2007, pp. 9 y 16.

CAPÍTULO I.

BREVE REVISIÓN HISTÓRICA EN MATERIA DE CAZA

§ 1. La caza después de Roma. Algunos territorios romanizados con especial referencia a España

La caza es una actividad humana desde el principio de los siglos. El hombre cazador del neolítico construye las primeras armas rudimentarias que va perfeccionando al tiempo que avanza el desarrollo de la utilización de minerales y metales para su construcción. Después, el establecimiento permanente de los clanes en espacios de tierra proclive al cultivo no dejará en el olvido una actividad de la que el hombre se sigue sirviendo para su alimentación; antes al contrario, la tendencia a la sedentarización provocó la adaptación del "sistema de caza a un cambio funcional del asentamiento"[11].

Tardarán muchos siglos para que esta función primigenia de la caza como sustento ceda ante nuevas finalidades de la actividad venatoria; de hecho, en Roma queda patente cómo se produce una brecha entre la consideración de la caza como una actividad necesaria para el consumo humano, pero, como tal, destinada a ser practicada por clases inferiores, y, a partir del s. II a.C., la nueva visión de la caza influida por las prácticas helenas, según la cual la actividad venatoria vendría a constituir un ejercicio propio de las clases más elevadas, que se uniría al tipo de animal cazado. Es

11 QUESADA LÓPEZ, J. M., *La caza en la prehistoria*, Madrid, 1998, p. 61. El autor entiende que el descenso de la movilidad territorial se vio acompañado de la restricción de las áreas de aprovechamiento de los recursos por lo que se hizo necesario extender la caza durante todo el año, lo que provocó su adaptación a la nueva realidad.

a partir de este momento cuando se puede hablar de un cambio sociológico recogido, de manera especial, en las fuentes literarias, pero también en las jurídicas que entran a resolver problemas relacionados, fundamentalmente, con la propiedad de la pieza y con cuestiones que se relacionan con las características especiales de determinados animales, como fueron aquellos que tenían *animus revertendi.*

Esta doble visión, la sociológica y la jurídica, está permeada, a su vez, por el elemento económico que transciende ambas y que determina la relación del hombre y el poder público con esta actividad, y que ha estado presente, a partir de Roma y, en muchos aspectos, por influjo de ella, en las legislaciones actuales, que solo han empezado a variar su contenido, a partir de las últimas décadas, en aspectos relacionados con el medio ambiente y protección de la fauna, con carácter general.

En este cambio de visión respecto de la actividad de la caza, los colectivos actuales de cazadores -caza deportiva- ven cómo la práctica venatoria queda cada vez más limitada por las exigencias que las nuevas normas imponen, aunque a menudo se arguye en defensa de la caza el elemento económico subyacente a esta actividad y la función de cohesión de territorio que tiene en las áreas rurales de nuestro país, muchas de ellas con pocas expectativas de desarrollo económico. Fue, precisamente, esta, una de las causas de mayor discusión entre los partidos que forman el Gobierno de la nación presidido por Pedro Sánchez que ha impulsado la ley de Bienestar animal y que finalmente se saldó con la exclusión de los perros de caza de las prescripciones de la ley[12].

---

12 (TOL9.466.453) Ley 7/2023, de 28 de marzo, de protección de los derechos y el bienestar de los animales, Art. 1, 3, e, "Quedan excluidos del ámbito de aplicación de esta ley:
[…]
e) Los animales utilizados en actividades específicas (las deportivas reconocidas por el Consejo Superior de Deportes, las aves de cetrería, los perros pastores y de guarda del ganado) así como los utilizados en actividades profesionales (dedicados a una actividad o cometido concreto

En la caza, como en pocas otras actividades, se encuentran esas tres vertientes del problema y esas vertientes han presidido, también, la visión que se ha tenido de ella en los pueblos que, tras la caída del Imperio Romano de Occidente, continuaron forjando la identidad europea, si bien la diferente manera en la que se concibió el feudalismo en Europa determinó regímenes jurídicos distintos de la caza a partir de época medieval, con diferencias sustanciales también en cuanto a la recepción que se produjo del derecho romano sobre esta materia y a las influencias germánicas, hasta tal punto que algún autor ha venido a decir que "A l´époque médiévale, le droit de proprieté tel que l´entendaient les Romains n´existait plus"[13], lo que conllevaría un cambio en las relaciones fundiarias que afectarían a la concepción jurídica de la caza.

---

realizado conjuntamente con su responsable en un entorno profesional o laboral, como los perros de rescate, animales de compañía utilizados en intervenciones asistidas o los animales de las Fuerzas y Cuerpos de Seguridad o de las Fuerzas Armadas). Igualmente quedarán excluidos los perros de caza, rehalas y animales auxiliares de caza. Todos ellos se regulan y quedarán protegidos por la normativa vigente europea, estatal y autonómica correspondiente, y que les sea de aplicación al margen de esta ley".

Con la misma fecha se aprueba la Ley Orgánica 3/2023, de 28 de marzo, de modificación de la Ley Orgánica 10/1995, de 23 de noviembre, del Código Penal, en materia de maltrato animal (TOL9.466.452), que se tramitó "con una excesiva rapidez en perjuicio de las garantías que habría ofrecido una elaboración más reposada" a juicio de Manzanares Samaniego. Fue tramitada por el procedimiento de urgencia y no recibió el informe del Consejo de Estado. En palabras de este autor, "es muy posible que esta reforma no merezca ser incluida en tal previsión, pero entonces habría que insistir en su escasa entidad para una tramitación acelerada", MANZANARES SAMANIEGO, J. L., "La protección de los animales en la Ley Orgánica 3/2023, de 28 de marzo", *Diario LA LEY*, Nº 10282, Sección Tribuna, 9 de Mayo de 2023, LA LEY p. 2.

13 GISLAIN, G., "L´evolution du droit de garenne au Moyen Age", en *La chasse au Moyen Age,* en *Actes du Colloque de Nice (22-24 juin 1979)*, Nice, 1980, p. 37.

En el territorio romanizado de Europa son las fuentes germánicas, como señala Gibert, siguiendo a Lindner, las que confirman la evolución del régimen jurídico de la caza a lo largo de tres momentos: una primera etapa en la que la caza y propiedad son independientes, lo que configura a la caza como una actividad libre; la segunda, que aparece claramente en los textos germánicos en la que "caza y propiedad aparecen ligadas en tres círculos: el territorio del pueblo, en el que pueden cazar todos; la marca comunal, en la que sólo sus miembros, y la propiedad privada". Y una tercera etapa en la que la caza aparece unida a la monarquía, que hace de la *inforestatio* –declaración de *forestis*- el recurso para el aprovechamiento exclusivo de la caza de una parte del bosque que se atribuye al monarca[14]. Según Eula-Arienzo, bajo los pueblos bárbaros los animales se capturaban en lugares abiertos, en un primer momento. Las pocas disposiciones para la tutela de la presa hacen pensar que no existió un derecho que restringiera la libertad de caza, que sería el principio dominante, formándose un sistema jurídico más centrado en torno a los medios de caza para proteger a los perros y a las aves cetreras que eran usadas para la actividad venatoria[15]; no obstante, pronto empezaron a

---

14 Ampliamente, las ideas expuestas en torno a la evolución de la caza en GIBERT, R., "Antiguo régimen español de montes y caza", en *Exposición de la acción administrativa en materia de montes y caza. Catálogo,* De Ceballos, I. / Crespo, M.D./ García, J., ENAP, Alcalá de Henares, 1970p. 34. Sigue también a Gibert, DE LOS MOZOS Y DE LOS MOZOS, J.L., "Precedentes históricos y aspectos civiles del Derecho de caza", *Revista de Derecho Privado,* 56, 1972, p. 288ss.

15 Jovellanos escribe en su *Memoria sobre las diversiones públicas [1790, 1796]* que "la caza, arte privativa y necesaria entre los salvajes, vino a ser, si no el único, el más agradable divertimiento de los pueblos bárbaros. Los que inundaron el imperio romano difundieron esta afición por toda Europa y aun hicieron de ella un objeto de legislación y policía, como es de ver en la *Colección de leyes bárbaras.* Fuera de la guerra, ningún ejercicio podía ser más agradable a aquellos pueblos, cuyo carácter inculto pero activo se avenía tan mal con la fatiga del espíritu como con el reposo del cuerpo, y no acertaba con el placer sino en medio de la agitación y violento ejercicio"; JOVELLANOS, G. M., *Memoria sobre*

establecerse restricciones personales y territoriales. Así, tanto en las tierras de los príncipes como en las de los nobles, concedidas por aquellos, la caza empieza a ser comprendida entre las regalías y se confunde el derecho sobre las forestas con aquél de ocupar los animales, desarrollándose la idea de reconocer la caza como exclusiva facultad del propietario del fundo[16].

El derecho de caza todavía va a sufrir un notable cambio al empezar a reservarse el rey –y después los nobles, por concesión de un privilegio- la facultad en exclusiva de cazar en los bosques, por lo que al ejercicio de la caza *iure domini* sobre sus territorios se empezó a unir la caza en los bosques *iure sovranitatis* –o *iure*

---

las diversiones públicas [1790, 1796] https://www.cervantesvirtual.com/obra-visor/memoria-sobre-las-diversiones-publicas/html/b5cf428d-d02d-49e8-b0c6-d720f71a5aa1_33.html#I_10, rescatado el 15 de marzo de 2023. Jovellanos se refiere en esta cita a una obra editada por Canciani en 1781 en la que se recogen distintas leyes procedentes del territorio romanizado como la *Lex Burgundionum*; el *Liber Iudicum* (Fuero Juzgo); diferentes disposiciones que se encuentran en el códice de la *lex Wisigothorum* entre las que se incluyen leyes de Ludovico Pío; *Leges in Anglia conditae, Barbarorum leges antiquae, cum notis et glossariis: accedunt formularum fasciculi et selectae constitutiones medii aevi,* cfr. CANCIANI, P., *Barbarorum leges antiquae, cum notis et glossariis: accedunt formularum fasciculi et selectae constitutiones medii aevi:*, 1725-1810. http://viaf.org/viaf/90347382, rescatado 15 de marzo de 2023.

16 Marabel considera que "el sistema de regalías que introdujo el derecho germano arrumbó aquella consuetudinaria consideración romana sobre las piezas de caza y promovió un concepto dominical sobre las mismas cuya impronta alcanzó hasta nuestros días, fundamentalmente a partir de la corriente codificadora que culminaría con la aprobación del Código Civil de 1889, en el que se asumiría la teoría del *fructus fundi* implícita al ordenamiento francés"; cfr. MARABEL MATOS, J. J., "De la *ocupatio* al *fructus fundi.* La evolución de la responsabilidad extracontractual en accidentes de tráfico causados por especies cinegéticas", *Revista de Derecho UNED,* 19, 2016, pp. 416-417. Señala Gislain que en textos de origen franco que se remontan al siglo VI -aunque serían textos posteriores, del s. XI-, aparecen ya los términos *foresta* o *forestis,* que indicaría la existencia de una reserva, GISLAIN, G., "L´evolution du droit…", cit., p. 39.

privilegii en el caso de los nobles-, sobre los territorios que administraban. El resultado de esta evolución fue que la propiedad de las piezas de caza, en la época del feudalismo, no fue ya más concebida como distinta de la propiedad de las tierras, sino que se confunde con esta última, en relación con el derecho de caza concebido como un privilegio del señor[17].

Siguiendo el esquema propuesto por Eula-Arienzo y Gibert en el análisis de los reinos europeos, se puede comprobar cómo, en Francia, esta vinculación de la facultad de cazar al poder real se hace presente desde tiempo antiguo, siendo numerosas las capitulares de reyes francos en las que se establecen normas restrictivas sobre caza, colocando al rey en la posición de árbitro decisor sobre las facultades de nobles y villanos en el ejercicio venatorio, pero también demostrando que las propias villas, monasterios y nobles establecían forestas, esto es, espacios reservados, exclusivos y excluyentes para la caza[18]. En el caso franco, señala Poveda Arias que la afición por la caza se extiende rápidamente hasta los reyes (merovingios y carolingios) que construyen *palatia* rurales, residencias de caza en bosques, dando comienzo a la restricción de los lugares permitidos para la caza y estableciendo otros de uso real exclusivo: "Antes incluso de la promulgación de una normativa específica, los reyes ya empezaron a reservarse *de facto* el derecho exclusivo de explotación cinegética de tales espacios, llegando a castigar con la muerte a aquel que se atreviese a cazar en una *regalis silva* sin su permiso, tal y como hizo el rey merovingio Gontran (561-692) con uno de sus servidores palatinos"[19].

---

17 Todo de EULA, E./ARIENZO, A., *s.u. Caccia*, en *Novissimo Digesto Italiano*,Vol. II, Torino, pp. 639-640.

18 *Vide*, GIBERT, R., "Antiguo régimen…" cit., pp. 34-35 y DE LOS MOZOS Y DE LOS MOZOS, J.L., "Precedentes históricos…" cit., p. 290.

19 POVEDA ARIAS, P., "Incidencia y regulación de las dinámicas cinegéticas en la sociedad visigoda", *Studia historica, H.ª medieval,* 39(1), 2021, p. 177. El control de la actividad por parte de los reyes en Francia, en el siglo IX, llegaría hasta el punto de alcanzar a los miembros de la familia real, quienes no podrían cazar ni disponer de los animales en las *forestes*

Además del castigo por vulnerar un espacio destinado a la caza real, se está también ante la exhibición del poder por parte de los monarcas con todo lo que esto implica: "en exhibant sa force, le roi s'affirme comme chef et maître de son territoire. Ce n'est pas une simple coïncidence si justement dans les grandes annales du IXe siècle, on consigne une partie de chasse à l'occasion d'une grande assemblée ou après qu'une grave crise politique a été surmontée[20].

En esta misma línea se sitúan Ourliac-Malafosse para los que se habría pasado de la consideración del objeto de la caza como una *res nullius* y, en consecuencia, se habrían seguido los principios de libertad de la actividad en la época franca para pasar, en época feudal, a las primeras restricciones, quedando esta libertad de caza únicamente circunscrita a la caza menor ya que la

---

reales sin permiso del rey; cfr. GISLAIN, G., "L´evolution du droit...", cit., p. 41.

20 GUIZARD, F., "Les accidents de chasse dans les récits du premier Moyen Âge: leçon morale ou leçon politique?, en *Faire lien. Aristocratie, réseaux et échanges compétitifs, Mélanges en l'honneur de Régine Le Jan*, S. Joye, T. Lienhard, J. Schneider, L. Jégou (Eds.), Paris, 2015, p. 290. Señala este autor cómo los *Annales Regni Francorum* recogen la frecuencia de las sesiones de caza del rey Ludovico Pío, llegando a producirse nueve desde el año 817 hasta el 829, "date à laquelle s'arrêtent ces annales [...] La régularité des mentions dans les grandes annales, en particulier pour le règne de Louis le Pieux, donne l'impression que la chasse s'est institutionnalisée: elle paraît entrer dans le cycle annuel des fastes royaux. La chasse, souvent automnale, est ainsi l'ultime activité du prince avant les quartiers d'hiver. Dans d'autres notices, la saison de chasse s'intercale avec des campagnes militaires, la réunion du conventus ou la venue d'une ambassade, sans jamais que l'on puisse la considérer comme une rupture dans les affaires du gouvernement", GUIZARD-DUCHAMP, F., "Louis le Pieux roi-chasseur: gestes et politique chez les Carolingiens", *Revue belge de philologie et d'histoire*, 85, fasc. 3-4, 2007. *Histoire medievale, moderne et contemporaine – Middeleeuwse, moderne en hedendaagse geschiedenis*, p. 524.

caza mayor quedaba reservada a los nobles[21]. El derecho a cazar, o derecho a la caza, se convierte en un derecho diferente cuyo titular no es indeterminado –cualquiera-, sino determinado –el rey o los señores- y que, si bien en cierto modo une el derecho de caza a la propiedad, también los separa en un momento posterior -propiedad privada, primero y sobre la propiedad ajena, después-. De los Mozos ve en esta evolución un proceso de "*territorialización* del derecho de caza", que provocará "el nacimiento de las *reservas de caza,* por una parte y, por otra, suministrará la base para la *estamentalización* del derecho a cazar"; sería un fenómeno, si bien primitivo, de "publicización" del derecho de caza: "si uno tuviera que hacer una *reducción sistemática* de esta situación pondría en relación, indudablemente, junto a la idea de la confusión entre *propiedad y soberanía,* la doctrina del *dominio eminente del Estado* sobre las cosas que no tienen dueño"(sic.)[22].

En Francia, como señalan Ourliac-Malafosse, el instrumento de la creación de reservas de caza, tanto de lo que se denomina caza mayor (*forêts*), como caza menor (*garenne*) a favor de los señores se convierte en lo habitual tras extenderse el cultivo del suelo, permitiéndose, únicamente, la libertad de la caza de alimañas. Los siglos siguientes reafirman la idea de que la caza es un privilegio de los nobles, un privilegio de casta, pero también que cuando éstos hayan dado tierra en feudo ejercen su derecho a la caza dentro de su señorío en virtud de un privilegio "ya no personal sino real". En definitiva, la afirmación del poder real hará de la caza una facultad exclusiva del monarca, por lo que los nobles podrán ejercitarla sólo en virtud de una concesión real; "el derecho de caza, como atributo de la soberanía, pertenece únicamente al rey".

---

21 OURLIAC, J./MALAFOSSE, J. D., *Derecho Romano y Francés Histórico. II. Los bienes,* II, Barcelona, 1963, p. 417.

22 DE LOS MOZOS Y DE LOS MOZOS, J.L., "Precedentes históricos..." cit., p. 289.

La revolución francesa trae un acuerdo entre principios contradictorios: el derecho del Estado que es el que concede el permiso de caza con exclusión de algunas personas debido a su peligrosidad; el derecho del propietario que puede cazar en sus tierras, pero sólo se hace propietario de la pieza si está cercada; y la libertad de caza que, no obstante, se une a una legislación que regula su ejercicio[23].

En Inglaterra y Alemania encontramos los polos extremos de la situación francesa, al menos por lo que respecta a los primeros años; en la primera, el fuerte poder real hace que el establecimiento de una foresta como reserva de caza excluya tanto a villanos como a nobles, incluso aunque la reserva incluya tierras de estos, imponiendo graves sanciones para los que cometieran delitos de caza[24]. En Alemania, por el contrario, el poder real fue menos intenso, lo que determinó que el privilegio de la caza recayera sobre "los señores territoriales, la nobleza solariega y la burguesía de las grandes ciudades, para convertirse, a partir del siglo XVI, en una auténtica *regalía*"[25].

Todo ello condujo a la desaparición del principio de libertad de caza que había sido el eje fundamental de la regulación romana del derecho de caza. El Derecho romano clásico, después recogido en lo que se refiere a la preeminencia de este principio

---

23 Todo en OURLIAC, J./MALAFOSSE, J. D., *Derecho Romano...* " cit., pp. 417ss. La pesca sigue prácticamente la misma evolución, si bien al ser considerada de menos dignidad, siempre se permitió a cualquiera con mayor laxitud, llegando hasta la libertad absoluta de pesca. Las necesidades de conservación de las riberas, carga que competía al dueño de la finca, y la condición de los ríos a lo largo de las distintas épocas marcaron desde principios del s.XIX un límite al principio anterior; cfr. pp. 420ss. Sobre la evolución del derecho de caza en Francia en la alta Edad Media, *vide, passim,* PACAUT, M., "Esquisse de l´evolution du droit de chasse au haut Moyen-Age", en *La chasse au Moyen Age, Actes du Colloque de Nice (22-24 juin 1979),* Nice, 1980, pp. 59-68.

24 GIBERT, R., "Antiguo régimen..." cit., p. 35 y 36.

25 DE LOS MOZOS Y DE LOS MOZOS, J.L., "Precedentes históricos..." cit., p.290.

en la compilación justinianea, establece el derecho de caza como un derecho del hombre, independiente del derecho de propiedad, que le permite el ejercicio de aquélla tanto en fundos de su propiedad como ajenos; es un derecho inherente al ser humano, reminiscencia, quizá, del sentido de la caza desde las épocas más primitivas[26].

Los territorios de los que he hablado fueron territorios romanizados, aunque, aparentemente, poco queda en algunos de la concepción romana de la caza en la evolución posterior de su régimen, también, en parte, porque no todos ellos se impregnaron en igual medida del espíritu, cultura y legislación romanas[27].

Frente a lo que se encuentra en el resto de Europa en la época medieval, en el territorio de los reinos de España se produce una dispersión jurídica que hace que predominen "las normas particulares sobre las de alcance más general"[28]. Esta dispersión es ocasionada, en gran parte, por la invasión musulmana y caída del reino visigodo que conlleva, como señala Sardina, "la desaparición de un poder legislativo unitario y probablemente de una administración de justicia mínimamente organizada"[29]. Pero, ade-

---

26 Sobre la evolución de la caza en época prehistórica y el paso de una caza "oportunista" a una caza "especializada" en cuanto a las prácticas de caza y en cuanto al aprovechamiento de los recursos, MOURE ROMANILLO, A./GONZÁLEZ MORALES, M. R., *La expansión de los cazadores. Paleolítico superior y mesolítico en el viejo mundo,* Madrid, 1992, pp. 76ss.

27 TORRENT RUIZ, A., "La recepción del derecho justinianeo en España en la Baja Edad Media (siglos XII-XV). Un capítulo en la historia del derecho europeo", *RIDROM [on line]* (10), p. 70. Como señala el autor, salvo los pueblos germánicos cercanos al *limes,* el resto no habría recibido el Derecho romano, TORRENT RUIZ, A., *Fundamentos del Derecho Europeo. Ciencia del derecho; derecho romano-ius commune-derecho europeo,* Madrid, 2007, p. 147.

28 LAGUNA DE PAZ, J. C., *Libertad y propiedad en el derecho de caza,* Madrid, 1997, p. 23.

29 SARDINA PÁRAMO, J. A., *El concepto de fuero. Un análisis filosófico de la experiencia jurídica,* Santiago de Compostela, 1979, p. 53. En la misma

más de las particularidades propias de la península ibérica con la invasión musulmana, lo cierto es que, para algunos autores, también se aprecian diferencias entre la percepción de la caza por los visigodos asentados en territorio hispánico y los pueblos que ocupan el resto del antiguo territorio romano en Europa; así, si bien entre los galos y los itálicos "la caza se convirtió en una actividad de recreo y formativa que denotaba distinción aristocrática y militar en aquellos que la practicaban", de la que se apropian pronto los propios monarcas, entre los visigodos no fue esta una práctica ni tan extendida ni tan especializada, aunque hay testimonios de su práctica por parte de los reyes[30].

---

línea Torrent cuando señala que "la desorganización de la estructura político-administrativa visigoda hizo imposible el mantenimiento de la normativa codificada en el *Liber iudiciorum*, huérfana de cualquier autoridad que controlara su aplicación en los territorios dominados por los árabes", estructuras visigodas que se inscriben "dentro del dilatado período de la romanización" y que permitieron una "evolución continuista del derecho romano en España", TORRENT RUIZ, A., "El Derecho musulmán en la España medieval", *RIDROM [on line]* 8, 2012, pp. 223-224.

30 POVEDA ARIAS, P., "Incidencia y regulación de las dinámicas…", cit., pp. 176-184. Señala este autor cómo "a diferencia de lo que ocurría en los reinos vecinos, no contamos con noticia alguna que apunte a una restricción en el ejercicio de la caza en las propiedades regias, a pesar de contar en el reino visigodo con la recopilación legal más importante y detallada del Occidente post-imperial", lo que supone, a su juicio, un "particularismo" del reino visigodo frente a otros reinos que podría derivar de que "en el reino visigodo no se hubiese dado nunca una presión relevante sobre los espacios cinegéticos, haciendo así innecesarias medidas que restringiesen el ejercicio de la caza. Ello se pudo deber a que, aun practicándose, su incidencia en los estratos más altos de la sociedad debió de ser bastante relativa, a lo que se puede sumar una mayor dispersión geográfica en su ejercicio" (p. 182). Todo ello unido al hecho, al que también alude el autor, de que los visigodos habrían recogido en este punto la tradición jurídica romana sobre el régimen de la libertad de caza y que, a mi juicio, pudo representar una de las razones más importantes que, como podré comentar en breve, se ex-

Los precedentes normativos en los territorios hispanos reconquistados y los orígenes de las primeras normas territoriales castellanas en una parte del reino de Castilla se han visto en los llamados "los buenos fueros" atribuidos al Conde Sancho, los legendarios jueces de Castilla, Laín Calvo y Nuño Rasura, las fazañas y juicios de albedrío, que habrían supuesto, según una visión doctrinal, el alejamiento de Castilla, en ciertas cuestiones, del derecho que regía en León y del derecho visigodo, y que habrían conducido con el paso de los años al conocido como Libro de los Fueros de Castilla[31]. Esta realidad en parte de Castilla no obsta

---

tiende más allá del periodo visigodo, influyendo en la regulación de los fueros medievales y Partidas.

31 *Vide* ampliamente el trabajo de ALVARADO PLANAS, J., "Una interpretación de los fueros de Castilla", en *Los Fueros de Castilla*, con Alvarado, J. y Oliva, G., Madrid, 2004, pp. 17-29. Resulta interesante recordar las conclusiones del autor sobre la datación de los primeros documentos relativos a un derecho castellano atribuidos al Conde Sancho que, según Alvarado, fueron redactados a lo largo del s. XIII (p.18) así como las conclusiones sobre la relación entre la tradición jurídica visigoda representada en el *Liber Iudiciorum* y las nuevas formas de derecho castellanas que convergen en los conocidos como Fueros de Castilla (p. 28ss). En relación con esta misma cuestión de las relaciones entre el Derecho visigodo y, en general, el derecho en Castilla, además de otros territorios hispanos, Otero Varela entiende que "Desde la caída de la monarquía visigoda existe un Derecho común constituido por el *Liber iudiciorum*, y se va formando paulatinamente un Derecho especial que luego se recogerá en los fueros municipales. Este Derecho se puede conocer, y se pueden reconstruir todas sus vicisitudes, desde la caída de la monarquía goda, con los datos que proporcionan los fueros municipales", OTERO VARELA, A., "El Códice López Ferreiro del «Liber Iudiciorum» (Notas sobre la aplicación del *Liber Iudiciorum* y el carácter de los fueros municipales)", *Anuario de Historia del Derecho Español*, (29) 1959, p. 571.

No puedo entrar en la problemática, por otra parte, ya superada, de la naturaleza germánica o romanista de la legislación visigótica. Hoy se reconoce que la influencia romana fue notable a través del *Forum iudicum*, (la nueva *lex Wisigothorum* de Recesvinto del 654, que completada con otras leyes se conoció como *Liber iudiciorum* y, tras su traducción al

para la existencia de fueros[32] que, si bien fueron otorgados a una

---

romance, Fuero Juzgo, cfr. TORRENT RUIZ, A., *Fundamentos*...cit., p. 157); sobre la influencia romana tanto sustantiva como formalmente en el *Liber iudiciorum*, por todos, CALASSO, F., *Medioevo del diritto*, I, Milano, 1954, para quien "La omogeneità della vita giuridica di questo paese risaliva a quel grande avvenimento che si era compiuto sulla meta del secolo VII con la pubblicazione del così detto *Liber* (o *Forum*) *iudiciorum* del re Recesvindo che poneva termine al dualismo legislativo essistente tra la popolazione romana [...] La codificazione recesvindiana che, valida per tuitti i sudditi, fu detta per antonomasia *Lex Wisigothorum*, era peraltro impregnata di tradizione romana nella sostanza e nella forma", p. 615. Sobre la "elevada dosis de derecho romano más o menos mezclado con otras adherencias de la época visigoda" aunque en diversa medida según las zonas donde estaba en vigor o no el *Forum iudicum*, *vide* GARCÍA Y GARCÍA, A., "El derecho común en Castilla durante el siglo XIII", *Glossae. Revista de Historia del derecho europeo* (5-6), pp. 55 y 44 y ampliamente para la recepción del derecho común en los distintos territorios hispánicos; en este mismo empeño, TORRENT RUIZ, A., "La recepción del derecho justinianeo..." cit., p. 52ss, entre otros.

32 Bajo la palabra fuero se integran distintos significados –propios e impropios, según Sardina, *El concepto de fuero*...cit., p. 37, tomando como referencia lo señalado por Martínez Marina, quien de entre todas las posibles acepciones, se decanta por la que señala como "aquellas cartas expedidas por los reyes ó por los señores en virtud de privilegio dimanado de la soberanía, en que se contienen constituciones, ordenanzas y leyes civiles y criminales, ordenadas á establecer con solidez los comunes de las villas y ciudades, erigidas en municipalidades y asegurar en ellas un gobierno templado y justo y acomodado a la constitución pública del reino, y á las circunstancias propias de los pueblos" (sic.), MARTÍNEZ MARINA, F., *Ensayo histórico-crítico sobre la antigua legislación y principales cuerpos legales de los Reynos de León y Castilla, especialmente sobre el Código de D. Alonso el Sabio conocido con el nombre de las Siete Partidas*, Madrid, 1834, libro IV, 5 https://www.cervantesvirtual.com/obra-visor/ensayo-historicocritico-sobre-la-legislacion-y-principales-cuerpos-legales-de-los-reinos-de-leon-y-castilla-especialmente-sobre-el-codigo-de-las-siete-partidas-de-d-alonso-el-sabio-tomo-i—0/html/001c58ac-82b2-11df-acc7, aunque para Sardina no sea esta, precisamente, la mejor definición que pudo hacer el académico; cfr. SARDINA PÁRAMO, J. A., *El concepto de fuero*... cit., p. 50. Es en relación, precisamente, al significado primitivo de fue-

ciudad concreta, con las particularidades propias de la misma,

---

ro, que García-Gallo señala cómo este término -fuero-, "en el siglo XI llega a constituir un 'ordenamiento' más o menos desarrollado y se emplea fuero como sinónimo de 'Derecho que rige en un lugar'". Por eso, como señala dicho autor, "Si *forum* había sido el 'modo de actuar del tribunal' *fuero* vino a ser, en una época en que no había otro Derecho que el consuetudinario o fijado por el juez, sinónimo de 'norma jurídica, Derecho'. En el uso corriente se esfumó la relación de dependencia de Derecho respecto del tribunal que la había declarado [...] Sin embargo, que el Derecho era fundamentalmente práctica judicial no se olvidó, y por eso, cuando a finales del siglo XII el redactor del Fuero de Cuenca quiso expresar cuál era el contenido de éste, no vaciló en llamar al fuero 'suma de las instituciones forenses' (*forensium institucionum summa*); es decir, del Derecho que se aplicaba en el tribunal", GARCÍA-GALLO, A., "Aportación al estudio de los Fueros", *Anuario de Historia del Derecho Español*, (26), 1956, pp. 394 y 395, haciéndose su concepto cada vez más genérico. Otros autores lo entienden como una excepción al derecho común y, en este sentido, como privilegio que concede el Rey a un territorio, no siendo el pueblo el que propone una normativa concreta; Alvarado señala cómo, a partir del s. XIII, se considerarían "los fueros de Castilla como derecho común o supletorio respecto del derecho especial o privilegiado de cada municipio", ALVARADO PLANAS, J., "Una interpretación de los fueros ..." cit., p. 85, por todos; tomo en consideración estas opiniones por cuanto en la base del conocido como derecho castellano se puede encontrar la promesa que Alfonso VIII hizo tras la victoria de las Navas de Tolosa, sobre la confirmación y mejora de los fueros, aunque, como señala Alvarado, a partir de 1212 "no hay constancia de la expedición de fuero municipal alguno por parte de la Cancillería de Alfonso VIII", "Una interpretación..." cit., p. 77. Respecto del derecho territorial, conviene tener en cuenta las obras de Galo Sánchez que sentó las bases de la configuración de este derecho y Aquilino Iglesia quien defiende la concepción del origen del derecho castellano como un derecho "señorial" frente al carácter "territorial" defendido por Galo Sánchez y, actualmente, los citados Alvarado y Oliva; *passim*, SÁNCHEZ, G., "Para la historia de la redacción del antiguo derecho territorial castellano", *Anuario de Historia del Derecho Español*, (6), 1929, pp. 260-328; IGLESIA FERREIRÓS, A., "Derecho municipal, derecho señorial, derecho regio", *Historia, Instituciones, Documentos*, IV, 1977, pp. 155-197; ALVARADO PLANAS, J./ OLIVA MANSO, G., *Los Fueros de Castilla*, Madrid, 2004.

fueron haciéndose extensivos a otras localidades de los que son, ya no el tronco matriz sino, en algunos casos, el modelo original y los demás, copia.

Avanzada la Reconquista del territorio hispano, el instrumento de las cartas de población y de los fueros sirve de base a la organización local para dotarse de cuerpos de normas que establecen, fundamentalmente, la regulación de las relaciones jurídico-privadas básicas para los habitantes del municipio, así como las normas procesales oportunas para dirimir los conflictos que nazcan tanto de dichas relaciones como las derivadas de los ilícitos; es decir, tanto el ámbito civil como el penal, además, obviamente, de incluir todas aquellas normas que contienen las exenciones o privilegios en determinadas materias, como las fiscales o la que ocupa este estudio, el aprovechamiento de determinados bienes como la caza[33].

Como se puede observar, la fragmentariedad de las fuentes jurídicas es expresión de la propia realidad jurídico-institucional de la Alta Edad Media en España, en la que no se encuentra un sistema feudal tal y como aparece desarrollado en otras zonas de

---

33 Como señala Otero Varela, "La desaparición del poder público visigodo produjo [...] un fenómeno de regresión que ocasionó importantes transformaciones procesales, penales y de otros tipos, las cuales hacían inaplicables parte de las normas de un Derecho desarrollado como el visigodo, que, sin embargo, podía seguir siendo aplicado como Derecho común. Se hacía necesario el dar una nueva regulación a todos aquellos aspectos afectados. Pero esta nueva reglamentación de la vida jurídica no podía llevarla a cabo el poder legislativo, pues desapareció con la extinción de la monarquía visigoda. Las nuevas monarquías independientes, herederas del poder legislativo del reino visigodo, vivieron una vida angustiosa de quehaceres guerreros, que le impidieron durante mucho tiempo el ejercicio del poder legislativo. El repliegue social hacia las comunidades y agrupaciones inferiores, y la imposible intervención legislativa provocaron el desarrollo independiente del Derecho en cada lugar y dejaron abierto el camino para la formación jurídica localista", OTERO VARELA, A., "El Códice López Ferreiro..." cit., p. 570.

Europa; como señala García de Valdeavellano, "la estructura social y política de la mayor parte de la España cristiana nunca llegó a constituirse según las formas políticas de los Estados feudales, por razón de las especiales condiciones creadas en la Península Ibérica por la invasión musulmana"[34], diferencias especialmente notables en relación a la diversa extensión de las prerrogativas de los señoríos o "vitalidad superior a cualquier otra región de Europa" de los concejos, al menos en lo que respecta a Castilla-León[35], de ahí que se encuentren unos derechos locales[36] basados en el privilegio o concesión que permitieron sustraer al poder de los reyes el ejercicio de determinadas actividades, como la caza y pesca, en beneficio de los munícipes.

Un buen ejemplo de lo que estoy diciendo es el Fuero de Cuenca que, en su Forma Sistemática[37], titula su Capítulo XXXV *de foro venatorum*, el Fuero de los Cazadores, y en él se incluyen

---

34 GARCÍA DE VALDEAVELLANO, L., *Curso de Historia de las Instituciones españolas*, Madrid, 1982, 378pp. Sobre la diversidad jurídica existente como características del Derecho medieval, fruto de las "distintas organizaciones políticas nacidas frente al Islam" que aparecen como portadoras "de su propio ordenamiento peculiar, que se desarrolla autónomamente y con independencia del Derecho de las restantes, configurando un panorama normativo que se presenta definitivamente fragmentado", GACTO, E./ALEJANDRE, J. A./ GARCÍA, J. M., *El Derecho histórico de los pueblos de España (Temas para un curso de Historia del derecho)*, Madrid, 1982, 1ª reimp., p. 174.

35 SARDINA PÁRAMO, J. A., *El concepto de fuero...*, cit., p.56, y que repercute en la concepción de la caza que no se entiende como una regalía exclusiva y excluyente.

36 En general, sobre la configuración de los derechos locales, y por todos, GIBERT, R., *Historia General del Derecho Español*, Madrid, 1973, pp. 25ss.

37 De todos es conocida la existencia de tres ediciones del Fuero de Cuenca: la antigua de Cerdá y Rico (principios del s. XIX, conocida como Cerdá-Sancha); la de Allen (1909-1910) y la de Ureña (1935). De todas ellas, la de Ureña es la edición más utilizada por ser la que de forma más exacta y completa ha recogido los dos textos latinos existentes del *Forum Conche* (el manuscrito contenido en el Códice Parisiense 12927 y en el Códice Laurentino -o Escurialense- Q. iij. 23) junto con los tres

dieciocho rúbricas relativas a caza y pesca. La importancia de la regulación de la caza en el Fuero de Cuenca no queda expresada, únicamente, en este Capítulo XXXV. En otros puntos del Fuero

---

romanceados –Códice Valentino, Fragmento Conquense y el Fuero de Iznatoraf-.

Es de Ureña el que acuña la terminología de Forma Primordial y Forma Sistemática, siendo esta la que se basa en el códice escurialense, *vide* DE UREÑA Y SMENJAUD, R., *Las ediciones del fuero de Cuenca*, Real Academia de la Historia, Madrid, 1917, p. 31 y DE UREÑA Y SMENJAUD, R., *Fuero de Cuenca (Formas primitiva y sistemática: texto latino, texto castellano y adaptación del fuero de Iznatoraf)*, Madrid, 1935, p. XXV. El Fuero de Cuenca, en la Forma Sistemática, presenta una división en Capítulos con un título propio que, a su vez, agrupa en cada uno de ellos, un número variado de Rúbricas –los antiguos Capítulos de la Forma Primordial contenida en el ms. parisiense- con la que se pretendió, según de Ureña, dar a las Rúbricas una "cierta independencia y personalidad" suprimiendo "en la mayor parte de aquéllas, determinadas palabras iniciales" que funcionaban como nexo con el texto anterior, DE UREÑA Y SMENJAUD, R., *Fuero*...cit., p. XXV. En cualquier caso, y salvo ciertas divisiones de algunas Rúbricas o agrupación de otras, el orden del texto del Fuero contenido en la Forma Primordial se mantiene; ampliamente, *Fuero*...cit., p. XXIV.

Para una completa exposición de los textos latinos y de las ediciones críticas, *vide Las ediciones*...cit., y la completa y extensa introducción de *Fuero*...cit., ampliando el trabajo de 1917. La traducción que voy a seguir es la de VALMAÑA VICENTE, A., *El Fuero de Cuenca*, Cuenca, 1978. Alfredo Valmaña publicó en el año 1978 su traducción del Fuero de Cuenca de la que se llegaron a hacer dos ediciones; la traducción de Valmaña ha estado presente en muchas aulas de Facultades españolas donde se imparte la asignatura de Historia del Derecho Español siendo utilizada como material docente para los alumnos, así como citada en numerosos trabajos doctrinales y ha servido como referencia para traducciones a otros idiomas, como la de POWERS, J. F., *The Code of Cuenca. Municipal law on the twelfth-century Castilian frontier*, Philadelphia, 2000, p. 18 (Powers, 2000); en la edición de Valmaña destacan, además, las ilustraciones, especialmente la de la portada, del que fue uno de sus grandes amigos de su época conquense, el pintor Víctor de la Vega. Entro en esta cuestión con el recuerdo siempre presente de que la primera vez que oí hablar del Fuero de Iznatoraf, o de las *calonnas*, o de los guardadores de la mies, fue en la voz de mi padre.

encontramos normas relativas a la caza: así, de la Forma Sistemática, la rúbrica 13 del Capítulo XXIII (El -deudor- que se haya ido a cazar); la rúbrica 4 del Capítulo XXXIX (el fuero de la partida de cazadores); las rúbricas 18 y 19 del Capítulo XLII (el que venda caza fuera del mercado y el que venda pescado de río fuera del término); las rúbricas 7, 9, 13, 14 (sobre pesca, que se asimila al régimen de la caza, cómo deben venderse los peces de río; el pescado que no sea de río véndase al arbitrio del Concejo; la custodia de la pesca del río Júcar;) y 15 del capítulo XLIII (cuánto tiempo se prohíbe pescar; cuánto tiempo se prohíbe cazar).

Igualmente, las rúbricas 1 y 4 del Capítulo XXXIV (el que mate un perro rastreador y el que lesione un perro rastreador, respectivamente), en relación con la rúbrica 2, sobre perros de ganado -*canem rusticum*, incluida la especie del *canem rusticum de lupo*, aquel perro que es capaz de matar un lobo (rúbrica 4 en relación con la 2[38])-, llevan a pensar que, aunque breve, la enumeración de las razas de perros que se consideran rastreadoras –alanos, sabueso, galgo o podenco- indica claramente que se está aludiendo a perros de caza. En la rúbrica 3 –el que mate un cáravo- se habla de una raza o clase de perro del que poco sabemos, pero que, como señala Valmaña Vicente podría tratarse de un "perro zorrero, raposeo o zarcero"[39]. Aunque en la Forma Primordial el título es de *carauo*, el título de la rúbrica de la Forma Sistemática habla de *caniculum*, por lo que se puede pensar en un perro de tamaño pequeño para que pueda salir por el *alluvio* fácilmente, según

---

[38] La rúbrica 4, De eo qui canem investigatorem linenciaverit habla de perros alanos, sahuesos, podencos o "rrustico de lobo", según la lectura del Códice Valentino; y la 2, DE EO QUI CANEM RUSTICUM OCCIDERIT.

[39] VALMAÑA VICENTE, A., *El Fuero*...cit., n. 78, apoyándose en la lectura que da el Fuero de Alfambra como "perro de muladar": frente a los V solidos que había que pagar por un perro de muladar, por un perro de caza había que pagar X (Fuero de Cuenca, dentro del título "De perro de ovejas"); para el Fuero de Alfambra he seguido la edición de M. ALBAREDA Y HERRERA, Madrid, 1926.

indica la norma[40]. Podría ser un perro acostumbrado al medio acuático, al albollón en los corrales y que sería capaz de perseguir a animales predadores que intentaran el robo o muerte de animales domésticos o bien ser él mismo un hábil cazador/pescador[41].

Por último, la rúbrica 9 del capítulo VII (Que nadie tenga dehesa de animales de caza), que alude directamente a la posibilidad de establecer territorios acotados para caza en manos de particulares; o las rúbricas 1, 2 y 4 del Capítulo XXXIX (especialmente la 4, el fuero de la partida de cazadores) donde se habla de *cautum*. En realidad, todas estas referencias tienen un precedente claro que es la Rúbrica 1 –*de eo qui in termino conche venatus fuerit [aut ligna seccaverit]*- del Capítulo I donde se establece la pena para los forasteros que cacen, pesquen, corten madera, hagan leña, cojan sal o metales, o roben halcones en el término de Cuenca:

> *Si vicinus urbis extraneum in contermi no conche venantem cum avibus, canibus, retibus, ballista, vel piscatem, aut maderiam seccantem, ligna facientem, aut sal, aut ferrum vel aliud metallum, aut capientem ancipitres invenerit, capiat eum sine calumpnia, et sit captus, donec pecunia se redimat;*

rúbrica que, por su ubicación y por lo que tiene de significativo, es una de las que hay que destacar en primer lugar como primera consecuencia jurídica de la concesión a todos los habitantes de la ciudad y a sus sucesores de "Cuenca con todo su término; es decir, con sus montes, fuentes, pastos, ríos, salinas y minas de plata, hierro o de cualquier otro metal"[42].

---

40 *Qui caravum occiderit, qui alluvionem possit intrare et exire, pectet quinque menkales, si probari potuerit; sin autem, iuret solus et credatur ei. Pro aliis omnibus canibus tam magis quam parvis, non pectet nisi duos menkales.*

41 Como "cierto perro de caza" lo entiende ALVAR, M., "Estudio lingüístico y Vocabulario", en *Los Fueros de Sepúlveda*, 1953, pp. 695-696, quien, remitiéndose a lo señalado en el Fuero de Teruel, entiende que es un perro de tamaño pequeño en la línea de lo que hemos señalado.

42 Trad. VALMAÑA, A., *El Fuero*...cit.
In primis igitur dono atque concedo omnibus inhabitantibus conchensem urbem, atque eorum successoribus, videlicet concham cum toto suo contermino, scilicet

Es, en este contexto, en el que se incluye esta primera referencia a la caza. El marco en el que se establece el resto de las normas relativas a la actividad cinegética no deja de ser significativo porque el marco es, por la propia definición de lo que suponían los fueros, un otorgamiento de un sistema de normas propio a los habitantes de un determinado territorio y, como tal, válido para el territorio que se convierte en objeto de este[43].

Estas primeras normas anuncian, al mismo tiempo, la capacidad e incapacidad para cazar en el término de Cuenca[44] o, dicho

---

cum montibus, fontibus, pascuis, rivis, salinis, mineris argenteis, venis ferreis vel cuislibet metalli.

En la Forma Primordial, en la que no se contiene separación por capítulos sino, únicamente, sucesión de rúbricas, la consecuencia jurídica de la que hablo es, antes que nada, consecuencia lógica de la concesión, y así queda expresado en el lenguaje al unir el contenido de la rúbrica I con lo anterior por un *Quod si forte...* que no se recoge en la Forma Sistemática del Códice Escurialense. Algo, por otro lado, ya señalado con carácter general por DE UREÑA en relación con la estructura del Códice Parisiense en el que "aparece el *Fuero de Cuenca* desenvolviendo su extenso contenido simplicísimamente en una serie de Rúbricas sin numerar, relacionadas, o por mejor decir, enlazadas entre sí por una natural dependencia que transciende al lenguaje y que denuncia, bien a las claras, la unidad y continuidad del pensamiento del legislador", *Las ediciones*...cit., p. 31; id. en *Fuero*...cit., p. XXV. El *quod si forte* sería una integración hecha con otros manuscritos; cfr. DE UREÑA, R., *Fuero*...cit., p. 116.

43 El Fuero de Cuenca forma parte de los llamados Fueros extensos y, como tal, "supone el otorgamiento de un estatuto jurídico, cuyo contenido se supone elaborado por la comunidad mediante la costumbre [...] pretenden regular todas las relaciones jurídicas que puedan presentarse ante un tribunal" buscando "una cierta racionalización y sobre todo el procurar sustraer a los avatares de la política legislativa del monarca el mayor número de instituciones posibles", SARDINA PÁRAMO, J. A., *El concepto de fuero*...cit., p. 87.

44 El alfoz, o término municipal que está sometido al Fuero, "como espacio protegido e inmune para todo aquel vecino o forastero acogido a él", ALVARADO PLANAS, J., "Los fueros de concesión real en el espacio castellano-manchego (1065-1214): el fuero de Toledo", en *Espacios*

de otro modo, el derecho de caza para los habitantes o la prohibición de esta a extranjeros, respectivamente, y apuntan a lo que ha de ser el principio que rija las normas sobre caza contenidas en el Capítulo XXXV: la libertad del ejercicio de la caza para los primeros. De ahí que, en una primerísima aproximación, se pueda decir que en el Fuero de Cuenca existió derecho a la caza exclusivo y excluyente por cuanto hace de Cuenca una especie de gran coto de caza a favor de los habitantes de la ciudad, en el que se incluyen, como en las actuales leyes de caza, aunque con las limitaciones propias de un derecho como el foral, tanto normas de naturaleza administrativa como normas relativas a la estricta materia civil en las que se regula la adquisición de la propiedad de la pieza abatida, o normas relativas a la responsabilidad en el ejercicio de la caza[45].

En los siglos posteriores a la redacción de los primeros Fueros se va acentuando la intervención real debido al mayor peso que adquieren los reyes en el territorio castellano, del que es buena expresión la política legislativa del rey Alfonso X, especialmente con la redacción de las Partidas[46], que hay que poner "en relación

---

y Fueros en Castilla-La Mancha (siglos XI-XV). Una perspectiva metodológica, con Alvarado, J., (Coord.), Madrid, 1995, p.117. Sobre las relaciones de la ciudad y el territorio, *vide*, LADERO QUESADA, M. A., *Poder político y sociedad en Castilla. Siglos XIII al XV*, Madrid, 2014, p. 336.

45 "En cualquier caso, el ordenamiento vigente sobre la caza establece, perfectamente armonizados, aspectos administrativos, civiles, penales, etc.", refiriéndose a la Ley de Caza de 1970, DE LOS MOZOS Y DE LOS MOZOS, J. L., "Precedentes históricos..." cit., ampliamente, pp. 295ss; id. en *Estudios de Derecho agrario*, Valladolid, 1981, pp. 69ss.; en la misma línea, PANTALEÓN PRIETO, A. F., *Comentarios al Código Civil y Compilaciones Forales*, con Albaladejo, M., (Dir.), VIII, 1, Artículos 609 al 617, Madrid, 1987, sobre "Los terrenos de caza y el ejercicio de la misma en ellos", p. 261ss.

46 Pero que ya se había apuntado con otros textos anteriores como el Fuero Juzgo y otros del propio rey sabio, como el Fuero Real, si bien en el caso del Fuero Juzgo no fuera fruto de una intención específica uniformadora desde el punto de vista del Derecho; como señala Otero Varela, "Ante la existencia de versiones romances privadas" –que se de-

con sus ansias imperiales, que terminaron enfrentándolo con el papado, y con sus deseos de una unificación jurídica, mediante una renovación jurídica impulsada por el monarca, que le terminó enfrentando con los municipios y señores"[47]. Señala Sardina que "la más importante característica de la labor legislativa de Alfonso X es la tajante delimitación que queda establecida entre el fuero y la ley. Así, la ley del rey se superpone al fuero municipal con pretensión de constituir un ordenamiento jurídico completo y no en su papel de reguladora de las relaciones del rey con sus súbditos, lo que le daba un escaso ámbito"[48]. En realidad, el reforzamiento del poder real que se plasma en Alfonso X está íntimamente ligado al deseo de una mayor unificación normativa, y la constitución, nuevamente, de instituciones jurídicas y procesales unitarias se encamina necesariamente a la asunción del Derecho completo y compacto que era el Derecho Romano: si el desmembramiento del poder político dio lugar a un Derecho fraccionado –"núcleos de formación jurídica independiente", en palabras de

riva de la existencia del llamado Códice López Ferreiro que contiene el texto latino y romance del *Liber Iudiciorum* anterior a la versión oficial del Fuero Juzgo- "parece que no se puede considerar la traducción oficial exclusivamente como un acto de política legislativa tendente a lograr la unidad jurídica en la diversidad localista mediante la aplicación de un fuero local -el F. Juzgo- igual para todos los municipios. No se trataría, pues, de un resurgimiento del *Liber iudiciorum* para realizar una política legislativa, sino de una confirmación oficial de la vigencia del *Liber* como Derecho común, mantenida desde la desaparición de la monarquía visigoda. Por esto era aplicable a las grandes ciudades recién conquistadas, carentes de una tradición localista. Todo lo cual no excluye que, al mismo tiempo, sirviera para encauzar una política de unificación jurídica por vía local" OTERO VARELA, A., "El Códice López Ferreiro…", cit., pp. 558-559.

47 IGLESIA FERREIRÓS, A., "Alfonso X el Sabio y su obra legislativa. Algunas reflexiones", *Anuario de Historia del Derecho Español*, (50), 1980, pp. 559-560.

48 SARDINA PÁRAMO, J.A., *El concepto de fuero*…cit., p. 79.

Otero[49]-, el reforzamiento del poder político llevó a una (nueva) recepción del Derecho romano.

En este sentido, las Partidas suponen la recepción oficial, al menos en parte, de los principios romanos en materia de caza y pesca.

En cuanto al resto de reinos de España, los fueros tanto aragoneses como navarros nos muestran una regulación del tema de caza basada en los usos de pueblos cazadores, presentando los de Aragón[50] un doble régimen: "municipal y señorial, como en Castilla"[51] y los de Navarra, un derecho rico y sistemático, que reserva al rey y a los hidalgos la caza menor[52], ofreciendo un sistema de regalía que lo aleja del principio de libertad de caza.

La mayor intervención real se traduce en la consiguiente reserva de parte del aprovechamiento cinegético en los distintos territorios, encontrando cambios en materia de caza y así, de la reserva a favor de los munícipes en el Fuero de Cuenca con exclusión de los extranjeros, pasamos en las Partidas al establecimiento de

---

49 OTERO VARELA, A., "El Códice López Ferreiro..." cit., p. 571.

50 Bajo el reinado de Alfonso III se establecerían en las Cortes de Montblanch un cierto régimen legal sobre caza en el territorio de la actual Cataluña, según el cual "se señalaron una serie de limitaciones al principio general de la libertad de caza", en palabras de PELÁEZ ALBENDEA, M. J., "Algunas manifestaciones del derecho de caza en Cataluña (siglos XIII y XIV)", en *La chasse au Moyen Age, Actes du Colloque de Nice (22-24 juin 1979)*, Nice, 1980, p. 69.

51 GIBERT, R., "Antiguo régimen..." cit., p. 44.

52 En realidad, prohíbe la caza menor con determinadas artes a los villanos; todo, ampliamente, en GIBERT, R., "Antiguo régimen..." cit., pp. 44-45. Aparece en estas reservas un sistema regalista propio de otros estados feudales, aunque la "tendencia favorable al reconocimiento de prerrogativas absolutas del rey" se vio en la práctica limitada "por el Derecho tradicional y estamental. Todo ello explica que [...] los reyes compartan el derecho de caza con los señores y vecinos de los municipios y concejos", cfr. LAGUNA DE PAZ, J. C., *Libertad y propiedad...*cit., p. 26.

los ríos, puertos, y caminos públicos como bienes comunales que pueden usar todos, incluidos los extraños

> *Los ríos, e los puertos, e los caminos públicos pertenece a todos los omes comunalmente, en tal manera que tãbien puede usar dellos los q son de otra tierra estraña, como los que moran, e biuen en aquella tierra, do son: E como quier que las riberas de los ríos son quanto al Señorio de aquellos cuyas heredades aque están ayuntadas: con todo esso todo ome puede vsar della ligado a los arboles que esta y sus nauios, e adobado sus naues esusve las enellas, e poniendo y sus mercadurias, e pueden los pescadores y poner sus pescados, e venderlos, e enxugar y sus redes, e vsar en las riberas de todas las otras cosas semejantes destas que pertenecen al arte, e al menester por que biuen* (Part. III, 28, 6)

y, de nuevo, a la posibilidad de que las ciudades pudieran hacer reservas de caza a favor de sus habitantes, finalizando con la cada vez mayor reserva real en materia de caza como había sido habitual en otros reinos europeos[53]. En las propias Partidas aparecerán alusiones a la conveniencia de la práctica venatoria por parte de los reyes y príncipes en una concepción muy parecida a la romana, a caballo entre lo deportivo y lo militar; así, en Partidas II, 5, 20 se encuentran referencias a la caza como actividad conveniente para la salud del rey que también están presentes en otros reinos

> Ley 20 «*Cómo el rey debe ser mañoso en cazar*»
>
> *Mañoso debe el rey ser et sabidor de otras cosas que se tornan en sabor et en alegría para poder mejor sofrir los grandes trabajos et pesares quando los hobiere, segunt deximos en la ley ante desta. Et para esto una de las cosas que fallaron los antiguos que más tiene pro es la caza, de qual manera quier que sea: ca ella ayuda mucho a menguar los pensamientos et la saña, lo que es más menester a rey que a otro home; et sin todo aquesto da salud, ca el trabajo que en ella toma, si es con mesura, face comer et dormir bien, que es*

---

[53] GIBERT, R., "Antiguo régimen..." cit., p. 38ss, sobre estas cuestiones. La reserva real había estado presente, especialmente, en la fase tolosana del reino visigodo circunscrita al ámbito galo, según dice POVEDA ARIAS, P., "Incidencia y regulación de las dinámicas cinegéticas..." cit., p. 178.

la mayor parte de la vida del home; et el placer que en ella recibe et otrosí grant alegría como apoderarse de las aves et de las bestias bravas, et facerles que le obedezcan et le sirvan, aduciendo las otras a su mano. Et por ende los antiguos tovieron que conviene mucho esto a los reyes mas que a los otros homes, et esto por tres razones: la primera por alongar su vida et su salud, et acrescentar su entendimiento, et redrar de sí los cuidados et los pesares, que son cosas que embargan muy mucho al seso, et todos los homes de buen sentido deben esto facer para poder mejor venir a acabamiento de sus fechos: [...]. La segunda porque la caza es arte et sabidoria de guerrear et de vencer, de lo que deben los reyes ser mucho sabidores; la tercera porque mas abondadamiente la pueden mantener los reyes que los otros homes

Así lo señala Guizard en relación con el rey Ludovico Pío cuando dice cómo "Chasser est aussi un signe de la bonne santé du souverain. En 817, lorsque Louis le Pieux est blessé lors de l'effondrement de la galerie du palais d'Aix, il est suffisamment rétabli pour partir dans la région de Nimègue vingt jours plus tard et se livrer au plaisir de la chasse. Il tient une assemblée générale dès son retour[54].

Igualmente, del mismo modo que se había introducido en Roma como ejercicio militar, se considera en Partidas una actividad conveniente para la instrucción de los príncipes, desde pequeños (II, 7, 10).

Ley 10 «*Quáles cosas debe el rey enseñar á sus fijos*»

Et desque fueren entrando nen edat de ser donceles débenles dar quien los costumbre et los muestre á saber conoscer los homes quáles son et de qué lugares [...] Et otrosi les deben mostrar como sepan cavalgar, et cazar, et jugar toda manera juegos, et usar toda manera de armas, segunt que conviene á fijos de reyes

Pero si nos fijamos en el régimen jurídico de la caza en Partidas se pueden comprobar las particularidades respecto de los principios romanos en cuanto al régimen de la propiedad de la pieza cazada. Así, en la Partida III, 28, ley 17 se señala que:

---

54 GUIZARD, F., "Les accidents de chasse..." cit., p. 291.

Ley 17 «*Cómo puede home ganar el señorío de las bestias salvages, et de las aves et de los pescados de la mar cazando ó pescando*»

Bestias salvages, et las aves et los pescados de la mar et de los ríos quien quier que los prenda son suyos luego que los ha presos, quier prenda alguna destas cosas en la su heredat mesmo ó en la agena. Empero si quando algunt home quisiese entrar á cazar en heredat agena estodiese hi el señor della et le dixiese que non entrase hi á cazar, si después contra el su defendimiento prisiese hi alguna cosa, entonce non debe seer lo que hi prisiese del cazador, sinon del señor de la heredat; ca ningunt home non debe entrar en heredat agena para cazar en ella nin en otra manera contra defendimiento de su señor. Eso mesmo serie si el señor lo fallase que andodiese ya cazando en su heredat, et ante que prisiese hi ninguna cosa le defendiese que non cazase hi; ca todo quanto hi cazare después que gelo defendiere, todo debe seer del señor de la heredat et non del cazador: mas si antes que gelo defendiese hobiese algo cazado, todo quanto ante prisiese debe seer del cazador, et non ha que veer en ello el señor de la heredat.

Las diferentes normas que regulan la caza en el territorio de España[55], desde el siglo XIII al XVI, básicamente mantienen los principios establecidos en los fueros locales con las especialidades propias de cada territorio en los que también se observan, junto al aprovechamiento común, algunas entradas de reserva real, como señala Gibert, que se extienden a algunos nobles según está documentado a lo largo del siglo XVI y en los dos posteriores[56]; en realidad, en la Castilla de la Baja Edad Media, la caza se ha con-

---

55 Para las leyes históricas de caza, se puede ver SÁNCHEZ GASCÓN, A., *Leyes históricas de caza (recopilación)*, Madrid, 2007.

56 GIBERT, R., "Antiguo régimen español...", cit., pp. 40 y 41. En el siglo XVI se introducen las armas de fuego en la caza lo que determinó un importante cambio en la forma de concebir y practicarla, como señala Jovellanos, junto con otras razones del cambio: "La memoria de una y otra cacería continúa constantemente por nuestras crónicas hasta dar en los siglos cultos. En el XV estaban aún entrambas en toda su fuerza; pero vínoles al fin su hado y cayeron entrambas en olvido cuando, de una parte, la extensión del cultivo y los reglamentos de montes acabaron con los bosques y las fieras; y de otra, cuando la perfección de las armas de fuego hizo tan inútiles los alanos y los halcones como las ba-

vertido en "una actividad importante en el ejercicio de las tareas y ocupaciones de la Realeza", apareciendo figuras relacionadas con oficios de caza a los que se les concedió una serie de privilegios lo que "facilitó el desarrollo de la caza en el mundo cortesano"[57].

A partir del s. XVII se recoge el interés por normativizar cuestiones de naturaleza administrativa conducentes a regular, fundamentalmente, los periodos de veda y los medios de caza y en el s. XVIII aparece ya regulada la figura del cazador[58] y las licencias, si se pueden llamar así, que correspondían a las personas según su estatus social[59] en un intento de ir "limitando cada vez más a los grupos privilegiados y a la aristocracia, ya fuera esgrimiendo razones de policía —las armas de fuego eran una amenaza para el orden público— ya exaltando abiertamente los valores aristocráticos de la caza, con lo que su espíritu aristocrático siguió íntegro porque en el siglo XVIII la tendencia del legislador apuntaba a

---

llestas y catapultas", JOVELLANOS, G. M., *Memoria sobre las diversiones...* cit.

57 PÉREZ BUSTAMANTE, R., "Privilegios fiscales y jurisdiccionales de los Monteros de Castilla (siglo XV)", en *La chasse au Moyen Age, Actes du Colloque de Nice (22-24 juin 1979),* Nice, 1980, pp. 83-85. Esta realidad no es exclusiva de los reinos hispanos y se encuentra también en otros: en Francia, los cazadores al servicio del rey harían de este puesto un bien transmisible a sus descendientes para los que "le charge de veneur, avec tous les avantages moraux et matériels qui y sont attachés", LESAGE DE LA HAYE, Y., "La Venerie du roi de France, d´après les comptes du Maître Veneur Philippe de Courguilleroy 1388-1398", en *La chasse au Moyen Age* ...cit., p. 153.

58 En realidad,. como dice Fradejas Rueda, los campesinos que cazaban para defenderse de las alimañas, alimentarse y utilizar sus pieles dan lugar "a que aparezca la figura del cazador profesional, para el que la caza se convertía en un medio de vida de donde obtenía los recursos necesarios para su subsistencia, no un mero complemento como lo era para el campesinado, por lo que se la designa como caza ofensiva", FRADEJAS RUEDA, J. M., "Los libros de caza medievales...", cit., p. 2.

59 La Real Cédula del año 1772 promulgaba la "Ordenanza, que generalmente deberá observarse, para el modo de cazar y pescar en estos Reynos, con señalamiento de los tiempos de Veda de una y otra especie".

restringir el derecho de cazar y pescar a grupos cada vez más concretos y reducidos"[60]. Los aspectos administrativos y penales de la actividad venatoria comienzan a ser parte fundamental de las ordenanzas que se aprueban, especialmente los segundos, que abarcan tanto la pena de aquellos que cacen en los bosques del rey cuanto la diferenciación entre clases a efectos sancionadores. Respecto de la primera cuestión, a partir de 1762 la Compañía de Fusileros Guardabosques Reales que se había formado en Cataluña ya se encontraba en Madrid, según Martínez y Pi, con funciones como las de "ocuparse del «resguardo de la caza, leña y prisión de cazadores y leñadores»" y "detener a los intrusos que pudieran perturbar la tranquilidad del rey en su asueto cinegético"[61].

En el siglo XIX, el interés por el régimen del derecho de caza y ciertos problemas derivados de la actividad cinegética, así como aspectos de la propiedad sobre las piezas, se regulan a partir de la Primera Ley de Caza de 1834[62] en la que se establece en su

---

60 CARO LÓPEZ, C., "La caza en el siglo XVIII: sociedad de clase, mentalidad reglamentista", *Hispania*, 2006, vol. LXVI, nº. 224, p. 999.

61 MARTÍNEZ RUIZ, E./ PI CORRALES, M. P., "Los guardabosques reales y su entorno (1762-1784)", *Studia historica. Historia moderna*, 6, 1988, pp. 582 y 580, respectivamente.

62 Normas sobre caza anteriores se encuentran en la Novísima Recopilación de las Leyes de España de 1805 donde se recogen normas prohibitivas de determinadas artes de caza -cepos (1515), lazos, redes (1552) y trampas (1465)- o el establecimiento de vedas en razón de la cría (1552), o la prohibición del uso de armas con pólvora para la caza (1527) y levantamiento de esta última por Pragmática de 1617, por distintas razones ("el tiempo y la experiencia han demostrado que la dicha ley no ha sido de tanto beneficio y utilidad, como se entendía que fuera") entre las que se encontraban no haber conseguido "la abundancia que se esperaba" y el "haber introducido nuevos modos de cazarla con lazos y armadijos y otros géneros de instrumentos secretos y sin ruido con que se causa mayor daño a la caza que con arcabuces" y, por el contrario, haber aumentado los animales nocivos, exceptuando de este permiso una zona circundante de la Corte (1662) por razones de protección.

artículo 1[63] la libertad de caza total para el dueño de fundo *totius temporis* y la libertad de caza para todos en terrenos baldíos sin necesidad de permiso del dueño, según su artículo 4[64], así como la remisión a Partidas sobre la propiedad de la pieza de caza herida que cae en fundo ajeno, que correspondería al propietario de este *ex* art. 7 de la Ley[65]. Este régimen variará en las siguientes leyes de caza (1879 y 1902) las cuales, con el mismo dictado, establecen en su artículo 16 la propiedad del cazador sobre la pieza[66].

La ley de 10 de enero de 1879, segunda Ley de Caza "hacía de la caza un fruto o pertenencia de la propiedad", ignorando el fin social y económico de conservarla y presentando un diseño del derecho a la caza claramente individualista, según Gibert[67]. La ley comienza con la distinción entre animales salvajes, amansados y mansos en su artículo 1[68]; se define la actividad de la caza en su

---

63 Ley de Caza de 1834 Art.1°. "Los dueños particulares de la tierra lo son también de cazar en ellas libremente en cualquier tiempo del año, sin traba ni sujeción á regla alguna".

64 "4°.- Se podrá cazar sin licencia de los dueños, pero con sujeción á las indicadas restricciones de ordenanza en las tierras abiertas de propiedad particular que no estén labradas ó que estén en rastrojo".

65 "7°.- La caza que cayere del aire en tierra de propiedad, ó entrase en ella después de herida, pertenece al dueño ó arrendatario de la tierra y no al cazador, conforme á lo dispuesto en la ley 17, título 28 de la 3ª Partida".

66 "Arts. 16 Ley de caza de 1879 y Ley de Caza de 1902: El cazador que usando de un derecho de caza desde una finca donde le sea permitido cazar, hiera una pieza de caza menor que cae ó entra en propiedad ajena, tiene derecho á ella; pero no podrá entrar en esta propiedad sin permiso del dueño cuando la heredad esté materialmente cerrada por seto, tapia ó vallado, si bien el dueño de la finca tendrá el deber de entregar la pieza herida ó muerta.
Cuando la heredad no esté cerrada materialmente, el cazador podrá penetrar solo á coger la pieza herida ó muerta, sin permiso del dueño, pero será responsable de los perjuicios que cause".

67 GIBERT, R., "Antiguo régimen español…", cit., pp. 53 y 55.

68 "Artículo 1°.- Los animales, para los efectos de esta Ley, se dividen en tres clases: Primera. Los fieros ó salvajes. Segunda. Los amansados ó

artículo 7[69]; la enumeración de los terrenos en los que se puede cazar en el artículo 9 en el que, en su último inciso, simplemente establece que en los terrenos de propiedad particular solo podrá cazar el dueño y las personas a las que éste les dé permiso, sin otras prescripciones[70] aunque se introduce un régimen regulador de los derechos de copropietarios, usufructuarios y arrendatarios[71]; la obligación de respeto a los cultivos establecida en el artículo 15, con independencia de la existencia de un acotamiento de la finca[72]; además de los requisitos administrativos (edad y licencia) para la práctica de la caza.

En siglo XX se aprueba la tercera Ley de caza (1902) que varía, fundamentalmente, el régimen relativo al ejercicio del derecho de caza establecido en la de 1879 especialmente en lo que se refiere a los tiempos de veda, unificando todas las provincias de España en el mismo espacio temporal (art. 17) y la caza de determinados animales (art. 19). Son también notables algunos cambios

---

domesticados. Tercera. Los mansos ó domésticos"

69 "Art. 7º.- Se comprende bajo la acepción genérica de cazar todo arte ó medio de perseguir ó de aprehender, para reducirlos á propiedad particular, á los animales fieros ó amansados que hayan dejado de pertenecer á su dueño por haber recobrado su primitiva libertad".

70 "Art. 9º.- Este derecho puede ejercitarse en los terrenos del Estado ó de los pueblos y en los de propiedad particular, con sujeción á lo dispuesto en esta ley.
En los terrenos del Estado ó de los pueblos que no se hallen vedados por quien corresponda será lícito cazar, según determina el art. 8º.
En los de propiedad particular sólo podrá cazar el dueño y los que éste autorice por escrito".

71 Para estos últimos, ya estaba establecido en la ley de 1834, en su artículo 5.

72 "Art. 15º.- Considerándose cerradas y acotadas todas las dehesas, heredades y demás tierras de cualquier clase pertenecientes á dominio particular, nadie puede cazar en las que no estén materialmente amojonadas, cerradas ó acotadas, sin permiso escrito de su dueño, mientras no estén levantadas las cosechas.
En los terrenos cercados y acotados materialmente ó en los amojonados nadie puede cazar sin permiso del dueño", que habría que integrarlo con lo previsto en el artículo 9.

relativos a la clasificación de animales comprendida en el artículo 6[73]; el artículo 9 en el que se establece la necesidad de cerramiento o acotamiento de la finca para que solo pueda cazar en ella y, con él, excluir a extraños del derecho de caza[74]; la incorporación, en el artículo 7, de la obligación de que el ejercicio de la caza se desarrolle con medios legales y artes lícitas[75]; la exigencia de una edad mínima para cazar, que se establece en 15 años; o la ampliación del artículo 25 con la prohibición de la exportación de determinados animales en lo que se podría considerar un intento de preservar la riqueza cinegética del país[76].

---

73 "Art. 6º.- Los animales fieros ó salvajes y los amansados ó domesticados de que trata el art. 4º pasan a poder del hombre por la caza"; en la Ley de 1879 no aparecía la referencia a los amansados, aunque se sobreentendía en virtud del art. 5.

74 "Art. 9º.- Este derecho puede ejercitarse en los terrenos del Estado, de los pueblos, comunidades civiles ó fincas de propiedad particular que no estén vedados.
En los que estén visiblemente cerrados ó acotados, sólo podrán cazar los dueños ó arrendatarios ó las personas á quienes aquellos autoricen precisamente por escrito.
Los vedados, para ser tenidos por tales, deberán llenar las condiciones que establecen la ley de acotamientos, como también las disposiciones vigentes sobre tributación, y tener en sus límites á todos aires, en sitios fácilmente legibles, tablillas ó piedras con letreros que digan: "Vedado de caza". En estos vedados sólo se podrá cazar con permiso escrito del dueño ó arrendatario.
Todo propietario podrá vedar legalmente sus fincas; pero será responsable directamente con sus bienes, con arreglo al Código civil, de los daños que la caza que se cría en su propiedad cause en los predios de los propietarios colindantes".

75 Art. 7º.- Se comprende bajo la acción genérica de cazar todo arte lícito y todo medio legal de busca, perseguir, acosar, aprehender ó matar, para reducirlos á propiedad particular, los animales referidos en la clase 1ª del art. 1º, y los del art. 4º.

76 "Art. 25º.- Queda terminantemente prohibida la circulación y venta de caza viva ó muerta, y de los pájaros vivos ó muertos que determina el reglamento en todo territorio español durante la temporada de veda,

En la Ley de Caza de 1970 (TOL136.346), que entró en vigor un año más tarde, las normas de carácter administrativo tienen una presencia innegable. Frente a lo sucedido en épocas pasadas, la ley buscaba "modernizar los preceptos cinegéticos vigentes, con el fin de procurar que el ordenado aprovechamiento de esta importante riqueza proporcione las máximas ventajas, compatibles con su adecuada conservación y su deseable fomento", según reza su Preámbulo; para ello clasifica los terrenos de caza en dos categorías: los terrenos de aprovechamiento cinegético común y los de régimen especial (art. 8. 1 LCaza) y, dentro de estos últimos, "los parques nacionales, los refugios de caza, las reservas nacionales de caza, las zonas de seguridad, los cotos de caza, los cercados y los adscritos al régimen de caza controlada" (art. 8. 2 LCaza).

Con la Constitución de 1978 se atribuye la competencia sobre caza a las Comunidades Autónomas (art. 148. 1. 11.a CE) (TOL173.304), por lo que la legislación autonómica ha venido a complementar la normativa al respecto. En este sentido, cabe citar la reforma en materia de caza operada en el territorio de Castilla-La Mancha en la que destacan los cambios en los espacios destinados al ejercicio de la actividad cinegética. En la Ley de Caza de Castilla – La Mancha de 2015 (Ley 3/2015,

---

cualquiera que sea la fecha de la adquisición, con la excepción que de los conejos queda hecha en el art. 17.
Queda también terminantemente prohibida en todo tiempo, y por espacio de seis años desde la publicación de la presente ley, la exportación al extranjero de toda clase de pájaros y caza mayor y menor, excepción hecha de los estorninos, tordos y la de los conejos, que sólo podrán ser exportados desde el 1° de Septiembre al 1° de Marzo de cada año, siendo responsables subsidiariamente de las infracciones que se cometan las Empresas de ferrocarriles, barcos de todo género ú otros medios de transportes en cuyos trenes ó expediciones se conduzca la caza para la exportación.
Se autoriza al Gobierno de S.M. para que por medio de Real decreto amplíe ese plazo de seis años, cuando á su juicio las necesidades lo demanden".

de 5 de marzo, de caza, modificada Ley 2/2018, de 15 de marzo (TOL6.548.452) se señala en su Exposición de Motivos: "El título IV desarrolla los distintos tipos de terrenos cinegéticos donde se puede practicar la caza, que quedan simplificados en Cotos de Caza y Zonas Colectivas de Caza, al eliminarse las figuras de Cotos Sociales, Cotos Privados de Aves Acuáticas, Zonas de Caza Controlada, Terrenos Cinegéticos de Aprovechamiento Común, Explotaciones Industriales, Reservas de Caza y los Vedados de Caza. En este sentido, uno de los grandes avances de esta ley son las llamadas Zonas Colectivas de Caza, figura establecida para regular terrenos cinegéticos cuya titularidad corresponde a asociaciones de cazadores, sociedades, clubes y entidades de análoga naturaleza, que por sus fines sociales, el ejercicio de la caza se realizará de forma no comercial y atendiendo a la mejor conservación, fomento y control de las especies cinegéticas, de forma que permita la integración de derechos cinegéticos de multitud de parcelas mediante medios admitidos en derecho.

Se incorpora la figura de cuarteles comerciales de caza, que quedarán integrados en Cotos de Caza, y son aquellos donde se incrementa de manera artificial su capacidad cinegética mediante sueltas periódicas de ejemplares liberados y a los que reglamentariamente, según el tipo de titular del aprovechamiento, sus características de gestión y mejoras ambientales, se dotarán de distintas denominaciones comerciales. También reconoce el carácter turístico de este tipo de Cotos, cuando sus titulares sean profesionales cinegéticos que tengan como objetivos sociales esta actividad, permitiendo identificarlos a efectos de señalización y comercialización con su condición social".

En la reforma de 2018, (Ley 2/2018, de 15 de marzo) se incluye la figura de los Cotos sociales, regulados en los arts. 39 y 40 de la ley. Según la Exposición de Motivos de la ley de reforma, "Para facilitar el ejercicio de la caza social se añade a la figura de las zonas colectivas de caza la regulación de la figura de los cotos sociales, diferenciándose en que las zonas colectivas de caza tienen limitación de superficie y los cotos sociales no la tienen y que su titularidad solo es de la Junta de Comunidades de Castilla-La Mancha. La norma prevé que la oferta pública de caza se establecerá sobre los cotos sociales de caza y sobre aquellas zonas colectivas de caza de titularidad pública y se realizará por Orden de la Consejería, al considerar que la misma ni contiene una regulación de derechos y obligaciones ni tiene vocación de permanencia, sino el procedimiento para la adjudicación de permisos para cazar en una temporada cinegética". Se busca, según el art. 39, 1 "facilitar el ejercicio de la caza en régimen de igualdad de oportunidades, con especial atención a los cazadores de la región".

Actualmente, las reformas que se han introducido recientemente en las leyes autonómicas de caza buscan, según sus Exposiciones de motivos, una mejor adaptación a las nuevas necesidades y exigencias medioambientales, así como la integración de los aspectos económicos y culturales dentro de criterios de sostenibilidad; el Decreto 15/2022, de 1 de marzo, por el que se aprueba el Reglamento General de aplicación de la Ley 3/2015, de 5 de marzo, de Caza de Castilla-La Mancha (TOL8.812.258), va en esta línea al señalar en su Preámbulo que "El texto pretende, de esta manera, consolidar el papel de la caza en el territorio castellano-manchego como una actividad socioeconómica sostenible y como herramienta para la planificación, gestión y puesta en valor del medio natural".

La última modificación en el momento de cierre de este trabajo ha venido de la mano de la Comunidad autónoma de La Rioja que ha aprobado en el mes de junio del 2022 la Ley 8/2022 de caza y gestión cinegética (TOL9.046.865), regulando de modo particular sus propios terrenos cinegéticos. Si bien la Ley de Caza de 1970 se mantenía a principios de siglo XXI como "referencia obligada"[77], actualmente se observa la introducción

---

77 Cfr. GÁLVEZ CANO, M. R., *El Derecho de caza en España*, Granada, 2006, p. 58, ampliamente para esta cuestión pp.53ss.

de nuevos parámetros a la hora de abordar la regulación de la actividad cinegética debidos a los cambios sociales; así, la citada Ley 8/22 de La Rioja establece en su Exposición de motivos que todos esos cambios producidos junto con la innegable función social de la caza, "abonan la necesidad de un cambio legislativo que contextualice la acción de caza en esta nueva actualidad y garantice su desarrollo armónico con el medioambiente, la biodiversidad y su reconocimiento social".

Los aspectos administrativos parecen tomar una preponderancia clara frente a los civiles en materia de caza. Se han producido cambios de perspectiva en leyes de caza autonómicas, como la del Principado de Asturias de 6 de junio de 1989 (TOL12.479), en la que se afirma la prevalencia de los aspectos administrativos sobre los civiles: "La Ley parte de la inserción de la caza en la política de conservación de la naturaleza y, más propiamente, dentro de la política de conservación de los recursos naturales. Ello, en base a la consideración de las especies cinegéticas como patrimonio público, en contraposición a la vieja teoría de la «res nullius», lo que supone la vinculación de las especies a la Administración, la cual ve así reforzadas sus prerrogativas de forma coherente. Adaptando la concepción tradicional de la caza a la preservación de la riqueza natural, conforme a los principios informadores de las nuevas orientaciones legislativas en la materia, se configura la caza como un recurso gestionado por la Administración, en cuyo aprovechamiento se instaura y garantiza en régimen de igualdad de oportunidades para todos los cazadores".

Afirmando el carácter mixto de la normativa, se expresa la Ley de caza del País Vasco de 17 de marzo del 2011 (TOL2.059.914): "Ya aquí se aprecia el carácter mixto, de Derecho civil y administrativo, de las regulaciones cinegéticas". De aquí se deriva otra consideración, en opinión de Lacruz Mantecón, que es que el principio de bienestar animal no es el que preside muchas de las nuevas leyes de caza autonómicas -como el caso, que cita, de la Ley 4/2021 de Caza y de Gestión Sostenible de los Recursos Cinegéticos de Castilla y León (TOL8.498.088)-, "sino el principio de la "gestión sostenible de los recursos cinegéticos", para la cual la caza no es sino un instrumento"[78].

Pese a todo lo dicho, desde el marco del derecho privado, la caza sigue constituyendo una de las instituciones más tratadas históricamente, ya sea desde el punto de vista legislativo, del doctrinal o del jurisprudencial.

En la doctrina civil tradicional se ha conformado una doble acepción en la construcción de la caza. Albaladejo señala, en relación con el Derecho civil, cómo la expresión *Derecho a cazar o pescar* tiene dos sentidos: uno primero, que aludiría a la "posibilidad de ocupar, mediante caza o pesca, las piezas cazables o pescables, cuando lo son por cualquiera todas las que se hallen en terrenos o aguas públicas o en ciertos terrenos privados", y un segundo, que se referiría al "poder especial que tiene alguien de hacerlo en ciertos terrenos o aguas, con exclusión de toda otra persona"[79]. Esta percepción es la que se encuentra en la Sentencia del Tribunal Supremo de 3 de octubre de 1979 en la que se discutía si bajo la expresión "riqueza cinegética" se podía considerar la caza existente en una finca usufructuada y, en consecuencia, si los animales cazables eran susceptibles de ocupación o, por el contrario,

---

78 LACRUZ MANTECÓN, J. L., "Nuevas reglas sobre adquisición de animales por ocupación", en G. CERDEIRA (Dir.) *Un nuevo derecho civil para los animales,* Madrid, 2022, p. 285.

79 ALBALADEJO GARCÍA, M., *Derecho Civil,* III, *Derecho de Bienes,* vol. 1, 5ª ed. Barcelona, 1993, p. 330. No puedo entrar en detalle en esta cuestión, que se aleja del objeto de estudio; simplemente, quería señalar cómo no han faltado opiniones que configuran la actividad de la caza como una facultad -y no un derecho- inherente al dominio u otro derecho real o personal, o una "simple capacidad de la persona" cuando esa actividad se produce en determinadas circunstancias, como cazar en terrenos cinegéticos de aprovechamiento común o pescar en aguas públicas, PEÑA BERNALDO DE QUIRÓS, M., *Derechos reales. Derecho hipotecario,* Madrid, 1982, pp. 28-29, por todos.

frutos del fundo[80] y disponibles, por tanto, por el usufructuario; el

---

80 Además de estas diferentes posturas sobre la naturaleza de la actividad, entre los estudiosos del derecho positivo se mantiene el debate entre la consideración de las piezas de caza como *res nullius* o *fructus fundi* y las distintas y consecuentes formas de adquisición, añadiéndose la accesión a la ocupación, así como la consideración del problema desde un punto de vista más administrativo que civil, y viceversa. Además de los autores que citaré en las páginas siguientes, conviene hacer mención autónoma de MOREU BALLONGA, J. L., *Ocupación, Hallazgo y Tesoro,* Barcelona, 1980 y LÓPEZ RAMÓN, F., *La protección de la fauna en el Derecho Español,* Sevilla, 1980; y en el comentario del primero a la obra del segundo, "Sobre la línea divisoria entre ocupación y accesión", *Revista Crítica de Derecho Inmobiliario,* 550, 1982, pp. 721-742, quien afirma que "no parece que exista en la tradición jurídica española ningún precedente de la idea de que la caza y la pesca habrían de considerarse de dominio público o pertenecer al Estado como bienes patrimoniales" (p. 733), en contestación a la alusión de López Ramón a la Ley de Mostrencos de 1835 en la que habría encontrado un precedente en nuestra tradición jurídica de la titularidad pública de los animales salvajes (*ex* art. 1 de la ley cuando señala que corresponden al Estado los bienes semovientes sin dueño conocido), lo que, en realidad, sería una atribución dominical aparente ya que "la declaración del artículo 1 movíase en el simple terreno de los principios sin contenido real", LÓPEZ RAMÓN, F., *La protección de la fauna...cit.,* pp. 37-38. Como he señalado, esta idea de la no concepción de caza y pesca como bienes públicos ha sido contestada por alguna ley autonómica -Principado de Asturias- que sí parte de este planteamiento.

La bibliografía actual sobre el Derecho de caza es amplia y profunda; baste citar, sin ánimo de exhaustividad, además de los estudios que se citan expresamente, algunos de los que tratan los aspectos administrativos, civiles y penales más importantes en relación al mismo: PARRA LUCÁN, M. A., "La responsabilidad por daños producidos por animales de caza", *Revista de derecho civil aragonés,* 5, 5, 1999, pp. 11-74; MARTÍNEZ-PEREDA, J. M., *Sanciones y responsabilidad en materia de caza,* Madrid, 1972;

CUELLAR MONTES, T., *El Derecho de Caza. Análisis y consideraciones desde la óptica del derecho civil,* Cáceres, 2018; SÁNCHEZ HERNÁNDEZ, A., "La responsabilidad civil por los daños causados por piezas de caza", en *Libro homenaje al prof. Manuel Albaladejo García,* con Porras J.M. y Méndez, F.P. (Coord.), Vol. II, Murcia, 2004, pp. 4529-4584; GÁLVEZ CANO, M.

TS señala en esta sentencia que:

> "[...] el derecho de caza puede entenderse en un doble sentido: en primer lugar, como tal "derecho a cazar" o "derecho a la explotación de la caza"; y en segundo término, como el "derecho al ejercicio de la caza", este último, dentro del sistema español, inspirado en el francés, es expresión de la libertad individual que, en principio, corresponde a todos, dentro de los límites que impone el Derecho público y siempre que sea ejercitado en terrenos que, por ser libres, ello sea posible, con la particularidad de que las piezas venatorias son consideradas *nullius* y su propiedad se adquiere por ocupación [...]; pero cosa distinta es el primero, es decir, "el derecho a cazar o explotar la caza" que funciona en relación con la posibilidad que todos los ordenamientos modernos permiten [...] de establecer cotos, cercados o vedados privados (aparte los nacionales y los sociales) donde sólo tiene derecho a cazar el titular dominical de la finca o quien él autorice, o los titulares de

---

R., *El Derecho de caza*...cit.; SÁNCHEZ GASCÓN, A., *Jurisprudencia en materia de caza*, Pamplona, 1992; LAGUNA DE PAZ, J. C., *Libertad y propiedad*...cit. Para la evolución en esta materia en el Derecho comparado, EULA-ARIENZO, *s.v. Caccia*...cit. Desde la perspectiva de la finalidad y filosofía de la ley de 1970 es interesante GRAU FERNÁNDEZ, S., "El actual Derecho de Caza en España", *Revista de Estudios Agrosociales*, 85, 1973, pp. 7-32, en una conferencia publicada tres años después de su aprobación, donde se apunta el cambio de la ley en relación con tiempos anteriores, que basa su normativa en la protección de la naturaleza, de la caza en sí misma considerada, más que a una especie de derecho subjetivo a cazar, pp. 14ss; para SÁNCHEZ GASCÓN, A., *El Derecho de caza en España*, Madrid, 1988, esta tendencia es ya apreciable en la Ley de Caza de 1902 en la que "el derecho de propiedad de la tierra, e incluso el derecho de caza, ceden frente al interés general y prioritario de conservar las especies cinegéticas mediante su ordenado aprovechamiento, adquiriendo así el derecho de caza autonomía y sustantividad propia al margen del derecho de propiedad", p. 26. Para LACRUZ BERDEJO la caza solo es posible sobre la pieza de caza y, en consecuencia, sólo esta se puede adquirir; la referencia, hecha a tenor de la Ley de Caza del 70, sigue siendo válida, lo que nos lleva no a la naturaleza del animal -en la clásica tripartición de salvajes, domesticados y domésticos que se remonta al derecho romano-, sino a una declaración de naturaleza administrativa; cfr. LACRUZ BERDEJO, J. L., *Elementos de Derecho Civil*, III, 1, Barcelona, 1979, p. 84.

> otros derechos reales o personales que, como dice el artículo 6 de la Ley, "lleven consigo el uso o disfrute del aprovechamiento de la caza", pudiendo darse en arrendamiento o cederse con el usufructo de la finca [...].
>
> Aquel derecho de caza o a la explotación de la caza -distinto, forzoso es insistir en ello, de su ejercicio directo y efectivo- tiene un sustrato objetivo que es justo lo que se llama riqueza cinegética, que justifica no sólo la existencia del derecho inconcebible como tal, si careciese de contenido, sino también su uso, disfrute y explotación, siendo en este concepto "valuable", "tasable" y naturalmente "inventariable" [..]" (TOL1.740.803)[81].

Parece que la idea que sobrevuela la cuestión es una diferenciación entre un derecho a la caza, que podemos denominar genérico[82]; un derecho a cazar, como actividad con un contenido

---

81 La sentencia es analizada por Pantaleón quien, al margen de algunas discrepancias con el contenido de esta, afirma la existencia de un "derecho al ejercicio de la caza" como expresión de la libertad individual, así como la naturaleza de *res nullius* de las piezas de caza y su consiguiente adquisición por ocupación, PANTALEÓN PRIETO, F., *Comentarios*... cit., pp. 276ss.

82 No por ello relacionado con la idea de una especie de derecho natural a cazar, sino en la idea de un derecho relacionado con una de las más antiguas actividades del ser humano, tanto la primigenia como base del sustento individual, familiar y de grupo, como en su vertiente más moderna, pero ya presente en Roma, de actividad lúdica, que permanece en el tiempo y llega hasta nuestros días.
López Ramón analiza la idea de la caza como un *ius hominis,* presente en el derecho romano y derivado de la concepción de la pieza como *res nullius,* y cómo ha tenido eco en la concepción posterior de la actividad cinegética, LÓPEZ RAMÓN, F., *La protección*...cit., pp. 31ss. Este autor considera que no existe un derecho subjetivo de caza, p. 41ss, especialmente 52, por lo que se refiere a la licencia, que la considera constitutiva. Sobre un derecho a cazar como derecho natural, teóricamente, Cuéllar Montes para quien "En principio no existe, ni puede existir ninguna razón que pueda impedir a los hombres el tener derecho a cazar" aunque luego "la vida está llena de limitaciones que obstaculizan el ejercicio de los derechos" CUELLAR MONTES, T., *El Derecho de Caza*... cit., p. 17.

económico o evaluable económicamente en el que cabe la posibilidad de restringir la actividad a sólo algunas personas[83] y un derecho a lo cazado, como consecuencia de los dos anteriores, esto es, como consecuencia de la actividad misma[84]. Incluso terminológicamente se puede hablar de un Derecho de Caza, que se referiría a toda la regulación existente sobre la materia en un ordenamiento jurídico, en la que se incluirían tanto normas administrativas como civiles o penales y que es la terminología utilizada en las leyes históricas de 1879 y 1902 en las que su Sección segunda se intitula "De derecho de cazar".

La distinción entre perspectivas no es, simplemente, una mera cuestión terminológica. La preponderancia de una u otra determinará que la regulación haga más hincapié en la protección de unos determinados titulares o de otros; así ha sido históricamente y los nuevos bienes jurídicos protegidos conllevarán, sin lugar a duda, un posicionamiento que puede concluir en modificaciones legislativas. En este sentido, la protección al medio ambiente que está presente en nuestros días va más allá de la protección a determinadas especies que se encontraba, por ejemplo, en la Ley del Caza del 70[85], amparada en la declaración expresada en el art. 45 de la Constitución española, en el que se afirma el derecho a disfrutar de un medio ambiente adecuado para el desarrollo de la vida, la obligación ciudadana de conservación del mismo y la atribución a los poderes públicos de la obligación de velar "por la utilización racional de todos los recursos naturales" (TOL173.304).

---

83 Y que se concretaría en un Derecho a la caza en determinados terrenos que excluyen el ejercicio de esta a las personas que no estén autorizadas a hacerlo y que supone una explotación del territorio de tipo económico.

84 Es decir, a adquirir la propiedad sobre la pieza. Todas estas ideas responden a una diferente toma de postura frente al ejercicio de la caza que partiría desde la concepción de la licencia como acto constitutivo o declarativo, pasando por la concepción de la caza como un acto derivado de la potestad dominical sobre el fundo, entre otras cuestiones.

85 La cual, según cierta línea interpretativa, también tiene un marcado carácter "propietarista" dirigida a "consolidar la imagen de caza como *fructus fundi*", LÓPEZ RAMÓN, F., *La protección*...cit., p. 71.

Por último, la Ley 17/2021, de 15 de diciembre, de modificación del Código Civil, la Ley Hipotecaria y la Ley de Enjuiciamiento Civil, sobre el régimen jurídico de los animales (TOL8.677.300) afecta de manera especial al articulado de la primera de las normas citadas donde la especial naturaleza de los animales[86] los hace diferenciarse, expresamente, de los bienes y cosas, aunque esto no significa que no sigan considerándose objeto de derecho y, en consecuencia, objeto de tráfico jurídico. Eso sí, la reforma confirmaría la existencia en nuestro ordenamiento de un nuevo principio general, según Cerdeira, que sería el del bienestar animal[87]. El artículo 610 del C.c. (TOL220.310), en su nueva redacción, ha quedado con el siguiente dictado:

> Art. 610 C.c. "Se adquieren por ocupación los bienes apropiables por su naturaleza que carecen de dueño, el tesoro oculto y las cosas muebles abandonadas.
>
> Con las excepciones que puedan derivar de las normas destinadas a su identificación, protección o preservación, son susceptibles de ocupación los animales carentes de dueño, incluidos los que pueden ser objeto de caza y pesca.
>
> El derecho de caza y pesca se rige por las leyes especiales".

---

86 Según reza el Preámbulo de la Ley 17/2021, la reforma trae causa del artículo 13 del Tratado de Funcionamiento de la Unión Europea (TOL3.711.558) que "exige que los Estados respeten las exigencias en materia de bienestar de los animales como «seres sensibles»", traduciendo la expresión inglesa "sentient beings" recogida en el Tratado, aunque en el apartado II de dicho preámbulo se utiliza la expresión "sensibles" para referirse a la misma idea. Sobre esta cuestión y la utilización indistinta en la ley de ambos términos, *vide* LACRUZ MANTECÓN, M. L., "Nuevas reglas…" *cit.*, pp. 276ss.

87 Incorporado a nuestro ordenamiento, pero presente en el Tratado de Funcionamiento de la Unión Europea, *vide* CERDEIRA, G., "Entre personas y cosas: ¿Un nuevo derecho para los animales?", Diario La Ley, 9853, 2021, p. 3.; id. en "El bienestar animal como ser sintiente: un "nuevo" principio general para el derecho de animales, en *Un nuevo Derecho civil para los animales (Comentarios a la Ley 17/2021 de 15 de diciembre)*, G. Cerdeira (Dir.), Madrid, 2022, pp. 111-115, especialmente, p. 114, aunque, para el autor, no faltan razones para entenderlo como "un principio, además, que bien pudiera calificarse como propio del Derecho Natural", p. 115.

§ 2. *La caza en la literatura. Especial referencia a la España medieval*

A los datos jurídicos se unen otros de índole literaria que resultan especialmente relevantes por cuanto muestran la intrahistoria de una legislación que comienza a tomar en cuenta, cada vez más, las reservas reales y nobiliarias en materia de caza. Los textos literarios en España que aluden a la caza son bastantes, muchos en realidad, si se consideran también aquéllos que tratan el tema de manera incidental y no como objeto principal. La característica común de todos ellos es, por un lado, la introducción de nuevas artes y, por otro, la profunda afición a las mismas y, en general, a la caza; afición que comienza a extenderse entre distintas capas de la población, especialmente la capas más elevadas, pero no sólo: las artes de caza se han especializado y refinado coincidiendo con la introducción de la cetrería, arte no romano[88] que, según

[88] Se ha afirmado mayoritariamente que los romanos no conocieron la cetrería como arte de caza, es decir la caza de animales con determinadas especies de aves, aunque hay constancia de algún tipo de ayuda de aves para la caza de otras aves en fuentes muy fragmentarias, *vide* ampliamente, con bibliografía y fuentes, para la figura del *aucupes* y la actividad de la caza de pájaros cfr. MONTERO, S., "La figura del *auceps* en el mundo romano: economía y religión", *Gerión* (número extra), 2007, p. 271. No obstante, según Anderson, el emperador Avito (mediados del siglo V d.C.) habría ejercitado la cetrería que "the Roman nobles had learned from their northen enemies", e incluye la imagen de un mosaico procedente del norte de África fechado hacia el 300 d.C., en el que se aprecian a unos perros de caza persiguiendo a unas liebres y a un halcón cazándolas, ANDERSON, J. K., *Hunting in the ancient world*, Los Ángeles, 1985, pp. 151 y 152. Según Fradejas Lebrero, la cetrería nacería en las estepas de Asia central y "su difusión por Europa tuvo dos caminos, uno del Norte, a través de los germanos, y otro por el Sur, a través de los árabes", FRADEJAS LEBRERO, J., *Pero López de Ayala, Libro de la caza de las aves*, "Estudio Preliminar", Madrid, 1980. Señala Jovellanos cómo "los romanos apenas la conocían en tiempo de Vespasiano. Tal se infiere de un pasaje de Plinio que, hablando de las aves de rapiña (*Historia Natural*, libro X, capítulos 10 y 11), sólo describe la caza hecha con ellas como ejercitada en cierto lugar de Tracia, junto a Amphípolis", JOVELLANOS, G. M., *Memoria sobre las diversiones*...cit. Dicho esto,

en un epigrama de Marcial se recuerda la caza de pájaros menores por una rapaz (en algunas traducciones se habla de halcones) que actuaría como "criado del cazador"
(*Accipiter*)
Praedo fuit volucrum: famulus nunc aucupis idem
Decipit et captas non sibi maeret aves. (Marcial, *ep.* CCXVII).
Al estudio de este epigrama dedican Espín Forcén y García Cano un interesante trabajo en el que analizan las referencias de época romana, la mayoría tardías, al ejercicio de la caza con halcones tanto en fuentes literarias como en representaciones iconográficas; en relación con el epigrama, entienden estos autores que "The participle *captas* followed by *non sibi* is the key to understanding the active role of the hawk in the second verse of the epigram. This would imply accepting that Martial knew the practice of falconry and that it existed in the lands of the Roman Empire before the Germanic invasions of the 5th century AD". Para los autores, las razones por las que la doctrina mayoritaria ha rechazado el poema de Marcial como una fuente sobre el conocimiento en Roma de la caza con halcones se encontrarían en la ausencia de pinturas en el siglo I representando este tipo de caza, olvidando que "these authors were probably not aware of the Iberian iconography that we will analyze below. Furthermore, if we want to fully understand Martial's epigram, we must look at the particular historical context of the poet, something that so far has been neglected by previous scholarship. Martial was born in Bilbilis (northeastern Hispania) around the year 40 AD in a much less Romanized region than the Baetica of several contemporary poets and philosophers like Seneca or Lucan. It is possible that Martial became familiar with falconry in Iberian lands, where it had probably been practiced for centuries"; ESPÍN FORCÉN, C./ GARCÍA CANO, J. M., Martial's hawk and Iberian falconry. An exception in the ancient world", *Anthropozoologica,* (57) 5, 2022, pp. 146ss. Agradezco al profesor Espín que me mandara su trabajo antes de ser publicado, permitiendo su consulta.
La referencia de Plinio, *nat. his.*, X, 10 a la caza con rapaces en Tracia se encuentra previamente en Aristóteles, en *Mirabilia* del *Corpus Aristotelicum,* según recoge Normand, para quien Plinio habla de una "sorte d´association" entre hombre y *accipitres*: "Selon l´encyclopédiste, en revanche, ce ne sont pas les hommes qui appellent les rapaces à se joindre à eux, mais l´inverse", NORMAND, H., *Les rapaces dans les mondes grec et romain. Catégorisation, représentations culturelles et pratiques,* Bordeaux,

Morales[89], pronto tiene un gran arraigo también en las clases populares, aunque se identifica, claramente, con una actividad de la nobleza en la literatura cetrera medieval[90].

Uno de los más antiguos libros castellanos es el *Libro de la Caza* de D. Juan Manuel (s.XIII-XIV)[91]; en esta obra, como señalan Díez

---

2015, p. 552. La referencia en Marcial, sin embargo, iría por la línea contraria, al llamar al halcón *famulus aucupis.*

89 Con la diferencia, según la autora, de que son los primeros –reyes cristianos y musulmanes- los que utilizan "las especies más apreciadas y carísimas" –azores y halcones-, mientras que la gente del pueblo usará milanos y gavilanes, MORALES MUÑIZ, D. C., "Las aves cinegéticas en la Castilla medieval según las fuentes documentales", en J. Fradejas Rueda (Coord.), *La caza en la Edad Media*, Tordesillas, 2002, p. 134.

90 De la cetrería "no es fácil señalar la introducción en España. Puédese, sí, asegurar que no precedió a la dominación goda [...] como después ocurra frecuente mención de la caza de halcones en las leyes sálicas, longobárdicas, ripuarias y otras que establecieron en Europa los septentrionales, es de sospechar que a nosotros nos la trajesen también los visigodos, por más que no se halle mención en sus leyes.
Ello es que así de la caza de montería como de la de cetrería se halla ya frecuente memoria desde los principios de la monarquía asturiana. Es bien conocida en la historia la afición que tuvo a la primera el hijo de nuestro don Pelayo, muerto a manos de un oso en los montes de Cangas; y el mismo Favila, o sea otro señor de su tiempo, se ve todavía entallado con su halcón en mano en el capitel de una columna de la iglesia de Villanueva, que fundó su cuñado y sucesor Alfonso el Católico. Esta representación es harto frecuente y repetida en otras esculturas de aquella edad, como lo es también en sus privilegios y donaciones de mención de estos cazaderos con el nombre de *venationes* y *aztoreras,* y uno y otro no dejan dudar que ambas cacerías fuesen ejercitadas y comunes por aquellos tiempos", JOVELLANOS, G. M., *Memoria sobre las diversiones*...cit.

91 Pero no el más antiguo, *vide*, ampliamente, FRADEJAS RUEDA, J., "Juan de Sahagun, "Libro de cetrería de ... Glosas de don Beltrán de la Cueva, seguido del Discurso del falcón esmerejón del Conde de Puñonrostro", (reseña), *Castilla: Estudios de literatura* (9-10), 1985, p. 171ss., que cita, entre otros, el *Libro de los animales que cazan*, de Muhammad ibn 'Abd Allāh ibn 'Umar al Bayzār o el *Libro de cetrería* del rey Dancos, obras, estas dos, que serían, según el mismo autor, la fuentes escritas que uti-

lizó D. Juan Manuel para la composición de su libro (del segundo solo habría "una ligera reminiscencia"; cfr. FRADEJAS RUEDA, J. M., "Las fuentes del Libro de la caza de don Juan Manuel", en *Don Juan Manuel y el Libro de la Caza*, J. M. Fradejas (Ed.), Tordesillas, 2001, pp. 66ss. La influencia de las obras árabes en la literatura cetrera francesa se pone también de manifiesto en "l´étonante similitude qu´offrent en langue de volerie, les expressions árabes anciennes et leurs équivalents en vieux français" similitud que, como señala Viré, no puede sorprender cuando la cetrería devino con el paso de los tiempos en una actividad favorita de la nobleza medieval de la Europa occidental, perfeccionando sus métodos -al mismo tiempo que su lenguaje- no solamente por las Cruzadas sino también por la traducción al latín de las obras árabes; cfr. VIRÉ, F., "La fauconnerie dans l´Islam medieval (d´après les manuscrits árabes, du VIIIème au XIVème siècle), en *La chasse au Moyen Age, Actes du Colloque de Nice (22-24 juin 1979)*, Nice, 1980, pp. 189-190.
Sobre la influencia, reconocida, de la obra del rey Alfonso X en Don Juan Manuel, recordaré, simplemente que en el Prólogo de su obra señala cómo "Et [e]l dicho rey don Alfonso deseando el saber, como dicho es, et pagándose de todas las cosas nobles et apuestas et sabrosas et aprobechosas, entendiendo que en la caça ha estas quatro cosas muy conplidamente a los que quieren usar d´ella como deven, et non dexar por ella otros fechos mayores, ca los que en otra manera caçassen, aunque guardasen el sabor et la apostura de la caça, non guardarían la nobleza nin el aprovechamiento, por ende mandó fazer munchos libros buenos en que puso muy conplidamente toda la arte de la caça, también del caçar, como del benar, como del pescar [...]
Et porque don Johan, su sobrino, fijo del infante don Manuel, hermano del rey don Alfonso, se paga mucho de leer en los libros que falla que compuso el dicho rey, fizo escribir algunas cosas que entendía que cumplía para él de los libros que falló que el dicho rey abía conpuesto, señaladamente en las Crónicas de España et en otro libro que fabla de lo que pertenesçe a[l] estado de caballería, et quando llegó a leer en los dichos [libros] que el dicho rey ordenó en razón de la caça[...]" (edición y notas de FRADEJAS RUEDA, J. M., *Don Juan Manuel y el Libro de la Caza*, Tordesillas, 2001, p. 130).
Aunque D. Juan Manuel ha leído los libros compuestos por su tío Alfonso X, pretende con su obra renovar y actualizar dichos libros; sobre la innovación, *vide* di Steffano, que entiende que expresiones como de que *se agora mas pagan, lo que agora vsan*, o *fallan agora* quedan resaltadas por Don Juan Manuel, DI STEFANO, G., "Don Juan Manuel en

y Molina, al manejo extraordinario de la lengua y el conocimiento de las artes de caza, se une la capacidad de observación que queda plasmada en las descripciones que hace[92], que se mueven más en la práctica lúdica o deportiva que en la necesidad de una actividad que subvenía a la economía doméstica como, por otro lado, era ya normal en el ejercicio de la caza en esta época, al menos para ciertos sectores de la población. No es la única obra importante; posteriores a ella encontramos el *Libro de la caza de las aves* de Pero López de Ayala, el *Libro de la Cetrería* de Juan de Sahagún (s.?), el

---

su Libro de la caza", en *Don Juan Manuel...cit.*, p. 49, n.1. Igualmente, otras, "Et d´esta guisa caçavan fasta que nasçieron los fijos del rey don Fernando, que fueron muy grandes caçadores, señaladamente el rey don Alfonso et don Anrique et don Felipe et don Manuel. [Et] éstos usavan caçar en la manera que desuso es dicho, et agora usan de caçar segund está escripto en este libro" (edición y notas de FRADEJAS RUEDA, J. M., *Don Juan Manuel...cit.*, p.173); en la misma línea, MENJOT, D., "Juan Manuel: autor cinegético", en *Don Juan Manuel y el Libro de la caza*, en J. M. Fradejas (Ed.) Tordesillas, 2001, pp. 92-93.
También hay que mencionar el *Libro de la Montería* sobre cuya autoría permanecen las dudas. Don Juan Manuel habla de un tratado sobre caza que habría realizado su tío el rey Sabio; por otro lado, contamos con el Libro de la Montería de Alfonso XI, que recogería parte de los libros de Alfonso X; cfr., ORDUNA, G., "Los prólogos a la Crónica abreviada y al Libro de la Caza", en J. Fradejas (Ed.), *Don Juan Manuel...cit.*, p. 116.

92 DÍEZ DE REVENGA, F. J./MOLINA MOLINA, Á. L., "D. Juan Manuel y el Reino de Murcia: notas al "Libro de la Caza"", *Miscelánea Medieval Murciana*, VIII, 1973, pp. 12-13, siguiendo a Blecua y a Fradejas Lebrero. El *Libro de la caza* de D. Juan Manuel se ha conservado en un único manuscrito que contiene sus obras completas y que está custodiado en la Biblioteca Nacional (ms. 6376), cfr. FRADEJAS RUEDA, J. M., "Creençia/Crençia o querencia en el Libro de la Caza", en G. Manzano, C. Cano, y C. Velarde, *Lengua y Discurso: estudios dedicados al Prof. Vidal Lamínquiz*, Madrid, p. 317. Fradejas Lebrero dijo que la obra era una "obra maestra de la observación y aún fuertemente penetrada de arabismo", en "Estudio Preliminar", FRADEJAS LEBRERO, J., *Pero López de Ayala*...cit., p. 32.

Libro de Cetrería de Evangelista[93], el *De venatione et de aucupio* de Belisario de Acquaviva[94] y todos los siguientes entre los que no faltan

---

93 "parodia y sátira de los libros de cetrería en general, y que tuvo gran éxito entre sus contemporáneos", RODRÍGUEZ CACHÓN, I., *El Libro de cetrería (1583) de Luis de Zapata: estudio y edición crítica,* Tesis Doctoral disponible en http://uvadoc.uva.es/handle/10324/4221, (rescatado el 17 de mayo de 2022), p. 15.

94 Acquaviva perteneció a una familia noble italiana unida a los reyes aragoneses, de los que recibió el privilegio de usar en su nombre el título de Aragón (Belisario Acquaviva de Aragón es como firma su obra); además de su actividad militar, destaca su afición por los libros lo que llevó a reunir una magnífica biblioteca. Aunque ahora interesa mencionar su obra *de venatione et de aucupio,* ésta no fue la única a la que se dedicó. La obra está escrita en latín –obsérvese cómo utiliza los términos clásicos latinos para referirse a los dos grandes tipos de caza, montería y volatería o cetrería, respectivamente-, aunque en el prólogo dedicado a su hermano, Andrés Mateo, reconoce, no sé si con falsa modestia o no, una falta de conocimiento sólido de la lengua latina; probablemente no, puesto que repite en varias ocasiones más su falta de pericia en la lengua latina, así como afirma no saber la lengua griega "hasta el punto de que apenas si conozco los rudimentos del idioma" (trad. P. Francisco Valcárcel) lo que le ha provocado un trabajo extraordinario al tener que acudir a los textos latinos –Plinio, Tulio, Columela o Varrón- para encontrar algún tipo de apoyo. Esta situación le lleva a pedir a su hermano que corrija todo aquello que sea necesario para que "se pueda expresar mejor, con más latinidad, con más elegancia, con más propiedad" (trad. P. Francisco Valcárcel). No estamos, por tanto, ante una obra cinegética española *stricto sensu,* ni por la lengua ni por el origen del autor, aunque expresa, en cierto modo, el nexo entre la tradición literaria greco-romana con el humanismo de la época (s. XV) y de la importancia que este hecho tenía para sus propios contemporáneos (véase el Prólogo de Crisostomo Colomna al lector de la obra de Belisario). Según Acquaviva para el hombre hay tres formas posibles de caza relacionadas con los elementos de la naturaleza (tierra, aire, agua, fuego): la terrestre (*Tigrim vero/ capreas/ cervos/apros/leones ferafq3 caetera equites infectantur*); la aérea (*milvi/ cornices/ anferes/ grues/ caeteraq3 aquatiles aves/coturnicers/perdices/aliaeq3 avincular accipitribus capiuntur*) y la acuática, que es la pesca. La obra se dedica al estudio de las dos primeras, siguiendo las enseñanzas del poeta Opiano –salvo en lo relativo a la pesca que, según Belisario, ya se encuentra traducido al latín, en un mejor latín que el suyo, vuelve a recordar-. Además, y ésta quizá fuera la razón fundamental, la pes-

erradas atribuciones de obras completas como el *Libro de cetrería* a Alvar Gómez de Castro (s. XVI)[95], por citar sólo algunos de ellos.

El *Libro de la Caza* de Don Juan Manuel es una obra didáctica cetrera que distingue, según el propósito del autor, entre teoría y práctica aun siendo más lo segundo que lo primero puesto que don Juan Manuel no es un gran conocedor de las enfermedades de las aves ni de los remedios para las mismas, algo de lo que sí se habían ocupado obras anteriores[96] y se ocuparán las posteriores.

---

ca, en muchas ocasiones, es "propia de hombres perezosos, poco sufridos en los trabajos y que rehuyen todo esfuerzo, ya que no se ejercitan las fuerzas corporales, sino sólo de alguna manera el ingenio" (trad. P. Francisco Valcárcel) –el cuarto elemento de la naturaleza, el fuego, es imposible ser utilizado para la caza, según Belisario-. En cambio "no pudiéndose encontrar nada más agradable y deleitoso contra el hastío de la disciplina militar, de la guerra y de la administración pública que la caza, de la dulzura de la caza escribiré".

Para un acercamiento a su personalidad y obra, *vide* ROMERO DE LECEA, "Un incunable desconocido de la obra", en *Belisario de Acquaviva, La caza y la cetrería,* Vol. II, Madrid, 1971, pp. 9-33 y VALCÁRCEL, P. F., "Traducción al castellano", en *B. Acquaviva, La caza y la cetrería,* Vol. II, Madrid, 1971, pp. 35-108.

95 Sigo en este punto las consideraciones de Fradejas Rueda que ha demostrado que no fueron sino unas breves notas personales de libros cuya fama llegó hasta él –del canciller López de Ayala y de Evangelista-, *vide,* ampliamente, FRADEJAS RUEDA, J. M., "El supuesto Libro de cetrería de Alvar Gómez de Castro", *Revista de literatura medieval* (1), 1989, p. 16ss. Hoy en día, el Archivo Iberoamericano de Cetrería, dirigido por el Prof. Fradejas Rueda, constituye una fundamental fuente de información sobre la materia al que recomiendo acercarse para la profundización en estas cuestiones, http://www.aic.uva.es/jmfr.html, rescatado el 11 de abril de 2022.

96 Como señala FRADEJAS RUEDA, J. M (Ed.), *Don Juan Manuel...* cit., p. 46. Sobre la influencia de otras obras en Juan Manuel, *vide,* la misma obra pp. 48ss., y en especial para la "concomitancia con la cetrería arábiga". Sin embargo, el autor se presenta como un profundo conocedor de la caza en su aspecto práctico llegando a decir en otra de sus obras que *Et por que yo use la caça siempre en esta manera, sope ende mucho. Et digo vos que tengo que en el mi tienpo non sopo ende más ninguno otro omne de los que yo conosçí* (*Don Juan Manuel. Libro del cauallero et del escudero,* edición de Miguel VICENTE

Por eso la mayoría de los capítulos los dedica a las enseñanzas acerca de cómo cazar –por qué mejor halcones que azores (cap. II), conocimiento de las clases de halcones (cap.III), cómo adiestrarlos y cazar con ellos (caps. VI, VII) y del cambio producido en las artes de caza (cap.VIII), frente a los capítulos relativos al cuidado de las aves (cómo deben hacer la muda y la dieta que deben seguir después de la misma, caps. IX y X) y más específicamente el XI sobre las medicinas que se les deben dar en caso de enfermedad[97]. Pero sobre todo destaca el último capítulo, el más extenso de toda la obra[98], el dedicado a "qué cazas hay y qué lugares para cazarlas en las tierras que don Juan ha andado"; en este capítulo,

---

PEDRAZ, https://www.ensayistas.org/antologia/XV/manuel/cauallero/cauallero42.htm (rescatado el 15 de noviembre de 2022).

97 No menosprecia, sin embargo, estos saberes, sino que reconoce que él no los tiene en grado suficiente como para hablar de los mismos. Sobre la importancia de la teoría, abre el cap. XI señalando "Dize don Johan que en todas las cosas que de caça son, non le semeja a él que ninguna cosa sea tan grave de fablar conplidamente et con verdad como en esta teórica [...] Por ende todas las cosas que fasta aquí son dichas en este libro de la caça se pueden fazer por prática, mas las enfermedades non se pueden conosçer nin melezinar como deven, sinon por teórica et por práctica [...] Et porque la teórica del arte de la caça es muy grave de se saber verdaderamente, dize don Johan que non se atrevió él a fablar en ella ninguna cosa, salvo ende quanto atañe, a lo que se allega la teórica, a lo que se agora usa en las enfermedades de los falcones [...]" (Edición de Fradejas Rueda (*Don Juan Manuel*, 1990, pp. 127-128). E insiste en ello de forma inmediata. Se puede consultar la traslación al castellano moderno que hace el mismo autor en *Don Juan Manuel*...cit.

98 E incompleto. La obra, según deduce Fradejas Rueda del Prólogo del autor, habría estado formada por tres partes: cetrería, geografía cetrera y montería, *Don Juan Manuel*...cit., p. 30, de los cuales faltaría por entero la tercera dedicada a la montería, y gran parte de las segunda, que acaba con la relación de lugares pertenecientes al Obispado de Sigüenza, no habiendo quedado constancia de los lugares de los Obispados de Osma, Palencia, Burgos, Calahorra, León, Astorga, Zamora, Salamanca, Ávila, Segovia, Toledo, Jaén, Córdoba, Sevilla acabando con "la tierra de la orden de Santiago que ellos llaman tierra de León", es decir sólo han quedado 3 de los 18 totales.

de nuevo, se encuentra el conocimiento práctico de los lugares y una cierta minuciosidad en la descripción de estos[99] y no tanto en el consejo de la caza en cada uno de ellos[100].

---

99 Se citan un buen número de lugares con descripción de la localización donde se debe cazar "de una manera totalmente coherente; relieve y cuencas hidrográficas son los dos pilares geográficos en los que se basa la descripción de las posibilidades cinegéticas", MARTÍNEZ CARRILLO, M. D., "El Obispado de Sigüenza en el Libro de la Caza: un itinerario geográfico", en J. M. Fradejas Ruda, *Don Juan Manuel...cit.*, pp.84-85. Sirva a título de ejemplo Cifuentes, lugar que conozco bien, que fue uno de los señoríos de Don Juan Manuel, del que dice: "El arroyo de Cifuentes nace en Cifuentes y entra en el Tajo cerca de la casa de Trillo. En este arroyo y en las lagunas cerca de San Blas hay muchas ánades y parada de garzas, y en lo más hay buenos lugares para cazarlas con halcones", (Ed. Fradejas Rueda, *cit.*, p. 163); el señorío fue adquirido a "doña Blanca, señora de las Huelgas, como consta en documento fechado en Paredes (creemos sea Paredes de Nava) el 12-V-1317, pues tres días después confirmaba en Palencia a la villa cifontina todos los fueros y privilegios que gozaba. Con el fin de atraer a su recién adquirida villa nuevos pobladores, con fecha 23-VI-1317 anunciaba la exención de pechos y tributos por tiempo de diez años a cuantos acudieran a vivir en ella. Comenzó la construcción del castillo en 1324. En Cifuentes se encontraba el 21-1-1329, como aparece en el documento de confirmación de los fueron otorgados [...] Extramuros de la villa, menos de media legua, fundó don Juan Manuel un monasterio de religiosas de la Orden de Santo Domingo, que inició allí su vida monacal por el año 1347. [...] Poseedor don Juan Manuel de la villa de Cifuentes con Val de San García, quiso ampliar su señorío con el lindante lugar de Trillo, situado donde el rio Cifuentes rinde sus aguas en el Tajo. Compró don Juan Manuel a Trillo hacia el 1322, con sus términos, vasallos, molinos, montes y «fortaleza» por precio de 20.000 maravedís de a diez dineros cada maravedí, a doña Francisca Pérez, casada con don Gil Pérez", SÁNCHEZ DONCEL, G., "Un gran señor medieval: Don Juan Manuel", *Anales de la Universidad de Alicante. Historia medieval,* 1982 (1), pp. 97-98, (rescatado el 15 de noviembre de 2022). El castillo de Cifuentes se denomina popularmente "de Don Juan Manuel" y su escudo de armas aparece encima de la única puerta de acceso al mismo.

100 "Y puesto que las garzas tienen mucha péñola muy ancha y muy blanca, no pueden montar viento arriba y montan siempre viento abajo. Y cuando toman dos vueltas o tres, y si el viento es bastante recio las

Ya he señalado las referencias que encontramos en Don Juan Manuel al *Libro de la Montería*, atribuido a Alfonso XI que parece, no obstante, recoger parte de una obra, probablemente con el mismo título, de Alfonso X[101]. Las referencias a la obra de Alfonso X en la obra de Don Juan Manuel son claras y a ellas he aludido anteriormente; según estas referencias, la obra existió y se componía de varias partes entre las que habría un arte de cazar y otro de venar[102]. Don Juan Manuel escribe sobre la primera parte, el arte de la caza con aves o cetrería en la obra que ha llegado hasta nosotros y parece que se habría también ocupado, o al menos esa era su intención, de la caza mayor –venar o *benar*– en un segundo momento, mientras que era rechazado el tratamiento de la pesca al considerar que no era necesario, sin duda porque entenderla de menor importancia. En realidad, como señala Orduna, uno de los testimonios de la obra alfonsina en materia de caza es la que da don Juan Manuel, ya que su obra es la que "mejor debe reflejar el tratado alfonsí" hasta el punto de que, para este autor, el *Libro de la Caza* habría sido un epítome de la obra de Alfonso X que habría realizado don Juan Manuel en un primer momento, reelaborándolo "diez o veinte años más tarde [...] para darle una factura que llevara el sello de su creación personal"[103].

---

echa tan fuera de la mar que no pueden volver a ella. Y cuando fueren tan altas cuantos entendiere el halconero que cuida el halcón que la podrá matar según su vuelo y su ligereza, lánzalo entonces. Y la garza, guardándose del halcón, se tiene que alejar tanto de la mar el viento abajo que la puede matar muy bien en seco, y de este modo se pueden cazar las garzas con halcones en Cartagena y no de otra manera" (Ed. FRADEJAS RUEDA, *Don Juan Manuel*...cit., p. 145, a modo de ejemplo.

101 Para Fradejas Rueda está demostrado que la segunda parte del Libro II del Libro de la Montería de Alfonso XI sería de Alfonso X, *Don Juan Manuel*...cit., n. 23, p. 64.

102 Y un tercero de pescar.

103 ORDUNA, G., "Los prólogos..." cit., p. 119. Así, el *Libro de la caza* "en la forma en la que hoy lo conocemos [...] muestra una elaboración por la que la fuente alfonsí desaparece, hábilmente entretejida y dispuesta, con artificio tal que hoy resulta muy difícil discernir". Que D. Juan Manuel retocó posteriormente su obra parece claro. También lo señala

La estructura del *Libro de la Montería* atribuido a Alfonso XI se organiza en torno a tres libros, en los que se dedica una primera parte al "arte de la caza" (Libro 1), es decir "del guiſamento que deue traer todo Môtero, quier ſea de a Cauallo, quier ſea de apie, quãdo fuere a Mõte. E otro ſi, como deue penſar e guardar ſus Canes" (Cap. 1)[104], teniendo en cuenta que la Montería era el objeto principal de estudio en esta obra al ser "la mas noble, e la mayor e la mas alta e mas cauallerofa e de mayor placer que todas las otros caças" (Cap.1)[105]; el Libro segundo, habla de "la cura de los canes de las ſeridas, quebrantaduras o rauia" y, en una segunda

FRADEJAS RUEDA, J. M., *Don Juan Manuel*...cit., p. 53 y 56, como lo demostraría la alusión hecha por el propio autor en el capítulo XI cuando señala "Et después que don Johan fizo este libro, falló otra manera para fazer a los falcones purgar de los vondejos" (ed. Fradejas Rueda, cit., p. 188).

104 O "como deue conocer e eſcatimar el raſtro de vn Venado, todo aquel que quiſiere ſer buen montero" (Cap. 3), o "como deuen embiar catar el Monte grãde e otro ſi el pequeño" (Cap.8), por citar algún ejemplo más. He utilizado la edición facsímil de la edición de 1582 del *Libro de Montería*, editado por Antonio Pareja, Toledo, 1998.

105 Las razones de esta afirmación las ha aportado en la introducción al Libro 1 "La primera coſa porque dezimos que es la mas noble, es, porque toda coſa que viene por naturaleza: quella fallaron los ſabios, que deue mas durar, que las que vienen por premia [...] La ſegunda razón porque dezimos que es mayor, es, porque quanto la preſsion es mayor, tanto es la caça mayor. E cierto es, que mayor preſsion es vn venado que vn ave [...] La tercera razõ porque dezimos que es mas alta, es porque de todas las ordenes q̃ Dios fizo es la mas alta la caualleria, e de todas las caças del mundo no ay mas acoſtada a la caualleria q̃ esta [...] porque anda de cauallo, e trahe arma en la mano [...] E poreſto dezimos q̃ es mas cauallerofa, porq̃ el cauallero deue ſiempre vſar toda coſa q̃ atãga a armas e caualleria. E quãdo nõ lo pudiere vſar en guerra, deue lo ſiempre vſar en las coſas q̃ ſon ſemejantes a ella [...] La quinta razón porq̃ dezimos q̃ es de mayor placer, es, porq̃ en todas las otras caças no es el placer falso en la viſta, e en fablar en ella. E en la caça de los venados es el placer en el oyr:e en el ver:e en el fablar:e eb fazer. Ca cierto mayor placer toma ome en lo q̃ faze por ſi, que nõ en ver lo fazer a otro,e en eſta entendemos que es el placer doblado".

parte, acerca de "como ſe an de curar los Canes de todas ſus dolencias; y el Libro tercero, "que fabla de los montes de Caſtilla, y de Leon, y Andaluzia, y de lo que ſucedio al rey en el Monte". En definitiva, una estructura en cierto modo similar a la que aparece en el *Libro de la caza* de D. Juan Manuel, dedicando unos primeros capítulos al arte de la caza, siguiendo por las enfermedades y dolencias de los animales –aves y canes, respectivamente- y terminando con una tercera parte muchos más extensa que las anteriores, de descripción geográfica de las zonas de caza, que constituye una fuente fundamental para conocer la técnica venatoria de la Baja Edad Media, como señala Terrón, gracias al "entramado topográfico contenido en cada monte de caza, de las ajustadas pautas para la colocación de vocerías, armadas, diseñadores, renuevos y demás elementos de ella" y del "encasillamiento fenológico de las manchas señalando las querencias bioclimáticas de las reses" y de "tantos datos menos como en cada ficha se contienen"[106].

Pero López de Ayala vuelve a la cetrería como objeto de estudio en su famosa obra *Libro de la caza de las aves*, que escribe mientras se encuentra en prisión en el castillo de Óbidos, de la que sale libre en 1.388[107]; allí tomaría el *Livro de la Falcoaría* de Pero Menino halconero del rey Fernando I de Portugal como parte integrante de su obra, traduciéndola casi literalmente, "incluyéndola en los capítulos X al XXXIX, con algunas alteraciones en su orden intercalando entre ellos algunos de propia experiencia (XII, XIII, XIV, XV) y dividiendo otros"; no obstante lo cual, se entiende generalmente que la obra es esencialmente genuina además de por los "veintitrés capítulos, que nada deben a Menino", cuanto porque "Ayala recurre a sus propios conocimientos para ampliar la obra

---

106 TERRÓN ALBARRÁN, M., "La Montería de Alfonso XI: Tipología y técnicas venatorias en el libro III", en J. M. Fradejas Rueda (Coord.), *La caza en la Edad Media*, Tordesillas, 2002, p. 195. Como señala el autor, la toponimia de la que se hace uso en el Libro de la Montería sigue viva al menos en un 60%.

107 Datos biográficos en FRADEJAS LEBRERO, J., *Pero López*...cit., "Estudio Preliminar", pp. 7-20.

plagiada, aclarándola y matizándola"[108]. Falta, en comparación con las obras anteriormente citadas, el discurso geográfico que ocupa gran parte de estas, como ya he señalado.

Enlaza el Canciller Ayala con la tradición que se encuentra ya expresada en D. Juan Manuel en el sentido de concebir la cetrería como un arte superior propio de la nobleza o a través del cual la nobleza puede canalizar en gran manera su ocio. Como señala Cummins, esta actividad superior, propia de una clase igualmente superior, se refleja en la literatura en general, no ya la propiamente cetrera, y cita como ejemplo el *Poema del Mío Cid* o la leyenda de *Los siete Infantes de Lara*, o los numerosos romances en los que "se nos dice que va cazando con sus halcones" que expresan, además, la íntima relación que se establece entre el halcón –el ave en general- y el cazador[109], algo que no se da en otro tipos de caza

108 Todas las citas en FRADEJAS LEBRERO, J., *Pero López*...cit., pp. 38-39. Como señala Cummins en la "Introducción" a su edición de la obra de Ayala, "es probable que en las circunstancias de su encarcelamiento el libro de Menino fuera la única fuente escrita que tenía a mano"; en una práctica que este autor considera habitual dentro de los escritos de cetrería de la época: "La cetrería es un oficio práctico; si una cura eficaz está explicada de manera inmejorable en la obra de un predecesor, sería perverso rechazar la oportunidad de aprovecharla", en CUMMINS, J. G., *Pero López Ayala, Libro de la caça de las aves. El Ms 16.392 (British Library, Londres)*, editado con Introducción, Notas y Apéndices, London, 1986, p. 13. En el mismo sentido Fradejas Rueda, para quien, salvo contadas excepciones, la literatura cetrera se caracteriza por la ausencia de originalidad, dependiendo los nuevos escritos, de manera notable, de las obras anteriores sobre todo en lo que se refiere a la parte médica y ornitológica; la originalidad hay que encontrarla, según el autor, en las innovaciones en el ejercicio de la caza y en los relatos e historias personales que se incluyen, FRADEJAS RUEDA, J. M., *Literatura cetrera de la Edad Media y Renacimiento español*, London, 1998, pp.10-11; sobre la obra de Pero Menino en el *Libro de la caza de las aves* de Ayala, *vide* en este último autor, con bibliografía, pp. 30-34.

109 Todo en CUMMINS, J. G., *Pero López Ayala*...cit., pp. 21-22. Entiende el autor que en Pero López de Ayala parece haber una distinción entre cazador y halconero, siendo generalmente de más baja condición el

como aquélla que se considera menor. Como he dicho, esta idea también se encuentra en D. Juan Manuel, quien afirma en un momento del Capítulo XII de su *Libro de la caza* que la caza de las perdices y de las libres no es tan noble como la de ribera, esto es, la caza de ánades[110]; hay que recordar que D. Juan Manuel, como otros autores, dan al término "caza" tanto un sentido genérico como específico y si, en ocasiones, cazar es toda forma de aprehensión de un animal sin distinción ni por el objeto ni por los medios empleados, en otras, cazar se utilizará en sentido específico, como sinónimo de cetrería, opuesto a otras artes de caza, como señala Fradejas[111].

A partir de este momento se puede decir que se ha consolidado una literatura cinegética, especialmente la cetrera, que seguirá

---

segundo, aunque, en general, para el Canciller, "los halcones realzan y ejemplifican esa superioridad natural del aristócrata", p. 18.

110 "Otrosí dize don Johan que porque la caça de las perdices et de las liebres non es caça tan noble nin tan apuesta como la de la ribera, que non quiso fazer en este libro mençión de los lugares do ha estas caças; mas dize que en todo el regno de Murçia ha mucho d´esta caça, et en todo lugar aguisado do la buscar[en] fallarán mucha d´ella. Et aun será ý otra caça que nos es tan apuesta como la de la ribera, mas es lo más que [la] de las perdices et de las liebre: ésta es que ay muchos sisones et muchos alcaravabes; et dize don Johan que para falcón que lo[s] mata bien, que poco debe la caça de los sisones a la caça de las ánades; et porque los alcaravanes son más aves de paso, ha muchos d´ellos en el ivierno en el regno de Murçia et es buena caça para falcones o de braço torpicado o andado altaneros; mas los sisones, desque passan el agua, non deven caçar sinon andando los falcones altaneros", (ed. de Fradejas Rueda). Como se puede ver, aunque el autor no considere estos dos tipos de caza tan elevados como la de las ánades, conoce bien también a estos animales, así como los lugares donde ese encuentran; de igual modo, demuestra haberlas practicado, al menos la de las aves citadas –sisones y alcaravanes-.

111 FRADEJAS RUEDA, J. M., *Don Juan Manuel*...cit., pp. 130, n.6); "la arte de venar, que quiere decir la caça de los venados que se caçan en el monte" es la otra gran caza existente, aunque de menor repercusión si estamos al número de obras que tratan los distintos tipos de caza.

desarrollándose en los siglos siguientes, el siglo XV con las obras de Juan de Sahagún o de Evangelista, y el siglo XVI con Juan Vallés y su *Libro de la acetrería.* Probablemente este autor ya sintiera, a mediados del s. XVI, los nuevos empujes del interés por la montería especialmente si tenemos en cuenta que el libro V de su obra, dedicado a este tipo de caza, fue añadido por indicación del marqués de Mondéjar y se limitó a ser un resumen de obras anteriores sobre la materia[112]. Su pasión por la cetrería, verdadero objeto de su obra, se plasma en el Capítulo II del libro cuando insiste en las diferencias entre las dos artes de caza, entendiendo la cetrera como propia de la razón y de "las fuerzas del ingenio", mientras que la montería que se ejerce con "las fuerzas del cuerpo". Para ello se apoya en autores clásicos llegando a decir: "Esto dicen Cicerón y Salustio y cada día confesamos ser ello verdad, pues luego que conocemos un hombre de excelente ingenio comparándolo con Dios decimos que tiene un ingenio divino, y si vemos algún otro de muy recias fuerzas, comparándolo con las bestias decimos que tiene fuerzas de un toro"[113]. A partir del siglo XVII se constata, como señala Fradejas Rueda, la pérdida del interés por la cetrería a favor de la caza mayor o montería, siendo esta arte -más que nueva, recuperada-, la que se toma como objeto de estudio en los autores de la época[114].

---

112 Cfr. Juan Vallés, Biografías de la Real Academia de la Historia (rah.es).

113 VALLÉS, JUAN, *Libro de acetrería,* Cairel ed., 1993, p. 35

114 FRADEJAS RUEDA, J. M., *Literatura cetrera…cit.*, p. 65. Las razones son varias; como señala Tourón, influyó la aparición de las armas de fuego que, además de facilitar la actividad venatoria, provocó una reducción en los gastos que conllevaba el mantenimiento tanto del personal dedicado al cuidado y adiestramiento de las aves, como de las aves mismas, pero también influyó el hecho de que la cetrería fuera una actividad practicada por las mujeres, frente a la montería que exigía una fuerza física notable que implicaba la virilidad del ejerciente, TOURÓN TORRADO, B., "Sobre las fuentes medievales del Arte de caça de altaneria de Diogo Fernandes Ferreira", en J. M. Fradejas Rueda, *La caza…*cit., p. 221. El trabajo citado está dedicado al estudio de la que fue la última obra de la literatura cetrera española (*op. cit.*, n.2), la publicada en 1616 por Diogo Fernandes Ferreira, *Arte da caça de altanería.*

La existencia y difusión de estas obras muestran el interés y la extensión de la caza. Subyacen en ellas diferentes motivaciones: ya he señalado alguna que se resume, básicamente, en la propia

---

Jovellanos comenta la participación de las mujeres como cazadoras cetreras, aunque también como participantes en monterías: "Extendido su uso y mejorada su forma, ya los reyes y grandes no salían solos y en privado a correr monte sino en público, con grande aparato y comitiva y bizarramente vestidos y armados al propósito. Seguíalos gran número de monteros, ballesteros y halconeros con muchedumbre de perros y neblíes, aquéllos adornados con galanas libreas y éstos con ricos collares y capirotes. No resonaba sólo en los montes, como en otro tiempo, el áspero son del cuerno, sino que los llenaba la fiera armonía de atabales, bocinas y trompetas. Ni ya cazaban sólo los caballeros y escuderos, que también nuestras gallardas matronas, concurriendo a la diversión, la hacían más agradable y brillante. Seguidas de sus dueñas y doncellas y bien montadas y ataviadas, penetraban por la espesura y gozaban del fiero espectáculo sin miedo ni melindre. Lo común era que observasen desde andamios alzados al propósito las suertes y lances de la caza, sin que fuese raro ver a las más varoniles y arriscadas bajar de sus catafalcos a lanzar los halcones o tal vez a mezclarse con su venablo en mano entre los cazadores y las fieras. ¡Tanto podía la educación sobre las costumbres! Y tanto pudiera todavía si, encaminada a más altos fines, tratase de igualar los dos sexos, disipando tantas ridículas y dañosas diferencias como hoy los dividen y desigualan", JOVELLANOS, G. M., *Memoria sobre las diversiones*...cit.

Otras obras venatorias son: el *Libro de la cetrería*, de Luis de Zapata, de 1583; o las obras literarias de Antonio Covarsí Vicentell, considerado uno de los últimos representantes en España de este tipo de literatura (*Narraciones de un montero* (1898), *Trozos venatorios y Prácticas cinegéticas* (1911), *Grandes cacerías españolas,* (1919- 1920) y *Entre jaras y breñales,* (1927), https://dbe.rah.es/biografias/42566/antonio-covarsi-vicentell.

Interesa mucho más la caza a las clases alta que la agricultura. Los tratados sobre agricultura que aparecen en España son los de Herrera (s. XVI) y el de Miguel Agustín (s. XVII) quien, este último, haría patente en su obra "una continuidad en la cultura científica medieval en la línea de las fuentes andalusíes, utilizadas también en la obra de Herrera", RODRÍGUEZ LÓPEZ, R., "La agronomía romana en el 'Libro del Prior", en *Homenaje al Profesor Armando Torrent*, Murillo, A./ Calzada, A. / Castán, S. (Coords,), Madrid, 2016, p. 848, y bibliografía allí citada.

bondad del arte. En este sentido, resulta especialmente interesante la justificación de D. Juan Manuel al tratamiento de la caza como objeto de estudio: el estudio de la caza se justifica por sí mismo. Se estaría, por tanto, ante un acercamiento a la caza como ciencia; la caza se ve como ciencia y, como tal, susceptible de estudio independiente y no meramente instrumental o, en todo caso, propedéutico. Es cierto que, en las obras citadas, también en la de D. Juan Manuel, aparece el valor instrumental de caza expresamente consignado: las referencias a los ejercicios venatorios como práctica militar o adiestramiento para la guerra están presentes, en general, en toda la Edad Media, ya he tenido ocasión de comentarlo[115]; pero lo es también que, cuando del ejercicio se pasa al estudio, la utilidad de la caza, siendo relevante, no es el único aspecto ni, probablemente, el más importante.

Si nos fijamos en el prólogo del *Libro de la caza*, D. Juan Manuel coloca el estudio del caza atribuido a su tío, el rey Sabio, entre otras grandes obras del conocimiento y de la ciencia del momento, tanto las teológicas como las filosóficas, las artes liberales, los libros sagrados de las otras dos grandes religiones, como las normas del derecho canónico o del civil que mandó traducir o romancear, como dice D. Juan[116]. La razón, razones en realidad, ser *cosas nobles et apuestas et sabrosas et aprobechosas.*

---

[115] Como señala di Stefano, "[l]a principal ventaja del ejercicio venatorio es que se trata de una agradable ocasión para entrenar el cuerpo a las fatigas de la guerra. Alternar la caza con la lectura durante la semana es una praxis educativa recomendada y experimentada por D. Juan Manuel, que sirviéndose de Julio como portavoz, se la aconseja al joven príncipe en el *Libro de los estados*", DI STEFANO, G., "Don Juan Manuel ..." cit., p. 56.

[116] "puso en el su talante de açrescentar el saber quanto pudo y fizo por ello mucho [...] Et tanto cobdiçió que los de sus regnos fuesen muy sabidores, que fizo trasladar en este lenguaje de Castiella todas las sçiençias, tan bien de teología como la lógica, et todas las siete artes liberales, como toda arte que dizen mecánica. Otrosí fizo trasladar toda la secta de los moros [...] Otrasí fizo trasladar toda [la] ley de los judíos et aun el su Talmud et otra sçiençia que an los judíos muy escondida a que

Las cuatro razones expresan de forma gráfica la finalidad de la ciencia: la ciencia, y su estudio, se justifica por sí misma, lo que provoca el disfrute en el ejercicio de la ciencia y la utilidad de esta al que la practica[117]. Que no sólo es, o debe ser, disfrute excluyente lo indica también D. Juan Manuel cuando señala la incorrecta utilización del ejercicio de la caza cuando éste provoca el abandono de otras actividades necesarias para el hombre

> *et non dexar por ella otros fechos mayores, ca los que en otra manera caçassen, aunque guardasen el sabor et la apostura de la caça, non guardarían la nobleza nin el aprovechamiento.*

Destaca de esta afirmación, en primer lugar, el hecho de que las razones para el estudio y ejercicio de la caza sean las cuatro que cita[118]; cuatro con su propio contenido y no, por tanto, una simple

---

llaman Cabala [...] Otrosí romançó todos los derechos ecclesiásticos et seglares[...] Et [e]l dicho rey don Alfonso deseando el saber, como dicho es, et pagándose de todas las cosas nobles et apuestas et sabrosas et aprobechosas, entendiendo que en la caça ha estas quatro cosas muy conplidamente a los que quieren usar d´ella como deven [...] mandó fazer muchos libros buenos en que puso muy conplidamente toda la arte de la caça" (ed. de FRADEJAS RUEDA, J. M., *Don Juan Manuel...* cit., pp. 129-130.

117 Idea que se completa con la alusión de D. Juan Manuel a la teoría y a la práctica: *teórica quiere decir saber omne la raíz et la entençión de la arte conplidamente, et práctica quiere decir saber omne usar en aquella arte en guisa que traya acabamiento aquello que quiere decir.* El que el Infante se dedicara a la parte práctica, como él mismo señala, de forma especial por ser *lo que más cunple para esta arte,* no obsta a lo dicho, puesto que él mismo reconoce que tanto él como los cazadores de su momento no conocen correctamente la teórica. Aprovechamiento o utilidad en sentido abstracto, entiendo, y no tanto en el práctico como beneficio material obtenido con la caza. Véase, en este sentido, la idea del abuso en la práctica de la caza a la que aludo a continuación. En esto se diferencia la concepción de la caza en época medieval, al menos la practicada por la nobleza, de otras concepciones de la misma, vistas desde un ángulo jurídico-económico.

118 Las mismas, se debe entender, que se pueden dar en otras ciencias.

sucesión de adjetivos más o menos complementarios o, incluso en algunos casos, interpretables como sinónimos -*nobles et apuestas et sabrosas et aprobechosas*-. De ahí que el que caza, no como se debe, sino desatendiendo *hechos mayores*, tendrá para sí la sabrosura y la apostura, pero no la nobleza y el aprovechamiento[119]; y en segundo lugar, el hecho de que, como señala di Stefano "[L]a intemperancia se presenta no como un pecado, sino como un peligro en la esfera de la vida práctica [...] La llamada a la «moderación» es también una invitación a un comportamiento concorde con un determinado estilo de la cultura caballeresca, que salvaguarde la *nobleza* de la caza"[120]. Si la caza es un arte y se puede estudiar como ciencia, ésta no debe incurrir en un uso abusivo, como si fuera la actividad principal –o única- de un hombre, lo que la alejaría de las razones –las cuatro- de la caza, acercándola a una actividad económica que podía ser más propia de clases sociales inferiores.

En esta breve aproximación a algunas de las obras medievales sobre caza, se ha podido comprobar cómo la percepción de la caza es distinta en función del ángulo desde el que se observe: si nobleza y pueblo llano pudieron considerar la actividad cinegética desde distintas perspectivas, igualmente la literatura y el derecho lo hicieron. En este sentido, los fueros, como el pueblo llano, vieron en la caza una actividad de naturaleza social y económica a la que había que dar respuesta desde el punto de vista jurídico puesto que dicha actividad conllevaba cuestiones importantes relacionadas con la adquisición de la propiedad sobre la

---

119 Insiste D. Juan Manuel en esta idea de la "moderación" en otras obras, como observa di Stefano. En el *Libro del cavallero et del escudero,* D. Juan Manuel señala cómo "no debe omne por la caça dexar ninguno otro fecho mayor que le aproueche, o le enpesca a la fazienda, o a la onra o a la pro", (ed. M. VICENTE PEDRAZ, *Don Juan Manuel*...cit.)
En general, también hablan otros autores sobre la moderación; Belisario Acquaviva, por ejemplo, explicando la bondad de la caza señala cómo esta "es tal, que muchos, cautivados por ella, abandonan otras ocupaciones más importantes".

120 DI STEFANO, G., "Don Juan Manuel en su Libro..." cit., p. 55.

presa, posibles limitaciones derivadas del derecho de propiedad sobre fundos o exclusión de los forasteros en actividades de caza y pesca. Que el pueblo llano disfrutara también con las prácticas venatorias en el sentido señalado por Morales[121], especialmente a partir de que la cetrería o volatería se extendieran entre diferentes clases sociales, puede ser.

Sí creo que tiene razón Terrón cuando señala que "la montería de Alfonso XI cuenta con relativos puntos de contacto con la que pudo practicarse en la Grecia clásica o en Roma. Variará con los modos que se introduzcan mediado el siglo XVI hasta desaparecer y quedar encajada en la literatura venatoria como paradigma de la montería medieval hispana, de técnica distinta a la usada en la Europa coetánea. La atención a los cérvidos como piezas principales, auspiciada casi dos siglos más tarde por Carlos V, y la aparición subsiguiente de los arcabuces, habrían de modificar unos estilos que ya en el otoño medieval periclitaban. La vieja montería, la del ataque y la embestida, la de enfrentarse a la fiera

---

121 *Vide supra* n. 89. Quizá también, por la razón que da Jovellanos: "Estas monterías, que por aparatosas y caras estaban de suyo reservadas a los poderosos, se hicieron al fin exclusivas para su clase cuando la legislación, ampliando los derechos señoriles, colocó entre ellos el dominio de los montes bravos y la facultad exclusiva de perseguir las fieras. No era, empero, tan fácil llevar esta dominación hasta los aires y las aves del cielo, y por eso la caza de cetrería hubo de quedar entre los derechos comunales y servir al recreo de todos. Tener un halcón y doctrinarlo a lanzarse sobre las tímidas aves y traerlas a la mano no requería más que ingenio y paciencia, y era dado al más infeliz solariego. Así fue como esta diversión se hizo general y ordinaria, como se perfeccionó más y más cada día y como al fin formó aquel arte admirable en que brillaba tanto el ingenio de los hombres como el rapaz instinto de las aves amaestradas por él", JOVELLANOS, G. M., *Memoria sobre las diversiones*...cit. Sin embargo, se sabe que en el siglo XIII el precio de un azor "mudado garcero" era muy elevado lo que impediría a la mayor parte de la población ejercitarse en esta práctica; así, según las Cortes de Jerez de 1268, § 16, quedó tasado en 50 maravedíes "lo cual equivalía al precio de veinte vacas", MENÉNDEZ PIDAL, G., *La España del s. XIII leída en imágenes*, Madrid, 1987, p. 230.

de poder a poder, quedaría sólo para las añejas vitelas miniadas o los nostálgicos buriles de los grabadores. Ella se sustentaba en cuatro columnas básicas, avistadas en el siglo IV por Julius Polux y ajustadas después, académicamente, por San Isidoro: *Quattuor autem sunt venatorem officia: vestigatores, indagatores, alatoresm pressores.* Siglos más tarde, el autor del *Tratado del siglo XV* recordará, como exigencia, esos cuatro pilares: "concierto y bozeria y busca y armadas"[122]. Pero eso pone de manifiesto que, aunque las técnicas y los animales sobre los que se practique la caza sean diferentes a lo largo de las épocas y zonas, y que la caza siga una evolución diferente en los distintos territorios europeos con la llamada crisis de los principios romanos en cuanto a la libertad de caza, en favor de los privilegios de nobles y/o reyes, el poder las ciudades se empieza a hacer notar en relación con la actividad venatoria, y las nuevas normativas de las ciudades vuelven a los principios romanos, unidos a otros nuevos, en los que ya aparecen lo que serán las líneas maestras del desarrollo normativo posterior –moderno-, que inciden en exigencias de interés público relativas a los tiempos permitidos de caza y medios para evitar los daños de una excesiva destrucción de la fauna[123]. Literatura y derecho, nobleza y pueblo llano o ciudades, en cualquier caso, la práctica venatoria va a tener que compaginar esa doble caracterización como actividad lúdica y como actividad con contenido económico a la que un cuerpo jurídico debe, también, dar respuesta.

Así, como ejemplo que sirva para el cierre de estas ideas, traigo la rúbrica del Fuero de Teruel (SI DET HEREDITARI FILIUM QUI PATREM VEL MATREM PERCUSSERIT) donde se dice que al viudo que no se vuelva a casar hay que dejarle el caballo, las armas de madera y de hierro, y las aves cetreras, así como el lecho donde hubo yacido con su esposa:

---

122 TERRÓN ALBARRÁN, M., "La Montería..." cit., pp. 195 y 196.

123 EULA, E-ARIENZO, A., *s.u. Caccia*...cit., p. 640, por lo que se refiere al periodo feudal.

> *Viduo itaque relinquatur equm suum, et arma tam lignea quam ferrea, et aves ancipitres si habuerit, et lectum in quo iacebat primitus cum uxore*[124]

La norma, también recogida en el Fuero de Cuenca, aunque con otro orden en la enumeración de los bienes que salen del caudal hereditario, también habla de las *aves ancipitres*:

> *[…] viduo equs suus et arma tam lignea quam ferrea. Nec sorciantur t[h]orum, in quo prius cum uxore iacebat, neque aves ancipitres*[125].

Viudos a los que se les deja las herramientas para vivir y descansar, en las que las aves cetreras se han convertido en algo común en las casas de la Edad Media.

---

124 Fuero de Teruel, 347. Las *aves ancipitres* son las *aves accipitres*. La edición consultada es la preparada por CARUANA GÓMEZ DE BARREDA, J., *El Fuero latino de Teruel*, Teruel, 1974, pp. 7-51.

125 Fuero de Cuenca X, 42, Rub. "La prerrogativa de los viudos"; en el mismo sentido el Fuero de Iznatoraf, que habla de azores: "Al biudo su cauallo, et sus armas de fuste et de fierro, et el lecho en que yoguiere con su mujer, et açores" (Ley ccxxj, DELA BIUDEDAT).

CAPÍTULO II.

ASPECTOS SOCIOLÓGICOS DE LA CAZA EN ROMA

Se ha dicho en ciertas ocasiones que los romanos no contemplaron la caza desde el aspecto lúdico en sentido estricto, siendo la realidad durante el Principado que "el romano medio apaga su afición venatoria acudiendo a los espectáculos del circo, a las frecuentes *venationes* de la arena"[126] mientras los emperadores se reservaban la caza del león en la única excepción conocida en Roma hecha al principio de la libertad de caza, como se deduce de una Constitución de Honorio y Teodosio del 414 por la que conceden la facultad de matar leones

---

126 GARCÍA GARRIDO, M. J., "Derecho a la caza..." cit., p. 271, en un trabajo de referencia dentro de las más relevantes aportaciones sobre la caza en Derecho Romano. La afición por la caza, señala el autor en una afirmación compartida por la doctrina, se extendería por influencia helenística y aunque llegó a ser un "ejercicio con el que distraer el ocio" incluido "entre los grandes goces de la vida [...] el romano es un espíritu esencialmente realista, que no llega a considerar la caza como motivo suficiente en sí mismo, ni como una actividad a ejercitar por ser deportiva". El autor se adhiere a las conclusiones de Aymard en relación con la consideración social de la caza, aunque sus afirmaciones resultan más restrictivas que las del autor francés a la hora de valorar la extensión de la caza en la sociedad romana. La obra de Aymard es un clásico dentro de los trabajos sobre la caza como actividad en Roma, con especial referencia tanto al análisis del tratamiento de la caza en obras literarias como a los instrumentos utilizados para la actividad cinegética, entre otros aspectos relacionados, AYMARD, J., *Essai sur les chasses romaines des origenes a la fin du siècle des Antonins (CYNEGETICA)*, Paris, 1951, p. 55. Ya he señalado cómo Fradejas Rueda es de la misma opinión, *vide* n. 2.

a todos -que no cazar y poner a la venta-, sin temor a acusación alguna en casos de peligro para la vida[127]:

> C. Th., 15, 11, 1, y 2 (1) *Occidendorum leonum cunctis facimus potestatem, neque aliquando sinimus quemquam calumniam formidare, cum et salus nostrorum provincialium voluptati nostrae necessario praeponatur et haec ipsa propria voluptas intercludi minime videatur, quandoquidem occidendi feras, non venandi venundandique licentiam dederimus. Occidendi igitur memoratas feras, et ducibus et officiis eorum conuentis, cunctis licentia tribuatur.* (2) *Praesidalis officii Eufratensis deploratione comperimus eos, qui transductioni ferarum a Duciano officio deputantur, pro septem vel octo diebus contra legationum formam tres vel quattuor menses in Hieropolitanam urbem residentes post expensas tanti temporis etiam caveas exigere, quas nulla praeberi consuetudo permittit. Ideoque praecipimus, bestias, quae ad comitatum ab omnibus limitum ducibus transmittuntur, non plus quam septem diebus intra singulas civitates retineri; scientibus ducibus et eorum officiis, si quid contra haec commissum fuerit, quinas se libras auri fisci viribus illaturos;*
>
> C. 11, 44, 1: *Occidendorum leonum cunctis facimus potestatem, neque aliquam sinimus quemquam calumniam formidare. Bestias autem, quae ad comitatum ab omnibus limitum ucibus transmittuntur, non plus quam septem diebus intra singulas civitates retineri praecipimus; violatoribus eorum quinas libras auri fisci viribus illaturis.*

Sin embargo, los textos no son tan tajantes y son muchos los que hablan de las actividades de *venatio* y *aucupium* relacionadas

---

127 La constitución permitiría a los ciudadanos matar leones en defensa propia, como señala HONORÉ, T., *Law in the Crisis of Empire 379-455 AD. The Theodosian Dynasty and its Quaestors*, Oxford, 1998, p. 240. La alusión a la seguridad no deja lugar a dudas. Cuyacio, en su Comentario a los últimos tres libros del *Codex*, ya había señalado cómo no se trataba de cazar leones *in arena modo*, y se remitía para ello a la prohibición del título anterior (en una Constitución de Constantino) que habría suprimido los espectáculos cruentos con gladiadores, por lo que entiende que no se referiría a *qui damnatur ad bestias*, que es lo que habría prohibido Constantino.

con el ocio como ejercicio activo[128] y de las *venationes*, como espectador pasivo. Igualmente son numerosas las inscripciones en las que se pone de manifiesto la afición por la caza como ejercicio deportivo/militar; y, por último, el aspecto económico de la caza habría seguido estando presente de manera paralela o tangencial, según los casos, en la mentalidad romana[129].

Históricamente, según Aymard, hay un primer periodo oscuro en los cuatro o cinco primeros siglos de la historia de Roma donde la caza está ligada a fenómenos económicos y sociales: al estadio primero de una forma económica de pastoreo se corresponde una forma primitiva, pero netamente afirmada, de caza; en este periodo originario, señala Landucci, bien pudo ser que la caza se viera como una excepción al derecho de propiedad que los ciudadanos admitieron en buen número, reteniéndola tan necesaria que no quedó de ella ningún recuerdo ya que en Roma, como en el resto de pueblos de la península, la caza supuso un medio de subsistencia, como un bien social superior sobre el que no cabía ningún tipo de limitación[130]. Todo ello se podría sustentar en la

---

128 Cicerón, *Cato maior de senec.* 56:
Conditiora facit haec supervacaneis etiam operis aucupium atque venatio.
Respecto de este fragmento, Montero entiende que Cicerón se habría lamentado de que el ocio fuera sustituido por la caza de aves, (*etiam operis aucupium atque venatio*), si bien se anota como *Cato Maior de senec*, 16, MONTERO, S., "La figura del *auceps...*" cit., pp. 266-267.

129 En esta línea, AYMARD, J., *Essai sur les chasses*...cit., p. 83.

130 LANDUCCI, "Il dirito di proprietà e il diritto di caccia presso i romani (Commento alla l. 62 D. *De usufructu* VII, 1 del giureconsulto Trifonino e note al progetto de legge italiano sulla caccia)", *Archivio giuridico*, 29, 1883, pp. 321-322. Sentado el principio de la libertad de caza, a los juristas romanos les interesó la actividad cinegética para cuestiones relativas al derecho de propiedad tanto en relación con la pieza de caza y el régimen de la ocupación, como en relación con los propietarios de los fundos donde se cazaba o la posible consideración de las piezas como *fructus fundi.* Todas estas cuestiones serán tratadas a lo largo del trabajo, pero para una consideración de la bibliografía general sobre propiedad y modos de adquisición, remito, sin ánimo de exhaustividad, a algunos tratados clásicos: SCIALOJA, V., *Teoria della proprietà nel*

---

diritto romano, I, Roma, 1933; BONFANTE, P., *Corso di Diritto Romano.* (*La Proprietà*), I y II, Milano, 1966-1968; BLONDEL, *Note sur les origines de la propriété,* en *Mélanges Appleton,* [*Annales de l'Universitè de Lyon, n.s. II, 13*], Lyon-Paris 1903, 39 ss.; MARCHI, A., *Le* res mancipi *e la proprietà della* gens, [Estr. dall *Archivio Giuridico,* LXXXVI, I (4a s. II, I)], Modena 1921; DE VISSCHER, F., "Individualismo ed evoluzione della proprietà nella Roma repubblicana", *Studia et Documenta Historiae et Iuris,* 23, 1957; GALLO, F., "*Potestas* e *dominium* nell'esperienza giuridica romana", *Labeo,* 16, 1970; WEBER, M., *Historia agraria romana,* (trad. es. V. A. González), Madrid, 1982; DE MARTINO, F., *Historia económica de la Roma antigua,* (trad. es. E. Benítez), I y II, Madrid, 1985; CAPOGROSSI-COLOGNESI, L., *Proprietà e signoria in Roma antica,* 2a ed. Roma, 1994; SIRAGO, V. A., *Storia agraria romana,* I, Napoli, 1995; Id., *Storia agraria romana,* II, Napoli, 1996; KEHOE, D. P., *Investment, Profit, and Tenancy. The Jurists and the Roman Agrarian Economy,* Michigan, 1997; MAGANZANI, L., *Gli agrimensori nel proceso privato romano,* Roma, 1997; MARCONE, A., *Storia dell'agricoltura romana: dal mondo arcaico all'etá imperiale,* Roma, 1997; FUENTESECA DEGENEFFE, M., *La formación romana del concepto de propiedad: (*dominium, proprietas *y* causa possessionis*),* Madrid, 2004; KEHOE, D. P., *Law ant the rural economy in the Roman Empire,* Michigan, 2007; Aa.Vv., *Quantifying the roman economy: Methods and Problems,* A. Bowman y A. Wilson eds., Oxford, 2009; LO CASCIO, E., *Crescita e declino: Studi di storia dell'economia romana,* Roma, 2009; MAGANZANI, L., "Agricoltura e scambi nell'Italia tardo-repubblicana", en *Convegno sul tema Agricoltura e scambi nell'Italia tardo-repubblicana, 2008, Roma,* a cura di Jesper Carlsen e Elio Lo Cascio, Bari, 2009.

Recientemente, aunque la escuela económica sobre la que se sustenta no lo sea, se han publicado trabajos sobre análisis de la propiedad romana desde la perspectiva de la *New Institutional Economics,* que traslada al desarrollo económico ítems como las normas legales, reglas sociales, dentro del análisis del contexto institucional en el que la interacción humana tiene lugar, como señalan MERCURO, N., y MEDEMA, S. G., *Economics and the law: from Posner to post-modernism,* Princeton, 1997, *Preface.* Tómense como ejemplos de estudios sobre la propiedad siguiendo la idea del *institutional environment,* los de JAKAB, É., "Property Rights in Ancient Rome", pp. 107-131, o el estudio de KEHOE, D. P., "Property Rights over Land and Economic Growth in the Roman Empire", pp. 88-106, ambos en *Ownership and Exploitation of Land and Natural Resources in the Roman World,* P. Erdkamp, K. Verboven, A. Zuiderhoek eds., Oxford 2015.

forma en que los animales son considerados; señala, en este sentido, Onida que, mientras se mantuvo la economía agro-pastoril, en la cual "la sopravvivenza degli uomini dipende da quella del bestiame e viceversa, ogni capo conserva una sua specifica individualità: esso è in altre parole per il pastore o per il contadino diverso da qualunque altro esemplare della medesima raza"[131].

La etapa agrícola que le sucede coincidiría con un periodo de regresión de la actividad cinegética hasta que en el siglo II a.C., se produciría un renacimiento de la caza romana en tanto que técnica que se orienta hacia la caza con perros, con el retorno a una fórmula económica en la que ya entran los grandes propietarios[132]. No hay que minusvalorar, a mi juicio, las objeciones que pueden hacerse desde la lectura de algunos textos como el de Salustio que considera la caza como *officium servile*,

> *non fuit consilium socordia atque desidia bonum otium conterere, neque vero agrum colundo aut venando, servilibus officiis, intentum aetatem agere* (Salustio, *Cat.* IV, 1)

que demostrarían, como señala Hellegouarc´h, una contraposición implícita entre pereza y desidia –*socordia atque desidida*–, y *virtus et industria*, un "slogan des *equites* et des *homines novi* qui

---

131 ONIDA, P. P., *Studi sulla condizione degli animali non umani nel sistema giuridico romano*, Torino, 2ª ed. 2012, p. 54. Según el autor, "La concezione pitagorica, che in generale fu offuscata dall'imposizione del metodo aristotelico, ha lasciato, invece [...] alcune tracce espressive proprio nell'ambito delle classificazioni giuridiche, alcune delle quali esprimono, con particolare vigore, la rilevanza dell'animale come essere vivo. L'attenzione particolare per i problemi derivanti dal mondo agro-pastorale e il continuo riferimento alla realtà naturale delle cose poneva la giurisprudenza romana più in linea con la mentalità pitagorica, tesa all'esaltazione dell'animale vivo, che con il modello aristotelico di un essere animato inteso come mero oggetto di conoscenza ottenuta attraverso la dissezione anatomica", p. 54.

132 AYMARD, J., *Essai sur les chasses*...cit., p. 33.

rejettent *otium* propre aux gens de leur classe" [133], lo que indicaría una toma de posición "política" en relación con la caza en el s. I a.C. en la que, al igual que sigue sucediendo en la actualidad, determinadas actividades se asocian a un perfil político-social o a otro. Otros textos, de autores anteriores y, no hay que olvidarlo, de procedencia griega[134], presentan la introducción de la caza en Roma al estilo helenístico a través del joven Escipión (Emiliano) quien se habría forjado, a su vuelta a Roma, una importante reputación que habría adquirido en Macedonia por su coraje. El valor, casi la virtud más importante en Roma, tenía que ser entrenado severamente y esta oportunidad la encontró en Macedonia cuando vio que los miembros de la casa real eran unos apasionados de la caza y, por ello, habían reservado los espacios más apropiados para su ejercicio: las reservas de caza habrían sido cuidadosamente conservadas como antiguamente se hacía, con la novedad de que no habían sido utilizadas por las circunstancias de la guerra, por lo que existía una grandísima cantidad de animales de todo género

> *τῶν γὰρ ἐν Μακεδονίᾳ βασιλικῶν μεγίστην ποιουμένων σπουδὴν περὶ τὰς κυνηγεσίας καὶ Μακεδόνων ἀνεικότων τοὺς ἐπιτηδειοτάτους τόπους πρὸς τὴν τῶν θηρίων συναγωγήν, ταῦτα συνέβη τὰ χωρία τετηρῆσθαι μὲν ἐπιμελῶς, καθάπερ καὶ πρότερον, πάντα τὸν τοῦ πολέμου χρόνον, κεκυνηγῆσθαι «δὲ» μηδέποτε τῶν τεττάρων ἐτῶν διὰ τοὺς περισπασμούς· ἧ καὶ θηρίων ὑπῆρχε πλήρη παντοδαπῶν* (Polibio, XXXI, 29, 3-4)

Su padre Emilio, entendiendo que la caza era el mejor entrenamiento y distracción para el joven, puso a disposición de Escipión los cazadores reales, dándole todo el control sobre las reservas.

---

133 HELLEGOUARC´H, J., *C. Sallustius Crispus. De Catilinae coniuratione.* Paris, 1972, p. 42, n. a 4, I y más ampliamente en la Introducción, p. 19.

134 Polibio, XXXI, 23-29, en la edición de Paton, *The Histories,* VI, Loeb classical library, Cambridge, 1980. Aymard señala esta circunstancia y de este hecho parto, *Essai sur les chasses... cit.*, p. 55; en el relato, no obstante, me fijo en lo señalado directamente por Polibio, como no puede ser de otro modo, y también porque creo que aporta alguna clave añadida.

Escipión, sirviéndose de esto y considerándose casi un rey, dedicó todo el tiempo en que el ejército permaneció en Macedonia después de la batalla de Pidna a esta actividad y, siendo un entusiasta deportista, teniendo la edad y mentalidad adecuada para su ejercicio, como un perro bien educado, el gusto por la caza quedó en él permanentemente. Una vez llegado a Roma, el tiempo que otros jóvenes dedicaban a los asuntos del foro y del derecho tratando de ganarse el favor de la población, Escipión lo ocupaba en la caza; por eso, mientras que el resto de los jóvenes no ganaban su reconocimiento sino dañando a otros ciudadanos, lo que suele derivarse de los asuntos legales, Escipión, sin haber dañado a nadie, alcanzó una reputación universal por su valor, oponiendo sus hechos a las palabras de los otros[135].

El contexto del texto me interesa: en primer lugar, porque, como he dicho, el autor es anterior en casi un siglo a Salustio; en segundo lugar, porque Polibio no es romano sino griego y, además, fue el instructor del propio Escipión tras ser capturado, precisamente, tras la batalla de Pidna. Su vinculación a la familia Emilia y su creciente amistad son totales hasta el punto de que los hijos de Lucio Emilio, Fabio y Escipión, ruegan al pretor que Polibio pueda quedarse en Roma cuando los aqueos capturados fueron enviados de nuevo a ciudades en provincias (XXXI, 23, 5). Esta amistad, en concreto con Escipión[136], se manifiesta claramente en la obra polibiana dedicando los capítulos del 23 al 29 a los años jóvenes de su amigo, años en los, según el autor, habría forjado su carácter (31, 30). Esto significa que conocía perfectamente el relato, pero también que pudo ser muy subjetivo por la devoción y amistad que le unió con Escipión lo que, añadido al hecho de que él era, a su vez, un gran entusiasta de la actividad cinegética según manifiesta en XXXI, 29, 8

[135] Polibio, XXXI, 29, que he seguido prácticamente de manera literal.

[136] No por nada Polibio inicia el capítulo 23 señalando cómo se había originado la amistad a partir del acercamiento a él de un Escipión celoso por el trato preferente que Polibio daba a su hermano Fabio.

διὸ καὶ παραγενόμενος εἰς τὴν ‘Ρώμην καὶ προσλαβὼν τὸν τοῦ Πολυβίου πρὸς τοῦτο τὸ μέρος ἐνθουσιασμόν,

le pudo llevar a engrandecer el episodio de la introducción de la caza en Roma en grandes territorios al estilo helenístico. En primer lugar, porque él mismo dice, generalizando, que los jóvenes romanos se ocupaban de los asuntos relativos al foro -derecho y política, básicamente-, lo que significa que, en esos primeros momentos, la caza como actividad deportiva o de ocio era prácticamente inexistente[137]. Y, en segundo lugar, habría que preguntarse dónde y cómo pudieron ejercitar la caza Escipión y Polibio una vez que llegaron a Roma y hasta qué punto se pudieron extrapolar a territorio itálico las grandes reservas macedónicas[138].

Donde sí tuvo la caza una especial acogida en Roma fue como tema poético[139], al menos a partir del siglo I a.C. Señala Aymard que desde los años finales de la República y primer siglo del Principado el tema de la caza adquiriría carta de ciudadanía en la literatura y no hay ningún poeta que no haya querido, de forma más extensa o más breve, escribir su página de antología cinegética:

---

137 Sin tener en cuenta que los jóvenes romanos que habían estado en Macedonia con él habían traído a Roma otros gustos. Así, Polibio relata cómo había muchos comportamientos viciosos que se habían extendido rápidamente entre los jóvenes romanos contagiados por la laxitud de costumbres griegas que habían conocido durante su estancia en la guerra macedónica y que los habían llevado a abandonarse a relaciones con otros hombres o con prostitutas, con entretenimientos de música y banquetes y las extravagancias que derivaban de estos (XXXI, 25, 3-4).

138 La conquista de territorios y la consiguiente organización administrativa de los mismos determinaba una manera peculiarmente romana de comprender el fenómeno de conquista. La bibliografía sobre la materia es extensísima; remito, por todos, a FERNÁNDEZ DE BUJÁN, A., *Contribuciones al estudio del derecho administrativo, fiscal y medioambiental romano*, Madrid, 2021 y *Derecho Púbico Romano*, Madrid, 2020 (23ª ed.), pp. 295ss.

139 No entra dentro del objeto de mi estudio un análisis de la concepción social de la caza a través de la poesía por lo que me limitaré a dar unos pocos ejemplos no tan utilizados normalmente.

Horacio, Lucrecio, Virgilio, en Bucólicas y Geórgicas y también en Eneida; en la poesía amorosa, Ovidio, que encuentra en la caza un motivo literario extraordinario para construir alguna de las más hermosas historias de sus *Metamorfosis*[140]. También hay en *Heroidas* algunas referencias en distintos fragmentos que se han entendido como alusiones a técnicas de caza, a formas de *venatio* en concreto

> *Retiae saepe comes maculis distincta tetendi*
> *saepe citos egi per iuga longa canes* (Ovidio, *Her.* V, vv. 19-20)

aunque, según Capponi, Ovidio no habría querido especificar ninguna forma de práctica venatoria sino "tutti i generi dell´attività cinegética con l´impiego di *retia* [...]" en concreto "ogni possibile attività della *uenatio* con i *retia,* escludendosi, per cuanto possiamo dedurre dall´accenno cinegético del v. 20, dall´esercizio servile dell´*aucupium* con *retia* e con *plagae*"[141]. Igualmente, en su fragmentario *Haliéutica,* poema dedicado a la pesca, con todos los problemas que ha suscitado la adscripción al autor[142], en el que se encuentran en algunos versos alusiones a los animales objeto de caza y su distinta naturaleza, como el león, el oso, el jabalí, liebres, gamos y ciervos; y a algunos otros animales que sirven para la misma, como los caballos y las perras (Ovidio *Haliéutica* 49-84).

---

140 AYMARD, J., *Essai sur les chasses*...cit., p. 90ss., ampliamente.

141 CAPPONI, F., "Cynegetica Ouidiana (Her. V, 19-20)", *Latomus,* 41 (3), 1982, p. 597 y 601.

142 Es el único poema en lengua latina que existe sobre la pesca; el resto de obras están escritas en griego. Hay referencias a la autoría de Ovidio en Plinio, aunque este dato no se ha considerado suficiente por algunos autores para dejar demostrada esta atribución, *vide* la *Introducción* a la obra Gratio/ Ovidio/ Calpurnio Sículo/ Nemesiano/ Endelequio, *Poesía latina pastoril de caza y pesca/ Cinegética/ Haliéutica/ Bucólicas. Bucólicas einsidlenses/ Bucólicas. Cinegética. De la caza de los pájaros/ De la mortandad de bueyes,* Introducción, traducción y notas de José A. Correa Rodríguez, Editorial Gredos, Madrid, 1984, pp. 49ss.

En el *Corpus Tibullianum* también quedaron recogidas referencias a la caza en un poeta desconocido[143]

Parce meo iuveni, seu quis bona pascua campi
seu colis umbrosi devia montis aper,
neu tibi sit duros acuisse in proelia dentes;
incolumem custos hunc mihi servet Amor.
sed procul abducit venandi Delia cura:
o pereant silvae deficiantque canes!
quis furor est, quae mens, densos indagine colles
claudentem teneras laedere velle manus?
quidue iuvat furtim latebras intrare ferarum
candidaque hamatis crura notare rubis?
sed tamen, ut tecum liceat, Cerinthe, vagari,
ipsa ego per montes retia torta feram,
ipsa ego velocis quaeram vestigia cervi
et demam celeri ferrea vincla cani.
Tunc mihi, tunc placeant silvae, si, lux mea, tecum
arguar ante ipsas concubuisse plagas:
tunc veniat licet ad casses, inlaesus abibit,
ne veneris cupidae gaudia turbet, aper.
nunc sine me sit nulla venus, sed lege Dianae,
caste puer, casta retia tange manu:
et, quaecumque meo furtim subrepit amori,
incidat in saevas diripienda feras.
At tu venandi studium concede parenti,
et celer in nostros ipse recurre sinus[144].

---

143 En la elegía IV, 3 sobre Sulpicia se recoge la idea de la caza como marco en el que escenificar la pasión amorosa de una joven (Sulpicia) por su amado Cerinto (=Cornuto); las cinco elegías sobre Sulpicia de autor desconocido (*Corpus Tibullianum* IV, 2-6) se unen a las de esta *docta puella* (*Corpus Tibullianum* IV, 7-12) manteniendo todo el mismo hilo conductor del amor entre los jóvenes en lo que se ha denominado ciclo Cornuto-Sulpicia. Aunque la protagonista de estas cinco elegías es Sulpicia, la elegía IV, 3 parece estar escrita en primera persona:

144 Ten piedad de mi joven, ya buenas praderas del campo
habites, jabalí, ya la soledad del monte sombrío,
y no te dispongas a afilar tus colmillos para luchar;
salvo, su guardián me los cuide, el Amor.
pero lejos, ansioso de cazar, Delia lo lleva:
¡mueran los bosques y falten los perros!

Independientemente de los problemas que ha suscitado tanto la autoría de los poemas de Sulpicia como los que tienen a ella como protagonista[145] entre los que destaca la idea de que el autor de las elegías citadas fuera Ovidio[146], cabe hacer una observación en relación con IV, 3 *sobre* Sulpicia: en esta elegía Sulpicia reprocha en un primer momento el que su amado vaya a cazar para, a continuación, ofrecerse a ir con él, y que, de esta forma, nadie más esté a su lado. Sin embargo, este ofrecimiento sigue formando parte del reproche porque el joven ha ido a cazar solo y, en última instancia, le pide que deje la afición y vuelva con ella.

Cerinto cazador es el tema del poema; la caza, independientemente del componente poético de la confrontación entre Diana

---

¿qué locura, qué mente –densos collados con red
rodeando- querer sus tiernas manos dañar?
¿de qué sirve entrar a escondidas en el cubil de las fieras
y marcar los blancos muslos con espinosos arbustos?
Mas, con tal de que pueda, Cerinto, contigo marchar,
yo misma llevaría por los montes redes plegadas,
yo misma buscaría huellas de ciervo veloz
y soltaría los férreos collares del rápido perro.
Así, así diría a los bosques que sí, si contigo –mi luz-
me acusaran de haberme acostado junto a las mallas.
Así, aunque llegara a las trampas, ileso saldría
-por no turbar los gozos de Venus ardiente- el jabalí.
Ahora, sin mí, no haya Venus ninguna, mas siguiendo a Diana
-casto muchacho- con casta mano toca las redes;
y quienquiera que a escondidas se acerque a mi amor
caiga para ser destrozada entre fieras salvajes.
Mas tú, la afición a cazar deja a tu padre
y deprisa regresa a nuestro regazo. (trad. Alvar, A., *Poesía de amor en Roma*, Madrid, Akal, 1993, p. 151).

145 VALMAÑA OCHAÍTA, A., "Sulpicia. El amor según una *docta puella*", en *Mujeres en tiempos de Augusto. Realidad social e imposición legal*, R. Rodríguez y M. Bravo (Dir.), Valencia, 2016, pp. 405-409, y la bibliografía allí citada.

146 *Vide* RADFORD, R., "Tibullus and Ovid: The authoship of the Sulpicia and Cornutus Elegies in the Tibullan Corpus", *American Journal of Philology*, 44/1, 1923, pp. 7 y 8.

y Venus que, ya sabemos, ha sido utilizado en muchas ocasiones, se presenta en esta elegía, además, como una muestra de lo que podría ser el comportamiento habitual en jóvenes romanos de la época (a caballo del cambio de era, si lo atribuimos a Ovidio). Se habla de la caza de jabalíes y ciervos, la acción de los perros, las artes de caza con las *retia, plagae* y *casses*[147], las *silvae* y los *montes*[148], es decir, una enumeración de la actividad cinegética practicada por jóvenes que empezó a ser considerada en su aspecto lúdico a partir de estos años, probablemente. Se estaría, también aquí, al igual que en otras elegías, ante la visión poética de un pasaje de vida cotidiana o, al menos, habitual entre los jóvenes romanos –y no tan jóvenes, véase la alusión al padre-[149].

---

147 Redes grandes, medianas y pequeñas, respectivamente, *armorum casses plagiique exordia restes [...]/ rete velim plenisque decern consurgere nodis*, vv. 24 y 32, en *Gratti Cynegeticon*, (*Minor Latin Poets*, edición de J. Wight Duff y A. M. Duff, traducción y notas, Loeb Classical Library, Cambridge (Massachusetts), 1971).
Las referencias de Nemesiano a las redes es a su fabricación, tanto en la técnica para tejerlas
nec non et casses idem venatibus aptos/
atque plagas longoque meantia retia tractu/
addiscant raris semper contexere nodi (*Cynegetica*, vv. 299-301)
como teñirlas y colocar plumas a efectos de "espantapájaros", en este caso, para espantar a los osos, jabalíes, ciervos, zorros y lobos.

148 Es significativa la frase *densos indagine colles claudentem* en la elegía de autor desconocido, en esa idea de cerrar con redes los collados en la que aparecen unidos el arte de caza y los lugares en los que se practica.

149 Quizá jóvenes de clase alta. Esta referencia ha sido tomada también para oponerse a la idea extendida en la doctrina de que Cerinto sería un joven de baja condición frente a Sulpicia, de clase alta; en esta línea, BRÉGUET, E., *Le Roman de Sulpicia. Elégies IV, 2-12 du "Corpus Tibullianum"*, Roma, 1972, p. 34, quien tampoco considera posible que Cerinto fuera de clase baja, liberto o hijo de liberto. Yo, que en su momento defendí también esta postura, no creo que se pueda afirmar esto de manera radical. Ciertamente, el tipo de caza que describe no parece que sea la más acorde con la que podrían practicar personas de clase social inferior, pero tampoco creo que haya base suficiente para rechazarlo.

A caballo entre la poesía y la didáctica, más tardíamente, Nemesiano escribe una serie de poemas sobre caza (*Cynegetica*) en la estela de lo que habían marcado otros autores como Gratio; en esta obra se habla de la cría, adiestramiento, enfermedades y razas de perros, razas y cría de caballos, y sobre las redes, es decir, más que sobre los animales o presas de caza, habla sobre los instrumentos y animales auxiliares de la caza[150]. También escribió unas Bucólicas; otra obra a él atribuida sobre pesca (*Halieutica*) y otra sobre la caza de los pájaros (*De aucupio*) que constituye también una atribución que, en realidad, no ofrece más que unos fragmentos[151].

La caza también se analiza desde el punto de vista interno como objeto de estudio; en el s. II d.C., Flavio Arriano, influido por el *Cynegeticus* de Jenofonte, escribe un tratado sobre caza para hablar sobre lo que autor griego había omitido "no por negligencia, a mi parecer, sino porque él lo desconocía", es decir la naturaleza de los perros de la Galia y de la raza de los caballos de Escitia y Libia[152] y del arte de la caza con estos animales tanto de presas pequeñas como grandes. Para Silva, la inspiración de Arriano en la obra de Jenofonte es clara aunque también hay marcadas diferencias, siendo notable, por lo que a este estudio interesa, la finalidad de la caza a la que se enfrentan ambos autores: para Jenofonte, la caza será "un saludable y placentero ejercicio, una escuela de carácter, incluso un medio de obtener alimento, y hallaba placer en contemplar el momento de la captura de la presa",

---

150 A propósito de los animales auxiliares de caza, ha llegado también hasta nosotros un poema del emperador Adriano en el que alaba a su caballo cazador favorito *Borysthenes Alanus*.

151 *Vide* más ampliamente, sobre poesía cinegética romana Gratio/ Ovidio/ Calpurnio Sículo/ Nemesiano/ Endelequio, *Poesía latina pastoril de caza*...cit., o la ya citada edición de la Loeb Classical Library, *Minor latin poets*.

152 "Yo que llevo el mismo nombre que él, que he nacido en la misma ciudad y que desde mi infancia he tenido la misma afición por la caza, por el arte militar y por la sabiduría", Arriano, *Tratado de la caza*, I, (trad. Beatriz Seral Aranda), Madrid, 1965.

lo que le reprocha Arriano, para el que "la práctica de la caza se agota en sí misma, es meramente un deporte en el que ni siquiera importa atrapar la liebre, sino en el disfrute de contemplar cómo los perros la persiguen"[153].

Dentro de la tradición de las obras de caza griegas, apenas unos años después de la obra de Arriano, se encuentran las referencias a la caza que se hace en el *Onomástico* de Pólux y, posteriormente -215 d.C.-, aunque con una forma y contenido distinto, los *Cynegetica* de Opiano[154].

---

153 SILVA SÁNCHEZ, T., "Aproximación al contenido y estructura de las obras griegas sobre caza", en *Actas del IX Congreso Español de Estudios Clásicos*, 1998, pp. 324-325, y bibliografía allí citada.

154 SILVA SÁNCHEZ, T., "Aproximación..." *cit.*, pp. 325-326. Parece que no sería este Opiano (de Apamea) sobre el que escribe Belisario de Acquaviva su *De venatione et aucupio* si se está a la información dada por el propio Dux, cuando señala que "Hemos oído a algunos que esta parte de la obra, perteneciente a la pesca, se encuentra ya traducida del griego al latín. Por ello, y para no trabajar sobre lo mismo, que sin duda creo realizado en mejor latín por otro", trad. Valcárcel, *B. Acquaviva, La caza* ...cit., II, p. 50. Sería, por tanto, Opiano de Cilicia quien en su obra *Haliéutica* sí trataba sobre la pesca y los peces y habría escrito una segunda obra sobre la caza con aves y de aves o, al menos, se le atribuyó. Todas las referencias a la *venatio* que, hay que recordar, es la parte principal de la obra de Acquaviva, sólo se encuentran en la *Cynegetica* de Opiano de Apamea (caballos y perros, por ejemplo). Por otro lado, Aquaviva trata fundamentalmente aspectos relacionados con la *venatio,* esto es, caza de fieras y la materia con ella relacionada: la naturaleza, tipos, cuidados, enfermedades y remedios de perros y caballos; y un segundo libro sobre cetrería, en el que, sin embargo, reconoce que le falta la fuente opianea: "Había prometido Opiano tratar de esta materia, pero nada encuentro sobre la caza aérea en los fragmentos de su obra, que me han llegado", trad. (Valcárcel, 1971) p. 83; por eso, quizá, es una parte menos completa que el libro I, quedando sólo recogido los tipos de halcones y un último capítulo VIII que opera a modo conclusivo, en que se citan algunos remedios para ciertas enfermedades. Desde la filología se entiende, creo que mayoritariamente, que la obra de la *Cinegética* estaría escrita por un autor posterior que lo habría hecho al estilo de la *Haliéutica*; esta sí sería obra original de Opiano de Cilicia, si

En realidad, como señala Aymard, tanto en la tradición griega como en la romana existe un vínculo más o menos expreso entre caza y milicia y así aparece reflejado en muchos textos: Jenofonte en su estudio sobre caza engarza las virtudes de la práctica de la misma con la práctica militar, idea que ya aparecía en otras obras del autor y, en general, en los autores del ámbito helenístico y en otros pueblos, como el persa: el autor en su *Ciropedia* nos habla sobre cómo el tiro con arco, el lanzamiento de la jabalina, la colocación de trampas para los jabalíes, osos, panteras y leones, favorece que el hombre se esfuerce en dominar y capturar por su cuenta, por la superioridad de sus ingenios, como haría en la guerra contra un enemigo, mientras que en su *Cinegético* insiste en la utilización de la caza como una preparación para los combates y para la guerra[155].

---

se tienen en cuenta "los elementos externos e internos de los poemas, que avalan la tesis de la distinción de autores", por todos, con bibliografía, CALVO DELCÁN, C., *Opiano. De la Caza. De la Pesca. Anónimo. Lapidario órfico,* Madrid, 1990, *Introducción,* pp. 9ss. Un buen estudio de la autoría se puede encontrar en SILVA SÁNCHEZ, T., *Sobre el texto de los* Cynegetica *de Opiano de Apamea,* Cádiz, 2002, pp.15ss.
Quizá Acquaviva utilizó una copia de la *Cynegetica* de Opiano de Apamea de la que va desbrozando sólo aquéllas cuestiones que le interesaban para cumplir con la finalidad que pretendía "Tienen ya los hijos de los nobles varones, de los príncipes y de los reyes lecturas en las que pueden instruirse [...] Tienen también un tratado sobre la manera de cazar, que hemos entresacado de los fragmentos de Opiano", partiendo de que, además, lo importante para él ha sido dicho "al tratar de la caza terrestre en la que suele ocuparse especialmente la nobleza, no he omitido nada de lo que puede ser digno de un varón noble", trad. Valcárcel, *B. Acquaviva, La caza* ...cit., II, p. 99. Por último, también hay datos internos en la obra *Cynegetica* de Opiano de Apamea que no permiten dudar de su autoría; así, FURLAN, I., "La ilustración de los Cynegetica", en P. Eleuteri/ S. Marcon/ I. Furlan, *Tratado de Caza. Oppiano. Cynegetica, Biblioteca Nazionale Marciana de Venecia (COD. GR.Z.479(=881),* Valencia, 2002, p. 42.

155 *Vide* ampliamente en AYMARD, J., *Essai sur les chasses*...cit., pp. 470ss. Las palabras de Aymard resumiendo las ideas de Jenofonte son reveladoras: "Par la practique de la chasse l´homme prend l´habitude des

El mismo vínculo encontramos en autores romanos y, si bien esta percepción de la caza es posterior en el tiempo y debida, probablemente, a la influencia griega en las clases más altas -especialmente a las obras de Jenofonte-, también concuerda con el espíritu romano expresando durante la República conforme a los viejos principios de la *virtus*[156]. Pero si algo sobresale de las numerosas referencias que se encuentran sobre caza a partir, fundamentalmente, de finales de la República es que los romanos no se acercaron a la misma bajo un solo prisma ni bajo un único interés. Aymard, en su gran obra sobre la caza romana es-

chemins malaisés, s´accoutume à ne saisir sa victime qu´au prix de mille fatigues, il s´exerce à ne coucher sur la dure, à ne pas s´endormir pendant les veilles, il sait être brave dans l´attaque et garder ses rangs au cours d´une retraite; s´il poursuit l´ennemi la chasse aura appris au soldat à utiliser au mieux le terrain, à se reconnaître et à guider ses compagnons et liu-même dans le situations difficiles, au milieu des bois et sur les escarpements", pp. 471-472. Señala Anderson que "Xenophon wrote his essay on the *Cynegeticus,* or *Hunting Man,* so that it could be put into practice in the field, not studied in the library. But he insists on the educational value of the sport and begins with a list of mythical heroes who loved hunting and thereby acquired virtue [...] "Other branches of education" intended to prepare rich Young men for leadership in their cities included military training and, above all, rhetoric, the art of public speaking", ANDERSON, J. K., *Hunting...cit.,* p.30ss. Se ha discutido mucho sobre la autoría o atribución del *Cinegético* a Jenofonte; para una iniciación a la problemática, VELA TEJADA, J., "Jenofonte", *Liceus,* http://www.liceus.com/cgi-bin/aco/culc/aut/1020.asp, (rescatado el día 21 de noviembre de 2021).
No obstante, también hay oposición a la caza en obras griegas: los pitagóricos no consumían carne de animal y se manifiestan en numerosas ocasiones contra la caza de aves, *cfr.* MONTERO, S., "La figura del *auceps...*" cit., p. 276; autores como Plutarco habrían dirigido críticas sutiles contra "la concepción pedagógica tradicional –encarnada por la consideración de la cinegética como medio de aprendizaje, como ejercitación física, a pesar de su violencia implícita-", TOVAR PAZ, F. J., "El motivo de la "caza" en el *Sollertia animalium* de Plutarco", en *Actas del IV Simposio Español sobre Plutarco,* Madrid, 1996, p. 214.

156 Para la idea de la *virtus,* AYMARD, J., *Essai sur les chasses...*cit., pp. 487ss.

tudia de manera detallada la distinta manera de aproximarse el romano a la actividad venatoria, desde Augusto hasta el gran cazador, Adriano, también desde el punto de vista de la literatura latina, es decir, como tema literario[157]. Se descubre también, a lo largo de las páginas del *Essay sur les Chases romanes*, que así como hay percepciones distintas sobre la caza hay también distintas formas de caza; no sólo lo expresa Aymard en el propio título de su obra, sino que se observa a través del análisis que hace de cada uno de los autores/momentos sobre los que trabaja: hay una caza que sirve para afirmar el ejercicio físico, pero también el intelectual; también es caza la que se relaciona con el *otium*, con una nueva manera de disfrutar del campo y de la naturaleza como son todas aquéllas referencias que encontramos en algunas de las *Epistulae* de Plinio el Joven; es, igualmente, la caza de los grandes cazadores-propietarios, como lo son, finalmente, las grandes cacerías coloniales de Adriano[158]. En realidad, se mantendría la percepción utilitarista de la caza que los romanos tuvieron desde su origen, primero como actividad para proveer a las necesidades de la familia, de ahí su consideración de *officium servile*, a la consideración de la caza como una práctica recomendable para la formación de la juventud, es decir, una actividad

---

157 A lo largo de seis capítulos, pp. 89 a 184.

158 Todo en AYMARD, J., *Essai sur les chasses…cit.*: como ejercicio, aunque referido a autores griegos, también puede ser aplicado a las referencias latinas "Car chasser consiste pour l´homme à affirmer sa bravoure, son courage, mais aussi son intelligence et son adresse dans l´attaque lointaine ou rapprochée; la chasse étant une victoire de la réflexion, de la technique […], le goût de l´effort, l´endurance de l´homme à supporter le froid et la chaleur", p. 497; como forma de disfrutar de la naturaleza, "Le chasse est un des éléments importants de la vie du propriétaire-homme de lettres dan ses villas; elle est un agréable passe-temps, un divertissement, mais elle est aussi communion avec la naturee et source d´inspiration", p. 162; los grandes propietarios, "En cet âge des Antonins, où le monde romain a, pour une breve période, trouvé son point d´équilibre, la chasse est à sa juste place, comme un des éléments de l´activité, on irait jusqu´à dire de la culture de «l´honnête homme» de ce siècle…", p. 164; sobre las cacerías coloniales, p. 173ss.

en la que se destacaba su alto componente didáctico. Incluso en un mismo autor se ve esta plurivalencia de percepciones en relación con la caza y si Cicerón se expresaba favorable a la caza como ejercicio que beneficia a la formación del soldado, también ve en ella un medio para procurarse alimento y el uso de los animales para nuestra propia utilidad, sea cual sea:

> *iam vero immanes et feras beluas nanciscimur venando, ut et vescamur is et exerceamur in venando ad similitudinem bellicae disciplinae et utamur domitis et condocefactis, ut elephantis, multaque ex earum corporibus remedia morbis et vulneribus eligamus, sicut ex quibusdam stirpibus et herbis, quarum utilitates longinqui temporis usu et periclitatione percepimus,* (Cicerón, *nat. deor.* II, 161);

y en *Cato Maior* habla directamente de la caza –en sus dos variedades de *aucupium* y *venatio*– como una manera de hacer todavía más placentero el ocio de la vejez sin despreciar la vertiente pragmática de la actividad como señala, en relación con el huerto y a los prados o, en general, a la vida en una *villa* en 56:

> *Mea quidem sententia haud scio an nulla beatior possit esse, neque solum officio, quod hominum generi universo cultura agrorum est salutaris, sed et delectatione, quam dixi, et saturitate copiaque rerum omnium, quae ad victum hominum, ad cultum etiam deorum pertinent, ut, quoniam haec quidem desiderant, in gratiam iam cum voluptate redeamus* (Cicerón, *Cato Maior,* 56)

Esta doble consideración se mantendrá, como tendremos ocasión de comprobar ampliamente, en Varrón y Columela.

Que la actividad de la caza está lejos de presentarse como una unidad compacta es algo que aparece claro tanto en Grecia como en Roma[159]. Las actividades relacionadas con la caza en Roma fueron la caza de pájaros o pequeñas aves, conocido como *aucupium*; la *venatio*, por la que se entiende tanto la caza de piezas menores (liebre, conejos) como grandes piezas (venados, jabalíes, osos); y

---

159 La frase es de LONGO, O., "Le regole della caccia nel mondo greco-romano", *Aufidus*, 1, 1987, p. 60.

las *venationes*, en plural, que indican, generalmente, un espectáculo al que asistirían los romanos de manera pasiva y que supondrían los juegos de caza de animales de grandes dimensiones en la arena, algunos de ellos procedentes de países lejanos conformando los llamados animales «exóticos», o espectáculos que consistían en la simple exhibición de los mismos. Las tres actividades estarían englobadas en lo que se puede denominar actividad cinegética, expresión que por su generalidad permite aludir a actividades concretas con distintos contenidos y, por supuesto, matices.

En relación con la caza de pájaros –*aucupium*–, parece que ésta fue, como señala Montero, una actividad que se introdujo tardíamente entre la población romana, probablemente influida por los escrúpulos religiosos derivados de la importancia activa que las aves en general tenían en el espíritu y vida romanos, en los que mantenían un papel decisivo en el ámbito religioso, vinculadas desde antiguo a la actividad augural[160]; en realidad, hay en Roma, como dice este autor, dos formas de acercamiento a esta actividad: por un lado, la que realizan niños y adolescentes como diversión y, por otro, los adultos que, propiamente, se dedicarían a ello como actividad lucrativa pero que sería considerado, en todo caso, como oficio menor, desde luego impropio de ciudadanos de clase alta. Los *aucupes* cazarían normalmente con artificios que permitirían la caza sin muerte de los animales; el *linum* y *calamus* (red y caña) serían los instrumentos empleados y se llegaron a construir aviarios –*aviarii*– donde guardar un gran número de pájaros.

Hay también textos en los que aparece la caza de pájaros como diversión en adultos, como alguno de Ovidio, Horacio y Propercio, al igual que la caza sin muerte[161]. No se puede olvidar, en cualquier caso, el poema *De aucupio* atribuido generalmente a Nemesiano en el que, si bien fragmentariamente, relata algún aspecto de la caza de las avutardas y de las becadas, además de alguna

---

160 MONTERO, S., "La figura del auceps…" cit., p. 265ss., *vide* ampliamente, con fuentes.

161 MONTERO, S., "La figura del auceps…" cit., p. 266.

alusión a los gansos y grullas. No obstante, hay autores que entienden que la caza de aves pudo tener este componente de diversión más allá de las referencias que encontramos en algunos poetas, en muchos casos relacionadas con un *topos* poético; son interesantes, en este sentido, las conclusiones de Piernavieja al analizar las referencias a los *calami* en alguna inscripción epigráfica de la Hispania romana, a las que se le ha dado el significado de flecha. No se trataría, por tanto, de la caza con caña –vareta con liga o de liga- sino con objetos que atravesarían el animal, clavándose en él. Piernavieja aventura la traducción de *calamo* como "cerbatana" en el epitafio de *Q. Marius Optatus*

> *D(is) [M(anibus) S(acrum)].*
> *Quintus Marius Optatus...*
> *Heu iuvenis tumulo qualis iacet a[bditus isto,*
> *Qui pisces aiculo capebat missile dextra*
> *Aucupium calamo praeter studiosus agebat*[162]

basándose en la utilización de esta expresión en el sentido más genérico de "flecha". El autor se fija, para ello, en la presencia de este sentido en varios poetas, entre ellos Propercio III, 13, 43-46 y II, 19, 23-24. Respecto del primer poema,

> *Et leporem, quicumque venis, venaberis, hospes,*
> *Et si forte meo tramite quaeris avem:*
> *Et me Panatibi comitem de rupe vocato,*
> *sive petes calamo praemia, sive cane*[163]

---

162 CIL, II, 2335. La traducción como "flechas" en https://institucional.us.es/cleo/index.php/inscripcion/se22-cil-ii-2335/?lang=es, del proyecto CLEO, CARMINA LATINA EPIGRAPHICA ONLINE, "(Consagrado) a los dioses (Manes). Q(uinto) Mario Optato... ¡Ay, qué gran joven yace encerrado en esta tumba!, que acostumbraba a capturar peces con un arpón lanzado con su diestra y a practicar además, afanoso, la caza de aves con flechas".

163 "Quienquiera que vengas, forastero, ya caces liebre, ya en mi sendero busques un ave, invócame desde un peñasco como a tu compañero, soy Pan, ya persigas la presa con las varetas de liga o con un perro" (trad.

Piernavieja entiende que la actividad que refleja Propercio en su elegía es la propia de un deportista y no de lo que habitualmente se consideraba un *aucupes*. El sentido de los versos en los que aparecen también las expresiones *hospes, canis* y *petere* es, para el autor, un claro ejercicio venatorio con fines deportivos.

También deduce del segundo poema de Propercio el significado de "flecha" para *calamus*[164]

> *Ipse ego venabor: iam nunc me sacra Dianae*
> *suscipere et Veneris ponere vota iuvat.*
> *incipiam captare feras et reddere pinu*
> *cornua et audaces ipse monere canis;*
> *non tamen ut vastos ausim temptare leones*
> *aut celer agrestis comminus ire sues*
> *Haec igitur mihi sit lepores audacia mollis,*
> *Excipere et stricto figere avem calamo,* (Propercio II, 19, 17-24)

Belfiore da esta misma traducción, volcando el término latino en flecha; no obstante, recoge otra posible interpretación de *calamo* traduciendo por varilla o vareta si se lee *structo* en lugar de *stricto*. En ese caso, *structo calamo* "significaría "armada o dispuesta" la vareta[165]. Queda a la interpretación de cada uno qué puede ser más lógico, perseguir con varetas de liga un ave o con las flechas -la idea expresada por *petere praemia* sería perseguir como premio o recompensa las piezas-, pero, en principio, la tesis de Piernavieja

---

M. Teresa Belfiore, *Propercio. Elegías.* (A. Tovar y M. T. Belfiore, Trads.), Barcelona, Alma Mater, 1963).

164 PIERNAVIEJA, P., *Corpus de Inscripciones deportivas de la España romana*, Madrid, 1977, p. 33 aunque aventura la posibilidad de traducir por "cerbatana" atendiendo a que *calamus* también significa caña o junco, lo que concordaría con la afirmación de ser un esforzado aficionado a la caza y pesca con "artes venatorias difíciles", p. 34.

165 *Propercio. Elegías*...cit., p. 85, n. 1. Hay que recordar que, respecto del primer poema citado, Belfiore traduce *calamo* como "vareta de liga", un artificio con el que se capturaban pájaros a través de una caña en la que se añadía una sustancia pegajosa que, una vez hubiera tocado las plumas del animal, le impedía volar quedando pegado a la caña.

de traducir por flecha en III, 13, 43-46 no me parece incorrecta, dando la idea de práctica deportiva. Cosa distinta es II, 19, 23-24: la construcción con *structo* en la segunda elegía parece más adecuada a la audacia de la que se siente capaz Propercio en esta elegía citada, que solo se atreve a cazar "tímidas liebres" y del que parece que hay que extraer la conclusión, si se ven los versos anteriores, de que era un recién llegado a la práctica venatoria[166] en la que se inicia porque Cintia no está en Roma. A primera vista, da la impresión de que el poeta se habría aficionado a la caza -*iam nunc...suscipere*-, una nueva afición, *ex nunc*, idea que se ve reforzada por la utilización del *incipiam captare feras*. Pero esta nueva afición parece que no es tanta o, al menos, estaría limitada al tipo de caza: en la estructura de los versos siguientes contrapone, en un primer momento, su primer impulso a cazar animales salvajes –*feras*-, y ofrecer los trofeos –*reddere...cornua*-, y manejar correctamente a los arriesgados perros –*audaces...canis*-, con el reconocimiento de que no cazará inmensos leones –*vastos leones*- o jabalíes salvajes –*agrestis sues*-. Los adverbios, adjetivos y verbos utilizados en los versos 21 y 22 no dejan lugar a dudas: ni acercándose demasiado (*comminus*, casi cuerpo a cuerpo), ni rápido (*celer*), ni a los grandes (*vastos*), ni a los salvajes (*agrestis*), se atrevería (*ausim*).

Los versos, a mi juicio, muestran una especie de recurso para no estar inactivo, pero, al mismo tiempo, al que se le va a conceder muy poca importancia. En realidad, Propercio solo anuncia su intención "ahora ya me deleita", "cazaré", "comenzaré", todo en un futuro al que ya le pone limitaciones: "no me atrevería".

---

166 "Yo, por mi parte, cazaré: ahora ya me deleita celebrar los ritos de Diana y abandonar los votos de Venus. Comenzaré a cazar salvajina, a ofrendar en un pino las astas del ciervo y azuzar a mis bravos perros; con todo, no me atrevería a atacar a los enormes leones o precipitado llegar muy cerca de los jabalíes salvajes. Pues atrévase mi audacia a acechar tímidas liebres o herir, empuñando la flecha, un pájaro" (II, 19, vv. 17-24, trad. M. Teresa Belfiore, *cit.*). Véase, igualmente en esta elegía la contraposición entre Diana y Venus que tanto gusta a los poetas elegíacos y que vimos también en la elegía sobre Sulpicia.

En todo caso, en el verso 24 de II, 19, el *figere avem* sirve tanto para la interpretación de "clavar empuñando la flecha" -con *stricto*-, que "fijar con la varilla dispuesta" -con *structo*-. Hasta aquí, todo quedaría en una contraposición entre un tipo de caza de animales silvestres, aunque no excesivamente peligrosos en el cuerpo a cuerpo, y otro tipo de caza más propio de las *venationes* –*leones*-[167] o que comportan un mayor peligro para la integridad del cazador; ante estas dos opciones, el poeta se decanta por la primera, alejándose expresamente de la caza de los animales más peligrosos, siendo también significativo, a mi juicio, el uso del *non tamen* que restringe la afirmación anterior según la cual está dispuesto a comenzar a cazar animales silvestres. Sin embargo, esta objeción expresa de Propercio a cazar un tipo de animales que implican un riesgo mayor, da paso a una ulterior restricción que, en realidad, afecta más a los versos 19 y 20 que a los versos 21 y 22 –pese, o en realidad, debido, a la coordinación lógica que implica la utilización del *igitur*-, puesto que a lo que el poeta se atreve es a sorprender débiles liebres -*lepores mollis*- o herir un pájaro con la caña (o flecha, según las lecturas) –*stricto figere avem calamo*-. Este tipo de caza es a todo lo más que llega su audacia.

La contraposición entre *mollis, vastos* y *agrestis* es muy notoria, y creo que el *calamus* como instrumento empleado para la caza de pájaros, puede, cuando menos, suscitar dudas de que, en realidad, fuera una flecha, a diferencia de lo que señala Piernavieja[168], y aunque el verbo *figere* se pueda traducir como el *clavar o atravesar* propio de una flecha, también lo puede ser como *fijar o sujetar,* como quedaría fijado o sujetado –o incluso clavado, en sentido figurado- un pájaro a una vareta con liga. Por eso, aunque nada exprese sobre las artes empleadas en la hipotética caza de los animales silvestres –*ferae*- a la que, dice, se va a dedicar, ni en la inabordable caza de leones y jabalíes, la contraposición del tipo

---

167 Eran conocidos, desde luego, en la época de Propercio. Conviene recordar cómo Plutarco cuenta que Marco Antonio se habría paseado por Roma en un carro tirado por leones; cfr. Plutarco, *Anton.* IX.

168 PIERNAVIEJA, P., *Corpus de Inscripciones deportivas*…cit., p. 34.

de animales y los adjetivos que los caracterizan hacen pensar más en que el poeta se va a dedicar a una caza menor, propia de un cazador novel, como dice ser Propercio[169].

La caza de los pájaros con red o varetas –*linum* o *calami*- ha permanecido a lo largo de la historia y son infinitas las referencias expresas o figuradas, como sinónimo de trampa, a este tipo de caza, en las que se pone de manifiesto la situación de inferioridad de los pájaros que caen en el artificio[170]. Lo que sí está claro es

---

[169] Hay que recordar, por último, que la caza de la que habla Propercio en III, 13, 43-46, es la caza de la liebre y de los pájaros y allí también señala las mismas artes de caza: *canes* y *calami*, respectivamente.

[170] Baste citar las referencias en obras de autores del siglo de Oro, en Nebrija o en obras religiosas de todos los tiempos, por aludir a tres ejemplos correspondientes a literatura de diferente tipo:
Mateo Alemán, *Guzmán de Alfarache*, Parte 2ª, lib. 1cap. VIII, "Gallardéase por la selva, cantando dulcemente sus enamoradas quejas el pobre pajarillo, cuando causándole celos el otro de la jaula o la añagaza, le hacen quedar en la red o preso en las varetas", edición, introducción y notas de S. Gili Gaya, Madrid, 1962-1969.
Nebrija en la edición de López de Rubiños en el *Dictionarium redivivum sive novissime emendatum, auctum, locupletatum et in meliorem formam restitutum*. Pars Prima, continens Dictionarium latinum cum hispanicis interpretationibus. *Diccionario, s.v. vardasca, virga-ae, *varetas con liga para coger pájaros.* "Virgulae viscate; visco illita, oblitae, ad passeres capiendos".
Francisco Aguado, *Misterios de la Fe, Misterio de la Visitación de la Santísima Virgen*, "Que es ver a vn caçador de pajaros, atar vnas cañas con otras, y por remate vna vareta con liga, con la qual llega al nido que eſtà lexos, y prende al pajarillo, que ſe imaginaba ſeguro, y preſo le trae a ſu mano [...] Con que donaire habla ſan Geronimo, contra aquellos que ſe dexan prender deſta liga, y quieren padecer triſte fortuna", p.260, http://books.google.es/books/about/Misterios_de_la_fe.html?id=uc9XLqeCmCEC, rescatado el 1 de abril de 2014.
Esta forma de cazar estuvo prohibida desde antiguo 1552 *Recopil. Leyes* II (1598) 109*c*: "Mandamos que no aya trampas en los palomares, ni en casas particulares, ni de otra manera, ni añegazas, ni otros armadijos", cfr. s.v. *añagaza*. | Tesoro de los diccionarios históricos de la lengua española RAE–ASALE. En la actualidad, el uso de varetas con liga está prohibida en la legislación comunitaria en virtud del art. 8, 1 explici-

que en una y otra traducción se estaría indicando dos maneras distintas de cazar y la segunda de ellas, las varetas para la caza con liga, sería la comúnmente utilizada por los *aucupes*.

Sentadas estas bases, se aprecia que no faltan textos en los que se habla de una cada vez más frecuente afición por la caza de aves, unida, en muchos casos a la caza de otros animales –*venatio*- de la que empiezan a informar autores desde finales de la República[171]. No sé hasta qué punto pudo estar extendida la práctica del *aucupium* entre los ciudadanos romanos, ni tampoco si fue, como parece, una actividad menor en relación con la *venatio*; sin embargo, creo que sí se puede tener en consideración lo que debió ser una tendencia cada vez más extendida hacia estas prácticas llevada, quizá en algunas ocasiones, por las ventajas económicas que se podían derivar de la comercialización de estos animales. En este sentido, toda la información que se encuentra acerca de los avia-

---

tada en el Anexo IV a) de la Directiva 2009/147/CE (TOL1.944.119) que codifica la 79/409/CEE del Consejo, de 2 de abril de 1979, relativa a la conservación de aves silvestres. La legislación española recoge esta prohibición con algunas excepciones en la medida prevista por la Directiva; véase, como muestra la Ley 3/2015, de 5 de marzo de Caza de Castilla-La Mancha, modificada por la Ley 2/2018 (TOL6.548.452): art. 26: "g) Cualquier método que implique el uso de liga, como pueden ser el arbolillo, las varetas o las rametas".

En realidad, la vareta con liga implica un método de caza no selectivo que estaría prohibido también en el 26 a), como son, en general, todos aquéllos que impidan la defensa natural de los animales ante el ejercicio de la caza.

171 MONTERO, S., "La figura del auceps..." cit., pp. 266ss. Señala Anderson que los antiguos no encontraron ningún mérito ni interés en coger pájaros de sus dormideros o del suelo y que cazar pájaros mientras volaban era una hazaña para los héroes legendarios y no para el común de los mortales, no siendo la cetrería un deporte que conocieran, situando el comienzo de su ejercicio a finales del periodo romano, ANDERSON, J. K., *Hunting*...cit., *Preface*, xi y xii. *Vide*, no obstante, lo dicho en la n. 88. Como ya he señalado, la situación a partir de la Edad Media cambiaría notablemente con el ejercicio de la cetrería como práctica deportiva y de ocio, en la que destaca la caza de y con aves; cfr. *supra* Capítulo I.

rios en las fuentes *técnicas* sobre la materia –Varrón y Columela, fundamentalmente- invitan a pensar en una actividad creciente en este ámbito, como habrá ocasión de comprobar.

No obstante, de ahí a que fueran los propios propietarios de las *villae,* y no los trabajadores destinados a la captura de aves –*aucupes*-, los que se ocuparan de su efectiva aprehensión, es un salto difícil de dar. El tipo de medios empleados para la captura de las aves, más de engaño que de fuerza o estrategia y habilidad, frente a la caza en la que consistía la *venatio*[172], puede invitar a pensar en una actividad "menor" del *aucupium.*

En cuanto a la caza de otro tipo de animales, que también aparece reflejada en las fuentes literarias, no se debe tampoco olvidar cuán a menudo algunos de los poetas utilizan estas referencias cinegéticas como tema literario del *venator amator,* como "un instrumento en la disputa entre Diana y Venus por la suerte del amante infeliz"[173]. Esta opinión la mantiene Aymard en relación con Horacio, según el cual, el poeta habría recogido referencias a la caza en su obra como un tema frecuente pero no por su propia afición a la misma[174]. No obstante, como señala el autor, lo importante de

---

172 Así Paolí entiende que "De las dos maneras que los hombres usan para matar, la *venatio* representa la violencia; el *aucupium,* el engaño"; cfr. PAOLÌ, U. E., *Urbs. La vida en la Roma antigua,* Barcelona, 1964, p. 322. No obstante, si se tiene en cuenta la opinión de Longo, hay conexiones entre ambas prácticas puesto que cabe la caza de aves con instrumentos propios de la *venatio* y para los animales objeto de esta, también se utilizan, en ocasiones, instrumentos que implican una trampa o ardid -redes, lazos o trampas-, LONGO, O., "Le regole della caccia…", cit., pp. 61-62.

173 MONTERO, S., "La figura del auceps…" cit., p. 266, quien no cree que practicaran la caza de la que hablan.

174 Que habría estado en la línea de la opinión de Varrón, AYMARD, J., *Essai sur les chasses romaines*...cit., p.102. En contra de la opinión de Aymard, Dehon considera que la falta de intensidad de Horacio es algo propio de su obra y no tanto de su mayor o menor inclinación hacia la caza; DEHON, P. J., "Horace et la chasse", *Latomus,* 47, 1988, p. 830. Horacio habla de distintas artes de caza en su conocidísimo *Beatus ille.*

todas estas referencias es que reflejan la posición que el ejercicio de la caza ocupaba en la sociedad del momento que, hay que recordar, no es todavía la época de esplendor de la caza en Roma.

Un reflejo de la cada vez mayor afición cinegética se encuentra en algún epígrafe en el que se destaca el gusto venatorio del protagonista. Por ceñirnos a inscripciones pertenecientes a la Hispania romana, un epitafio del s. I d.C. nos habla de un *Iulanus, lucorum cultor, venator studio*

> *Inspice qui trans[is-- -] / venator studio ma+[---] / lucorum cultor s[---] / iungere qui vallis [---] / adque novas scrobi[bus-- -] / [N-* (...)[175].

Y así, ya fuera porque se practicara, ya fuera como valor de representación de unos valores o sentimientos, lo cierto es que las alusiones a la caza producidas desde finales de la República, principios del Principado, debieron encontrar reconocimiento en los lectores del momento que, en consecuencia, se podían sentir identificados con lo expresado en los textos.

En cuanto a las *venationes*, estamos ante uno de los grandes espectáculos de Roma, fundamentalmente a partir del Principado, y que iniciará su decadencia con la caída de la parte occidental del

---

at cum tonantis annus hibernus Iovis
imbris nivisque conparat,
aut trudit acris hinc et hinc multa cane
apros in obstantis plagas
aut amite levi rara tendit retia
turdis edacibus dolos
pavidumque leporem et advenam laqueo gruem
iucunda captat praemia (*epodos*, II)

"mas si entre nieves y chubascos llega/ el invierno de Júpiter tonante,/ goza en matar al jabalí cerdoso,/ empujado a las mallas por sus canes,/ o con ligera horquilla tiende redes/ a los tordos voraces, /o coge en lazo (y son botín jocundo) asustadiza liebre o grulla errante", (*Horacio, Odas-Épodos*, Espasa-Calpe, Madrid, 1967, trad. B. Chamorro).

175 Tomado de *Hispania epigraphica*, http://eda-bea.es/pub/list.php?quicksearch=venator; cfr. CIL II 2314.

Imperio[176]. Las *venationes* fueron espectáculos de fieras y cazadores en el anfiteatro en los que se ponían de manifiesto las distintas artes de caza de grandes animales, muchos de ellos procedentes de provincias alejadas, así como los propios cazadores. La huella de aquellos espectáculos ha quedado plasmada en mosaicos y restos arqueológicos y debieron concentrar en torno a ellos a una multitud significativa de espectadores, como señala García Garrido, que se conformaba con saciar su afición venatoria con la visión de las cacerías que formaban parte de estos *ludi*[177]. Según Aymard[178], la primera *venatio "de grand style"* fue en 186 a.C., obra de Marco Fulvio tras el voto realizado en la guerra de Etolia: en los juegos participaron muchos actores traídos de Grecia para actuar en su honor, así como un combate de atletas que fue el primero celebrado en Roma, y una cacería entre un león y panteras. El hecho es recordado por Livio por su magnificencia y sobre todo por haber sido realizados al estilo de lo que sucedía en su época

> *per eos dies, quibus haec ex Hispania nuntiata sunt, ludi Taurii per biduum facti religionis causa. Decem deinde dies magno apparatu ludos M. Fulvius, quos voverat Aetolico bello, fecit. Multi artifices ex Graecia venerunt honoris eius causa. Athletarum quoque certamen tum primo Romanis spectaculo fuit, et venatio data leonum et pantherarum, et prope huius saeculi copia ac varietate ludicrum celebratum est* (Livio, *ab urb.cond.* XXXIX, 22, 1-2)

176 JIMÉNEZ SÁNCHEZ, J. A., "La crisis de las *venationes* clásicas: ¿Desaparición o evolución de un espectáculo tradicional romano?", *Ludica* (9), 2003, *passim*. El último testimonio de *venationes* para la parte occidental, como señala este autor, está fechado en el año 522, cuando se habría pedido permiso a Teodorico I para celebrar una cacería con ocasión del acceso a la magistratura del nuevo cónsul: "El rey accedió a esta demanda aunque [...] dejaba bien claro el disgusto que le producían tal tipo de exhibiciones, a las que llegaba a calificar como "actus detestabilis, certamen infelix cum feris", p. 94. En la parte oriental se siguen celebrando *venationes*, pp. 97ss.

177 GARCÍA GARRIDO, M. J., "Derecho a la caza..." cit., p. 271.

178 AYMARD, J., *Essai sur les chasses romaines*...cit., p.74.

No obstante, de las tres actividades, es el combate entre atletas el que se señala como el primero en haber sido celebrado en la historia de Roma, lo que, en puridad, debe hacer pensar que, en menor o mayor medida, y probablemente de forma muy básica, ya se conocían en Roma juegos de caza o de lucha entre animales, o simples exhibiciones de los mismos[179].

Ciertamente, referencias a espectáculos en los primeros años del siglo II a.C., propias del entorno del fin de la segunda guerra púnica se encuentran en Plauto; en el acto quinto, escena segunda del *Poenulus* (vv. 1011), el personaje Milfión dice:

> *Non audis? mures Africanos praedicat in pompam ludis dare se uelle aedilibus*

El pasaje de Plauto tiene sus problemas debido a la utilización de dos lenguas –latín y púnico- en una escena que se desarrolla entre tres personajes: Hanón, que habla en cartaginés (aunque entiende el latín en el que hablan los otros dos), y Milfión, que se lo traduce a un tercero, Agorastócles, en latín, pero limitándose a hacer una traducción "de oídas", esto es, traduciendo el término púnico por el más parecido a uno latino desde el punto de vista sonoro puesto que desconoce la lengua cartaginesa, aunque ha dicho que era de otro modo. En 1010 y 1012 se utilizan las expresiones púnicas *Muphursa* y *Miuulec hianna*, respectivamente, que se traducen como "¿Qué significa esto?" y "¿Quién va a guiarme?", pero que en la obra son interpretadas/traducidas por Milfión con la frase citada: *Non audis? mures Africanos praedicat in pompam ludis dare se uelle aedilibus*[180]. El problema se encuentra en la traducción

---

179 Ya en época imperial, tenemos lo relatado por Suetonio, *Aug.* 43, 3, entre otras fuentes:
Spectaculorum et assiduitate et varietate et magnificentia omnes antecessit [...] Solebat etiam citra spectaculorum dies, si quando quid invisitatum dignumque cognitu advectum esset, id extra ordinem quolibet loco publicare, ut rhinocerotem apud Saepta, tigrim in scaena, anguem quinquaginta cubitorum pro Comitio.

180 Para las expresiones en púnico he utilizado la edición de ROMÁN BRAVO, J. *Comedias II (Plauto)* (4ª ed.), Madrid, 2010; Riley utiliza *Moin le-*

de *mures Africanos*, bien en sentido literal, como ratones africanos, bien en sentido figurado como panteras o leopardos africanos, en la línea sostenida por algunos autores[181]–y que recogen los diccionarios latinos al uso-, como pasaría con otros animales que recibirían este tipo de nombres figurados. Entender que Plauto pudiera estar haciendo referencia a un desfile de panteras/leopardos africanos y que esta referencia lo fuera a un hecho que se podría considerar actual o contemporáneo a Plauto, ha llevado a datar, o ayudar en la datación, la obra de Plauto[182].

En relación con esta última cuestión, siempre hay que tener en cuenta lo indicado por López López cuando señala que la inclusión de "sucesos de actualidad" en la comedia plautina satisfacía al público en general, aunque no habría que dejarse atar demasiado por estas alusiones a la hora de buscar una cronología; el autor, en concreto, habla de "la tiranía de las comedias plautinas entendi-

---

chianna en lugar de *Miuulec hianna*, cfr. *The Comedies of Plautus*, Henry Thomas Riley, London, 1912. La riqueza idiomática de Plauto ha quedado remarcada por López López quien señala "el notable bagaje idiomático de su autor, quien al dominio de su lengua materna -el umbro- y al manejo que demuestra tener del latín, sumaba el conocimiento de diversos dialectos itálicos, de la lengua púnica y del griego", LÓPEZ LÓPEZ, M., *Invitación a Plauto: el hombre, el cómico, la obra. Guía de lectura de Miles Gloriosus y Mostellaria*, Rosario, 2006, p. 23.

181 En este sentido Aymard, que alude al *Poenulus* de Plauto en el que, según el autor, se habla de leopardos africanos paseando a lo largo del recorrido en unos juegos de los ediles, AYMARD, J., *Essai sur les chasses romaines*...cit., p. 75.

182 Siempre se puede entender que la *vis comica* de la escena podría justificar que Plauto se refiriera a *ratones* desfilando en unos juegos como traduce ROMÁN BRAVO, J. *Comedias II (Plauto)*...cit., p. 354, n. 134. En cualquier caso, se sigue presentando ante el público una referencia a animales desfilando -aunque fuera un ridículo desfile de ratones-, y la referencia en *Persa* a los avestruces (*Istuc marinus passer per circum solet* v. 199) y las liebres (*ex porta ludis cum emissust lepus*, v. 436) corriendo en el circo, también se mantendría.

das como documentos o reflejos de determinadas realidades"[183]. López López utiliza, para datar las comedias plautinas, las "acuñaciones onomásticas", es decir, la evolución creativa de Plauto a través de los nombres de sus personajes (p. 217ss.), que le lleva a entender que *Poenulus*, con diez acuñaciones, sería una de las obras más tardías del autor sin llegar a ser la última -por detrás estaría *Miles Gloriosus* y *Persa*-; se acepta, normalmente, que *Poenulus* fue escrita en torno al 191 a.C. debido a una referencia a la guerra contra el rey Antíoco III. López López alude a otras referencias en *Persa* relacionadas con posibles espectáculos con animales y cuadrigas (vv. 199, 436 y 442), que han sido consideradas como alusiones a la *venatio* del 186 a.C.[184]. En mi opinión, aunque no se debe quedar constreñido por las referencias a "la actualidad" en las comedias plautinas, lo cierto es que estas alusiones se encuentran muy frecuentemente en sus obras y no hay que despreciar la información que aportan, aunque comparto la idea de que, muchas de ellas, no sirvan o sean insuficientes para datar las obras del comediógrafo; en el caso que me ocupa, estas referencias en distintas obras pueden estar conectadas con lo que he señalado con anterioridad y es que se estuvieran celebrando "pequeñas" *venationes* o, mejor dicho, pequeños espectáculos, quizá de exhibición de animales, anteriores al gran espectáculo de Fulvio Nobilior: si Plauto muere en el 184 a.C., como está comúnmente aceptado, y la primera *venatio* "*de grand style*" fue en 186 a.C., según fuentes fiables, el estrecho margen de años con el que se cuenta para datar *Poenulus* y *Persa*, unido al hecho de que, desde otras perspectivas, se entiende que las obras se escribieron en una fecha anterior, podría confirmar la existencia previa de espectáculos con animales, al menos de forma básica, como ya señalara también Aymard[185].

---

183 LÓPEZ LÓPEZ, M., "Nueva propuesta de cronología de las comedias de Plauto", *Florentia iliberritana. Revista de estudios de antigüedad clásica*, II, 18, 2007, pp. 207-209.

184 En contra, el autor, p. 234, n. 63.

185 AYMARD, J., *Essai sur les chasses romaines*...cit., p. 75

A partir de estos momentos debieron empezar a ser frecuentes los espectáculos en los que intervienen fieras entre sí o cacerías de fieras por hombres, y su extensión entre el público debió ser notable si tenemos en cuenta que los intentos por hacerlos desaparecer fueron pocos y los que hubo estaban condicionados por otras razones distintas a los juegos en sí, teniendo, además, una corta vida[186]. Que las *venationes*, como otro tipo de espectáculos, tuvieron una edad de oro, no hay duda; así lo prueban los numerosos testimonios iconográficos que han llegado hasta nuestros días sobre estas luchas de ani-

---

[186] Me refiero, en concreto, a la información de Plinio según la cual un senadoconsulto prohibió la entrada de fieras africanas, *nat. hist.*, VIII, 17 (28), 64 y Cicerón, *Tusc.*, 5, 38, 112; esta prohibición fue eliminada unos años después por la *lex Aufidia de feris africae*; cfr. ROTONDI, G., *Leges publicae populi romani*, Hildesheim-Zürich-New York, 1990, (ed. facsimil de la edición de 1912).
Plinio, asimismo, narra los juegos organizados, siendo el primero el de Escauro durante su edilidad con 150 panteras,
nat.hist., VIII, 24: *senatus consultum fuit vetus, ne liceret africanas in italiam advehere. Contra hoc tulit ad populum Cn. Aufidius tribunus plebis permisitque circensium gratia inportare. Primus autem Scaurus aedilitate sua varias cl universas misit, dein Pompeius magnus ccccx, Diuus Augustus ccccxx. Idem Q. Tuberone Paulo Fabio maximo cos. iiii non. mai. Theatri Marcelli dedicatione tigrim primus omnium Romae ostendit in cavea mansuefactam, Divus vero Claudius simul iiii.*
(*Naturalis Historia*, Pliny the Elder. Karl Friedrich Theodor Mayhoff, Lipsiae, Teubner, 1906, que ofrece una numeración de los fragmentos diferente a la que he usado en este trabajo). Mommsen señala cómo "hacía ya algún tiempo que se habían soltado y corrido liebres y raposas en presencia de un público numeroso; pero estas cazas inocentes no producen ya emoción, y se recurre a las bestias feroces de Africa; llevándose a costa de grandes gastos, (probablemente hacia el año 568), leones y panteras [...] El Senado hizo votar una ley prohibiendo traer bestias extranjeras a Roma [...] pero faltó el poder o la energía de la eficacia de las prohibiciones; y si los combates de animales feroces, cesaron por algún tiempo, los combates de gladiadores continuaron en la fiestas privadas", MOMMSEN, T., *Historia de Roma*, IV, (Trad. García Moreno), Madrid, 1988, p. 196.

males y los *bestiarii*, encargados de darles muerte, que habían resultado victoriosos o que participaban en los juegos a modo de cazadores los cuales, en un primer momento, eran luchadores/*venatores* traídos de las mismas tierras que los animales que participaban en el juego[187]. La tumba de Escauro en Pompeya en la que se representa a un toro atado a una pantera mientras un *bestiarius* lo azuza con una lanza o la muerte de un toro al que un *bestiarius* ha atravesado con su lanza; el podio del anfiteatro de Pompeya, en el que aparecen un toro y un oso también atados y atacando el primero al segundo; o el mosaico de Santa Sabina en Aventino, de época adrianea, en el que aparecen representadas luchas de toros con elefantes en el anfiteatro, así como monedas en las que se representan estos combates y todas las informaciones que los autores de la época del Principado nos han hecho llegar sobre estos espectáculos, son algunas muestras. Por último, el fundamental mosaico "del Bajo Imperio, hoy conservado en la Galería Borghese, que decoraba el peristilo excavado en Tenuta di Torre Nuova en el año 1834, formaba parte de un conjunto de cinco piezas, en dos de las cuales el tema de la composición eran los combates de gladiadores, en las tres restantes una *venationes* en el anfiteatro" (sic)[188]; la simbología que subyace en estas expresiones se

---

187 AYMARD, J., *Essai sur les chasses romaines*...cit., p. 83.

188 La cita textual y todas las referencias anteriores son de BLÁZQUEZ, J. M., "Venationes y juegos de toros en la Antigüedad", *Zephyrus* (13), 1962, p. 48; BLÁZQUEZ, J. M., "Cacerías y corridas de toros en la Antigüedad", *Antigua. Historia y Arqueología de las civilizaciones (web)*, 1973-1974, (edición digital a partir de *Jano*,ca. 1973-1974, pp. 45-47. Edición digital de la Biblioteca Virtual Miguel de Cervantes por cortesía del autor *Jano*, ca. 1973-1974, 45-47), p. 2, Cacerías y corridas de toros en la antigüedad / José María Blázquez Martínez, Biblioteca Virtual Miguel de Cervantes (cervantesvirtual.com), rescatado el 21 de noviembre de 2022.

Resultan especialmente interesantes las consideraciones del autor sobre el precedente de las actuales corridas de toros en España y los juegos en los que intervenían estos animales y *venatores* en actitudes muy

encuentra claramente expresada, según Vespignani, en el circo, donde las *venationes*, al igual que las cazas imperiales y otras representaciones, se configurarían como "metáfora de Victoria, "representación" de la victoria conseguida en la guerra, pero también metáfora de la victoria del orden que se expresa a través de la *sophia* y la *megalopsychia* propias de las instancias evergéticas de los grupos dirigentes municipales, y la victoria sobre el chaos de la irracionalidad en las ferias (sic)"[189], lo que nos lleva a un mundo en el que la caza ya no solo es un mero espectáculo o una actividad de creciente interés para diferentes estratos de la población, sino también, como todo espectáculo en Roma, una forma de propaganda política o personal[190].

---

parecidas a las de los toreros, como el *bestiarius* del mosaico de Bad Kreuznach y otros, con descripción de los mismos.

189 VESPIGNANI, G., "Naturaleza e ideología política romana en el simbolismo del circo", en *Naturaleza y religión en el mundo clásico*, S. Montero y M. C. Cardete (dirs.) Salamanca, 2010, p. 255, que señala cómo "la *venatio* es uno de los temas figurativos imperiales más recurrentes, según una tradición procedente de los mosaicos pavimentales del Palacio de Constantinopla (siglo IV y V)".

190 Como dice Montero, en las *venationes* "se presentaba la oportunidad de dar a conocer animales venidos de lugares remotos gracias al sometimiento de los pueblos y el control de las vías comerciales", lo que las convierte en un instrumento de propaganda política magnífico, MONTERO, S., "El consumo de aves en la Roma de Augusto", en *Sabores de Roma. Actas del I Simposio Internacional sobre gastronomía antigua romana*, Madrid, 2015, p. 128.

Fig. 1. Un *venator*. Museo Foro Romano-Molinete/Cartagena. Foto: Javier García-Conde Maestre

En realidad, la construcción de los espacios en los que desarrollar estos espectáculos ya es, en sí, un mecanismo de expresión de la ideología imperial y, en este sentido, las *venationes* fueron una pieza más en la simbología del poder[191]. Suetonio lo recuerda

[191] En esta línea, MUÑOZ-SANTOS, Mª Engracia, *Animales in Harena. Los animales exóticos en los espectáculos romanos*, Antequera, 2016, pp. 22-23.

cuando relata los fastos inaugurales del Coliseo de Roma en los que cinco mil animales fueron muertos en un solo día

> *Et tamen nemine ante se munificentia minor, amphitheatro dedicato thermisque iuxta celeriter exstructis, munus edidit apparatissimum largissimusque; dedit et navale proelium in veteri naumachia, ibidem et gladiatores atque uno die quinque milia omne genus ferarum* (Suetonio, *Tit.*, 7, 3)

y también son conocidos los casos de emperadores que utilizaban los espectáculos públicos para castigar o, simplemente, para demostrar su poder abiertamente, como Nerón, al hacer combatir a senadores y *equites* como gladiadores y a *equites* con fieras

> *Exhibuit autem ad ferrum etiam quadringentos senatores sescentosque equites Romanos et quosdam fortunae atque existimationis integrae, ex isdem ordinibus confectores quoque ferarum et varia harenae ministeria* (Suetonio, *Nero,* 12)

Dion Cassio, *epit.* lib. LVI, 25, 1- 3, también sobre los fastos de la dedicación del Anfiteatro Flavio por Tito, καὶ ἐπὶ μὲν τοῖς ἄλλοις οὐδὲν ἐξαίρετον ἔπραξε, τὸ δὲ δὴ θέατρον τὸ κυνηγετικὸν τό τε βαλανεῖον τὸ ἐπώνυμον αὐτοῦ ἱερώσας πολλὰ καὶ θαυμαστὰ ἐποίησε. γέρανοί τε γὰρ ἀλλήλοις ἐμαχέσαντο καὶ ἐλέφαντες τέσσαρες, ἄλλα τε ἐς ἐνακισχίλια καὶ βοτὰ καὶ θηρία ἀπεσφάγη, καὶ αὐτὰ καὶ γυναῖκες, οὐ μέντοι ἐπιφανεῖς, συγκατειργάσαντο. [2] ἄνδρες τε πολλοὶ μὲν ἐμονομάχησαν, πολλοὶ δὲ καὶ ἀθρόοι ἔν τε πεζομαχίαις καὶ ἐν ναυμαχίαις ἠγωνίσαντο. τὸ γὰρ θέατρον αὐτὸ ἐκεῖνο ὕδατος ἐξαίφνης πληρώσας ἐσήγαγε μὲν καὶ ἵππους καὶ ταύρους καὶ ἄλλα τινὰ χειροήθη, δεδιδαγμένα πάνθ᾽ ὅσα ἐπὶ τῆς γῆς πράττειν καὶ ἐν τῷ ὑγρῷ, [3] ἐσήγαγε δὲ καὶ ἀνθρώπους ἐπὶ πλοίων. καὶ οὗτοι μὲν ἐκεῖ, ὡς οἱ μὲν Κερκυραῖοι οἱ δὲ Κορίνθιοι ὄντες, ἐναυμάχησαν, ἄλλοι δὲ ἔξω ἐν τῷ ἄλσει τῷ τοῦ Γαΐου τοῦ τε Λουκίου, ὅ ποτε ὁ Αὔγουστος ἐπ᾽ αὐτὸ τοῦτ᾽ ὠρύξατο. καὶ γὰρ ἐνταῦθα τῇ μὲν πρώτῃ ἡμέρᾳ μονομαχία τε καὶ θηρίων σφαγή, κατοικοδομηθείσης σανίσι τῆς κατὰ πρόσωπον τῶν εἰκόνων λίμνης καὶ ἰκρία (para los fastos del primer día).

Esta es una actitud que se ve en todos los emperadores, junto con la redistribución de alimentos, algo frecuente en los programas políticos del poder cuando quieren tener contento al pueblo, como señala Plácido Suárez; cfr. Dion Casio, *Historia romana, (libros I- XXXV. Fragmentos,* Introducción, traducción y notas de D. PLÁCIDO SUÁREZ, Madrid, Gredos, 2004, p. 100 (Introducción).

Por tanto, no sólo la iconografía da muestra del tipo de espectáculo en que consistían las *venationes*, sino también aparecen referencias en la literatura. Baste recordar en estos momentos el *Liber spectaculorum* de Marcial en el que se contienen a lo largo de una treintena de epigramas informaciones concretas sobre algunas *venationes* realizadas en el Anfiteatro Flavio, al que está dedicado el primer epigrama. En el libro se mezclan, según la doctrina, tanto epigramas relacionados con el emperador Tito, como con Domiciano relatando muchos de ellos las luchas que también se pueden ver en la representación musivaria: rinocerontes, leones, elefantes, osos, toros, jabalíes, tigres o ciervos; animales exóticos o autóctonos luchando entre ellos[192] o con hombres y mujeres[193].

---

192 Sobre el tipo de animales que encontramos en las pinturas romanas en España, *vide* HERNÁNDEZ RAMÍREZ, J., "Las pinturas murales del anfiteatro de Augusta Emérita", en *Actas de las IV Jornadas de Humanidades Clásicas*, C. Cabanillas y J.A. Calero, (Coords), Mérida, 2006, pp. 13-42., según el cual no son muchos los utilizados, predominando "los felinos (leones, tigres y guepardos); la mayoría de estas pinturas con motivos animales han aparecido en casas particulares", (p. 26).

193 Véanse como ejemplo, los epigramas IX, X, XI, XII, XV, XVI, XVII y XVIII del *Libro de los Espectáculos* de Marcial para los animales que luchan entre sí. El *bestiarius* Carpóforo se nos presenta a lo largo de varios de ellos como un cazador y luchador inagotable, Marcial, *spec.*, XV:
Summa tuae, Meleagre, fuit quae gloria famae,
quantast Carpophori portio, fusus aper!
Ille et praecipiti venabula condidit urso,
primus in Arctoi qui fuit arce poli,
stravit et ignota spectandum mole leonem,
herculeas potuit qui decuisse manus,
et volucrem longo porrexit vulnere pardum.
Praemia cum tandem ferret, adhuc poterat.
"Junta toda la gloria que tuvo, Meleagro, tu fama, ¡qué pequeña parte es de la de Carpóforo! ¡Un jabalí abatido! Él, además, clavó sus dardos a un oso que le acometía, el mayor que hubo en la acrópolis ártica, y derribó un león asombroso por su tamaño nunca visto, que pudo ser digno de las manos de Hércules, y de un golpe, lanzado de lejos, abatió a un veloz leopardo. Pues cuando recogía sus premios, ¡todavía le

Plinio habla de distintas *venationes* en varios momentos de su Historia Natural; además de la prohibición de la introducción de animales africanos en Roma para los juegos y la corta vida de la misma a la que ya he aludido, Plinio informa de los primeros espectáculos en los que se fueron incluyendo distintos animales y explica alguno de ellos: en VIII, 7 narra cómo la primera vez que lucharon elefantes en el circo fue durante la edilidad curul de Claudio Pulcher, bajo el consulado de Antonio y Postumio, en el año 655 de la fundación de Roma; elefantes con toros, veinte años después. Durante el segundo consulado de Pompeyo, varios gaetulios armados con lanzas lucharon contra un alto número de estos animales; en otra *venatio*, veinte elefantes, acarreando torres con seis hombres, se enfrentaron a otros seis hombres a pie y seis a caballo

> *Romae pugnasse Fenestella tradit primum omnium in circo Claudi Pulchri aedilitate curuli M. Antonio A. Postumio cos. anno urbis dclv, item post annos viginti lucullorum aedilitate curuli adversus tauros. Pompei quoque altero consulatu, dedicatione templi vene-*

---

quedaban fuerzas!" (trad. J. Guillén, *Epigramas de Marco Valerio Marcial*, Zaragoza, 2004).

En cuanto a las mujeres, resulta especialmente significativa la alusión a su participación en este tipo de espectáculos que, según algunas fuentes, no habría sido algún caso aislado, sino que habría habido más de una mujer cazadora, Marcial, *spec.*, VI y VIb:

(VI) *Belliger invictis quod Mars tibi servit in armis,*
non satis est, Caesar, servit et ipsa Venus.
(VIb) *Prostratum vasta Nemees in valle leonem*
nobile et Herculeum fama canebat opus.
Prisca fides taceat: nam post tua munera, Caesar,
hoc iam femineo Marte fatemur agi.

"no basta, César, que Marte el belicoso esté a tu servicio con sus invencibles armas. También te sirve la misma Venus. La Fama pregonaba la singular empresa de Hércules: el león abatido en extenso valle de Nemea. Calle la antigua leyenda, pues después de los espectáculos que has ofrecido, hemos de reconocer que de esta proeza también es capaz una mujer" (trad. J. Torrens, *Marco Valerio Marcial. Epigramas completos. Libros de los espectáculos*, Barcelona, 1959).

> *ris victricis, viginti pugnavere in circo aut, ut quidam tradunt, xviii, gaetulis ex adverso iaculantibus* [...] (Plinio, *nat. hist.* VIII, 7)

Finalmente, bajo los emperadores Claudio y Nerón en una *consummatio gladiatonis*[194] éstos lucharon, en lo que podríamos llamar un "mano a mano", con elefantes

> *[...] pugnavere et Caesari dictatori tertio consulatu eius viginti contra pedites d iterumque totidem turriti cum sexagenis propugnatoribus, eodem quo priore numero peditum et pari equitum ex adverso dimicante, postea singuli principibus Claudio et Neroni in consummatione gladiatorum* (Plinio, *nat. hist.* VIII, 7)

Los leones aparecen en combates por primera vez de la mano de Quinto Scévola, hijo de Publio Scévola, durante su edilidad curul; después Sila durante su pretura, ofreció un espectáculo de cien leones macho (con melena, dice el texto latino); después de él, Pompeyo Magno, seiscientos leones en el circo, de los cuales trescientos quince eran machos y, finalmente, César, cuatrocientos[195]

> *Leonum simul plurium pugnam Romae princeps dedit Scaevola P. f. in curuli aedilitate, centum autem iubatorum primus omnium L. Sulla, qui postea dictator fuit, in praetura. Post eum Pompeius magnus in circo dc, in iis iubatorum cccxv, Caesar dictator cccc* (Plinio, *nat.* hist. VIII, 22)

---

194 La *consumatio gladiationis* es el momento en el que acababa el compromiso de los gladiadores.

195 Se refiere Plinio a una lucha de leones entre sí; hay que recordar que Livio, en XXXIX, 22, 1-2 habla de un espectáculo de lucha entre león y pantera en el 186 a.C.

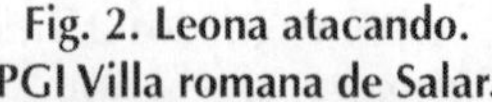

Fig. 2. Leona atacando.
PGI Villa romana de Salar.

Augusto exhibió por primera vez en Roma un tigre domesticado durante el consulado de Tuberón y Fabio Máximo, en la dedicación del teatro de Marcelo, y Claudio llegó a exhibir cuatro[196].

> *Theatri Marcelli dedicatione tigrim primus omnium Romae ostendit in cavea mansuefactam, divus vero Claudius simul iiii* (Plinio, *nat. hist.* VIII, 25)

En cuanto a las jirafas, Plinio señala cómo fue César el primero que las trajo a unos juegos circenses, aunque no fueron los animales que más a menudo participaron en estos espectáculos quizá, como el proprio Plinio refiere, porque despertaban más atracción por su apariencia que por su fiereza[197]

---

[196] Marcial en su Libro de Espectáculos narra el caso de un tigre aparentemente domesticado, aunque acaba culpando de su fiereza a la convivencia con los hombres (*spec.* XVIII)
Lambere securi dextram consueta magistri
tigris, ab Hyrcano gloria rara iugo,
saeva ferum rabido laceravit dente leonem:
res nova, non ullis cognita temporibus.
Ausa est tale nihil, silvis dum uixit in altis:
postquam inter nos est, plus feritatis habet.

[197] Opiano le llama "leopardo de manchada espalda mezclado con el camello" -*camelopardalis giraffa*-; su descripción no deja lugar a dudas: "Su cuello es largo, su cuerpo moteado, las orejas pequeñas, arriba su cabeza desnuda, sus patas largas, anchas las plantas de sus pies, desiguales las dimensiones de sus miembros, con patas no iguales absolutamente, ya que son las delanteras mayores y las traseras mucho más pequeñas, dando la impresión de que están en cuclillas. Del medio de la cabeza se elevan dos cuernos rectos, no cuernos de sustancia córnea, sino débiles apéndices en la cabeza, que se proyectan en las sienes junto a las orejas. Su tierna boca es bastante grande, como la del ciervo, y en su interior están clavados a cada lado finos dientes blancos como la leche. Sus ojos fulguran con brillante destello. La cola es corta como la de las veloces gacelas, de pelo oscuro en la punta" (todo, trad. C. Calvo Delcán, *Opiano. De la caza*...cit.,). Para la representación miniada de la jirafa en el códice Marciano, *vide* FURLAN, I., "Las representaciones miniadas del Códice Marciano", en P. Eleuteri/ S. Marcon/ I. Furlan, *Tratado de*

> *harum aliqua similitudo in duo transfertur animalia. Nabun aethiopes vocant collo similem equo, pedibus et cruribus bovi, camelo capite, albis maculis rutilum colorem distinguentibus, unde appellata camelopardalis, dictatoris Caesaris circensibus ludis primum visa Romae. Ex eo subinde cernitur, aspectu magis quam feritate conspicua, quare etiam ovis ferae nomen invenit* (Plinio, *nat. hist.* VIII, 27)

Los hipopótamos y los cocodrilos fueron introducidos por primera vez por Escauro en los juegos que él organizó durante su edilidad y lo hicieron de forma conjunta en una especie de foso con agua que fue preparado para la ocasión[198]

> *[...] primus eum –hippopotamius- et quinque crocodilos Romae aedilitatis suae ludis M. Scaurus temporario euripo ostendit* (Plinio, *nat. hist.* VIII, 40);

el lobo cerval (el lince) fue introducido en Roma en unos juegos por Pompeyo

> *Pompei magni primum ludi ostenderunt chama, quem galli rufium vocabant, effigie lupi, pardorum maculis. Iidem ex Aethiopia quas vocant κήπους, quarum pedes posteriores pedibus humanis et cruribus, priores manibus fuere similes. Hoc animal postea Roma non vidit* (Plinio, *nat. hist.* VIII, 28)

Pocos comentarios cabe hacer ante la variedad de la tipología de los animales utilizados en las *venationes*, así como ante el hecho de que las cifras de los mismos van alcanzando cantidades cada vez más elevadas. La arqueología, como indica Jiménez, confirma estas informaciones, habiendo sido encontrados en las excavaciones del Coliseo "un gran número de restos óseos (alrededor de tres mil) en estratos datados entre la segunda mitad del siglo IV

Caza, Oppiano. Cynegetica. Biblioteca Nazionale Marciana de Venecia (COD. GR.Z.479(=881), Valencia, 2002, p. 149.

198 Este es el Escauro que por primera vez introdujo hasta 60 fieras africanas en unos juegos como se narra en Plinio VIII, 24, entre las cuales, como se aprecia, estarían los hipopótamos y los cocodrilos.

e inicios del VI [...] y segunda mitad del siglo III e inicios del V [...], [*que*] correspondían a especies salvajes (leones, panteras, osos, ciervos, rapaces e incluso cisnes) y domésticas (en mayor número) respondiendo éstas a residuos de comida consumida por los espectadores (pollos, ocas, cerdos, bovinos y ovinos), bestias de tiro utilizadas en los subterráneos (caballos y asnos) y otros animales de compañía (como perros y gatos), algunos de los cuales –caso de los perros- podían ser usados en las cacerías"[199].

Fig. 3. Cazador con perro alanceando un jabalí.
PGI Villa romana de Salar.

El gusto por este tipo de espectáculos en la sociedad romana aparece de manera indubitada. Los propios ciudadanos, tanto los que viven en Roma y en la península itálica como los provinciales dan cumplida cuenta del interés por las *venationes* como

199 JIMÉNEZ SÁNCHEZ, J. A., "La crisis de las *venationes*..." cit., p. 111.

espectáculo[200], ya por la *venatio* como ejercicio o afición privada. No se debe despreciar, a mi juicio, este aspecto: así, en Hispania, se han encontrado representaciones musivas con escenas de *venationes* y de *ludi circenses* en general. Los restos de pinturas murales encontrados en una tumba cerca del anfiteatro de Mérida en los que aparecen "decoraciones alusivas a los juegos que allí se celebraban [...] dos *venatores* pelean, uno con una leona y otro con otro animal desconocido y un jabalí es acometido por una tigresa"[201], debieron formar parte de la balaustrada del anfiteatro y presentan lo habitual de las luchas entre hombres y animales o animales entre sí en territorio romanizado.

Fig. 4 Pintura procedente del anfiteatro de Mérida.
MNARMC00000024_SEQ_002_R: Archivo MNAR/Lorenzo Plana Torres

200 O por la simbología a él añadida, como he recordado.

201 HERNÁNDEZ RAMÍREZ, J., "Las pinturas murales..." *cit.*, p. 19. Los *venatores* se presentan equipados con los instrumentos habituales del combate: en una de las pinturas aparece con el brazo y hombro izquierdo cubiertos y su arma es un *venabulum* –según Hernández sería un *astatus*- y en otra escena, aunque muy deteriorada, aparecería un *iaculator* con una red, según el mismo autor, (p. 22 y 23). En la información de la página web del MNAR, se dice que la primera escena correspondería a un *retiarius* (gladiador armado con red y tridente) y nada sobre la escena deteriorada, cfr.
http://ceres.mcu.es/pages/Main, rescatado el 22 de noviembre de 2021; igualmente en el catálogo impreso del Museo, AA.VV., *Mérida. Museo Nacional de Arte Romano*, Getafe, 1997, p. 12.

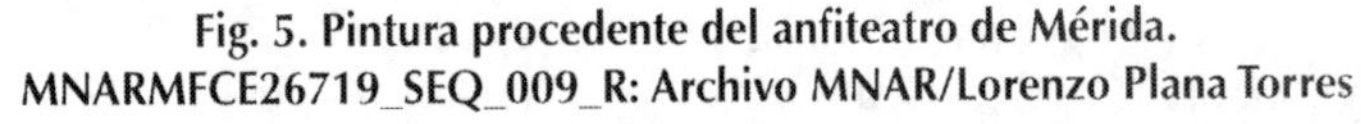
Fig. 5. Pintura procedente del anfiteatro de Mérida. MNARMFCE26719_SEQ_009_R: Archivo MNAR/Lorenzo Plana Torres

La caza como afición privada, lejos del espectáculo, también aparece representada en Hispania en el entorno en que me he fijado; véase a este respecto el mosaico de la cercana villa de las Tiendas (o Dehesa de las Tiendas, Villa del Hinojal) en el que aparece un jinete en el momento de clavar la lanza a una pantera o, en otra escena, alanceando a un jabalí, a pie, el que sería el dueño de la villa[202].

---

202 Cfr. AA.VV., *Mérida*...cit., p. 22 y 48. Estos mosaicos son de época tardía (s. IV d.C.). Respecto de la primera escena de este último mosaico citado, ¿sería, por el tipo de animal cazado -una pantera-, una *venatio* en un escenario público?, cfr. lo dicho *infra* por Storch de Gracia y Asensio respecto de esta cuestión; para el segundo ver ficha en http://ceres.mcu.es/pages/Viewer?accion=4&AMuseo=MNAR&Museo=MNAR&Ninv=CE27922.

Fig. 6. Mosaico de Las Tiendas. Caza de jabalí.
MNARMFCE27922_SEQ_024_R: Archivo MNAR/ Lorenzo Plana Torres

En muchas ocasiones, además, se presenta de forma conjunta tanto la afición por el espectáculo como por el ejercicio particular; sirva como ejemplo de lo que digo las representaciones musivas hispanas en las que, a las escenas venatorias de los propietarios protagonistas del mosaico, se unen las relativas a juegos y espectáculos circenses: en el mosaico encontrado en la calle Holguín de Mérida se ve una escena de un cazador *MARCIANVS* bajado de su caballo (*PAFIVS*) cazando un ciervo y en otra, muy fragmentada que "sólo permite adivinar un cazador a caballo alanceando un animal"[203], junto con la pieza central del mosaico en la que aparece una cuadriga vencedora[204]. Para

---

203 Cfr. STORCH DE GRACIA Y ASENSIO, J. J., "Aportaciones a la iconografía de los *ludi circenses* en Hispania", en AA.VV., *El circo en Hispania Romana*, Madrid, 2001, p. 242.

204 NOGALES BASARRATE, T. y ÁLVAREZ MARTÍNEZ, J., "Espectáculos circenses en Augusta Emerita: Documentos para su estudio", en AA.VV.

Storch de Gracia y Asensio, el mosaico probaría la existencia de *venationes* en Hispania en escenarios urbanos ya que entiende que "la presencia de rocas y árboles no indican que la escena deba transcurrir necesariamente en el monte pues, como es sabido, en el mundo romano era frecuente la ambientación de la caza mediante una tramoya en la que se reconstruían colinas, setos y de más accidentes; además de una intención de ambiente, estos elementos de la naturaleza o *silvae* servían para ocultar las jaulas de los animales o para facilitar la escenografía de la *venatio*"[205].

Igualmente hay escenas de caza y circo, en un mismo espacio, en las pinturas encontradas en una casa de la Calle Suárez Somonte de la misma ciudad de Mérida[206] y que podrían representar al propietario de la casa ejercitando su afición venatoria: en algunas de estas escenas se observa al cazador con caballo alanceando un ciervo y en otra al cazador, también a caballo, persiguiendo a una liebre con un perro en lo que vendrían a ser, a juzgar por muchas de las escenas representadas tanto en mosaicos como en pinturas murales o referencias epigráficas, las formas venatorias más seguidas por los cazadores particulares.

El circo en Hispania Romana, Madrid, 2001, pp. 229ss.

205 STORCH DE GRACIA Y ASENSIO, "Aportaciones a la iconografía...", cit., p. 235.

206 En el MNAR, al igual que algunas de las citadas con anterioridad, *vide* fichas en http://ceres.mcu.es/pages/SimpleSearch?index=true.

Fig. 7. Jinete alanceando un jabalí.
PGI Villa romana de Salar.

Junto a estas escenas de caza, se representa de nuevo la afición pública a los juegos en general con escenas de aurigas victoriosos[207]. Y es que, como señala Papini, "già a cavallo tra I e II sec. d.C. le convenzioni di gusto e i meccanismi di marginalizzazione sino ad allora vigenti si infrangono, così che, in ambito provinciale, il *munus* fa trionfalmente irruzione sulla scena dello spazio domestico, germogliando su pitture e mosaici, sino poi a generare, seppur sporadicamente, una naturale adozione delle armi gladiatorie nel repertorio di motivi ornamentali *à la page* per la decorazione di pavimente, al pari de crateri, pesci o fiori e alimen-

[207] Todo en NOGALES BASARRATE, T. y ÁLVAREZ MARTÍNEZ, J., "Espectáculos circenses…" cit., p. 223ss.

tando una *gladiatorian madness*, che pare poi accontentarsi anche di "innicue" scene di training"[208], lo que implica un cambio de actitud en los gustos que, hasta entonces, se habían circunscrito a lances de caza y no a representaciones en el anfiteatro. Así, según Papini, esta unión entre lo doméstico y lo público en relación con las representaciones de la caza no se habría dado en momentos anteriores: sirva como ejemplo las referencias a las casas pompeyanas en las que no aparecerían generalmente pinturas que reflejaran *munus* o escenas del anfiteatro, sino más bien algún tipo de animal salvaje frecuente en los parques "facendo così refulgere l´idea del *paradeisos*"[209].

Las *venationes* como espectáculo público habrían tenido como virtualidad el haber extendido una afición a la que el romano medio apenas había tenido acceso hasta ese momento, puesto que la actividad cinegética se habría reducido al recuerdo de esta como medio coadyuvante de la economía familiar -circunstancia ya alejada, probablemente, de la realidad de muchos ciudadanos, especialmente los capitalinos-, o, como mucho, a la caza como actividad física, de ejercicio o de entrenamiento; las *venationes* en la arena, pues, habrían abierto al pueblo romano la posibilidad de ver algo parecido a lo que serían las grandes *venationes* como actividad cinegética en un entorno natural similar al originario de las provincias orientales. En la arena del anfiteatro[210] se habrían

---

208 PAPINI, M., Munera gladiatoria *e* venationes *nel mondo delle immagini*, Roma, 2004, pp. 35-36.

209 PAPINI, M., Munera gladiatoria...*cit.*, p. 31, con la excepción hecha –"rarissimi esempi", en palabras del autor- de la *Casa della Caccia*, donde sí se podría encontrar una influencia directa de las sofisticadas escenografías anfiteatrales; cfr. *op.cit.*, p. 31, n. 65.

210 Y, según Storch de Gracia y Asensio, a partir de finales del Imperio, también en el circo, en cuanto a que el circo no sólo habría albergado carreras de caballo y carros sino que también habría proporcionado combates y *venationes* como lo demuestran "las fuentes y una abundante iconografía arquelógica que muestra escenas de *bestiarius* [...] con imágenes de la inconfundible *spina* o las *carceres* del circo", cuando los anfiteatros "ya no se utilizaban para los espectáculos y se habían convertido

recreado las *silvae* donde practicar la gran caza como sucedía en otras partes del imperio: no sólo se estaría ante un entorno más o menos natural que se "decoraría" con árboles y plantas y en el que *venatores,* nativos o no, cazarían las bestias exóticas; también las *silvae* de los anfiteatros habrían servido, según Aymard, para la práctica de la caza de los propios emperadores y otro tipo de gentes, generalmente, jóvenes de familia noble, soldados, caballeros, senadores o cónsules-[211]. Esto vendría explicado por el hecho de que algunas de estas recreaciones, al igual que el espectáculo, po-

---

en fortalezas, viviendas o canteras que proporcionaban materiales de construcción. Por ello, las *venationes* debían compartir, forzosamente, el escenario de las carreras, es decir, el circo", STORCH DE GRACIA Y ASENSIO, "Aportaciones a la iconografía...", cit., p. 235. Para Muñoz-Santos, "es un error pensar que [los espectáculos de caza] se celebraron siempre dentro del anfiteatro, esto sólo ocurrirá con el tiempo, sobre todo a partir del siglo II a.C. que es cuando se incluirán dentro de los programas de espectáculos más amplios, compartiendo espacio con la lucha de gladiadores", MUÑOZ-SANTOS, Mª Engracia, *Animales in Harena*...cit, p. 43.

Hay información suficiente en las fuentes para afirmar que en el circo se celebraban *venationes*; por todos, además de las referencias ya vistas, Suetonio, *Claud.* 21, 2:

Circenses frequenter etiam in Vaticano commisit, nonnumquam interiecta per quinos missus venatione [...]ac super quadrigarum certamina Troiae lusum exhibuit et Africanas, conficiente turma equitum praetorianorum, ducibus tribunis ipsoque praefecto; praeterea Thessalos equites, qui feros tauros per spatia circi agunt insiliuntque defessos et ad terram cornibus detrahunt.

211 *Vide* ampliamente, AYMARD, J., *Essai sur les chasses*..., cit., p. 83 y 185ss. En esta línea, como he señalado, también STORCH DE GRACIA Y ASENSIO, "Aportaciones a la iconografía...", cit., p. 235. Se conoce también la participación de personas de clase alta, incluidos senadores en juegos de distinto tipo; así, referido a las luchas de gladiadores, Dion informa sobre la prohibición de luchar como gladiadores (o actuar en ningún espectáculo en la *orchestra*) a senadores y caballeros por orden del emperador Vitelio (Dion LXIV, 4, 4).[3] ἀλλ᾽ οὐδὲ τὰς διαθήκας τῶν ἀντιπολεμησάντων αὐτῷ καὶ ἐν ταῖς μάχαις πεσόντων ᾐτιάσατο. ἀπηγόρευσε δὲ καὶ τοῖς βουλευταῖς καὶ τοῖς ἱππεῦσι μονομαχεῖν ἢ ἐν ὀρχήστρᾳ θέαν τινὰ παρέχειν. καὶ διὰ ταῦτα ἐπῃνεῖτο.

drían haber sido, para algunos autores, en cierto aspecto postizas si se atiende a las informaciones encontradas en Pompeya procedente de anuncios de juegos gladiatorios:

> *D(ecimi) Lucreti Satri Valentis flaminis Norenis Caesaris Aug(usti) fili perpetui gladiatorum paria XX et D(ecimi) Lucreti Valentis fili glad(iatorum) paria X pug(nabunt) Pompeis VI.V.IV.III. pr(idie) Idus Apr(iles). Venatio legitima et vela erunt. Scr(ipsit) Aemilius Celer sing(ulus) ad luna(m)* (CIL IV 3884)

Para Sage, *legitima* estaría indicando que el espectáculo era real en la línea de una caza verdadera[212], que acabaría con la muerte de los animales, lo que lleva a pensar que, en otras ocasiones, el espectáculo sería, o bien más teatral que real, o bien que se trataría de una mera exhibición de animales, como por otro lado se sabe que se producían; Wallace entiende que *legitima* equivaldría a "prescrita según la costumbre", en la idea de que una *venatio* sería la forma acostumbrada en que acabarían unos juegos[213]. Según Ville, la palabra *legitima* sería sinónima de *plena*, e indicaría

---

Sobre las pinturas murales del anfiteatro de Mérida en la que aparecen partes de *silvae* representadas, *vide* HERNÁNDEZ RAMÍREZ, J., "Las pinturas murales...", cit., *passim*.

212 SAGE, E., "Advertising among the Romans", *The Classical Weekly*, 9(26), 1916, p. 207.

213 WALLACE, R., *An introduction to wall inscriptions from Pompeii and Herculaneum*, Wauconda, Illinois, 2005, p. 23. Como se verá a continuación, esta interpretación puede ser oportuna para la expresión repetida en las inscripciones-tipo *venatio vela ervnt* que han llegado hasta nosotros y conforme a la interpretación de otras instituciones en las que aparece la expresión, como la *iusta ac legitima manumissio* (Gayo, 1, 17); la tutela legitima (Gayo, 1, 165) o la *legitima simul et naturalis societas* que suponía el *consortium ercto non cito* (3, 154ª), donde *legitima* se contrapone a *naturalis* en una interpretación en la que la primera expresión estaría aludiendo al hecho de que está basada en principios o normas consuetudinarias. Basado en la idea de la ley, estaría la referencia de Gayo, 3, 181 y 4, 104. En cualquiera de los casos, el término remite a una idea de ordenación de este tipo de espectáculos.

un programa en el cual participarían todas las grandes especies de animales[214].

En muchas de las inscripciones encontradas, la expresión *VENATIO ET VELA ERVNT* se añade como colofón a la lucha de gladiadores, espectáculo publicitado en primer lugar y que, se debe considerar, era el principal, seguido por la *venatio*[215]. Esto no implica que fuera el espectáculo de cierre; antes al contrario, se encuentran anuncios en los que se habla de *venatio matutina*. La publicidad de estos juegos no aludiría al orden cronológico de actuación de los distintos espectáculos, sino a la importancia de los intervinientes, en mi opinión. Por otro lado, señala Ville, el *munus* comprendería las tres partes clásicas: *venatio, meridianum* y gladiadores; un *munus iustum et legitimum* podría indicar, para el autor, algún tipo de reglamentación de los espectáculos, aunque esta reglamentación sería difícilmente representable en cuanto a su contenido[216]. La "coletilla" *venatio et vela erunt*, o *venatio, sparsiones et vela erunt*[217] lleva a pensar en una actividad

---

214 VILLE, G., *Le gladiature en Occident des origines à la mort de Domitien*, Rome, 1981, p. 399.

215 Entiende RODRÍGUEZ ENNES que las *venationes* pasaron de ser ofrecidas como segunda parte de los juegos gladiatorios a *ludi* autónomos; cfr. con bibliografía, RODRÍGUEZ ENNES, L., "El elenco de los animales a los que se refiere el "edictum de feris" en las fuentes literarias", *RIDROM. Revista Internacional De Derecho Romano*, 1 (20), p. 8. Recuperado a partir de https://reunido.uniovi.es/index.php/ridrom/article/view/18106.

216 VILLE, G., *Le gladiature en Occident*...cit., p. 399. *Vide* nota 212.

217 Con *vela* se alude a la existencia de toldos que cubrirían a los espectadores protegiéndoles del sol; la expresión *sparsiones/spasiones* (CIL 1177) supondrían la existencia de un sistema de refrigeración de los espectadores por agua. *Vide* CIL IV, 9969, *VEN(ATIO) ET GLAD(IATORUM) PAR(IA) XX/M(ARCI) TULLI PUG(NABUNT) POM(PEIS) PR(IDIE) NON(AS) NOVEMBRES/VII IDUS NOV(EMBRES)*; CIL IV, 1180, *PRO SALUTE/IMP(ERATORIS) VESPASIANI] CAESARIS AUGU[STI] LI[B]E[RO] RUMQU[E]/ [EIUS/ OB] DEDICATIONEM ARAE [GLAD(IATORUM) PAR(IA) [...] CN(AEI) [ALL]EI NIGIDI MAI/FLAMI[NIS] CAESARIS AUGUSTI PUGN(ABUNT)POMPEIS SINE ULLA DILATIONE/ IIII*

NON(AS) IUL(IAS) VENATIO [SPARSIONES] VELA ERUNT; CIL IV, 1183 *N(UMERI) FESTI AMPLIATI FAMILIA GLADIATORIA PUGNA(BIT) ITERUM [...] PUGNABIT [XVIII (?) XVII [KAL(ENDAS)] IUN(IAS) VENATIO VEL[A ERUNT*]; CIL IV, 1184, *MAIAE (?) [...] TERTIO LEG(?) AMPLIATI [...] FAMIL(IA) GLAD(IATORIA) PUGN(ABIT) FORMI[I]S VEN[ATIO] SPARS(IONES) ET VEL(A) ER[UNT] TOTIUS ORBIS DESIDERIUM MUN[US MEU]M UBI(QUE) CUM PA]MP[H]ILO [ET] FORTUNATO*; CIL IV, 1184 *[D(ECIMI) LUCRETI SATRI] VALENTIS FLAMINIS NERONIS AUG(USTI) F(ILII) PERPETUI/D(ECIMI) LUCRETI VALENTIS FILI(I) [GLAD (IATORUM] PAR(IA) ... /PUGN(ABUNT) POMPEIS EX A(NTE) D(IEM?)] V K(ALENDAS)/ APRIL(ES) VENATIO ET VELA ERUNT/P(RINCIPI) COLONIA[E]*; CIL IV, 7992 *D(ECIMI) LUCRETI SATRI VALENTIS FLAMINIS [NERONIS] CAESARIS AUG(USTI) FILI(I) PERPETUI GLAD(IATORUM) PAR(IA) XX ET D(ECIMI) LUCRETI VALENTIS FILI(I) GLAD(IATORUM) PAR(IA) X PUGN(ABUNT) POMPEIS EX A(NTE) D(IEM) V NONIS APR(ILIBUS) VENATIO ET VELA ERUNT/ POLY[BIUS?]*; CIL IV, 9980, *VENAT(IO) ET GLAD(IATORUM) PAR(IA) XX M(ARCI) TULLI/ PUG(NABUNT) POM(PEIS) PR(IDIE) NON(AS) NON(IS) VIII VII IDU(S) NOV(EMBRES)*; CIL IV, 9982, *VENAT(IO) ET [GL]AD(IATORUM) PAR(IA) XX C(AI) [...AL]EXIS PUGN(ABUNT)*; CIL IV, 1186, *N(UMERI) POPIDI/RUFI FAM(ILIA) GLAD(IATORIA) [P]U[G]N(ABIT) POMPEIS VENATI[O]/EX XII K(ALENDAS) MAI(AS) MALAn [E]T VELA ERUNT [...]O/PROCURATOR[I]/FELICITAS*; CIL IV, 1187, *G]LAD(IATORUM) PAR(IA) X[X(?) Q(UINTI) MONNI] RUFI PUGN(ABUNT) NOLA(E) [K V]I V NONAS M[AIAS(?) ...] ET VENATIO E[RIT]*; CIL IV, 3881, *GLAD(IATORUM) PAR(IA) XX Q(UINTI) MONNI RUFI PUG(NABUNT) NOLA(E) K(ALENDIS) MAI(IS) VI V NONAS MAIAS ET VENATIO ERIT*; CIL IV, 9977, *GLA(DIATORUM) PAR(IA) XX PUG(NABUNT)/[CA]LIBUS NON(IS) ET VIII/[I]DUS IUNI(AS) [VE] LA [ERUNT]/CE[LER SCR(IPSIT?)]*; CIL IV, 3882 *NUMINI/AUGUSTI/ GLAD(IATORUM) PAR(IA) XX ET VENATIO STA(TI?) POMPEI FLAMINIS AUGUSTALIS/ PUGNAB(UNT) CONSTANTI(AE) NU- CERI(AE) III PR(IDIE) NON(AS)/ NONIS VIII EIDUS MAIAS/ NUCERINI OFFICIA MEA CERTO INDEX*; CIL IV, 9970, *GLAD(IATORUM) PAR(IA) XX A(ULI) SUETTI/[PAR]TENIONIS [E]T NIGRI LIBERTI PUGNA(BUNT)/PUTEOL(IS) XVI XV XIV XIII KAL(ENDAS) AP(RILES) VENATIO ET/ATHLETAE [VELA] ERUNT*; AE 1990, 177b, *GLAD(IATORUM) PAR(IA) XL P(UBLI) FURI ET L(UCI) R[...]AMI PUGNABUNT CAP(UAE) D(IE) EID(IBUS) XIX K(ALENDAS) FEBRUARI(AS) VELA ET [...]RUNT/AQUA*; AE 1990, 177c, *GLAD(IATORUM) PAR(IA) XXIIII ET VENATIO PUG(NABUNT)/ IN FA-*

de menor atractivo en relación con el espectáculo de los gladiadores, que sería el espectáculo principal. En cualquier caso, y aunque lo normal fuera que concurrieran ambos espectáculos en unos juegos, en realidad no tendrían que ir necesariamente unidos, como lo demostraría, para algunos autores, el hecho de la prohibición que se produjo en época de Nerón con motivo de la batalla campal protagonizada por espectadores pompeyanos y nuceranos[218]; así pudo ser, señala Sabbatini Tumolesi, que la prohibición sólo afectara al espectáculo de gladiadores -*gladiatorio spectaculo*- y no a los espectáculos de *venationes* y de atletas[219]. En mi opinión, Tácito simplemente habla de la prohibición de

---

LERNO FORO POPILI L(UCIORUM) ATTILIORUM/A(NTE) DIES XIII XII XI X K(ALENDAS) IUNI(AS); CIL IV, 1189. *A(ULI) SUETTI CERTI/ AEDILIS FAMILIA GLADIATORIA PUGNAB(IT) POMPEIS/PR(IDIE) KALENDAS IUNIAS VENATIO ET VELA ERUNT*; CIL IV, 1190, *A(ULI) SUETTI CERTI/AEDILIS FAMILIA GLADIATORIA PUGNABIT POMPEIS/ PR(IDIE) K(ALENDAS) IUNIAS VENATIO ET VELA ERUNT/ OMNIBUS NERO[NIANORUM MUN]ERIBUS FELICITER/SCR(IPSIT)/ SECUNDUS/ DEALBANTE VICTOR]E/ADSTANTE/VESBINO/ [RED]EM[P]TORE*; CIL IV, 1989, *HEIC VENATIO PUGNABET V K(ALENDAS) SEPTEMBRES/ ET FELIX AD URSOS PUGNABIT.*

218 Tácito informa sobre este episodio sucedido en Pompeya en *Ann.*, XIV, 17, que motivó la prohibición a los pompeyanos de la celebración de este tipo de juegos durante diez años, además de otras sanciones. La pelea está representada en un fresco alojado en el Museo Arqueológico Nacional de Nápoles https://mann-napoli.it/affreschi/#gallery-14
Sub idem tempus levi initio atrox caedes orta inter colonos Nucerinos Pompeianosque gladiatorio spectaculo, quod Livineius Regulus, quem motum senatu rettuli, edebat. Quippe oppidana lascivia in vicem incessente[s] probra, dein saxa, postremo ferrum sumpsere, validiore Pompeianorum plebe, apud quos spectaculum edebatur. Ergo deportati sunt in urbem multi e Nucerinis trunco per vulnera corpore, ac plerique liberorum aut parentum mortes deflebant. Cuius rei iudicium princeps senatui, senatus consulibus permisit. Et rursus re ad patres relata, prohibiti publice in decem annos eius modi coetu Pompeiani collegiaque, quae contra leges instituerant, dissoluta; Livineius et qui alii seditionem conciverant exilio multati sunt.

219 SABBATINI TUMOLESI, P., *Gladiatorum paria: annunci di specttacoli gladiatori a Pompei.* Roma, 1980, p. 45.

eius modi coetu, es decir, de ese tipo de reuniones, pero la gravedad de los acontecimientos -muchos habitantes de la colonia de Nuocera murieron o se vieron gravemente heridos- y la importancia de las sanciones -diez años sin celebración de este tipo de espectáculos, disolución de *collegia* ilegales y exilio de los organizadores del tumulto- hace difícil pensar, a mi juicio, que la prohibición solo se refiriera a los juegos gladiatorios; entiendo que lo que se pretendía con la prohibición era impedir reuniones tumultuarias que pudieran provocar, de nuevo, incidentes como el ocurrido.

Igualmente, Suetonio habla de las distintas clases de *munera gladiatoria*

> *Gladiatoria munera plurifariam ac multiplicia exhibuit: anniversarium in castris praetorianis sine venatione apparatuque, iustum atque legitimum in Saeptis; ibidem extraordinarium et breve dierumque paucorum, quodque appellare coepit "sportulam", quia primum daturus edixerat, velut ad subitam condictamque cenulam invitare se populum* (Suetonio, *Claud.* 21, 4),

texto en el que se pueden apreciar tres ejemplos de convocatorias distintas de estos espectáculos: por un lado, uno sin *venatio* ni pompa (o preparativos) en el castro pretorio; otro *iustum atque legitimum*, con formalidades (conforme a las reglas o formalidades o bien completo) y regular, en los *Saepta* y, allí mismo, un tercero, extraordinario y breve porque solo dura unos pocos días. Parece deducirse de este fragmento que el lugar determinaba también el tipo de espectáculo y así, en el campamento pretorio se estaría ante un combate de gladiadores más improvisado y como único espectáculo; otro, con todas las formalidades -o completo- que se correspondería con los que normalmente se convocaban -regular- y un último del todo extraordinario. Si se toman todos los binomios: *sine venatione apparatuque, iustum atque legitimum, extraordinarium et breve*, creo que se puede entender que un *munus gladiatorius sine venatione* sería un espectáculo *breve*; que los espectáculos *sine apparatu* serían, seguramente, *extraordinarii* y que los espectáculos regulares y conforme a las formalidades comunes -legales y consuetudinarias- serían los *iusta atque legitima*, más largos en el tiempo, que incluirían, al menos en la época de Claudio, *venationes*[220].

* * * * *

En consecuencia, la caza, desde finales de la República, empieza a ser una actividad con distintas facetas. He aludido ya a una de ellas que es la vista desde la perspectiva del ejercicio o entrenamiento.

Esta faceta pronto derivará en un componente deportivo, íntimamente ligado al ejercicio venatorio como ejercicio guerrero, pero que empieza a tener unas características propias que hace que se vaya desligando de éste. No hace falta llegar, a mi juicio, al ejemplo de Adriano; basta con recordar las numerosas referencias a lo que se podría llamar el placer de la caza como medio de disfrute de la naturaleza que se encuentran en las cartas de Plinio el Joven[221]. Si la idea de la caza como ejer-

---

220 Hay que tener en cuenta que fue frecuente organizar *munera* para celebrar cualquier evento, como en este caso el aniversario del emperador; así, en el texto de Suetonio en el que recuerda los fastos inaugurales del Coliseo de Roma habla de *apparatissimum largissimusque munus*: Suetonio, *Tit.* 7, 3 *Et tamen nemine ante se munificentia minor, amphitheatro dedicato thermisque iuxta celeriter exstructis, munus edidit apparatissimum largissimusque; dedit et navale proelium in veteri naumachia, ibidem et gladiatores atque uno die quinque milia omne genus ferarum.*

221 Entre otras referencias, Plinio, *epist.* V, 6, 7, sobre el ejercicio de la caza; Plinio, *epist.* V, 6, 45, sobre el *otium*; *vide* ampliamente AYMARD, J., *Essai sur les chasses romaines*...cit., 160ss. Sobre esta nueva forma de ejercicio del *otium*, Aymard señala cómo Plinio representa una forma de ver y ejercer la caza ligada a un sentimiento que está unido a la propiedad familiar que representa la evasión hacia la paz del campo, p. 166. Aunque Aymard liga esta nueva forma de disfrute a través de la caza, como "une des formes de la sensibilité du siècle, un élément de la nouvelle formule raffinée et aristocratique de l´otium romain", señala Piernavieja, que no sólo la clase alta pudo practicar la caza como afición, sino también el romano común, PIERNAVIEJA, P., *Corpus de*

cicio físico, unido, en la mayoría de los casos, a la idea de preparación militar para la guerra, cede paso a la caza-diversión lo hace, en realidad, en una especie de relación de justificación; dicho de otra manera, cuando la caza se manifiesta ya para algunos autores romanos como una forma de *otium*, para otros se necesita esa justificación del ejercicio físico o ejercicio militar que reviste a la caza entendida como mero disfrute. Todas las referencias a la *virtus* en relación con la caza irían en este sentido: la *virtus* romana no sólo como la forma propia de ser del romano en sentido general, sino directamente unida al desempeño de la guerra[222].

Insripciones deportivas...cit., p. 30, aunque de los epígrafes estudiados por el autor se derive que los cazadores aficionados fueran de posición económicamente desahogada, p. 52. Así, de un rico agricultor hispano-romano gran aficionado a la caza parece ser el epitafio de *Iulianus* que recoge el autor (CIL II 2314):
I nspice qui tra[ndid primordia versiculorum.
V enator studio Ma...
L ucorum cultor...
I ungere qui vallis...
A dque novas scrobibus...] p. 31.

222 Señala Aymard el innegable sentido militar de la *virtus*, AYMARD, J., *Essai sur les chasses romaines*...cit., p. 551; *vide*, ampliamente también las referencias a Cómodo, p. 537ss.

Fig. 8. Jinete alanceando una pantera. Mosaico de Las Tiendas. MNARMFCE37191_SEQ_006_R: Archivo MNAR/Ceferino López Reyes

En cualquier caso, se constata la existencia de distintas formas de valorar la caza dentro de la sociedad romana lo que supone un cambio muy notable en relación con la percepción que se tenía de la misma en la primera mitad de la República; cambio que refleja también la propia evolución de la sociedad sobre esta actividad a partir del s.I a.C., básicamente[223]. De ahí que tras la concepción de la caza como elemento formativo conveniente para la juventud romana impulsada por Augusto y refrendada por la literatura –o

---

[223] Hay que recordar cómo Polibio contrapone la afición venatoria de Escipión Emiliano a la de los jóvenes romanos de clase alta ocupados en su formación forense más que en estas actividades, *vide supra*, p. 101. No obstante, para el ciudadano común, siempre según Polibio, Emiliano, con su coraje, habría ganado a sus contemporáneos frente a las habilidades propias de los que se dedicaban a las actividades relativas al foro y habría conseguido contraponer la acción a la elocuencia. Lo más relevante, quizá, sea que para sus conciudadanos esto habría sido mucho más apreciable, si se dan como ciertas las palabras de Polibio.

parte de ella- de la época, se pasara a otra diferente: cuando nos encontramos con una sociedad en la que las guerras de conquista ya no son objetivo primordial es cuando el deporte, como señala Mariner, "no corresponde ya a una visión educativa, potenciadora de las cualidades corporales de todo ciudadano, como podría ser la espartana o panhelénica en general, sino a la helenística de la admiración de las cualidades excepcionales de unos individuos en particular –o de unos caballos-"[224], afirmación que, si bien está destinada al deporte en general, cabe también ser predicada de la caza en particular, en la línea de lo que estoy señalando[225].

Una combinación de ambas concepciones de la caza quizá se encuentre, como ejemplo notable, en la conocida inscripción de un ara dedicada a Diana, procedente de Hispania[226] en la que el general de la *legio VII Gemina, Q. Tullius Maximus*, dedica el ara a la

---

224 *Prólogo* de S. MARINER a PIERNAVIEJA, P., *Corpus de Insripciones deportivas*...cit., p. 9.

225 Sobre el gusto tanto de particulares en la península itálica como en provincias, *vide* PAPINI, M., Munera gladiatoria *e* venationes...cit, pp. 93ss.

226 Sobre la cuestión, PIERNAVIEJA, P., *Corpus de Insripciones deportivas*... cit., pp. 35-41; PEREA YÉBENES, S., "La caza, deporte militar y religión", *Aquila Legionis* 4, (98), 2003, 1-25; DEL HOYO, J., "*Cursus certari.* Acerca de la afición cinegética de Q. Tullius Maximus (C.I.L., II, 2660)", *Faventia: Revista de filología clàssica* 24, (1), 2002, que la califica como una "diva epigráfica" aludiendo con ello al hecho de ser una de las inscripciones más estudiadas, p. 70, por todos.
La práctica de la caza *opus privatum*, al margen de la idea de entrenamiento militar, pudo ocasionar dentro de la milicia algún problema; así Perea cita D. 49, 16, 12, 1 (Macer) donde se aconseja no permitir a los soldados que vayan a cazar y a pescar bajo esta premisa
Paternus quoque scripsit debere eum, qui se meminerit armato praeesse, parcissime commeatum dare, equum militarem extra provinciam duci non permittere, ad opus privatum piscatum venatum militem non mittere. Nam in disciplina Augusti ita cavetur: "etsi scio fabrilibus operibus exerceri milites non esse alienum, vereor tamen, si quicquam permisero, quod in usum meum aut tuum fiat, ne modus in ea re non adhibeatur, qui mihi sit tolerandus".

diosa. La conveniencia de entrenamiento militar del general debió suponer una buena excusa para practicar su afición venatoria:

«Acotó la planicie de un campo y se la consagró a los dioses; y a ti, Virgen Delia Triforme, te erigió un templo Tulio, natural de Libia, legado de la legión ibera, para poder atravesar a las corzas veloces, y a los ciervos; para (poder cazar) a los jabalíes de erizadas cerdas, y (capturar) a la raza de caballos que se cría en los bosques; para poder competir a la carrera o con un instrumento de hierro, ya sea llevando las armas a pie, ya como lanzador de la jabalina desde un caballo ibero»[227]. En otras dos de las caras del ara aparecen detalladas las ofrendas hechas a la diosa por el cazador, que ponen de manifiesto el tipo de caza –mayor- que parece practicaba el general: "«Los colmillos de los jabalíes que ha abatido Máximo, se los consagra a Diana, como hermoso trofeo de su valor». «La cornamenta de los ciervos de erguida testuz, a los que ha vencido Tulio en la planicie del campo a lomos de un impetuoso caballo, se la consagra a Diana», en lo que podría implicar, según del Hoyo, momentos diferentes de redacción de los epígrafes al expresar el primero lo que habrían de ser sus intenciones venatorias con la acotación del terreno a su llegada a Hispania y dedicación del mismo a los dioses, y los segundos, el resultado de sus cacerías con la dedicación de los trofeos a la diosa[228].

---

227 Traducción de DEL HOYO, "*Cursus certari…*" cit., p.82.
Aeqvora conclvsit campi divisque dicavit.
Et templvm statvit tibi, Delia Virgo Triformis,
Tvllivs, e Libya, rector legionis hiberae,
vt qviret volvcris capreas, vt figere cervos,
saetigeros vt apros, vt eqvorvm silvicolentvm
progeniem, vt cvrsv certari, vt disice ferri,
et pedes arma gerens et eqvo iacvlator hibero

228 Traducción de DEL HOYO, "*Cursus certari…*cit.", pp. 84 y 86.
"*Dentes aprorvm, qvos cecidit Maximvs,*
dicat Dianae, pvlchrvm virtvtis decvs" y
"*Cervom altifrontvm cornva*
dicat Dianae Tvllivs,

Pero el epígrafe no sólo interesa para confirmar lo que he estado señalando sobre el desarrollo de la caza en esas dos visiones formativa y de ocio (resultan, en este sentido, muy clarificadoras las distintas artes de caza que el general enumera en el epígrafe). En él también se encuentra una referencia interesante en el hecho de que el general hubiera acotado un territorio en el que poder cazar. Ciertamente, el terreno se acota y se dedica a los dioses en lo que era la forma natural de conversión de un terreno en *res religiosa –dedicatio-* aunque la finalidad es destinarlo a la caza que ofrece a la diosa[229]; se está ante una amplia extensión de territorio: una llanura (*aequora*) o, como dice en un momento el epígrafe "en la llanura del Páramo", donde Páramo podría indicar el nombre, probablemente, dado al lugar[230]. En

---

qvos vicit in parami aeqvore,
vectvs feroci sonipede", respectivamente.
El ara se complementa con una pieza distinta que recoge un epígrafe referido al mismo *Q. Tullius Maximus* en el que se especifican otros trofeos que dedica a la diosa, en concreto una piel de oso, que habría dejado expuesta en el templo al que se refiere en uno de los epígrafes del ara, *op. cit.*, p. 90; ampliamente para este epígrafe, pp. 87ss.

229 Me interesa señalar, en este punto, una idea de Orfila en cuanto a "la importancia dada en el mundo romano a la ritualidad, y el significado que tiene la misma sobre los edificios y construcciones en general" que, aunque referido a la fundación de ciudades, creo que bien conviene recordar también para esta dedicación, ORFILA PONS, M.; CHÁVEZ-ÁLVAREZ, E.; ELENA H. SÁNCHEZ LÓPEZ, E. H., "Fundaciones en época romana. De lo intangible a lo tangible. ¿Cuándo, por qué, dónde, cómo, simbología?", en *Homenaje a la Profesora Carmen Aranegui Gascó*, F. Arasa y C. Mata (Eds.), Valencia, 2017, pp. 271-272.

230 La traducción es de Piernavieja; *vide* en este autor sobre el sentido de Páramo utilizado como traducción de *aequora* y la permanencia en nuestra toponimia de la palabra. De hecho, la palabra es de origen hispano como señalan ERNOUT, A.-MEILLET, A., *Dictionnaire étymologique de la langue latine* (reimp. de la 4ª ed.), París, 2001, *s.v. paramus*), y recoge PIERNAVIEJA, P., *Corpus de Inscripciones deportivas*...cit., p. 40.

cualquier caso, se estaría ante un espacio delimitado, aunque no es éste el único testimonio de la existencia de territorios acotados para la caza ni tampoco el más temprano[231].

[231] La datación del ara es de 162-166 d.C. si seguimos a DEL HOYO, "*Cursus certari*...cit.", p.93ss.; *vide* también PIERNAVIEJA, P., *Corpus de Inscripciones deportivas*...cit., p. 37.

CAPÍTULO III.

ESPACIOS Y ANIMALES. LA ACTIVIDAD ECONÓMICA

§ 1. La actividad y el espacio: Terrenos acotados

El interés por las *villae*, jardines y demás espacios en los que disfrutar de la naturaleza en sentido general se extiende desde finales de la República y a lo largo del Imperio. Ya no es solo el *hortus* el espacio doméstico en el que disfrutar de las "riquezas de la huerta"[232], espacio doméstico, por otro lado, que estaba presente desde antiguo no solo en la campiña, sino también en la ciudad, en espacios suburbanos, como ha señalado certeramente Rodríguez López[233]. Este interés, sin duda, se vio acrecentado por una vuelta de la mirada al campo que se produce tras el acceso de Augusto al poder, apoyado por la corriente literaria en boga en aquellos momentos y que se ha visto recogido *tout court* como un parte más de esta corriente. Explicado en palabras de Young, "Roman gardens have also been subsumed into studies of the pastoral genre in Latin literature. As a distinct genre it had a political di-

---

232 *Exoneraturas ventrem mihi vilica malvas*
Adtulit et varias, quas habet hortus, opes,
In quibus est lactuca sedens et tonsile porrum,
Nec deest ructatrix menta nec herba salax; (Marcial, *ep.* X, 48)
("Mi hortelana me ha traído malvas que aligeran el vientre y una opulenta variedad de cuanto produce mi huerto: la pomposa lechuga y el puerro ya en sazón; no falta la menta que provoca el eructo ni la hierba salaz", Trad. Torrens Béjar).

233 RODRIGUEZ LÓPEZ, R., *EL huerto en la Roma antigua*, Madrid, 2008, pp. 71ss. La obra es un auténtico tratado sobre la cuestión en el que tanto las referencias jurídicas como literarias sirven para conocer con exhaustividad todo lo relacionado con el *hortus* romano.

mension because it emerged during the reign of the emperor Augustus and his social and cultural reforms that promoted a return to traditional rural religion and celebrated the industrious, heroic figure of the peasant farmer. Since the surviving archaeological and art historical garden remains also mostly date from around this time, the garden became simply another facet of a larger pastoral movement"[234]. Sin embargo, la autora entiende que hay que separar lo que fue la importancia del jardín o huerto de lo que se entendería por el paisaje o la literatura pastoril, aunque el *topos* que se crea en torno al *locus amoenus* a partir de la época augústea sería el resultado de una práctica en relación con el diseño de jardines y, a su vez, el *topos* promovería, todavía más, el interés por la construcción de nuevos espacios[235].

---

234 YOUNG, A. P., "*Green Architecture": The Interplay of Art and Nature in Roman Houses and Villas,* UC Berkeley Electronic Theses and Dissertations, 2015, https://escholarship.org/uc/item/6qm8t5b2, p. 3 (rescatado el 18 de enero de 2023).

235 "The emergence of the highly appealing *locus amoenus* of Latin literature must have been *both* the result of and a further stimulus to the growing popularity of a specific kind of garden design in the domestic context. That is to say, the references to villa garden settings and *amoenitas* in Republican orator and literary figure Cicero's letters demonstrate that, by his day, the creation of such pleasurable garden spaces was eagerly pursued. In turn, we can imagine that the crystallization of the *locus amoenus* into a literary *topos* (and its deployment in Ovid, Vergil, and Horace) must have been a response to an ongoing practice in the elite villas of the late Republic. In turn, the popular success of their poetry must also have generated even more widespread enthusiasm for these types of carefully contrived garden settings", YOUNG, A. P., "*Green Architecture...*" cit., p. 5. No obstante, el impacto del hombre en la naturaleza llevó a los autores del proyecto a intentar modificar lo que la naturaleza no había consentido:

magistris et machinatoribus Severo et Celere, quibus ingenium et audacia erat etiam, quae natura denegavisset, per artem temptare et viribus principis inludere (Tácito, *Ann.* XV, 42),

al igual que en muchos casos actualmente.

De ahí que, siguiendo, por un lado, una práctica ya extendida, por otro, al igual que sucede en otros ámbitos sociales, también la propiedad de fincas y huertos quedaba sometida a las reglas de la moda imperante y no faltan las fuentes en las que se pone de manifiesto el gusto por fincas grandes[236], toda vez que, claramente a partir del s. I a.C., aunque también antes, el afán de muchos romanos por la exhibición del lujo era una constante en la vida ciudadana; debido a ello, estos mismos huertos se entenderán como espacios aptos para tener todo tipo de animales salvajes, además de los considerados como domésticos o aquellos como las abejas, que tienen características particulares y que, históricamente habían estado relacionados con ellos. Así, como ha visto Woods, el incendio del 64 d.C. permitió a Nerón "transferring to the centre of the city what had once been daring on its periphery, [...] the charge of 'imitating nature'; esta imitación de la naturaleza le llevó, según el autor, a incluir en los terrenos de su palacio, la *domus aurea,* de

---

236 Como ejemplo, sirva Juvenal cuando compara en la sátira XIV la utilización de las dos *iugera* de tierra concedidas a tantos ciudadanos que habían combatido contra Cartago y contra Pirro con lo que sucede en su tiempo en el que esa extensión de tierra no serviría ni para un jardín: (Juvenal, *sat.* XIV, 161ss)
mox etiam fractis aetate ac Punica passis
proelia vel Pyrrhum inmanem gladiosque Molossos
tandem pro multis vix iugera bina dabantur
vulneribus; merces haec sanguinis atque laboris
nulli visa umquam meritis minor aut ingratae
curta fides patriae. [...]
nunc modus hic agri nostro non sufficit horto 172
("Más tarde a los maltratados por los años y a los que habían soportado las guerras púnicas, la crueldad de Pirro y las espadas de los molosos, al cabo se les concedían, en recompensa de tantas heridas dos yugadas escasas de tierra labrantía, y esta paga de la sangre y de las fatigas nunca pareció a nadie una recompensa inferior a sus méritos ni una falta de lealtad de una patria ingrata", *Juvenal. Persio. Sátiras.* Introducciones generales de Manuel Balasch y Miquel Dolç. Introducciones particulares, traducción y notas de Manuel Balasch, Madrid, 1991).

manera simultánea, animales domésticos y salvajes en espacios cultivados o indómitos, o viñedos y tierras de cultivo junto a bosques y campos abiertos, de naturaleza más rural[237].

Las *villae*, a partir del s. II a.C. fundamentalmente, ofrecen también esa posibilidad de lujo o de suntuosidad a la que se había acostumbrado la sociedad romana; la parte *urbana* de la villa representa "l´ideologia che giustifica la sua architettura" y que "si presenta come la coincidenza di due opposti: *utilitas-fructus/voluptas-delectatio*" que aparece en los tratados *de agri cultura*[238]. Aparece ya la doble finalidad de beneficio y ocio o delectación de las *villae*, a veces unidas, a veces separadas, en las que los animales de caza tendrán tanta importancia.

Catulo, que está activo en la primera mitad del s. I a.C., habla de terrenos en los que bien podría practicarse la caza, terrenos en los que se incluyen animales con los que se puede ejercitar artes de distinto tipo: *aucupium, piscis, feras.*

> *Firmano saltu non falso Mentula dives*
> *fertur, qui tot res in se habet egregias,*
> *aucupium, omne genus piscis, prata, arva ferasque.*
> *Nequiquam; fructus sumptibus exuperat.*
> *Quare concedo sit dives, dum omnia desint.*
> *Saltum laudemus, dum modo et ipse egeat* (Catulo, 114)[239]

---

237 WOOD, S., "Rus in Urbe: the Domus Aurea and Neronian *Horti* in the City of Rome", en *The School of Historical Studies Postgraduate Forum e-Journal*, Edition Three, 2004, https://www.societies.ncl.ac.uk/pgfnewcastle/files/2015/05/Wood-Rus-in-urbe.pdf, p. 2 (rescatado el 18 de enero de 2023).

238 CARANDINI, A. *Schiavi in Italia. Gli strumenti pensanti dei Romani fra tarda Repubblica e medio Impero*, 1998, Roma, pp. 48-49.

239 "A causa de su finca de Firmo, Méntula pasa, y no sin razón, por rico; tiene allí cosas preciosas, aves de caza, peces de todo género, prados, cultivos, venado. Pero en vano: sus gastos superan los frutos. Por esto admito que sea rico, pero le falta todo. Alabemos la finca, mientras su amo sea pobre", *Catulo. Poesías*, texto revisado y traducido por M. Dolç, Barcelona, Alma Mater, 1963.

La finca de Méntula, si se está a lo que se dice en el poema siguiente, tiene 30 yugadas de prados y 40 de sembrados, aunque lo demás sean "mares" y en ella haya prados, cultivos, inmensos bosques, dehesas y lagunas hasta el país de los Hiperbóreos y el mar Océano

> *Mentula habet instar triginta iugera prati,*
> *quadraginta arvi; cetera sunt maria.*
> *Cur non divitiis Croesum superare potis sit,*
> *uno qui in saltu totmoda possideat,*
> *prata, arva, ingentis silvas saltusque paludesque*
> *usque ad Hyperboreos et mare ad Oceanum?*
> *Omnia magna haec sunt, tamen ipse est maximus ultro,*
> *non homo, sed vero mentula magna minax.* (Catulo, 115)[240].

240 "Méntula tiene cerca de treinta yugadas de prado y cuarenta de sembradío; el resto equivale a mares. ¿Por qué no podrá superar en riquezas a Creso, aquel que, en una sola finca, posee tantos bienes distintos, prados, campos, cultivos, enormes bosques, cotos y marismas hasta el país de los hiperbóreos y el mar Océano? Todas estas posesiones son grandes, pero él tiene en sí mismo la mayor de todas; no es un hombre, sino una gran vara amenazadora" (trad. DOLÇ, M., *Catulo. Poesías*...cit.). La poesía, en conexión con la anterior, toma de nuevo el personaje de Méntula (=Mamurra) y hace un juego de palabras con el apodo del personaje y su miembro viril (en otras traducciones es más explícita la idea: "Todo esto es inmenso; sin embargo Mamurra es el más grande de todos; no precisamente un hombre, sino un gran miembro viril" (*Obras Poéticas. Catulo/Tibulo.* Trad. Torrens Béjar, Iberia, Barcelona, 1969) o "Pero aún tiene otra mayor riqueza que estas, no es hombre; es una larga y amenazante verga" (*Poesías completas.* Catulo. Trad. J.M. Alonso Gamo, Aache, Guadalajara, 2004); "Todo es grande; sin embargo, él es mucho más grande todavía. No es un hombre, sino verdaderamente un carajo enorme", al que llama Carajo=Mamurra=Méntula (*Catulo. Poemas. Tibulo. Elegías.* Trad. A. Soler Ruiz, Gredos, Madrid, 1993); "Todo esto es grande en verdad, pero él es más enorme que todo, pues no es persona, más bien es picha larga y voraz" (CRISTÓBAL, V., *Catulo*, Biblioteca de la Literatura Latina, Madrid, 1996). La palabra *mentula* es utilizada por Catulo en este sentido lascivo-jocoso, aunque su etimología, según Messing "it might easily have taken on in addition the special meaning of *mentionem facere* "court, woo", de modo que *mentulus* se habría formado con el significado de "lo concerniente al cortejo"; de ahí

Si nos fijamos, como hace Dolç, en la extensión de la finca en la medida que está cuantificada –treinta yugadas de prados y cuarenta de sembrados-, no parecería demasiado grande; para Dolç, Catulo se estaría burlando de la presunción de Méntula "que, como todos los advenedizos, quiere hacer creer que posee más de lo que en realidad posee"[241]. Sin embargo, Catulo sólo cuantifica las partes de la finca dedicadas a prados o cultivo, es decir, lo que sería la parte de la finca dedicada a la explotación ganadera o agraria; todo lo demás no se cuantifica, sino que se compara: es extenso como mares -*cetera sunt maria*-. Lo reafirma en los versos siguientes cuando ofrece la enumeración de los bienes que componen la finca (*saltus*): *prata, arva, ingentis silvas saltusque paludesque.* Los dos primeros *prata* y *arva* –prados y campos cultivables-, sin adjetivar –ya han sido cuantificados-; los siguientes, adjetivados –*ingentis*-, no cuantificados en el verso anterior por incuantificables para el poeta: *usque ad Hyperboreos et mare ad Oceanum,* es decir, hasta el país de los Hiperbóreos y hasta el Océano, utilizando una imagen poética de inabarcabilidad en relación con la extensión[242].

---

se pasaría a utilizar la forma femenina *mentula* en el sentido concreto de "el cortejador" y usado, jocosamente, como el sustituto procaz de "miembro viril", MESSING, G. M., "The etymology of Lat. Mentula", *Classical Philology, 51* (4), 1956, pp. 248 y 249). Catulo, según este autor, habría sido el primero en utilizarlo en este sentido, p. 249.

241 DOLÇ, M., *Catulo. Poesías*...cit., p. 130, n. 2.

242 Las ideas de la tierra y el mar se concretan, en la poesía, en el país de los Hiperbóreos, más allá del norte, y en el Océano, como la extensión de aguas que rodeaban la tierra. Como señala Di Rienzo, en los poetas elegíacos *Oceanus* se utiliza para expresar la idea de lejanía fabulosa y mítica; de la misma naturaleza parece la alusión a los Hiperbóreos; DI RIENZO, D., "Isidoro di Siviglia: le fonti del capitolo *De Mediterraneo mari* (*etym.* XIII, 16)", *Annali 2004-2006* (Università degli Studi Suor Orsola Benincasa), 2008, Napoli, p. 12, recuperado el 9 de enero de 2021, de http://www.unisob.na.it/: http://www.unisob.na.it/ateneo/annali/2004-2006_1_DiRienzo.pdf.

Ciertamente, si se tiene en cuenta la información de los *gromatici veteres*[243], en las asignaciones de tierras quedaban incluidos

---

243 La labor de lo los gromáticos en la centuriación del territorio conquistado y el consiguiente reparto entre los particulares hizo de ellos unos colaboradores importantísimos del poder público. Como señala Campbell, "Surveyors were at the centre of substantial shifts in population and great changes in the pattern of land ownership engineered by Augustus. And when large-scale settlements ended in the second century A.D., they still had important work to do, in monitoring or extending existing settlements, in measuring land for individuals or communities, in helping to settle disputes, in surveying land for the government for tax or other purposes. The writings and accumulated lore of surveyors not only reveal their thinking and methods, but also illustrate how these men of relatively humble background were well-informed and self-confident in the expression of their opinions, and had a deep respect for the law, individual rights, proper procedures, the detailed preservation of records, and equitable adjudication. Through them we get a rare glimpse of the provision of professional services under an autocratic regime", CAMPBELL, B., "Shaping the Rural Environment: Surveyors in Ancient Rome", *The Journal of Roman Studies*, 86 (1996), p. 98. Es apasionante entrar en el estudio de estos autores y comprobar no solo la minuciosidad con la que realizaban su trabajo sino deducir del mismo cómo en este aspecto de la vida romana se siguió, al igual que en otros muchos, un modelo en la península itálica que se repetía (o al menos se intentaba) en provincias. Los *agri limitati* por los *gromatici* y *adsignati*, teniendo como referencia, en ocasiones (para las colonias), una ley agraria que determinaba los criterios para el reparto, seguían, en todo caso, una técnica precisa que implicaba una división y una asignación de los fundos dentro de ella siguiendo criterios básicamente igualitarios, aunque las situaciones podrían ser variables y, en ocasiones, tenían que adaptarse a la organización ya existente, cfr. ORFILA PONS, M., "Las *uillae* agropecuarias", en *Las villas romanas de la Bética*, I, R. Hidalgo Prieto (Coord.), Granada, 2016, p. 97. Los propios gromáticos recuerdan cómo ellos quedan sometidos a los criterios legales en su trabajo:

De iure territoriorum paene omnem percunctationem tractavimus, cum de condicionibus generatim perscriberemus. de quibus quid possimus aliud suadere, quam ut leges, ut supra | dixeram, perlegamus, et ut interprete<n>tur secundum singula momenta? utrum suis condicionibus remaneant fines ab antiquis observati, an aliquid adiectum <a>ut ablatum sit; et quomodo observatu sint territo-

terrenos muy distintos que determinaban la posibilidad de que algunos fueran de cultivo o dedicado a pastos extensivos (*saltus*)[244]; bosques -*nemus* o *silvae*- de los que Columela remarcará la conveniencia de que estén situados cerca de la *villa* en el caso de que

---

ria, aliquando summis montium iugis et divergiis aquarum, aliquando limitibus perductis, aliquando ipsius isionis derectione. |ita, ut diximus. leges semper curiose perlegendae interpretandaeque erunt per singula uerba. et [si] ita uim legum perscrutanda[ru]m suadeo, ac si[c], ut ita | dixerim, per articulamenta membrorum pertemptari solent corpora (Higinio, *de generibus controversiarum,* 97Th);

a este texto hace referencia CAMPBELL, B., *op. cit.*, p. 80. Igualmente, Higinio gromático cita prescripciones de diversas leyes sobre la *limitatio*: *per hos iter populo sicut per uiam publicam debetur: id enim cautum est lege Sempronia et Cornelia et lulia. Quidam ex his latiores sunt quam ped. XII, ut hi qui sunt per uiam publicam militarem acti: habent enim latitudinem uiae publicae. Linearii limites a quibusdam mensurae tantum disterminandae causa sunt constituti, et si finitimi interueniunt, latitudinem secundum legem Mamiliam accipiunt. In ltalia eti«am» itineri publico seruiunt sub appellatione subrunciuorum: habent latitudiuem ped. VIII. Hos conditores coloniarum fructus asportandi causa publicauerunt. Nam et possessiones pro aestimio ubertatis angustiores sunt adsignatae: ideoque limites omnes non solum mensurae sed et publici itineris causa latitudines acceperunt* (Higinio grom., constitutio< limitum>, 104Th.)

O Sículo, cuando habla de cómo los agrimensores señalan a los colonos las normas sobre las servidumbres de paso:

Inscribuntur et COMPASCVA; quod est genus quasi subseciuorum siue loca, quae proximi quique uicini, id est qui ea contingunt, pascua .... illud uero... auctores diuisionis assignationisque leges quasdam colonis describunt, ut qui agri delubris sepulchrisue publicisque solis, itinera uiae actus ambitus ductusque aquarum, quae publicis utilitatibus seruierint ad id usque tempus, quo agri diuisiones fierent, in eadem condicione essent, qua ante fuerant, nec quicquam utilitatibus publicis derogauerunt (Siculo Flaco, *de condicionibus agrorum,* 121Th.)

244 Según Weber, en zonas como Apulia en la que el territorio se había dividido en *saltus* "los intentos de colonialización del tipo de las colonias agrícolas resultaron absolutamente vanos", WEBER, M., *Historia agraria...*" cit., p. 165, n. 27.

se tenga un *vivarium* con animales salvajes[245]. Por otro lado, resulta difícil calcular la extensión concreta de algunas fincas, sobre todo si se tiene en cuenta que, como recuerda Orfila siguiendo a D´Aglio, "no siempre la medida de un *actus* es exacta, y que los romanos no tenían los instrumentos de medición que se tienen hoy"[246] y que, por otro lado, en la parcelación y consiguiente

---

245 Como señala Campbell, "Small farmers would be assisted by the availability of common grazing, and surveying writers regarded pasture or *pascuum* (rough grazing), as opposed to *pratum* (green grazing or cut forage), as an essential adjunct to farming land; *pascuum* was assigned to individuals or in common to groups of landholders or to entire communities", CAMPBELL, B., "Shaping..." cit., pp. 90-91.
En la edición del *Corpus agrimensorum romanum* de Thulin (Leipzig, 1971, reimpr.) en el *Index* se ven los dibujos de los gromáticos en los que quedaban representadas gráficamente las centuriaciones, la situación de los edificios dentro de los fundos, las vías cercanas, así como elementos naturales (ríos, montañas...) que servían para describir el paisaje, como ayuda a la *limitatio* o como un problema que habría que resolver para conseguir un reparto más o menos equitativo; sobre las *silvae* o los pastos comunales, *vide* la *silva* de la Fig.122, A 145 p. 160 4 (La fig. 183), de Agenio Urbico, p. 36 del *Index* del *Corpus agrimensorum romanum*, o la Fig.18, A 69 p. 6, 10 de Frontino, p. 4 del *Corpus*, sobre los *compascua communis prossimorum possessorum*, situados ambos en el centro de la centuria. Igualmente, en la edición de Clavel-Lévêque/ Conso/Gonzales/Guillaumin/Robin sobre Higinio gromático; cfr. CLAVEL-LÉVÊQUE, M., CONSO, D., GONZALES, A., GUILLAUMIN, J.-Y., ROBIN, Ph., *Hygin l´Arpenteur. L´Établissement des limites (Corpus agrimensorum romanorum IV. Hygini Gromatici Constitutio Limitum*, Texte traduit par M. Clavel-Lévêque, D. Conso, A. Gonzales, J.-Y. Guillaumin, Ph. Robin M. Napoli, 1996. Igualmente, en CAMPBEL, B., *The writings of the roman land surveyors*. Introduction, Text, Translation and Commentary, London 2000. Estas dos traducciones han sido consultadas, junto con la edición latina de Thulin en este trabajo.
Sobre las *formae* y su enseñanza a los agrimensores, *vide* la obra de Balbo y la introducción de GUILLAUMIN, J.-Y., *Balbus. Présentation systématique de toutes les figures. Podismus et textes connexes*. Introduction, Traduction et notes par Jean-Yves Guillaumin, Napoli, 1996.

246 ORFILA PONS, M.; CHÁVEZ-ÁLVAREZ, E.; ELENA H. SÁNCHEZ LÓPEZ, E. H., "Fundaciones en época romana..." cit., p. 273.

reparto a los ciudadanos podían influir muchas variables. De ahí que la variabilidad de la extensión de tierras sea muy distinta, porque hay que tener en cuenta si se está en la península itálica o en provincias; porque, en ocasiones, se abandonaban fundos que propietarios colindantes ocupaban; en otras, porque la asignación se hacía por una extensión más o menos fija, como parece deducirse de las palabras de Campbell "Even if each settler received only ten iugera, this would amount to two million iugera, or about 504,000 ha" en relación con las colonias fundadas en "Africa, Sicily, Macedonia, Spain, Achaea, Asia, Syria, Gallia Narbonensis, and Pisidia"[247] de la que, no obstante, se tienen noticias de excepciones como las referidas a la asignación de *Ilici* en las que Mayer y Olesti han estudiado el reparto de 130 *iugera* a diez veteranos, a los que correspondería una cantidad mayor que las diez de las que he hablado[248].

---

247 CAMPBELL, B., "Shaping..." cit., p. 81.

248 El bronce estudiado es "un fragmento de una placa catastral en la que se reflejaría el resultado del sorteo llevado a cabo", aunque señalan que "Existe sin embargo la posibilidad que el propio orden interno de la decuria implicara ya una distribución de los lotes especifica y regulada, y no hiciera ya falta ningún documento más. En este segundo caso se trataría de una *forma*, una representación gráfica del catastro, y por lo tanto este sería un documento definitivo", MAYER, M.; OLESTI, O., "La *sortitio* de *Ilici*. Del documento epigráfico al paisaje histórico", *Dialogues d'Histoire Ancienne*, 27/1, 2001, pp. 112ss. Hay distintos sistemas de reparto recogidos en los tratados de agrimensura; para el caso de *Ilici*, como sostiene Olesti, "Se trataría de una combinación del método de la *conternatio* y la asignación por *decuriae*, bien documentados en los agrimensores [...] La centuria se divide en tres partes, exactamente como en la *conternatio*, pero en lugar de atribuir este tercio de centuria a un colono, se utilizan 2/3 para distribuirlo a una *decuria*, sorteada previamente", sistema que ya habría sido utilizado en otras ocasiones, OLESTI, O., "La *sortitio* de *Ilici* un ejemplo de la precisón agrimensoria", en *Les vocabulaires techniques des arpenteurs romains. Actes du colloque international (Besançon, 19-21 septembre 2002)*, Besançon, 2006, p. 49. Hay que tener presente que "la centuria era una herramienta para facilitar la distribución de la tierra en lotes a los colonos, de manera que el tamaño y superficie de las centurias debía ser el más adecuado para que

En mi opinión, la realidad expresada en Catulo 115 no entra en contradicción con la cuantificación de los *prata et arva*, más bien concuerda con lo expresado en 114 cuando señala que, pese a su finca, Méntula no es rico; Méntula parece rico por la finca, pero los gastos superan los ingresos. La finca, que tiene de todo, es admirable pero no produce ganancias. Y es que el fundo tiene poca extensión explotada para lo que podría ser considerado como fruto desde el punto de vista económico -*fructus sumptibus exuperat*; las aves de caza, los peces de todas clases, los venados, los enormes bosques, cotos y lagos son parte de una finca que se entendería más de recreo que de una explotación económica como las que tendré ocasión de analizar, quizá por la configuración orográfica y de vegetación de la finca, que en muchos casos parecidos se destinarían a pastos extensivos.

Este sí podría ser un comportamiento de nuevo rico como señala Dolç, porque a juicio de Catulo, ha convertido la finca en un objeto admirable a costa de que no produzca riqueza o a costa de que el propio dueño empobrezca teniendo que soportar unos gastos no enjugados con ingresos. Hay que tener en cuenta que los fundos formaron parte, en muchos casos, de una organización agropecuaria destinada a obtener recursos y beneficios; como señalan Gutiérrez-Rodríguez, Orfila Pons y Sánchez-López, "El establecimiento de este tipo de estructuras estaba ligado a los recursos que ofrecía el propio territorio y sus posibilidades de explotación, en donde el *fundus* era uno de los elementos esenciales de la vertebración del paisaje rural, reflejo de todo un sistema económico y cultural, además de ser un medio de explotación agropecuario. [...] En este sentido, es importante valorar, en primer lugar, la naturaleza del territorio y sus posibilidades productivas. Hay que

---

estas agilizasen la subdivisión en lotes", MAYER, M.; OLESTI, O., "La *sortitio*...cit., p. 119.

Para el *ager divisus et adsignatus*, y las operaciones de "carácter técnico (*divisio*)" "administrativo (*adsignatio*) y la *forma* y su posible "identificación con el plano catastral", vide CASTILLO PASCUAL, M. J., *Espacio en orden*, Logroño, 1996, pp.83ss.

tener presente la orografía originaria, así como poder reconocer, a través de documentación arqueológica, la cronología de funcionamiento de las dependencias relacionadas con el funcionamiento de los *fundi* localizados en la zona. Hay que valorar el posicionamiento de cada una de esas construcciones, tanto una entre ellas, como en relación a la distancia a la que se encuentran de la *urbs* a la que pertenecieron"[249].

La palabra *saltus*, que también se usa para referirse a la finca en su conjunto en el verso -*Firmano saltu non falso Mentula dives*- del primer poema citado, tiene en la enumeración posterior de 115 -*uno qui in saltu totmoda possideat/ prata, arva, ingentis silvas saltusque paludesque*- un carácter más específico; ha sido traducido por cotos y se podría volcar también, a mi juicio, como campos destinados al pasto generalmente muy arbolados, o dehesas, que es un término más cercano a la realidad de lo que suponían estos espacios en el mundo romano frente a la idea actual de coto. La alusión a *aucupium, piscis, feras*[250] unida a la utilización de *saltus* en el segundo poema, habla de distintas artes de caza y pesca en función de los animales de que se trate –aves, peces o animales salvajes- en un contexto más de recreo que productivo. Pero, ciertamente, el específico *saltus* de la enumeración se refiere a un espacio concreto dentro de la finca donde generalmente se concentraba la caza, donde podía pastar libremente y que, probablemente, estaría de

---

249 GUTIÉRREZ-RODRÍGUEZ, M.; ORFILA PONS, M.; SÁNCHEZ-LÓPEZ, E. H., "La identificación del catastro rural romano a través de los *fundi*. Una metodología aplicada en el *ager iliberritanvs*", *Zephyrus*, LXXIX, enero-junio 2017, p. 104.

250 Aunque el texto une actividad (*aucupium*), con los animales (*piscis, ferae*). Las tres actividades, *venatio, aucupium, piscatio* se relacionan con los tres tipos de animales que son su objeto: caza de animales terrestres (*ferae*), caza de aves (*volucres*) y pesca (*piscis*), aunque *venatio* para Ortega incluiría, en sentido general, también a la caza de aves; cfr. ORTEGA CARILLO DE ALBORNOZ, A., "Las *ferae bestiae* en el derecho romano, en el derecho civil y en la Ley de Caza de 1970", *Cuadernos informativos de derecho histórico público, procesal y de la navegación*, 1987, (4-5), p. 484.

algún modo acotado. ¿En qué medida y hasta qué punto estaban delimitados estos terrenos dentro de la propia finca?

Al igual que Catulo, Varrón y, después, Columela escriben cumplidamente sobre territorios cerrados donde se crían animales en obras que podríamos considerar técnicas respecto de la materia que trataban[251], y es probablemente en ellos donde se encuentran más y mejores datos sobre la vida de estos animales en fincas y *villae*. Se conocen referencias a estos espacios bajo el nombre de *leporaria* para los animales silvestres[252], *ornithones/aviarii* para las aves, y *piscinae*, para los peces, aunque para los primeros apareció posteriormente el término *vivarium*, más genérico, para referirse a los lugares en los que se criaban primero las liebres y, después, otros animales como ciervos, jabalíes o cabras[253].

---

[251] Varrón, *Rerum rusticarum*; Columela, *de re rustica*. Antes que ellos, sobre agricultura, Catón, *de agri cultura*; y posteriores a todos, Palladio, *opus agriculturae*.

[252] Utilizaré indistintamente el adjetivo silvestre y fiero para referirme a los animales salvajes, los que no tienen dueño.

[253] También en sentido figurado lo encuentro en Juvenal, *sat.* III
Nec tamen haec tantum metuas; nam qui spoliet te
non derit clausis domibus postquam omnis ubique
fixa catenatae silvit compago tabernae.
Interdum et ferro subitus grassator agit rem:
armato quotiens tutae custode tenentur
et Pomptina palus et Gallinaria pinus,
sic inde huc omnes tamquam ad vivaria currunt,
("Y no es sólo lo descrito lo que deberás temer. No faltará quien te desplume cuando se atrancan las casas y en las tiendas hay silencio, cerradas sus puertas por cadenas. Pero en el ínterin un bandido de pronto hace de las suyas con un cuchillo, porque cada vez que una patrulla armada vela por la seguridad del bosque de Gallinaria y de las Marismas Pontinas, los bandoleros corren de allí hacia aquí como hacia su reserva"), donde el sentido puede ser a su "reserva" como traduce M. Balasch, *Juvenal/Persio*...cit. Juvenal estaría aludiendo al hecho de que Roma se había convertido, para los ladrones, en una especie de reserva o cercado en el que encontrar posibilidades de acción cuando eran expulsados de las marismas *Pontinas* o del bosque de *Gallinaria*, donde

Si nos fijamos en las fuentes que tratan la cuestión de manera más o menos técnica, se puede apreciar que Varrón sólo utiliza el término *leporarium* para referirse a los espacios en los que se produce la cría de animales, aunque ya no se encuentren allí liebres exclusivamente, sino otros animales diferentes. Resulta significativa, en este sentido, la comparación, que se convierte en similitud, con lo que sucede con los aviarios: los *aviaria* se llaman ahora *ornithones*, creación de las modas de los nuevos tiempos que sólo servían para algunos tipos de aves; sin embargo, a los *leporarii* les había pasado en cierto modo lo contrario: mantenían el nombre, pero acogían dentro de ellos a animales diferentes de los originarios. Según Aymard, *vivarium* sería una palabra desconocida para Varrón que ya habría advertido de la inconveniencia de utilizar *leporarium* para referirse a los nuevos espacios en los que conviven otros tipos de animales[254].

Parece evidente una conclusión de este tipo si se atiende a lo dicho por Aulo Gellio:

> *"Quae volgo dicuntur "vivaria," id vocabulum veteres non dixisse; et quid pro eo P. Scipio in oratione ad populum, quid postea M. Varro in libris De Re Rustica dixerit".*
>
> *I. "Vivaria", quae nunc dicuntur saepta quaedam loca, in quibus ferae vivae pascuntur, M. Varro in libro de re rustica III. dicit "leporaria" appellari. 2 Verba Varronis subieci: "Villaticae pastionis genera sunt tria, ornithones, leporaria, piscinae. Nunc ornithonas dico omnium alitum, quae intra parietes villae solent pasci. Leporaria te accipere volo, non ea, quae tritavi nostri dicebant, ubi soli lepores sint, sed omnia saepta, adficta villae quae sunt et habent inclusa animalia, quae pascuntur."3 Is item infra eodem in libro ita scribit: "Cum emisti fundum Tusculanum a M. Pisone, in leporario apri multi fuere."4 "Vivaria" autem quae nunc vulgus dicit,*

---

solían encontrarse; se puede entender, también, el *ad vivaria curruntur* como el volver a Roma que era su "criadero", puesto que los lugares citados eran donde solían estar y no lugares de procedencia.

254 AYMARD, J., *Essai sur les chasses romaines*...cit., p. 69. En el mismo sentido, por lo que se refiere a la inclusión de animales diferentes en los *leporaria*, POLARA, G., *Le "venationes". Fenomeno economico e costruziones giuridica*, Milano, 1983, pp. 97-98.

> *quos παραδέισους Graeci appellant, quae "leporaria" Varro dicit, haut usquam memini apud vetustiores scriptum. 5 Sed quod apud Scipionem omnium aetatis suae purissime locutum legimus "roboraria", aliquot Romae doctos viros dicere audivi id significare, quod nos "vivaria" dicimus, appellataque esse a tabulis roboreis, quibus saepta essent; quod genus saeptorum vidimus in Italia locis plerisque. 6 Verba ex oratione eius contra Claudium Asellum quinta haec sunt: "Vbi agros optime cultos atque villas expolitissimas vidisset, in his regionibus excelsissimo loco grumam statuere aiebat; inde corrigere viam, aliis per vineas medias, aliis per roborarium atque piscinam, aliis per villam."7 Lacus vero aut stagna piscibus vivis coercendis clausa suo atque proprio nomine "piscinas" nominaverunt. 8 "Apiaria" quoque vulgus dicit loca, in quibus siti sunt alvei apum; sed neminem ferme, qui incorrupte locuti sunt, aut scripsisse memini aut dixisse. 9 M. autem Varro in libro de re rustica tertio: "Melissonas" inquit "ita facere oportet, quae quidam "mellaria" appellant." Sed hoc verbum, quo Varro usus est, Graecum est; nam melissones ita dicuntur, ut ampelones et daphnones* (Aulo Gellio, *not. att.* II, 20).

Séneca, por su parte, utiliza la expresión *vivaria* (o *vivarium*) con un claro sentido de criadero:

> *Quis non Vedium Pollionem peius oderat quam servi sui, quod muraenas sanguine humano saginabat et eos, qui se aliquid offenderant, in vivarium, quid aliud quam serpentium, abici iubebat?* (Séneca, *de clem.* I, 18)

en el mismo sentido la epístola 90 (libros XIV-XV) de *ep. mor. ad Luc.*

> *Ego vero philosophiam iudico non magis excogitasse has machinationes tectorum supra tecta surgentium et urbium urbes prementium quam vivaria piscium in hoc clausa ut tempestatum periculum non adiret gula et quamvis acerrime pelago saeviente haberet luxuria portus suos in quibus distinctos piscium greges saginaret,*

en la que se enfrenta la naturaleza, a lo artificial; el mar, a los criaderos de peces, debido al amor al lujo y la gula –*gula et luxuria*– humano. Serán muchas la referencias a la extensión de esta actividad vinculada al comercio del lujo y los beneficios económicos derivados de él.

Amiano Marcelino utiliza la expresión también como cercado de animales, en este caso de animales salvajes, en un texto en el que aparece la comparación entre una *venatio* del emperador Cómodo en el anfiteatro en la que habría dado muerte a cien leones con distintas armas -e infligiendo una sola herida-, frente a Graciano que habría matado a las bestias que estaban recluidas en un *vivarium -intra saepta-*. En este caso, el *vivarium* se construye como un elemento más de una actividad destinada al recreo de los emperadores (y del público).

> *ut enim ille, quia perimere iaculis plurimas feras spectante consueverat populo, et centum leones in amphitheatrali circulo simul emissos telorum vario genere, nullo geminato vulnere contruncavit, ultra hominem exsultavit, ita hic quoque, intra saepta quae appellant vivaria, sagittarum pulsibus crebris dentatas conficiens bestias* (Amiano Marcelino, *rer. gest.* XXXI, 10, 19).

Juvenal, en su *sat.* IV, habla de los viveros del emperador, algo habitual en muchas *villae* romanas y cómo los peces eran alimentados *-depastum-* en ese vivero, algunos con agua de mar, como hemos visto en el texto de Séneca; esta sátira, precisamente, tiene como objeto a Domiciano y dos historias relacionadas con dos peces: uno, un rodaballo gigante regalado al emperador y otro, un budión que compra por 6.000 sex. un tal Crispino, de origen esclavo, para comérselo él solo. Un ejemplo más de "nuevos ricos"[255]

---

[255] *[...] hoc tu*
succinctus patria quondam, Crispine, papyro?
hoc pretio squamae? potuit fortasse minoris
piscator quam piscis emi; provincia tanti
vendit agros, sed maiores Apulia vendit.

("¿Esto lo has hecho tú, Crispino, que antaño te cubrías con el papiro de tu tierra? ¿Eres tú quien compra las escamas a tal precio? Quizás pudieras comprar por menos al pescador que al pez: a este precio se venden los campos en provincias, y en Apulia tierras aún mayores", Trad. Balach, cit.). La sátira no tiene desperdicio; en apenas unos versos, Juvenal le llama esclavo -la alusión a su procedencia egipcia y que estaba cubierto por un papiro-; y que con la cantidad que ha pagado podría haber comprado al mismo pescador o que hay fincas en Apulia

dispersi protinus algae
inquisitores agerent cum remige nudo,
non dubitaturi fugitivum dicere piscem
depastumque diu vivaria Caesaris, inde
elapsum veterem ad dominum debere reverti[256].

---

y en provincias que se vendían por menos. Sin entrar en los propósitos de Juvenal al escribir sus Sátiras, ciertamente en él se repiten ciertos elementos que conformarían la forma de ser y actuar de los hombres ricos y en ellos está presente los esclavos, las tierras y la comida, que serían una forma de exhibir los marcadores de clase; así, como ejemplo, *sat.* III, 141-144
quot pascit servos? quot possidet agri
iugera? quam multa magnaque paropside cenat?"
quantum quisque sua nummorum servat in arca,
tantum habet et fidei.
("¿Cuántos esclavos mantiene? ¿Cuántas yugadas de tierras posee? ¿Cuántos platos toma en su cena? ¿Cómo son?. La confianza que se tiene en cada uno la miden los dineros que guarda en su arca", Trad. Balach, cit.)

256 "Apostados en todas partes los rastreadores de la costa discutirían con el marinero todavía sin ropa: no dudarían en afirmar que se trata de un pez fugitivo, metido desde siempre en los viveros imperiales, de donde se había escabullido; debía, pues, volver a su dueño primitivo", Trad. Balach, cit.
El texto tiene un interés añadido, a mi juicio, por cuanto se señala que el rodaballo escapado del vivero debe ser devuelto *ad veterem dominum*; y, en segundo lugar, la referencia a un jurista de la época, Armilato, según el cual, todo lo que nada en el mar es del Fisco, justo a continuación de los versos citados arriba:
si quid Palfurio, si credimus Armillato,
quidquid conspicuum pulchrumque est aequore toto
res fisci est, ubicumque natat. Donabitur ergo,
ne pereat,
en una interpretación de *dominium Caesaris* que escapa a las reglas de la concepción de las cosas *communi iuris* que, además, como señala el traductor en nota, entraría en contradicción con la idea de que el pez es del emperador porque se ha escapado de su *vivarium* (BALACH, M., *Juvenal/Persio…cit.*, n. 31; id. En *Juvenal. Sátiras*, Introducciones, traducción y notas de M. Balach, Madrid, 1991).

En Horacio,

> *Pars hominum gestit conducere publica; sunt qui*
> *frustis et pomis viduas venentur avaras*
> *excipiantque senes, quos in vivaria mittant;*
> *multis occulto crescit res fenore;* (Horacio *epist.* I, 1, 77-80)[257]

Plinio se refiere a los leporarios que fueron ampliados con la introducción de otros tipos de animales diferentes a las liebres, aunque él utiliza la expresión *vivaria*; Fulvio Lippino fue el primero en hacerlo y a él le seguirían otros como Lúculo y Hortensio:

> *Vivaria eorum ceterarumque silvestrium primus togati generis invenit Fulvius Lippinus; in tarquiniensi feras pascere instituit, nec diu imitatores defuere L. Luculus et Q. Hortensius* (Plinio, *nat.his.* VIII, 78).

La información es, básicamente, la misma que ofrece Varrón en *re.rust.* III, 12, 1

> *Nam neque solum lepores in eo includuntur silva, ut olim in iugero agelli aut duobus, sed etiam cervi aut capreae in iugeribus multi,*

ampliada por Plinio en cuanto a que fue el primer romano en introducir en un cercado jabalíes -el *eorum* se refiere a *apri*- y otros animales salvajes; y por Varrón, en cuanto que tenía ciervos y cabras. Pero la información de Plinio resulta interesante por dos cuestiones, fundamentalmente: en primer lugar, porque justo en el fragmento anterior señala cómo Publio Servilio (contemporáneo de Cicerón) fue el primero en poner en un banquete un jabalí entero, ya que anteriormente (en tiempos de Catón) sólo se comía la parte central del animal. Y, en segundo lugar,

---

257 "Unos están ansiosos por tomar en arriendo los impuestos públicos; hay quienes con tortas y frutas andan a la caza de viudas avaras o captan viejos para enviarlos a sus viveros. Las rentas de muchos crecen con la usura clandestina", *Quinto Horacio Flaco. Epístolas. Arte Poética*, Alma Mater, Madrid, 2002. Edición crítica, Traducción y Notas de F. Navarro Antolín.

por las referencias al cambio de costumbres en los banquetes en cuanto al número de jabalíes que se comen; la disposición en el propio banquete; que ese cambio es relativamente reciente y que, aunque se haya convertido en algo habitual y cotidiano, fue tan sorprendente que se llegó a recordar en los anales:

> *solidum aprum romanorum primus in epulis adposuit P. Servilius, pater eius rulli, qui Ciceronis consulatu legem agrariam promulgavit: tam propinqua origo nunc cotidianae rei est. Et hoc annales notarunt, horum scilicet ad emendationem morum, quibus non tota quidem cena, sed in principio bini ternique pariter manduntur apri* (Plinio, *nat. hist.* VIII, 78).

La cotidianeidad y el número de jabalíes pueden dar muestra de la necesidad de una cantidad importante de estos animales para subvenir a la demanda originada.

Igualmente, Plinio se refiere a los *vivaria* en VIII 17, donde se especifican todos los posibles elementos relacionados con la explotación económica de los animales -*vivaria, armenta, alvaria, piscinae, aviaria*- y las actividades dedicadas a la caza, caza de aves y pesca -*venatus, aucupia piscatusque*-, en una unión que no deja de ser significativa:

> *Alexandro magno rege inflammato cupidine animalium naturas noscendi delegataque hac commentatione Aristoteli, summo in omni doctrina viro, aliquot milia hominum in totius Asiae Graeciaeque tractu parere iussa, omnium quos venatus, aucupia piscatusque alebant quibusque vivaria, armenta, alvaria, piscinae, aviaria in cura erant, ne quid usquam genitum ignoraretur ab eo;*

En otro contexto, en VIII, 50 sobre la imposibilidad de encontrar la muda de los cuernos derechos de los ciervos, incluso de aquellos que viven en cercados[258], es decir, sin salir del *vivarium*:

258 Además de la referencia a las propiedades curativas de los cuernos de los cérvidos, algo ya conocido desde la antigüedad y sobre lo que se sigue investigando en nuestros días en grupos de investigación como el de Ciencia Animal Aplicada a la Gestión Cinegética del Instituto de Investigación en Recursos Cinegéticos (IREC) de la Universidad de

> *[...] dextrum cornu negant inveniri ceu medicamento aliquo praeditum, idque mirabilius fatendum est, cum et in vivariis mutent omnibus annis. Defodi ab iis putant. Accensi autem utrius libeat odore et serpentes fugantur et comitiales morbi deprehenduntur* (Plinio, *nat. hist.* VIII, 50).

Y VIII, 82 sobre las liebres como animales semi-fieros:

> *[...] hi mansuescunt raro, cum feri dici iure non possint; complura namque sunt nec placida nec fera, sed mediae inter utrumque naturae, ut in volucribus hirundines, apes, in mari delphini* (Plinio, *nat. hist.* VIII, 82),

continuando la lista de los semi-fieros con los ratones y lirones y, antes, los caracoles, que quedan incluidos en las referencias a una serie de animales salvajes.

En IX, 79, Plinio habla de un vivero de ostras en el que se encuentra una diferencia con la noticia de Séneca sobre los viveros de peces. En Séneca, hay que recordar, estos viveros se construían para satisfacer la gula y el lujo; en Plinio se busca una finalidad meramente económica, hasta el punto de reseñar el alto valor monetario alcanzado por la explotación:

> *ostrearum vivaria primus omnium Sergius Orata invenit in Baiano aetate L. Crassi oratoris ante Marsicum bellum, nec gulae causa, sed avaritiae, magna vectigalia tali ex ingenio suo percipiens, ut qui primus pensiles invenerit balineas, ita mangonicatas villas subinde vendendo*[259]; (Plinio, *nat. hist.* IX, 79),

---

Castilla-La Mancha y el Departamento de Investigación del Complejo Hospitalario Universitario de Albacete (CHUA).

259 La referencia a la construcción del primer vivero de ostras se remonta a principios s. I a.C. Lucio Licinio Craso habría defendido en juicio a Orata precisamente por haberse apropiado de demasiada agua pública para su vivero, DEL BARRIO, E., et alt., *Plinio el Viejo. Historia natural. Libros VII-XI*, Madrid, 2003, n. 416; también Valerio Máximo, IX, 1, 1: *C. Sergius Orata pensilia balinea primus facere instituit. Quae inpensa <a> levibus initiis coepta ad suspensa caldae aquae tantum non aequora penetravit. Idem, videlicet ne gulam Neptuni arbitrio subiectam haberet, peculiaria sibi maria excogitavit, aestuariis intercipiendo fluctus pisciumque diversos greges sepa-*

donde la cuestión relevante sería preguntarse si lo que primero se consideró una construcción destinada al autoconsumo pasó pronto a una actividad económica muy rentable, al menos en lo relacionado con ciertos animales. Inmediatamente después, en IX, 80, el primer vivero de peces realizado por Lucio Licinio Murena[260]; posteriormente, Luculo construye uno con acceso al agua de mar que cuyo contenido es vendido, tras su muerte por cuatro millones de sextercios:

> *Eadem aetate prior Lucinius Murena reliquorum piscium vivaria invenit, cuius deinde exemplum nobilitas secuta est Philippi, Hortensi. Lucullus exciso etiam monte iuxta Neapolim maiore inpendio quam villam exaedificaverat euripum et maria admisit, qua de causa Magnus Pompeius Xerxen togatum eum appellabat. Quadragies centena milia HS e piscina ea defuncto illo veniere pisces* (Plinio, *nat. hist.* IX, 80)

---

ratim molibus includendo, ut nulla tam saeva tempestas inciderit, qua non Oratae mensae varietate ferculorum abundarent. Aedificiis etiam spatiosis et excelsis deserta ad id tempus ora Lucrini lacus pressit, quo recentiore usu conchyliorum frueretur: ubi <dum> se publicae aquae cupidius inmergit, cum Considio publicano iudicium nanctus est. In quo L. Crassus adversus illum causam agens errare amicum suum Considium dixit, quod putaret Oratam remotum a lacu cariturum ostreis: namque ea, si inde petere non licuisset, in tegulis reperturum.
Varrón, *re.rust.* III, 3, 10:
Sic nostra aetas in quam luxuriam propagavit leporaria, hac piscinas protulit ad mare et in eas pelagios greges piscium revocavit. Non propter has appellati Sergius Orata et Licinius Murena? Quis enim propter nobilitates ignorat piscinas Philippi, Hortensi, Lucullorum? Quare unde velis me incipere, Axi, dic.
Y Columela, *de re rust.* VIII, 16, 5:
Ac tamen iisdem temporibus, quibus hanc memorabat Varro luxuriem, maxime laudabatur severitas Catonis, qui nihilo minus et ipse tutor Luculli grande aere sestertium milium quadringentorum piscinas pupilli sui venditabat. Iam enim celebres eran deliciae popinales, cum ad mare deferrentur vivaria, quorum studiosissimi, velut ante devictarum gentium Numantinus et Isauricus, ita Sergius Orata, et Licinius Muraena captorum piscium laetabantur vocabulis

260 A caballo del cambio de siglo II a I a.C.

En IX, 81, indicando el alto valor económico del vivero -al que también se le llama *piscina*- de murenas de Hirrio[261], que fue el que subió el precio de la *villa* modesta a la que quedaba adscrito:

> *Murenarum vivarium privatim excogitavit ante alios C. Hirrius, qui cenis triumphalibus Caesaris dictatoris sex milia numero murenarum mutua appendit. Nam permutare quidem pretio noluit aliaue merce. Huius villam infra quam modicam quadragies centena milia HS piscinae vendiderunt* (Plinio, *nat. hist.* IX, 81)

En IX, 82, viveros de caracoles[262], de los que distinguen distintas especies y a los que se alimentan para ser vendidos y servidos en las tabernas:

> *Coclearum vivaria instituit Fulvius Lippinus in Tarquiniensi paulo ante civile bellum quod cum Pompeio Magno gestum est, distinctis quidem generibus earum, separatim ut essent albae, quae in Reatino agro nascuntur, separatim Illyricae, quibus magnitudo praecipua, Africanae, quibus fecunditas, Solitanae, quibus nobilitas. [174] Quin et saginam earum commentus est sapa et farre aliisque generibus ut cocleae quoque altiles ganeam implerent; cuius artis gloria in eam magnitudinem perductas, ut LXXX quadrantes caperent singularum calices, auctor est M. Varro* (Plinio, *nat. hist.* IX, 82)

En IX, 26, los viveros de peces -mújol, en este caso-, están tanto en la península como en provincias:

> *Mugilum natura ridetur in metu capite abscondito totos se occultari credentium. Isdem tam incauta salacitas, ut in Phoenice et Narbonensi provincia coitus tempore e vivariis marem linea longinqua per os ad branchias religata emissum in mare eademque linea retractum feminae sequantur ad litus rursusque feminam mares partus tempore* (Plinio, *nat. hist.* IX, 26)

En IX, 39, viveros -de morenas- para otros propósitos tan poco edificantes como disfrutar de la muerte de un hombre como espectáculo o para fabricar azotes, aunque, en realidad, se podría

---

261 Mediados del siglo I a.C.

262 Fundados por Fulvio Lipino, probablemente a mediados del siglo I a.C.

unir, de algún modo, con la finalidad que se perseguía en muchos de los espectáculos con animales en el anfiteatro que, no obstante, y por lo que se refiere a los esclavos, se prohibieron a través de una *lex Petronia* cuando no respondieran a una pena (*circa* 61 d.C.). Un texto de Modestino recogido en D. 48, 8, 11, 2, informa sobre la necesidad de intervención judicial para que pudiera ser entregado por el dueño para un espectáculo de fieras, lo que significa que estas entregas solo podían realizarse, a partir de esta ley, a título de pena:

> *Post legem Petroniam et senatus consulta ad eam legem pertinentia dominis potestas ablata est ad bestias depugnandas suo arbitrio servos tradere: oblato tamen iudici servo, si iusta sit domini querella, sic poenae tradetur* (D. 48, 8, 11, 2, Modestino)[263]

---

263 En realidad, el caso narrado por Plinio sería una peculiar manera de entender una *damnatio ad bestias* a la que alude también el autor en este mismo fragmento, al señalar que las fieras de la tierra no eran suficientes para esta pena
Invenit in hoc animali documenta saevitiae Vedius Pollio, eques Romanus ex amicis Divi Augusti, vivariis earum inmergens damnata mancipia, non tamquam ad hoc feris terrarum non sufficientibus, sed quia in alio genere totum pariter hominem distrahi spectare non poterat. Ferunt aceti gustu praecipue eas in rabiem agi. Tenuissimum his tergus, contra anguillis crassius, eoque verberari solitos tradit Verrius praetextatos et ob id multam iis dici non institutam (Plinio, *nat. hist.* IX, 39)
Del texto de Plinio se deriva que esta actitud del dueño se utilizaba como castigo, pero, sobre todo, podría ser una confirmación de que el tipo penal de la *damnatio ad bestias* solo era aplicable a esclavos condenados -en el texto se habla de *damnata mancipia*-. Lo que resulta interesante del texto no es tanto que se hable de la crueldad del personaje del dueño -y de la magnanimidad de Augusto- sino que la *damnatio ad bestias terrarum* era una práctica habitual que, en este caso, se refiere en un contexto de esclavitud. Que fuera una práctica o no exclusiva para los esclavos, no se puede afirmar a partir de este texto exclusivamente, aunque parece que, al menos en época tardía, fue una condena propia de esclavos y libertos en atención a la constitución de Constantino recogida en el C.Th. 9, 18, 1
si quis tamen eiusmodi reus fuerit oblatus, posteaquam super crimine patuerit, servus quidem vel libertate donatus bestiis primo quoque munere obiiciatur, liber

En IX, 30 hay un caso, los salmonetes, que no crecen en viveros y piscinas:

> *Ex reliqua nobilitate et gratia maxima est et copia mullis, sicut magnitudo modica, binasque libras ponderis raro admodum exsuperant nec in vivariis piscinisque crescunt. Septentrionalis tantum hos et proxima occidentis parte gignit oceanus. Cetero genera eorum plura; nam et alga vescuntur et ostreis et limo et aliorum piscium carne, et barba gemina insigniuntur inferiori labro* (Plinio, *nat. hist.* IX, 30)

En VIII, 82, los lirones que se crían en unos viveros especiales como son las tinajas y que fueron muy demandados en las cocinas de los banquetes romanos[264]:

---

autem sub hac forma in ludum detur gladiatorium, ut, antequam aliquid faciat, quo se defendere possit, gladio consumatur.
Sobre esta cuestión, *vide* las conclusiones de DE LAS HERAS, "Una nota sobre la *damnatio ad bestias*", *Cuadernos de la Facultad de Derecho,* 11 (Palma de Mallorca) 1985, pp.143ss.
El episodio es de época augústea y, como señala Del Barrio en la nota a pie de página, de la crueldad del personaje se hace también eco Séneca. Augusto habría perdonado la vida al esclavo, quien le pedía ser ejecutado de otro modo; DEL BARRIO, E., et alt., *Plinio el Viejo*...cit., p. 276, n. 185.

264 Sobre esta cuestión, con bibliografía, COLONNELLI, G., "Uso alimentare dei ghiri (Familia Myoxidae) nella storia antica e contemporanea", *Antrocom, 3*(1), 2007. 69-76.
Plinio informa sobre los límites al lujo impuestos por las leyes suntuarias y que afectaron a este tipo de alimentos
Saurices et ipsos hieme condi auctor est Nigidius, sicut glires, quos censoriae leges princepsque M. Scaurus in consulatu non alio modo cenis ademere quam conchylia aut ex alio orbe convectas aves. Semiferum et ipsum animal, cui vivaria in doliis idem qui apris instituit (Plinio, *nat. hist.* VIII, 82)
Probablemente no se pueda entender que estas normas respondieran a un programa legislativo diseñado por el poder público. La referencia es a la *lex Aemilia sumptuaria* del 115 a.C.; cfr. ROTONDI, G., *Leges publicae*...cit., p. 320.
Los estudios sobre las leyes suntuarias son muchos; se pueden consultar, por todos, BOTTIGLIERI, A., "La leggi sul lusso tra Reppublica e Principato: mutamento di prospettive", *Mélanges de l'École française de*

> *Semiferum et ipsum animal, cui vivaria in doliis idem qui apris instituit. Qua in re notatum non congregari nisi populares eiusdem silvae et, si misceantur alienigenae amne vel monte discreti, interire dimicando* (Plinio, *nat. hist.* VIII, 82)

Igualmente, Columela utiliza la expresión *vivarium* para referirse a este tipo de lugares donde están encerrados los animales:

> *Sed qui venationem voluptati suae claudunt, contenti sunt, utcunque competit proximus aedificio loci situs, munire vivarium, semperque de manu cibos et aquam praebere* (Col. *de re rust.* IX, 1, 1)

De todo lo visto creo que se puede concluir que muchos de los fundos resultantes del proceso de concentración agraria latifundista producido a lo largo del s. II a.C., comienzan a desarrollar una actividad económica importante basada en la agricultura y/o en la ganadería. Y parece que, ya en el s. I a.C., estaba extendida la tenencia de fincas cada vez más grandes en las que uno de sus recursos fuera la cría y cuidado de animales; en este sentido, son de todos conocidas las referencias varronianas acerca de algunos ilustres propietarios de fincas en las que convivían distintos animales, aunque de las citadas se deduce que el ánimo o interés de los propietarios podía ser distinto en cada uno de ellos: si Hortensio,

---

Rome, 128-1, 2016; BOTTIGLIERI, A., *La legislazione sul lusso nella Roma Reppublicana*, Napoli, 2002. CASINOS MORA, F.J., "Pasión por el lujo y renovación moral en Roma en los inicios del Principado", *Estudios Clásicos*, 147, 2015; CASINOS MORA, F.J., *La restricción del lujo en la Roma Republicana. El lujo indumentario*, Madrid, 2015; CLEMENTE, G., "Le leggi sul lusso e la societa romana tra III e II secolo a.C", en GIARDINA, A./ SCHIAVONE, A., *Società romana e produzione schiavistica. Modelli etici, diritto e trasformazione sociali*, Bari, 1981; DARI-MATTIACI, G./PLISECKA, A. E., "Luxury in Ancient Rome: Scope, Timing and Enforcement of Sumptuary Laws", *Legal Roots*, 1, 2012; VENTURINI, C., "Leges Sumptuariae: divieti senza sanzioni", en *Mélanges de l'École française de Rome*, 128-1, "Le luxe et les lois somptuaires dans la Rome antique", 2016; ZECCHINI, G., "Ideologia suntuaria romana", en *Mélanges de l'École française de Rome*, 128-1, "Le luxe et les lois somptuaires dans la Rome antique", 2016.

el célebre orador, utilizaba los animales de su finca para el deleite de sus invitados, en otros se desarrollaría simplemente el interés comercial de cría de animales con la vista puesta en otras utilidades económicas, en la línea de lo expresado por Varrón o Columela en sus tratados específicos, como pone de manifiesto Polara[265].

Varrón parece contraponer ambos intereses en este fragmento:

> *Apros quidem posse haberi in leporario nec magno negotio ibi et captivos et cicuris, qui ibi nati sint, pingues solere fieri scis, inquit, Axi. Nam quem fundum in Tusculano emit hic Varro a M. Pupio Pisone, vidisti ad bucinam inflatam certo tempore apros et capreas convenire ad pabulum, cum ex superiore loco e palaestra apris effunderetur glans, capreis victa aut quid aliud. Ego vero, inquit ille, apud Q. Hortensium cum in agro Laurenti essem. Ibi istuc magis Θρᾳκικῶς fieri vidi. Nam silva erat, ut dicebat, supra quinquaginta iugerum maceria saepta, quod non leporarium, sed therotrophium appellabat. Ibi erat locus excelsus, ubi tricilinio posito cenabamus, quo Orphea vocari iussit. Qui cum eo venisset cum stola et cithara cantare esset iussus, bucina inflavit, ut tanta circumfluxerit nos cervorum aprorum et cetararum quadripedum multitudo, ut non minus formosum mihi visum sit spectaculum, quam in circo maximo aedilium sine Africanis bestiis cum fiunt venationes* (Varrón, *re.rust.* III, 13, 1-3)

Frente a lo que ocurre en otras fincas, Quinto Hortensio ni siquiera le dio el nombre de *leporarium* a la *silva* cercada de cincuenta yugadas en la que convivían jabalíes, ciervos y otros animales salvajes, sino "therotrophium", una especie de reserva de caza[266] que concibe como parte de un espectáculo: la cena-espectáculo, como se diría hoy en día, que ofrece Hortensio a sus invitados y que Varrón equipara a los espectáculos celebrados en el circo sin las fieras africanas[267]. En este espectáculo en el que congrega a

---

265 POLARA, G., *Le "venationes"*....cit., p. 70ss.

266 Es la traducción que se da normalmente, aunque también se habla de parque zoológico; en la edición de Loeb Classical se traduce por *game-preserve,* una reserva de caza se podría traducir, un terreno acotado donde poder criar animales salvajes.

267 Varrón utiliza la palabra *spectaculum.*

los animales al toque de una bocina alrededor del triclinio donde cena con sus amigos, se utilizan, en realidad, todos los elementos propios de una gran puesta en escena. Si en el circo o en los anfiteatros falta el elemento de la naturaleza, éste se recrea, ya lo he señalado, con pinturas o con elementos naturales que permitan al espectador ponerse en situación; también en las casas de ciudad, donde a veces no existía la posibilidad de tener un espacio natural como el que hay en *villae* del campo[268]. A Hortensio no le faltan ni las *ferae bestiae* ni la naturaleza: ya las tiene; lo que ofrece a sus invitados es una situación en la que se interactúa con los animales participando, como señala acertadamente Jones, en un cuadro viviente mitológico en el que un esclavo disfrazado de Orfeo atrae con su música a los animales como hacía el personaje de la mitología, pero sobre todo, en una situación en la que, de nuevo, se mezcla la realidad con lo irreal, la naturaleza con lo artificial, como había calado en los gustos de los ciudadanos en la época[269].

---

268 Como señala Giesecke, "There are two ways in which the urban Roman villa or house strove to create a "natural" milieu for daily life; one of these was via architectural mediation and the other an application of the grafic arts"; GIESECKE, A. L., "Beyond the Garden of Epicurus: The Utopics of the Ideal Roman Villa", *Utopian Studies*. 12(2), 2001, p. 14; en este sentido, el texto de Plinio, *nat. hist.* XXXV, 43, refleja bien esta recreación romana donde, junto a los jardines, aparecen pinturas referidas a caza de pájaros, caza mayor o pesca:
eaque sunt scripta antiquis litteris latinis, non fraudanda et Studio Divi Augusti aetate, qui primus instituit amoenissimam parietum picturam, villas et porticus ac topiaria opera, lucos, nemora, colles, piscinas, euripos, amnes, litora, qualia quis optaret, varias ibi obambulantium species aut navigantium terraque villas adeuntium asellis aut vehiculis, iam piscantes, aucupantes aut venantes aut etiam vindemiantes.

269 JONES, F., *Virgil's Garden: The Nature of Bucolic Space*, London, 2011. p. 145. En la misma línea, ya había subrayado Aymard cómo a los romanos les gustaba vivir en ocasiones en un mundo real amenizado con un decorado de teatro, *Essai sur les chasses romaines*...cit., p.70; en la misma línea, GRIMAL, P., *Les jardins romains*, Paris, 1969, (2eme ed.), pp. 291-292.

Por su parte, el interés de Varrón en la finca que le compró a M. Pupio Pisón bien pudo ser comercial, como se ha visto en varias de las referencias de Plinio: en los leporarios en los que ya no sólo se encerraban algunas liebres, como antiguamente, sino también ciervos y corzos

> *Sequitur, inquit, actus secundi generis adficticius ad villam qui solet esse, ac nomine antico a parte quadam leporarium appellatum. Nam neque solum lepores in eo includuntur silva, ut olim in iugero agelli aut duobus, sed etiam cervi aut capreae in iugeribus multis,* (Varrón, III, 12, 1)[270],

---

270 El término *caprEae* es utilizado por Varrón para referirse a los "nuevos" animales que también se incluyen en los nuevos leporarios. Columela, por su parte, habla de *caprinum pecus* después de hablar examinado el ganado lanar (libro VII, 6, dentro de lo que se considera por el autor el ganado menor –*de minore pecore*). En concreto, los términos utilizados por Columela son *caper* para referirse al macho cabrío, al que describe, y *capella* que, aunque constituye un diminutivo, es el término para referirse a la cabra hembra; así, puede considerarse este carácter general en VII, 6, 4:
Capella praecipve probatur simillima hirco, quem descripsimus [...]-
o VII, 6, 9
Maxime strenuum pecus est capella praecedens [...].
En VII, 6, 8 utiliza el término *capellae* para referirse a cabras de uno o dos años que, no obstante, ya son capaces de parir crías, aunque Columela no lo considera aconsejable:
Anniculae vel bimae capellae (nam utraque aetas partum edit) submitti haedum non oportet.
El diminutivo de *capellae* parece, por tanto, que va dirigido al tamaño del animal derivado de las características de la especie, más que al hecho de que sea una cría o un animal adulto. Utiliza el término *caprae* en VII, 6, 5:
Atque ubi caprae primum comparantur, melius gregem totum [...].
Habría que entender, en consecuencia, que las *capreae* a las que se refiere Varrón son de otra especie distinta, *ferae bestiae*, frente a las *capellae* de Columela, propias del ganado menor. Puede que fuera el corzo por el que normalmente se traduce el término. Por otro lado, Varrón ya había hablado de los rebaños de cabras en el libro II, 3, 6 y II, 3, 10, cuando explica la disposición y orientación de los establos donde alojar a los animales y señala que podían estar formados por un número

Varrón también encierra jabalíes –y corzos- a los que cría y engorda no siendo esta forma de crianza menor negocio que capturarlos en libertad.

> *Apros quidem posse haberi in leporario nec magno negotio ibi et captivos et cicuris, qui ibi nati sint, pingues solere fieri scis, inquit,*

---

de cabezas entre 50 y 100, con anécdota incluida sobre un tal *Gaberius* quien, habiendo oído que se obtenía un denario de beneficio por cada cabra, decidió formar un rebaño con mil cabezas en el fundo de 1000 *iugera* que tenía cerca de la ciudad, aunque al poco tiempo las cabras murieron a causa de una enfermedad
Quibus adsentiri putant id quod usu venit Gaberio, equiti Romano. Is enim cum in suburbano mille iugerum haberet et a caprario quodam, qui adduxit capellas ad urbem decem, sibi in dies singulos denarios singulos dare audisset, coegit mille caprarum, sperans se capturum de praedio in dies singulos denarium mille. Tantum enim fefellit, ut brevi omnes amiserit morbo (Varrón, *re.rust.* II, 3, 10).
Por su parte, en el índice del libro VIII de la *nat.his.* de Plinio de la edición de Mayhoff, se sitúa a las *caprae* por detrás del ganado menor y habla de los animales "semiferos":
genera lanae et colorum genera vestium caprarum natura et generatio suum item de feris subus. Quis primus vivaria bestiarum instituerit de simiis de leporum generibus de semeferis animalibus quae locis animalia non sint ubi et quae advenis tantum noceat. Ubi et quae indigenis tantum summa.
En VIII, 88 desarrolla la información sobre estos animales a los que denomina *caprae*, coincidiendo muchos de los comentarios que hace con lo dicho por Columela y enumerando alguna de las que considera variantes de estas:
in nullo genere aeque facilis mixtura cum fero, qualiter natos antiqui hybridas vocabant ceu semiferos, ad homines quoque, ut C. Antonium Ciceronis in consulatu collegam, appellatione tralata. Non in suibus autem tantum, sed in omnibus quoque animalibus, cuiuscumque generis ullum est placidum, eiusdem invenitur et ferum, utpote cum hominum etiam silvestrium tot genera praedicta sint. Caprae tamen in plurimas similitudines transfigurantur. Sunt caprae, sunt rupicaprae, sunt ibices pernicitatis mirandae, quamquam onerato capite vastis cornibus gladiorum ceu vaginis. In haec se librat, ut tormento aliquo rotatus, in petras potissimum, e monte aliquo in alium transilire quaerens, atque recussu pernicius quo libuit exultat. Sunt et oryges, soli quibusdam dicti contrario pilo vestiri et ad caput verso. Sunt et dammae et pygargi et strepsicerotes multaque alia haut dissimilia. Sed illa Alpes, haec transmarini situs mittunt.

> *Axi. Nam quem fundum in Tusculano emit hic Varro a M. Pupio Pisone, vidisti ad bucinam inflatam certo tempore apros et capreas convenire ad pabulum, cum ex superiore loco e palestra apris effunderetur glas, capreis vicia aut quid aliut* (Varrón, III, 13, 1),

Se trataría de un sistema de cría en semilibertad, en los que los animales se encontrarían en espacios cerrados de una menor o mayor extensión –de una o dos yugadas, como en los tiempos más antiguos, hasta *silvae* de muchas yugadas, como ha dicho Varrón en III, 12, 1-, pero a los que se les da de comer por el dueño de la finca –bellotas, (*glas*), arvejas o algarrobas, (*vicia*) o forraje semejante, (*quid aliut*)-.

De Columela se deduce, sin embargo, cómo varía la forma de alimentar a los animales que están encerrados con una finalidad de mero ocio en relación con aquéllos de los que pensamos obtener réditos, aunque quizá no sean excluyentes. Al fin y al cabo, Columela se refiere a aquellos *domini* que tienen cerca de sus casas un bosque; en ese caso sería en el que, sin dudarlo, recluirían a los animales en el *nemus*:

> *Ferae pecudes, ut capreoli, damacque, nec minus orygum cervorumque genera et aprorum, modo lautitiis ac voluptatibus dominorum serviunt, modo quaestui ac reditibus. Sed qui venationem voluptati suae claudunt, contenti sunt, utcunque competit proximus aedificio loci situs, munire vivarium, semperque de manu cibos et aquam praebere: qui vero quaestum reditumque desiderant, cum est vicinum villae nemus (id enim referet non procul esse ab oculis domini) sine cunctatione praedictis animalibus* (Columela, *de re rust.*, IX, 1, 1)

En definitiva, Columela habla de *vivarium*, algo que, como he señalado, Varrón todavía no hace. Por último, de todo lo visto hasta el momento, queda patente que los animales recluidos pueden responder a distintas finalidades de los propietarios.

Estas finalidades, que se reducen básicamente a dos, placer o rendimiento económico, serían, según Aymard, lo que daría lugar a la evolución en la concepción de la caza en Roma y, si bien la existencia de fincas dedicadas a la cría de animales que daban ganancias a sus propietarios[271] aleja el concepto de *vivaria* de los grandes cotos de caza de la zona helenística[272], el gusto por actividades lúdicas en las que los animales eran protagonistas –al uso de las *venationes* en la arena, como llega a decir Varrón-, acerca la utilización de estos animales recluidos en fincas cerradas a la caza tal y como se empieza a conocer en los años siguientes; sin olvidar, por otro lado, que, si bien los animales domésticos eran considerados una comida vulgar, los animales de caza eran tenidos en gran consideración en la cocina de las clases altas, como señala Grimal, por lo que el elemento económico en la explotación de estos animales tampoco debe descartarse[273].

Animales recluidos, pero en una cierta libertad. Esta será una de las características de estas fincas y, sobre todo, del tipo de animales que en ellas se encuentren –*ferae bestiae.* Serán fincas cer-

---

271 En un momento en el que el consumo de carne no era todavía muy apreciado, según AYMARD, J., *Essai sur les chasses romaines*...cit., p. 71. También Varrón en varios momentos del libro III *-de villacitis pastionibus-* de su *rerum rusticarum* habla del engorde de los animales, frente al engorde dentro del medio natural, lo que indica una explotación intensiva frente a otra extensiva cuya finalidad –la de la primera- debió ser el consumo humano -aunque no solo-. En este sentido, en III, 3, 4 se alude expresamente a la venta a los carniceros de animales que han sido engordados:
aut ab iis emenda quae tuorum servorum diligentia tuearis in fetura ad partus et nata nutricere saginesque, in macellum ut perveniant.
Como señala Montero, el consumo de aves habría estado históricamente proscrito por razones de naturaleza religiosa, puesto que se consideraban mediadoras entre los hombres y los dioses, produciéndose un cambio en los gustos alimentarios de los romanos a partir del siglo I d. C. con la llegada de nuevas especies, MONTERO, S., "El consumo de aves..." cit., p. 127.

272 Así lo entiende García Garrido, para quien "la calificación de *uiuaria* dada por estos autores (Varrón y Columela) demuestra suficientemente el carácter y destino de estos parques y excluye el que se tratase de reservas de caza", GARCÍA GARRIDO, M. J., "Derecho a la caza... cit.", pp. 280-281.

273 GRIMAL, P., *Les jardins*...cit., p. 291.

cadas con distintas técnicas y materiales[274], o al menos parte de las mismas, que demuestran claramente cuál es la intención del propietario, primero, de su interés económico en mantener una finca para la cría y/o espectáculo y, quizá, caza de los animales que viven en ella[275] evitando que se escapen; y, segundo, buscando excluir a los demás, aspecto que tampoco se debe olvidar. Esto no significa, como es lógico, que todos los propietarios tuvieran las mismas intenciones o, incluso, que un único propietario respondiera a varias de ellas, en el sentido que apunta Aymard: frente a Merula que pierde dinero con su finca (Catulo) u Hortensio que parece que sólo quiere la exhibición de los animales como espectáculo (Varrón), tenemos a Axio quien, en repetidas ocasiones,

---

274 Columela, *de re rust.* IX, 1, 1-4, describe detenidamente el cerramiento según el tipo de animales, pero también según la finalidad que cada propietario pretenda conseguir con ellos; los cerramientos podrán ser con muros de cal y canto, adobes y barro, o con vallas -una especie de enrejado, *vacerra*-, construidas con madera de distintos árboles que resistieran bien la lluvia, para impedir que los animales salieran del recinto:
Modus silvae pro cuiusque facultatibus occupatur; ac si lapidis et operae vilitas suadeat, haud dubie caementis et calce formatus circumdatur murus: sin aliter, crudo latere ac luto constructus. Ubi vero neutrum patrifamiliae conducit, ratio postulat vacerris includi: sic enim appellatur genus clatrorum: idque fabricatur ex robore querceo, vel subereo. Nam oleae rara est occasio. Quidquid denique sub iniuria pluviarum magis diuturnum est, pro condictione regionis ad hunc usum eligitur. Et sive teres arboris truncus, sive ut crassitudo postulavit, fissilis stipes compluribus locis per latus efforatur, et in circuito vivarii certis intervenientibus spatiis defixus erigitur: deinde per transversa laterum cava transmittuntur ramices, qui exitus ferarum obserent. Satis est autem vacerras inter pedes octonos defigere, serisque transversis ita clatrare, ne spatiorum laxitas, quae foraminibus intervenit, pecudi praebeat fugam.

275 En esta línea POLARA, G., *Le "venationes"*...cit., p. 93. Lo mismo en relación con el tipo de animales, donde se puede hablar de cría de tipo intensivo o extensivo relacionado, como es evidente, con la extensión de la finca en la que se desenvuelve esta actividad y la finalidad que se pretende conseguir.

señala su interés crematístico en la cría de aves (Varrón) [276] o el también probable interés comercial de Varrón como comprador de la finca de Pupio Pisón (Varrón), así como todos los textos que he citado de Plinio en los que se habla sistemáticamente del valor de los *vivaria*. Y frente a los propietarios, el no propietario, Q. Tullio Máximo, que acota un terreno en Hispania, construye un templo que dedica a Diana y le ofrece los trofeos que caza en esa extensión y que es uno de los más claros ejemplos de todos los vistos hasta el momento, junto a la elegía sobre Sulpicia, del gusto por la caza como mera afición[277].

Hay una cuestión que resulta reveladora respecto de los intereses que la existencia de zonas acotadas con animales en un régimen de semilibertad podía despertar en cada uno de los propietarios: el uso de la terminología empleada en los distintos casos. Si nos fijamos en Varrón, autor de un tratado *de lingua latina*, además de conocedor del mundo del campo como demuestra en *rerum rusticarum*, cuando se refiere a la finca de Hortensio y la utilidad que éste da a los animales señala expresamente que el dueño no lo llama *leporarium* sino *therotrophium*, palabra griega que Varrón incluye latinizada, que vendría a significar parque de fieras o reserva de caza, como ya he tenido ocasión de comentar. El cambio del término para denominar la parte de la finca en la que tendría distintos animales salvajes encerrados no es una mera anécdota, a mi juicio: Quinto Hortensio era un prestigioso orador y, por tanto, hombre experto en el uso de la palabra por lo que no es presumible que el cambio de denominación del que se hace eco Varrón fuera, ni extemporáneo, ni mucho menos equivocado. Varrón, otro gran experto en la lengua latina, no lo habría pasado por alto; antes bien, remarca el hecho del cambio de nombre sin considerarlo desafortunado en absoluto, a pesar de que, con cierta ironía, entiende con carácter general que "nadie

---

276 Varrón, *re. rust.* III, 2, 15 y 18; Varrón, *re. rust.* III, 4, 1, o III, 5, 1, como ejemplo.

277 De todas las fuentes, la de Q. Tullio Máximo sería la más tardía (s. II d.C.).

creería tener una casa de campo, si no pudiera darse el gusto de adornar con nombres griegos todos sus compartimentos"[278]. Esta idea se ve corroborada por la utilización de un nuevo término, en esta ocasión sí en griego, cuando utiliza el adverbio *Θρᾳκικῶς* para significar este espacio en la finca de Quinto Hortensio en *Laurentium* destinado a espectáculo con animales, más grande que el de otras fincas, que está concebido "a la tracia"; se estaría ante un espacio–cerrado el de Q. Hortensio, *maceria saepta*–en el que se reúne a animales salvajes al toque de bocinas para darles de comer desde un sitio elevado[279]. Es decir, un término griego distinto a *leporarium* y, además, con indicación de que se hace al uso

---

278 Trad. de Tirado Benedí, México, 1945, Varrón, *re.rust.*, II, *intr*, 2:
Quae nunc vix satis singula sunt, nec putant se habere villam, si non multis vocabulis retineant graecis, quom vocent particulatim loca, procoetona, palaestram, apodyterion, peristylon, ornithona, peripteron, oporothecen.
La referencia al gusto por lo griego viene remarcada ya en la frase anterior, y en la siguiente, donde se alude a la necesidad de acudir a los gimnasios ahora que se había abandonado el cultivo de los campos y la preferencia por ir a "mover las manos" aplaudiendo en el teatro y el circo, en vez de hacerlo en los campos y las viñas, respectivamente. Sobre la necesidad de utilizar términos griegos y su traducción, y la dificultad que ésta entrañaba, o su trasposición al latín, también se expresó Quintiliano unos años más tarde:
rhetoricen in Latinum transferentes tum oratoriam, tum oratricem nominaverunt. Quos equidem non fraudaverim debita laude, quod copiam Romani sermonis augere temptarint. Sed non omnia nos ducentes ex Graeco sequuntur sicut ne illos quidem, quotiens utique suis verbis signare nostra voluerunt […] ne pugnemus igitur, cum praesertim plurimis alioqui Graecis sit utendum (Quintiliano, *inst. orat.*, II, 14, 1).

279 Un sitio elevado que, parece, se habría utilizado para ubicar un *triclinium* desde el que cenar. Es frecuente en la ubicación de las *villae* dentro de los *fundi* que estas se situaran en un sitio elevado, como señala Varrón en I, 12 4,
Nimbi repentini ac torrentes fluvii periculosi illis, qui in humilibus ac cavis locis aedificia habent, et repentinae praedonum manus quod improvisos facilius opprimere possunt, ab hac utraque re superiora loca tutiora;
aunque el caso que me ocupa no se esté refiriendo a una *villa* sino a un sitio utilizado *ad hoc* para disfrutar de los animales sin correr riesgos.

-o moda- tracio. Por último, es importante recordar su referencia a la utilización de la palabra *ornithones* que había sustituido a la originaria *aviaria* y cómo Varrón manifiesta, aquí sí, un cierto descontento, ya que se trataría de una creación de las modas de los nuevos tiempos

> *Contra nunc aviaria sunt nomine mutato, quod vocantur ornithones, quae palatum suave domini paravit, ut tecta maiora habeant, quam tum habebant totas villas, in quibus stabulentur turdi ac pavones* (Varrón, *re rust.* III, 3, 7)

La utilización de una palabra distinta a *leporarium*, -por cierto, también griega en su origen, aunque asimilada por los romanos desde hacía tres generaciones anteriores a Varrón[280]- implica, a mi juicio, no sólo un gusto por el refinamiento griego u oriental, en general y, en consecuencia, por el uso de palabras extranjeras, sino, en este contexto, la búsqueda de una palabra que definiera de manera más exacta aquella forma de tener animales en una parte de la finca con una *finalidad distinta* a la de su explotación económica. Hortensio busca una palabra diferente porque lo que él tiene no es un leporario. La palabra que utiliza el dueño, *therotrophium*[281], en realidad se presenta con un contenido, en cierto modo, neutro. Es decir, las fieras se pueden alimentar para criarlas y venderlas con una finalidad económica, también como piezas de caza o como piezas para la exhibición; en definitiva, no daría pistas sobre la finalidad del espacio. El adverbio *Θρακικῶς*, por su parte, daría una impresión más cercana a una moda y, por tanto, alejada de una finalidad crematística. ¿Por qué un experto en terminología latina como era Varrón introdujo dos palabras

---

280 *Leporaria te accipere volo non ea quae tritavi nostri dicebant, ubi soli lepores sint, sed omnia saepta, afficta villae quae sunt et habent inclusa animalia, quae pascantur*, Varrón, *re.rust.* III, 3, 2.

281 *θηριοτροφεῖον* deriva de *θηριον* (fiera) y *τροφή* (acción de alimentar). Caza en griego es *θηρα* e indica tanto la actividad como el fruto obtenido con esta; cfr. BAYLLY, A., *Dictionnaire Grec-Français*, París, 1950, quien traduce el primero de los términos por "ménagerie", es decir, casa de fieras.

griegas diferentes referidas a un espacio que, en principio, se podría calificar como *leporarium*? En mi opinión, porque ni la finalidad que se pretende, ni el resultado que se consigue -*ut non minus formosum mihi visum sit spectaculum, quam in Circo Maximo aedilium sine Africanis bestiis cum fiunt venationes*[282]-, son parecidos a los de un *leporarium*.

¿Serían parecidos los animales recluidos en el *therotrophium* a los de un *leporarium*? Si se presta atención a lo que dice Varrón, habría igualmente jabalíes, ciervos y otros muchos cuadrúpedos, muchos de los cuales podrían estar en leporarios más convencionales[283]; la diferencia, por tanto, estaría en la finalidad. Quizá a Hortensio el recuerdo del origen de la palabra *leporarium* le pare-

---

282 Varrón, *re.rust.* III, 13, 3.

283 Varrón, *re.rust.* III, 12, 1. También en Columela se señalan, como ya he comentado, los animales que pueden estar en los leporarios: *Ferae pecudes, ut capreoli, damaeque, nec minus orygum cervorumque genera et aprorum […]*, Columela, *de re rust.* IX, 1, 1; los *capreoli* serían corzos; las *damae*, gamos; los *origes*, órices; y los *cervi*, ciervos. Todos los nombres en latín –excepto *aper* para el que, por otro lado, no hay duda en traducir por jabalí- coinciden con el nombre científico del animal en su traducción española. Según algunas fuentes, no serían autóctonos de las regiones itálicas los órices, que en algunas traducciones se prefiere trasladar como cabra montés. En la actualidad *óryx* es el nombre científico de una especie animal perteneciente a la familia de los bóvidos entre los que se incluyen las ovejas, cabras, toros y antílopes (entre estos, las gacelas). Plinio, tanto en *nat. hist.* II, 40, como en VIII, 79 habla de los *oryges*; en el primer texto, alude a este animal salvaje señalando que los egipcios le daban el nombre de *oryx*:
Orygem appellat Aegyptus feram, quam ub exortu eius contra stare et contueri tradit ac velut adorare, cum sternuerit.
En el segundo, hablando de las *caprae*, en un texto que ya he comentado,
Caprae tamen in plurimas similitudes transfigurantur,
enumera una serie de animales (*caprae, rupicaprae, ibices, dammae, pygargi, strepsicerotes*), entre los que estarían los *oryges*, que tendrían como característica principal, para Plinio, ser los únicos animales a los que el pelo se les vuelve hacia la cabeza:
Sunt et oryges, soli quibusdam dicti contrario pilo vestiri et ad caput verso.

cía que alejaba su recinto de esta y que lo acercaba a otra realidad, quizá no demasiado extendida todavía, a la que aún no se le había dado un nombre específico, pero que, etimológicamente, podía ser una palabra transparente, siguiendo la expresión de Biondi[284]. Las modas, tanto en el concepto de los espacios como en el nombre que se les daba, pudieron influir en personajes como Hortensio que querrían huir del contenido y término utilizados para designar los recintos de animales salvajes con finalidades más convencionales, es decir, lo que se denominaba genéricamente como leporarios.

Pero ¿estaría este tipo de espacios destinado a la caza? Hasta ahora he señalado que la caza se presentaba tanto como una

---

Marcial, por su parte, habla de los *oryges* en espectáculos en el circo, matando perros, por tanto, animales claramente salvajes y, quizá habría que entender, dotados de algún tipo de cornamenta
Matutinarum non ultima praeda ferarum
Saevos oryx constat quot mihi morte canum! (Marcial, *epigr.* XIII, 95)
Lo que parece posible concluir es que cualquiera de los animales nombrados podría encontrarse en un vivario fuera cual fuera la finalidad del mismo: tanto el entretenimiento del dueño como la obtención de beneficios económicos. Y, en cualquiera de los dos casos, bien podría ser algún ejemplar procedente de otras partes del Imperio o animales de razas salvajes propias de la zona. Quiero recordar que ya Varrón en III, 13, 3 señalaba que el espectáculo de estos animales, que también podrían ser autóctonos, en el *therotrophium* de Hortensio, no era menos hermoso que el del circo cuando se presentan espectáculos sin las fieras salvajes africanas. Es decir, que, aunque variaba el entorno y la organización del espectáculo, los animales que participaban en uno y otro eran, básicamente, los mismos, y todos ellos, según la indicación de Varrón, *a contrario,* de la zona mediterránea (norte). Dicho esto, podría considerarse que la inclusión de animales foráneos en los vivarios pudo tener también una finalidad de explotación económica, siendo criados para proveer de este tipo de animales en los espectáculos del circo.
En cualquier caso, la referencia de Columela a *nec minus orygum cervorumque genera* (IX, I, 1) invita a pensar en varios géneros de animales unificados bajo un mismo nombre común en su obra.

284 BIONDI, B., "La terminologia romana come prima dommatica giuridica", en *Scritti giuridici,* Milano, 1965, p. 184.

actividad formativa como de ocio y también, a partir de Varrón, que se inserta junto a un elemento económico no despreciable; si todavía no se puede hablar de fincas destinadas a la caza, en el sentido actual de cotos de caza, tampoco se puede negar la posibilidad de que en muchas de ellas se practicara de manera habitual, como ha sido sostenido por algunos autores.

Las referencias que tenemos del *fundus*, o del *saltus* como parte de este[285], son, en la mayoría de los casos, de fincas que tienen una extensión variable y que incluyen, dentro de ellas, *villae* y cercados, *leporarium* o *vivarium*, cuyas dimensiones irían desde las 40 *iugera* en adelante, aunque en algunas de las extensiones referenciadas en los textos se encuentran diferencias en la traducción.

Así, en Varrón, *re. rust.* III, 12, 1-2

---

285 *Vide* para el sentido de *fundus*, POLARA, G., *Le "venationes"*...cit., pp.71ss. La etimología de *fundus* en Varrón, justo después de la de *saltus*, se hace derivar de *fundamentum*, ya que el campo se considera el fundamento de los ganados y del dinero –*pecudes/pecunia*, a su vez con la misma raíz-. Otro posible origen, también en Varrón, sería *fundit*, porque "proporciona abundantes frutos todos los años", (trad. Marcos Casquero, M.A., Varrón, *de lingua Latina*, 1990, p.29).
Saltus tiene una individualidad concreta; según Varrón es un lugar que no puede ser cultivable debido a su vegetación y arbolado, aunque sí podría servir para pasto:
Quos agros non colebant propter silvas aut id genus, ubi pecus possit pasci, et possidebant, ab usu salvo saltus nominarunt [...] *Ager quod videbatur pecudum ac pecuniae esse fundamentum, fundus dictus, aut quod fundit quotquot annis multa,* Varrón, *de ling. lat.* V, 6;
no por nada es una unidad de superficie equivalente a 800 yugadas, llegando a 5000 yugadas años después, al menos con la división y asignación de *saltus* realizada en Apulia, según señala WEBER, M., *Historia agraria romana*... cit., p. 164, n. 27.
En D. 33, 7, 8, 1 (Ulpiano), *saltus* como parte del fundo, en un texto sobre los *instrumenta fundi*:
Quibusdam in regionibus accedunt instrumento, si villa cultior est, veluti atrienses scoparii, si etiam virdiaria sint, topiarii, si fundus saltus pastionesque habet, greges pecorum pastores saltuarii.

in Gallia vero transalpina T. Pompeius tantum saeptum venationis, ut circiter ∞ ∞ ∞ ∞ passum locum inclusum habeat,

los traductores no se ponen de acuerdo en la superficie del *saeptum venationis* de T. Pomponio. Algunos hablan de 40.000 pies cuadrados (Tirado), lo que estaría muy lejos de una hectárea –algo más de 1 yugada-; otros, de 400.000 pasos cuadrados (Cubero) que el traductor de Varrón convierte en 40 has. escasas[286].

---

286 *Marco Terencio Varrón, De las cosas del campo,* Introducción, Traducción y notas de D. Tirado Benedí, Universidad Nacional Autónoma de México, 1945; *Marco Terencio Varrón, Rerum Rusticarum. Libri III,* Introducción, traducción y notas de J. I., Cubero Salmerón, Sevilla, 2010, http://www.juntadeandalucia.es/opencms/opencms/system/bodies/contenidos/publicaciones/pubcap/2010/pubcap_3356/ResRustica.pdf (rescatado el 8 de febrero de 2023). Respecto de Cubero, entiendo que la traducción de 400.000 pasos cuadrados se basa en la corrección al texto latino que hace Guiraud en la edición de Les Belles Lettres -*centies* por *circiter*-, pero la conversión a 40has. no parece correcta; de hecho, sería más del doble, arrojando una cantidad de unas 87has. lo que supondría unas 345 yugadas. Todos los cálculos que hago parten de la consideración de una división media en centurias con las siguientes equivalencias: 120 pies= 1 *actus*; 20x20 *actus*= 1 centuria; siendo el pie romano una medida de unos 0,30 m. (0,296). Para hacernos una idea, 200 yugadas equivaldrían a un poco más de 50 has.

Varrón, sobre la extensión de una yugada y otras medidas, *rerum rusticarum*, I, 10:

*Iugerum, quod quadratos duos actus habeat. Actus quadratus, qui et latus est pedes CXX et longus totidem: is modus acnua latine appellatur. Iugeri pars minima dicitur scripulum, id est decem pedes et longitudine et latitudine quadratum. Ab hoc principio mensores non numquam dicunt in subsicivum esse unciam agri aut sextantem, sic quid aliud, cum ad iugerum pervenerunt, quod habet iugerum scripula CCLXXXVIII, quantum as antiquos noster ante bellum punicum pendebat. Bina iugera quod a Romulo primum divisa dicebantur viritim, quae heredem sequerentur, heredium appellarunt. Haec postea centum centuria. Centuria est quadrata, in omnes quattuor partes ut habeat latera longa pedum **CD. Hae porro quattuor, centuriae coniunctae ut sint in utramque partem binae, appellantur in agris divisis viritim publice saltus.*

Columela, igualmente, en V, 1, 4-13 y V, 2 establece todas las unidades de medida y múltiplos:

Hooper traduce por cuatro millas cuadradas: "Titus Pompeius has a hunting preserve so large that he keeps a tract of about four square miles enclosed", que serían más de 874,38has, casi 3.500 yugadas. Creo que el cálculo no se ha realizado correctamente, puesto que 4.000 pasos cuadrados no son 4 millas cuadradas, por mucho que 1000 pasos sea una milla. Por último, Guiraud lee, como he dicho, *centies* por *circiter*, de ahí que ofrezca una conversión basada en 400.000 pasos cuadrados, lo que viene a arrojar una cantidad de unas 87 has., casi 345 yugadas[287].

Realmente, se hace difícil la lectura del texto: ningún traductor opta por la traducción literal de los ∞ ∞ ∞ ∞ *passum locum inclusum* por ofrecer una cantidad (unas 0,8 has., más o menos 3 yugadas), que en poco supera a la que da Varrón para los antiguos leporarios –apenas una yugada más-, lo que parece ir en contra del sentido del texto, que habla de terrenos más amplios que incluyen bosques. La cantidad que resulta de la lectura de Guiraud ¿debe considerar excesiva por el contexto en el que se produce la referencia de Varrón? Ciertamente, se conoce la existencia de fincas de grandes extensiones: Varrón en I, 2, 9 comenta la prohibición de tener más de 500 yugadas de tierra

---

Sed ut ad rem redeam, modus omnis areae pedali mensura comprehenditur, qui digitorum es XVI. Pes multiplicatus in passus et actus et climata et iugera et stadia centuriasque mox etiam in maiora spatia procedit [...],

para, a partir de ahí comenzar con las equivalencias.

En la república, la cantidad mínima de *iugera* asignadas a los ciudadanos romanos fue 7, (Varrón, *re. rust.* I, 2, 9).

En cuanto a las equivalencias, por todos, CAMPBELL, B., "Shaping..." cit., p. 84 y lo dicho en ORFILA PONS, M.; CHÁVEZ-ÁLVAREZ, E.; ELENA H. SÁNCHEZ LÓPEZ, E. H., "Fundaciones en época romana..." cit., p. 273.

287 HOOPER, W. D., *Marcus Porcius Caton. On agricultura. Marcus Terentius Varro. On agricultura.* Introducción, Traducción y notas. Loeb Classical Library, Cambridge (Mass)- London, 1967; GUIRAUD, C., *Varrón. Économie rurale. Livre III. Index.* Texte établi, traduit et commenté par Trad. C. Guiraud, París, 2003, Les Belles Lettres, p. 93; Guiraud no ofrece la conversión a yugadas ni a hectáreas.

> *Nam C. Licinium Stolonem et Cn. Tremelium Scrofam video venire: unum, cuius maiores de modo agri legem tulerunt -nam Stolonis illa lex, quae vetat plus D iugera habere civem R.-, et qui propter diligentiam culturae Stolonum confirmavit cognomen, quod nullus in eius fundo reperiri poterat stolo, quod effodiebat circum arbores e radicibus quae nascerentur e solo, quos stolones appellabant,* (Varrón, *re.rust.* I, 2, 9)

y en I, 18 habla de fincas de 200 yugadas o incluso del doble, dedicadas al cultivo

> *De familia Cato derigit ad duas metas, ad certum modum agri et genus sationis, scribens de olivetis et vineis ut duas formulas: unam, in qua praecipit, quo modo olivetum agri iugera CCXL instruere oporteat [...] Neque enim, si minus CCXL iugera oliveti colas, non possis minus uno vilico habere, nec, si bis tanto ampliorem fundum aut eo plus colas, ideo duo vilici aut tres habendi* (Varrón, *re.rust.* I, 18)

No obstante, la referencia inmediatamente anterior a la finca de T. Pompeyo es a una de Fulvio Lupino de 40 yugadas, aunque, dice, habría otras más extensas en Estatonia y en otros lugares de las que no ofrece cantidad exacta:

> *Quintus Fulvius Lippinus dicitur habere in Tarquiniensi saepta iugera quadraginta, in quo sunt inclusa non solum ea quae dixi, sed etiam oves ferae, etiam hoc maius hic in Statoniensi et quidam in locis aliis* (Varrón, *re.rust.* III, 12, 1)

De estas referencias inmediatas, Varrón pasaría a hablar de un *saeptum venationis* de más de 300 yugadas si se sigue la lectura de Guiraud. Por otro lado, la extensión entre las 30 y 50 yugadas se mantiene en las siguientes fincas que nombra, en concreto, en la *silva maceria saepta* de Q. Hortensio de 50 *iugera*; además, Varrón señala cómo en la finca de T. Pompeyo se tienen sitios reservados para otros animales salvajes de menor tamaño -caracoles, abejas y lirones- que debían, a su vez, ser cerrados convenientemente para que no entraran pequeños depredadores y otros no tan pequeños como los lobos, lo que determinaría un trabajo de albañilería perimetral exterior y de cerramientos interiores bastante considerable

in Gallia vero transalpina T. Pompeius tantum saeptum venationis, ut circiter (centies) ∞ ∞ ∞ ∞ passum locum inclusum habeat. Praeterea in eodem consaepto fere habere solent cocliaria atque alvaria atque etiam dolia, ubi habeant conclusos glires. Sed horum omnium custodia, incrementum et pastio aperta, praeterquam de apibus. Quis enim ignorat saepta e maceriis ita esse oportere in leporario, ut tectorio tacta sint et sint alta? Alterum ne faelis aut maelis aliave quae bestia introire possit, alterum ne lupus transilire; ibique esse latebras, ubi lepores interdiu delitiscant in virgultis atque herbis, et arbores patulis ramis, quae aquilae impediant conatus (Varrón, *re.rust.* III, 12, 2-3)

Quizá lo que pretenda Varrón con esta alusión a la finca de T. Pompeyo es introducir la segunda de las dos grandes diferencias entre los leporarios antiguos y los modernos: el tipo de animales, siendo la primera su extensión. De ahí que se introduzca en este leporario –*saeptum venationis*- también la cría de lirones, caracoles y abejas en los recintos apropiados. Con la finca de Quinto Fulvio Lipino se recuerda que la extensión de un *leporarium* no afecta a su condición de tal y con la de T. Pomponio, que tampoco afecta el tipo de animales. Éstas se presentan como una novedad en relación con lo que sucedía en tiempos pasados, cuando el espacio destinado a *leporaria* se reducía a una o dos *iugera*, mientras que en el momento en el que escriben Varrón o Columela llegaban a tener muchas más yugadas[288].

Sin embargo, hay que entender las comparaciones de Varrón en cuanto a la extensión de los *leporaria* en su justa dimensión: Varrón, en realidad, parte de la comparación de *villae*, esto es, unidades agrarias económicamente productivas, porque están destinadas a

---

288 Varrón, *re.rust.* III, 12. La finca de Fulvio Lupino *in Tarquiniensi saepta iugera quadraginta, in quo sunt inclusa non solum ea quae dixi, sed etiam oves ferae*, (*re.rust.* III, 12), frente al leporario del padre de Axio, que sólo tenía liebres *Neque enim erat magnum id saeptum, quod nunc ut habeat multos apros ac capreas, conplura iugera maceriis concludunt*, (Varrón, *re.rust.* III, 3); la extensión de la finca de Hortensio era de *supra quinquaginta iugerum maceria saepta*, (Varrón, *re.rust.* III, 13); algo más pequeña, quizá, la que Varrón compra a Pupio Pisón en Tusculano.

serlo[289], con fundos o fincas cuya finalidad no es la explotación económica directa, vista en términos de rentabilidad, aunque tengan una extensión mucho mayor. Fijémonos en III, 2, 10:

> *si propter pastiones tuus fundus in Rosea probandus sit, et quod ibi pascitur pecus ac stabulatur, recte villa appellatur, haec quoque*

---

289 Señala Orfila cómo el objetivo de los fundos en los que se incluían instalaciones conocidas con el nombre de *villae* era la obtención de excedentes destinados a la comercialización, también ya desde Catón; esta idea es importante porque, en primer lugar, se puede señalar una aproximación al término inicial de la actividad económica de los fundos y, en segundo lugar, como señala la autora, porque "es importante tener presente el papel de la *uilla* dentro de la red de explotación del campo, su posición, y la información que se puede extrapolar de ella referida a las estructuras de comercialización y canalización de los bienes producidos en ellas. Con estos datos se pueden proponer nuevos planteamientos en cuanto a la relación de la urbe con su territorio", ORFILA PONS, M., "Las *uillae*..." cit., pp. 93 y 95. Carandini, por su parte, aboga por la dualidad de funciones o finalidades y sostiene que "É interesante osservare che una villa senza agricoltura ó allevamente di sorta per gli agronomi non sembra darsi (neppure per Varrone, così attento agli aspetti della *luxuria*). Anche nei casi estremi resta almeno un'illusione di produzione, anche se economicamente rovinosa, come nel caso delle piscine multiple di alcune ville marittime. La concezioni di una villa tutta rivolta all´ozio è forse un´invenzione degli archeologici, che hanno preferito scavare le parti padronali rispetto a quelle rustiche (per il solito preconcetto storico-artistico)", aunque reconoce que "Diversa può essere stata la situazione, specie a partire dal I-II secolo d.C. e fino a tutta la tarda antichità, allorché i nuclei della produzione paiono abbandonare l´edificio principale (*praetorium*) o comunque ne prescindono, per dislocarsi al sui esterno, vicino o lontano, nella campagna o in un *vicus*", CARANDINI, A. *Schiavi*...cit., p. 75.
Ya he citado un texto de Higinio gromático en el que se habla de la necesidad de establecer vías públicas para que puedan transportarse los frutos de las fincas lo que implica que la adjudicación de muchos *agri divisi* tenía como finalidad su explotación:
Hos conditores coloniarum fructus asportandi causa publicauerunt. Nam et possessiones pro aestimio ubertatis angustiores sunt adsignatae: ideoque limites omnes non solum mensurae sed et publici itineris causa latitudines acceperunt (Higinio grom., constitutio< limitum>, 104Th.)

> *simili de causa debet vocari villa, in qua propter pastiones fructus capiuntur magni* (Varrón, *re.rust.* III, 2, 10)

Lo que Varrón contrapone, según Polara[290], son dos formas productivas distintas y por la que él se decanta, la intensiva asociada a una *villa*, que ofrece mejores resultados económicos que las extensivas en territorios más grandes:

> *Duo enim genera cum sint pastionum, unum agreste, in quo pecuariae sunt, alterum villaticum, in quo sunt gallinae ac columbae et apes et cetera, quae in villa solent pasci, [...], quae Seius legisse videtur et ideo ex iis pastionibus ex una villa maioris fructus capere, quam alii faciunt ex toto fundo* (Varrón, *re.rust.* III, 2, 13).

La *villa*, como centro de actuación y control sobre los *vivaria* y *leporaria*, se constituye en este texto en parte, pero también, en cierto modo, en antagonista del fundo en su conjunto, según la actividad que se produzca –hay que recordar que en los dos libros anteriores Varrón se ha dedicado al estudio de la agricultura y de la ganadería-, o de la manera en que una actividad se desarrolle, intensiva o extensivamente[291]; pero sobre todo, lo que se pone de

---

290 POLARA, G., *Le "venationes"*...cit., pp. 93-94.

291 *Quid enim refert, utrum propter oves, an propter aves fructus capias? [...] Et num pluris tu villa illic natos verres lanio vendis, quam hinc apros macellario Seius? Qui minus ego, inquit Axius, istas habere possum in Reatina villa? Nisi si apud Seium Siculum fit mel, Corsicum in Reatino; et hic aprum glans cum pascit empticia, facit pinguem, illic gratuita exilem. Appius: Posse ad te fieri, inquit, Seianas pastiones non negavit Merula; ego non esse ipse vidi* (Varrón, *re.rust.* III, 2, 11-12)
Axio pregunta si su forma de criar los cerdos, sueltos por su finca, es distinta de la de Seyo que, presumiblemente, engorda en una *villa* de modo intensivo. Que Varrón estaba más interesado en la producción obtenida por las explotaciones ganaderas que con la agricultura lo demuestra el hecho de dedicar dos de los tres libros de su tratado a la primera de las actividades y su interés por la producción intensiva y sus implicaciones entre los cultivos y su rotación y la necesidad de forraje para los animales, como ha puesto de manifiesto CARANDINI, A. *Schiavi*...cit., p. 67.

manifiesto es que determinados tipos de animales producen un beneficio mayor que otros, vinculados al modo de explotación y a la propia naturaleza de los animales.

Esta realidad de los nuevos *leporaria* y *vivaria* se traduce en un tipo de finca determinado, una finca con una extensión apropiada para el desarrollo en semi-libertad de estos otros animales, aunque finca cerrada a través de distintos medios. La extensión de la finca tiene importantes conexiones con su función: económica, ocio o ambas finalidades a la vez. Hay una referencia en Varrón, cuando menos significativa, en relación con la extensión de los fundos destinados, en general, a la explotación económica y, en particular, a la cría de animales: en III, 2, 15 se alude a una finca que, por el contexto y por el tipo de explotación (aviario), se deduce que no es muy grande y que, sin embargo, ha producido como una de 200 yugadas

> *Axio admiranti, Certe nostri, inquam, materterae meae fundum, in Sabinis qui est ad quartum vicesimum lapidem via Salaria a Roma. Quindni? Inquit, [...] Atque in hac villa qui est ornithon, ex eo uno quinque milia scio venisse turdorum denariis ternis, ut sexaginta milia ea pars reddiderit eo anno villae, bis tantum quam tuus fundus ducentum iugerum Reate reddit? Quid? Sexaginta, inquit Axius, sexaginta, sexaginta? derides* (Varrón, *re.rust.* III, 2, 15)

El estupor de Axio está perfectamente descrito en el pasaje, pero en realidad no debía ser sorprendente para los que estaban más en contacto con este tipo de fincas si se continua con la explicación de Varrón:

> *Nonne item L. Abuccius, homo, ut scitis, apprime doctus, cuius Luciliano charactere sunt libelli, dicebat in Albano fundum suum pastionibus semper vinci a villa? agrum enim minus decem milia reddere, villam plus vicena. Idem secundum mare, quo loco vellet, si parasset uillam, se supra centum milia e villa recepturum [agro]* (Varrón, *re. rust.* III, 2, 17.)

Distinto es cuando el *leporarium* tiene otro tipo de animales, como los citados jabalíes, cabras y ciervos. En ese caso la extensión de la finca aumenta de una o dos yugadas hasta las cuarenta o los cuatrocientos mil pasos[292]: esas fincas son capaces de aunar distintos tipos de explotaciones o, si se prefiere, distintos tipos de funciones entre las que se incluyen tanto la diversión como los beneficios económicos.

En este sentido, el *saeptum* de Quinto Fulvio Lipino encaja difícilmente en el concepto de coto de caza en la actualidad y menos aún el *saeptum venationis* de T. Pompeyo si convertimos los 4000 pasos cuadrados, siguiendo la lectura literal del texto latino. En primer lugar, si nos atenemos a la actual legislación sobre caza (Ley 1/1970, de 4 de abril, de Caza) los cotos privados de caza se tienen que establecer en una extensión mínima de 250 hectáreas, cuando pertenezcan a un solo titular y si su aprovechamiento cinegético es la caza menor, y de 500 hectáreas si se trata de caza mayor. Estas cantidades se amplían hasta las 500 y 1000 hectáreas en el caso de que el coto se forme por la asociación de varios titulares y según estén destinados a caza menor o mayor, respectivamente (art. 16, 3) Una excepción a estas extensiones mínimas se da en el caso de cotos destinados a caza menor de pelo, en cuyo caso se podrá autorizar la constitución de cotos en fincas de un solo titular a partir de 20 has. de superficie (art. 16, 3)[293].

---

292 Como señala Varrón en III, 12, 1-2, visto o en III, 3, 8
sic in secunda parti ac leporario pater tuus, Axi[i], praeterquam lepusculum e venatione vidit numquam. Neque enim erat magnum id saeptum, quod nunc, ut habeant multos apros ac capreas, complura iugera maceriis concludunt.

293 Ciertamente, la normativa actual busca proteger unos bienes jurídicos que no estaban presentes en Roma. Así, en la legislación autonómica se busca evitar en las granjas cinegéticas la hibridación con especies o subespecies alóctonas en el caso de codorniz, ciervo y jabalí (art. 119. 2 del Decreto 15/2022, de 1 de marzo, por el que se aprueba el Reglamento General de aplicación de la Ley 3/2015, de 5 de marzo, de Caza de Castilla-La Mancha 2022 (TOL8.812.258) "Cuando se trate de granjas cinegéticas de caza mayor, la superficie máxima que podrá ocupar la granja será la que permita realizar un control sobre el total de la población existente dentro de la explotación" (art. 117, 10 del Decreto 15/2022).

Por ello, si se piensa en los *saepta venationis* como superficies para el ejercicio de la caza en época antigua, éstas serían bastante pequeñas comparadas con la actualidad, según la extensión que ofrece Varrón: sólo, en el mejor de los casos de las fincas varronianas –la de T. Pomponio si se sigue la conversión de Guiraud-, se hablaría de unas 87 has., por lo que no se alcanzaría al mínimo legal actual. Se entiende fácilmente que se habla de una finca grande si se compara con las otras citadas por el autor, pero que no lo es en absoluto si se compara con cualquiera de las fincas en las que actualmente se tienen cotos de caza[294]. El hecho de que en la actualidad se preserve de una manera más sólida los ecosistemas de los animales en una reserva o coto de caza, el medio ambiente y la explotación racional de los recursos cinegéticos, no creo que sea el argumento definitivo; este, en todo caso, estaría unido a la consideración del sujeto que puede hacer uso del derecho de caza y con el régimen romano de libertad de la actividad venatoria.

Sólo en este caso –el *saeptum* de T. Pompeyo-, y en mi opinión, con dudas por lo escrito sobre la lectura del texto, podría hablarse de una reserva de caza al uso; en todo caso, la extensión que he señalado coincidiría más con una finca en la que existiera una explotación productiva de animales más grande que algunas de las que conocen los interlocutores en la escena narrada por Varrón, pero que no llega a ser de proporciones extensas. He señalado también, por otro lado, algunas referencias varronianas a fincas de 200 yugadas, como la de Reati, que se comparaban con otras más pequeñas a efectos de beneficios en la producción, lo que hace pensar en que, para Varrón, una finca de 200 yugadas era lo suficientemente

294 Piénsese, por ejemplo, en la conocida finca de los Quintos de Mora, perteneciente a Patrimonio Nacional, que tiene una extensión de casi 7000 hectáreas. Pero, simplemente, basta con hacer una búsqueda básica en internet de compra de un coto para ver cómo se ofrecen distintas posibilidades que van de las 500 hectáreas a las 1000, si nos fijamos en la zona de Toledo, tradicionalmente cazadora. Como se ha dicho, las fincas relacionadas por Varrón ni siquiera se acercarían al mínimo legal actual.

extensa como para que no cupiera ninguna duda de que podría producir notables beneficios, aunque finalmente no los diera en tanta cantidad como fincas, quizá más pequeñas, pero basadas en otro tipo de explotación. Estos beneficios se referirían, señala Polara, a las *venationes* como fruto del fundo, es decir, a las explotaciones económicamente productivas de animales[295].

Estas reflexiones no obstan para estar de acuerdo con la afirmación de Aymard cuando entiende que el mantenimiento de los "nuevos" animales (ciervos, jabalíes y cabras) en las fincas junto a los destinados a la cría para su posterior venta, permitió que se introdujera un tipo de caza aristocrática al estilo heleno a partir de finales de la República, que se desarrollaría en estos espacios emulando, como ya he tenido ocasión de señalar, a los que suce-

---

295 POLARA, G., *Le "venationes"*...cit., pp. 17ss, especialmente p. 21 y pp. 99ss. Este es el hilo conductor que recorre la obra del romanista italiano que, sin duda, constituyó una novedad en el tratamiento de la materia y que, a día de hoy, sigue constituyendo una de las teorías con mayor eco en la literatura posterior sobre la cuestión. Básicamente, Polara identifica *venationes* con *vivarii* de *ferae bestiae*. En realidad, utiliza tanto la idea de "vivai di *venationes*", expresada de manera literal, por ejemplo, en la página 176, en la nota 66 de la página 163 donde usa la misma expresión y también en la página 187, en la 194, la 196, la 198 y la 212, por citar algunas. Se habla de "gregge di *venationes*" en la página 193, si bien limitado por un "quasi". También utiliza *venationes* como sinónimo del propio "allevamento". Todas estas integraciones fueron ya puestas en duda por Martini, en su recensión al trabajo de Polara; cfr. MARTINI, R., "Sui frutti delle "venationes", *Labeo*, 32, 1986, 2, pp. 215-218.

La consecuencia es que Polara llega a la conclusión de que los *vivarii* de *ferae bestiae* son frutos del fundo. Los vivarios, dice, son estructuras creadas en el suelo del fundo en las que se incluyen animales y como tales estructuras son parte del fundo, por lo que los frutos del *vivarium* son fruto del fundo (p. 212), aunque para estos frutos no se pueda individualizar un proceso de derivación naturalístico, como en el caso de los frutos naturales.

día en los anfiteatros[296]. Del mismo modo que Varrón diferencia el tener dos clases de aviarios: uno por placer y otros para la explotación[297],

> *Duo genera sunt, inquit, ornithonis, unum delectationis causa, ut Varro hic fecit noster sub Casino, quod amatores invenit multos; alterum fructus causa, quo genere macellarii et in urbe quidam habent loca clausa et rure maxime conducta in Sabinis, quod ibi propter agri naturam frequentes apparent turdi* (Varrón, *re.rust.* III, 4, 2).

igualmente sucedió que se diera esa doble finalidad en los leporarios y que se destinaran no sólo al recreo que suponía para el dueño e invitados su vista como espectáculo, sino también el ejercicio de la caza por parte de los mismos[298]; del mismo modo que en el *saeptum venationis* que tenía Quinto Fulvio Lipino había animales salvajes -*oves ferae*-, también en el de T. Pompeyo se tenían sitios reservados para otros animales igualmente salvajes -o semi-fieros-: los caracoles, las abejas y los lirones que, por su

---

296 AYMARD, J., *Essai sur les chasses romaines* ...cit., p. 73 donde señala cómo algunos de los propietarios señalados en Varrón y Columela habían visto personalmente los grandes parques de caza orientales y habrían estado, por tanto, influidos por ellos. Hay que recordar, igualmente, la utilización del adverbio griego *Θρᾳκικῶς* (al modo tracio), que iría en este sentido.

297 Incluso hay una tercera posibilidad que es la del placer y la explotación: organizar cenas mientras los pájaros sobrevolaban por encima; Varrón recuerda lo inútil de la idea, por razones que a nadie se escapan:
Nam non tantum in eo oculos delectant intra fenestras aves volitantes, quantum offendit quod alienus odor opplet nares (Varrón, *re.rust.* III, 4, 3).
Sobre la ganancia económica de algunos de estos pájaros, véase lo señalado para las palomas y los instrumentos para su cría en Varrón III, 7, 10-11 o para los tordos en III, 4, 1, en referencia a lo dicho en III, 2, 15, lo que excita la codicia de Axio.

298 Sin hablar de la caza como actividad venatoria sino, en general, de animales recluidos para el disfrute de los dueños, Columela *de re rust.* IX, 1, 1, citado: *Ferae pecudes [...] ac voluptatibus dominorum serviunt, modo quaestui ac reditibus. Sed qui venationem voluptati suae claudunt, [...].* Analizaré este texto con detenimiento en el capítulo IV.

propia naturaleza y por la finalidad de su explotación, necesitaban estar más o menos recluidos.

> *Praeterea in eodem consaepto fere habere solent [de animalibus] cocliaria atque aluiaria atque etiam dolia, ubi habeant conclusos glires* (Varrón, *re.rust.* III, 12, 2)

El acotamiento de espacios, tuviera una finalidad u otra, y la actividad en torno a una *villa* traen como consecuencia la necesidad de unos empleados de la finca cuya misión sería la obtención, cuidado y cría de los animales. La lista de algunos empleados de la granja la ofrece Varrón en atención a la división que hace sobre los animales que pueden encontrarse en una *villae* o alrededores: los *aucupes*, los *venatores* y los *piscatores*, se ocuparían, respectivamente, de las aves, animales de caza –*venaticum*–, y los peces

> *ut sint quae terra modo sint contentae, ut sunt pavones turtures turdi: in altera specie sunt quae non sunt contentae terra solum, sed etiam aquam requirunt, ut sunt anseres querquedulae anates. Sic alterum genus illud venaticum duas habet diversas species, unam, in qua est aper caprea lepus; altera item extra villam quae sunt, ut apes cochleae glires. Tertii generis aquatilis item species duae, partim quod habent pisces in aqua dulci, partim quod in marina. [...] pisces un aqua dulci, partim quod in marina* (Varrón, *re.rust.* III, 3, 4-5)

El *saeptum venationis* de T. Pompeyo, en definitiva, sería el ejemplo de este tipo de *fundus* en el que convivirían animales salvajes que podrían satisfacer distintas finalidades para el propietario: liebres y jabalíes son algunos de los que cita Varrón dentro del mismo apartado dedicado al leporario; también ciervos y otro tipo de animales asimilados a las *caprae.* Sólo baste recordar las imágenes contenidas en las pinturas y mosaicos citados acerca los animales que aparecían representados en ellos, para darse cuenta cómo se adaptaron estos cerrados de caza a la fauna de la península itálica o de Hispania (o incluyendo lo que hoy se llaman especies invasoras), en los que se debió practicar esta actividad junto con una conveniente explotación económica de la misma. La imitación de los parques de caza orientales, como sugiere Aymard, se debió producir, pero, como en tantos otros aspectos en Roma, adaptada a la práctica por los romanos. La integración de elementos extranjeros con la praxis romana, basada en las necesidades que había que solventar, hacen de estas fincas un resultado final propio del espíritu romano que caracterizó muchas de sus actuaciones en diferentes ámbitos, donde se conocen la existencia de parques o fincas en las que predomina el elemento económico[299] y otras en las que el elemento del gusto por la visión de los animales –o por la caza- se erigiera por encima de otros intereses; en este segundo aspecto, como señala Grimal, "comme les plantes, les animaux des jardins sont à la fois aimés pour eux-mêmes et pour l´utilisation que l´on en fait, le rôle qu´on leur impose de jouer dans une esthétique plus générale: eux aussi, ils sont *au service des jardins*"[300].

Esta integración del elemento económico con el de placer es lo que no habría hecho Méntula, por ejemplo, en el poema de Catulo.

§ 2. *Los animales y el espacio. Algunas cuestiones sobre la condición y los tipos de animales en los espacios acotados*

Varrón habla del cambio en las costumbres de los consumidores, que hace necesaria "da un canto, della specializzazione nell´allevamento oltreché della sostituzione all´allevamento delle specie tradizionali di altre specie animali, dall´altro, di seguire la richiesta del mercato, che chiaramente corrispondeva alla

---

299 Grimal, refiriéndose a los jardines, señala cómo, ya fuera tanto por tradición como por imitación de sistemas económicos extranjeros, el jardín en Roma y en toda Italia permanece como un jardín fecundo, donde los productos alimentan a ciudadanos y campesinos y al mismo tiempo, se convierte en un jardín de placer. Para que nazcan los grandes parques estériles, que no ofrecen frutos, se necesita que se rompa con la tradición para que nazca una unión "«synthétique» de deux civilisations", GRIMAL, P., *Les jardins*...cit., p. 61. En el mismo sentido se puede entender, a mi juicio, en relación con la caza, p. 261.

300 GRIMAL, P., *Les jardins*...cit., p. 292, la cursiva es literal.

domanda dei consumatori"[301], que se dirige en su época a la cría de aves, liebres y peces, que es la actividad económicamente más rentable, aunque no sea la única.

Ya he señalado cómo Varrón no encuentra un término diferente a *leporaria* para referirse a los espacios dedicados a la cría de animales, aun cuando éstos ya no sean exclusivamente del tipo expresando en el significante. Polara encuentra en Varrón III, 3, 2, en III, 3, 3, y en III, 3, 5 muestras de la existencia en época del autor de espacios cerrados en los que junto a las liebres se encontraban otros animales salvajes destinados, fundamentalmente, a la caza. Se unirían, así, según este autor, las dos finalidades que habrían confluido históricamente en este tipo de espacios y de fincas: por un lado, la primigenia función como espacio de caza para la subsistencia en la que la *venatio* se realizaba sobre animales que se encontraban de manera estable y ya eran propiedad del *dominus*, y una segunda función, posterior, en la que la cría de animales se convierte en objeto económico principal de la finca[302]. La finalidad que Varrón expresa en varias ocasiones, algunas de ellas ya citadas, se resume en la *delectatio*, placer de observar a los animales en un entorno más o menos libre o de cazarlos en algunos casos, es decir, practicar sobre ellos una actividad venatoria; sirvan como nuevos ejemplos III, 4, 2,

> *Duo genera sunt, inquit, ornithonis, unum delectationis causa, ut Varro hic fecit noster sub Casino, quod amatores invenit multos; alterum fructus causa, quo genere macellarii et in urbe quidam habent loco clausa et rure maxime conducta in Sabinis, quod ibi propter agri naturam frequentes apparent turdi* (Varrón, *re.rust.* III, 4, 2)

---

301 POLARA, G., *Le "venationes"*...cit., p. 95. En Varrón III, 3, 15 y 16, en un texto que comentaré *infra*, se alude a la ganancia obtenida con un aviario por la venta de un elevado número de tordos, aunque los personajes que intervienen en la narración de Varrón lo justifican por la existencia de determinados acontecimientos públicos que, habiéndose convertido en algo habitual, ponían a estas fincas en una situación de ventaja respecto de otras que se dedicaban a la cría de otro tipo de animales.

302 POLARA, G., *Le "venationes"*...cit., p. 97 y 98.

o III, 3, 1,

> *Merula non gravate, Primum, inquit, dominum scientem esse oportet earum rerum, quae in villa circumue ea<m> [animalia] ali ac pasci possint, ita ut domino sint fructui ac delectationi* (Varrón, *re.rust.* III, 3, 1)

Las referencias de Varrón a esta cuestión son, realmente, la espina dorsal de su argumentación para recomendar una actuación en las fincas destinadas a estos tipos de explotación o, al menos, las que las combinan: el beneficio económico que se obtiene en estas fincas con *villa* siempre está presente y junto a los textos ya citados, se encuentran referencias concretas a las ganancias percibidas con la cría de determinados animales como en Varrón III, 6, 1 y 6, 6 respecto de los pavos, o en III, 7, 10, respecto de las palomas.

En realidad, si se lee a Varrón en orden desde III, 3 se observa que empieza recordando que

> *dominum scientem esse oportet earum rerum, quae in villa circumve eam [animalia] ali ac pasci possint, ita ut domino sint fructui ac delectationi,*

es decir, los animales se pueden tener en la *villa* o *en sus alrededores,* tanto para su negocio como para su recreo. Sin embargo, señaladas las finalidades, no habla directamente de los animales, sino de los lugares donde se cuidan a los mismos: *ornithones, leporaria, piscinae.* El criterio de inclusión en uno o en otro es sencillo: el tipo de espacio en el que pueden darse cada uno; los primeros y los últimos necesariamente recluidos en función de su naturaleza –*intra parientes/piscinae*–; los segundos, en todos los cercados adjuntos a la granja.

Es a partir de ese momento, en función del tipo de recinto que se quiera estudiar, que se hablará de los animales que se pueden criar en ellos: en los primeros, tanto los que sólo necesitan tierra como los que necesitan tierra y agua; en los segundos, los propios de la caza; en los terceros los acuáticos.

> *Harum rerum singula genera minimum in binas species dividi possunt: in prima parte ut sint quae terra modo sint contentae, ut sunt pavones turtures turdi; in altera specie sunt quae non sunt contentae terra solum, sed etiam aquam requirunt, ut sunt anseres querquedulae anates. Sic alterum genus illud venaticum duas habet diversas species, unam, in qua est aper caprea lepus; altera item extra villam quae sunt, ut apes cochleae glires. Tertii generis aquatilis item species duae, partim quod habent pisces in aqua dulci, partim quod in marina. De his sex partibus ad ista tria genera item tria genera artificum paranda, aucupes venatores piscatores, aut ab iis emenda quae tuorum servorum diligentia tuearis in fetura ad partus et nata nutricere saginesque, in macellum ut perveniant. Neque non etiam quaedam adsumenda in villam sine retibus aucupis venatoris piscatoris, ut glires cochleas gallinas* (Varrón, *re.rust.* III, 3, 3-5).

Varrón se guía en esta división por el criterio de la *naturaleza* de los animales: en los primeros se utiliza el adjetivo *amphibium* para referirse a aves que, como los gansos y patos necesitan tanto el agua como la tierra para vivir[303]; en los segundos, se utiliza el adjetivo *venaticum*, propio de la caza, cazable. En el tercer caso, se utiliza el adjetivo *aquatilis*, acuático. Es entonces cuando comienza con la descripción y los consejos sobre cómo tener cada uno de estos recintos; al llegar al estudio de los *leporaria* se produce la alusión de Varrón a la finca de T. Pompeyo pero no tanto como ejemplo de *leporarium* al uso, sino precisamente como una excepción que retrata lo que han llegado a ser algunos de ellos a diferencia de lo que eran en los tiempos antiguos, tanto por el tipo de animales que incluye como, algunos, en cuanto a la exten-

---

303 En realidad, para todas las aves su utiliza el término *ales-alitis*; es en III, 10, 1, donde se da ese calificativo a las aves que, además de la tierra, necesitan para su cría la construcción de estanques.

Transi, inquit Axius, nunc in illud genus, quod non est ulla villa ac terra contentum, sed requirit piscinas, quod vos philograeci vocatis amphibium. In quibus ubi anseres aluntur, nomine alieno chenoboscion appellatis.

De nuevo Varrón, en este texto, utiliza un término de origen griego y ofrece, también, el término griego latinizado para los criaderos de gansos: *chenoboscion*.

sión. Lo mismo puede decirse del de Fulvio Lupino, el de la finca comprada a Pupio Pisón o el de Hortensio. Una vez hechas estas consideraciones, Varrón retoma lo verdaderamente interesante en su obra, la cría de aquellos animales que pueden producir una ganancia importante a los dueños de la finca.

Sólo hay que ver la extensión que se da al tratamiento de los distintos animales/tipos de cercados para su cría, para darse cuenta de que el animal *venaticum*, aun siendo uno de los posibles medios de ganancia económica, no debió ser el mayor de ellos. Quizá menor, todavía, debió ser la pesca, a la que Varrón dedica un capítulo en el Libro III, el 17, que opera a modo de cierre y en el que se habla de las dos clases de *piscinae*, las de agua dulce que prepara la gente más humilde –*plebem*- y que daría ganancias

> *cum piscinarum genera sint duo, dulcium et salsarum, alterum apud plebem et non sine fructu...*, (Varrón, *re.rust.* III, 17, 2),

y las de agua salada que se preparan por los nobles –*nobilium*- y cuya finalidad *magis ad oculos pertinent quam ad vesicam* por los gastos que ocasionan[304]. Y vuelve a salir a colación el caso de Quinto Hortensio que habría gastado su fortuna en criar y alimentar a sus peces en piscinas de agua salada sólo para recreo, llegando incluso a cuidar mejor a sus peces que a cualquier esclavo[305].

> *Quintus Hortensius, familiaris noster, cum piscinas haberet magna pecunia aedificatas ad Baulos, ita saepe cum eo ad villam fui, ut illum sciam semper in cenam pisces Puteolos mittere emptum solitum. Neque satis erat eum non pasci e piscinis, nisi etiam ipse eos pasceret ultro ac maiorem curam sibi haberet, ne eius esurirent mulli, quam ego habeo, ne mei in Rosea esuriant asini, et quidem utraque re, et cibo et potione, cum non paulo sumptuosius, quam ego, ministraret victum. Ego enim uno servulo, hordeo non multo,*

---

304 Dentro de las actividades relacionadas con la captura de animales, la práctica de la pesca se consideró de peor condición que la caza en sentido amplio; cfr. LONGO, O., "Le regole della caccia...", cit., p. 60.

305 La información de Plinio, si se recuerda, es otra en relación con algunos viveros de peces y de ostras.

> *aqua domestica meos multinummos alo asinos; Hortensius primum qui ministrarent piscatores habebat complures, et ei pisciculos minutos aggerebant frequenter, qui a maioribus absumerentur. Praeterea salsamentorum in eas piscinas emptum coiciebat, cum mare turbaret ac per tempestatem macellum piscinarum obsonium praeberet neque everriculo in litus educere possent vivam saginam, plebeiae cenae piscis. Celerius voluntate Hortensi ex equili educeres redarias, ut tibi haberes, mulas, quam e piscina barbatum mullum. Atque, ille inquit, non minor cura erat eius de aegrotis piscibus, quam de minus valentibus servis. Itaque minus laborabat ne servos aeger aquam frigidam, quam ut recentem biberent sui pisces* (Varrón, *re.rust.* III, 17, 5-9)

Pero lo que llama la atención de los pasajes de Varrón es que en su tripartición de los animales que pueden estar en una *villa* o en sus alrededores y, asociados éstos a los dos tipos de función o finalidad que se pueden encontrar en la misma –*fructui ac delectationi*-, las actividades relacionadas con los animales son el *aucupium*, la *venatio* y la *piscatio*, siendo las aves, los animales terrestres[306] y los peces, respectivamente, los animales sobre los que recae esta actividad. La cualidad o naturaleza de cada tipo de animales -*alites, venaticum, aquatilis*- se asocia a un tipo de cerramiento: *ornithonas, leporaria* y *piscinas*; el significado de cada uno de esos espacios, según Varrón, estriba en su concreta localización respecto de la *villa*: los *ornithonas* incluirían a todas las aves que suelen estar encerradas entre paredes; los leporarios incluirían a todos los animales que se encuentran paciendo en todos los recintos cerrados de la *villa*; las piscinas, cualquier espacio de la *villa* ya sea de agua dulce o salada en el que se incluirían los peces.

Para ello, ya se ha dicho, se necesitarán, además, determinados trabajadores que obtengan, controlen y ayuden en el cuidado, alimentación o crianza de estos animales y serán los *aucupes*, los *venatores* y los *piscatores*: la referencia a los animales que *se cazan*

---

306 Señala Ortega que las fuentes romanas "utilizan este término para indicar técnicamente la caza de los animales terrestres", ORTEGA CARRILLO DE ALBORNOZ, A., "Las *ferae bestiae*..." cit., pp. 483-484.

aparece claramente expresada en III, 3, 3, con la subdivisión que lleva aparejada entre los animales que están dentro de la *villa* y los que no. En este sentido, la función de los *venatores* no sería sólo capturar nuevos animales, sino también comprar madres para la reproducción de estos animales, como señala Varrón; esta alusión, junto a otras sobre el sistema de engorde de animales como el jabalí (III, 2, 11), así como las referencias a la necesidad del cerramiento de estas instalaciones para evitar que entren en ellas alimañas y otros animales capaces de dañar a los que están encerrados (III, 12, 3) y también para excluir a posibles ladrones, permite, a mi juicio, suponer, al menos *a priori*, que la expresión *venaticum* utilizada por Varrón se refiere a un tipo de animales salvajes que, siendo su característica principal ser cazados –y una de las maneras de introducirlos bajo la propiedad del *dominus* del fundo-, su finalidad principal pudo ser su explotación económica a través de una ganadería intensiva o extensiva según el tipo de animal. De ahí que, referidos a la actividad de una *villae*, sea posible su adquisición por otras vías como el nacimiento en cautividad.

La idea de la cercanía a la *villa* aparece claramente expresada en el tratado varroniano; en III, 3, 2 se dice que en los *leporaria* se encuentran no sólo las liebres sino también todos aquellos animales que están en lugares añadidos a la *villa -afficta villae... inclusa animalia-* y que se crían allí:

> *leporaria te accipere volo non ea quae tritavi nostri dicebant, ubi soli lepores sint, sed omnia saepta, afficta villae quea sunt et habent inclusa animalia, quae pascantur* (Varrón, *re.rust.* III, 3, 2)
>
> *[...] sic alterum genus illut venaticum duas habet diversas species, unam in qua est aper caprea lepus; altera item extra villam quae sunt, ut apes cochleae glires* (Varrón, *re.rust.* III, 3, 3).

Debo insistir, porque así lo hace Varrón, en la repetición de participios que expresan la idea de espacio cerrado y unido a la *villa*, pero físicamente separado de la misma: *saepta, afficta, inclusa* que, junto a la utilización del verbo *pascor* –criar, pacer- dejan claramente expresada la idea de que los animales objeto de esa actividad que es la *venatio*, la caza, a ellos asociada –*alterum genus venaticum*-, se encuentran, en ese momento, no en libertad sino en un espacio cerrado.

Aquí se introduce un aspecto interesante porque la división de estos animales: por un lado, *aper, caprea, lepus*, esto es, jabalíes, cabras y liebres y por otro, *apes, cochleae, glires*, abejas, caracoles y lirones, lleva a la cuestión de la condición de los animales considerados salvajes[307] y en la posibilidad, reconocida por Varrón, de que estos animales salvajes una vez cazados o capturados por el dueño de la finca pasaran a formar parte de la misma, ya fuera para solaz del *dominus* o para formar parte de la explotación económica[308].

Respecto de la condición de los animales considerados salvajes, el caso de las abejas quizá sea el más especial en el derecho romano, dándole un tratamiento específico en su configuración como animal salvaje –*ferae*- que ha pervivido en nuestro Derecho Civil actual[309]. En los juristas romanos, según Polo Toribio, se pue-

---

307 O semi salvajes, para Plinio. En realidad, *venaticum*, como analizaré, es un adjetivo que expresaría la condición de o ser relativo a la caza.

308 Si se piensa en los distintos modos de producir en la *villa* ciertos tipos de animales –*in villam* y *ad villam*, no se debe olvidar que Varrón recuerda que los animales *venaticum* que son objeto de estas producciones *ad villam*, son, a su vez, *extra villam* (III, 3, 3); hay que señalar, a este respecto, la diferencia entre la *cultura instituta prima*, esto es los animales que se encuentran en los aviarios, y que es *ea quae in villa habetur* y la *secunda*, que es *quae macerie ad villam venationis causa cluduntur et propter alvaria* (III, 3, 5). Es decir, animales cuya producción se realiza *in villam* y otros *ad villam*; pero de los segundos se dice, además que *extra villam quae sunt*. El *extra villam* puede aludir tanto a su origen o procedencia –salvaje, agreste- como a la situación física donde se encuentran los animales; en esta segunda lectura se asimilaría al *ad villam*. Sin embargo, me inclino por la primera de las opciones atendiendo a que en este pasaje -3, 3- habla de los animales que componen los leporarios, y no de lo que son y la ubicación de estos, lo que ya ha hecho apenas un párrafo antes (III, 3, 2: *omnia saepta, afficta villae quae sunt et habent inclusa animalia*).

309 *Vide* ampliamente, por todos, PANTALEÓN PRIETO, A. F., *Comentarios al Código Civil*... cit., p. 318.

de observar una evolución en la configuración de las abejas en relación con las distintas categorías en las que éstas podían ser encuadradas, en el sentido de que, "teniendo como base la estricta consideración de estos animales dentro de la categoría de los salvajes, se llegó posteriormente a ampliar dicho concepto, al tener en cuenta la tendencia que algunos de estos animales de naturaleza fiera poseían de regresar, una vez que se habían alejado, al lugar donde estaban sometidos a custodia"[310]. La autora se refiere a lo que se ha considerado una diferente forma de afrontar la naturaleza de las abejas, ya como *animales ferae* o como *mansuetae* (amansados), problema ya estudiado por García Garrido que pone de manifiesto que, frente a la afirmación de esta condición fiera de las abejas, en distintos textos "se consideran estos animales que se alejan y vuelven volando, es decir, que tienen *animus revertendi*, como amansados, considerándose así también los ciervos que van y vienen de la selva"[311]. La cuestión trae causa de la, aparentemente, diferente calificación de estos animales en Gayo -que sigue a Celso-, y Próculo (opinión recogida en la *Collatio*), entendiendo los primeros que eran animales amansados mientras que el segundo las consideraba salvajes, aunque, como habrá ocasión de ver, Gayo no adopta una posición definitiva[312].

El tema importa, evidentemente, a efectos de adquisición/ pérdida[313] de la propiedad en caso de huida/no retorno de los

---

310 POLO TORIBIO, G., "Abejas, enjambre y colmena: evolución histórico-jurídica a la luz del Fuero de Cuenca", en A. Torrent (Coord.), en *Actas del II Congreso Internacional y V Iberoamericano de Derecho Romano: los Derechos Reales*, Madrid, 2001, pág. 219.

311 GARCÍA GARRIDO, M. J., "Derecho a la caza..." cit., p. 278.

312 Sobre la cuestión, frente a la opinión generalizada de que los jurisconsultos no fueron concordes a la hora de distinguir los animales entre salvajes, domesticados y domésticos, Landucci entiende que sí lo fueron; cfr. LANDUCCI, "Il dirito di proprietà..." cit., p. 309, n. 11.

313 En realidad, el problema se plantea en los textos jurídicos en relación con la pérdida de la propiedad respecto de algunos animales, puesto que para la adquisición de animales salvajes -*nullius*- el régimen es la ocupación. La dificultad viene cuando hay que determinar si un animal

animales; pero importa también respecto del objeto de estudio en este capítulo a efectos de la equiparación de los ciervos a las abejas (y pavos y palomas) que hace Gayo en 2, 68 en sus Instituciones; es decir, a efectos de la naturaleza de los animales:

> *In iis autem animalibus, quae ex consuetudine abire et redire solent, veluti columbis et apibus, item cervis, qui in silvas ire et redire solent, talem habemus regulam traditam, ut si revertendi animum habere desierint, etiam nostra ese desinant et fiant occupantium […]* (Gayo, *Inst.* 2, 68);

y en D. 41, 1, 5, 5 (*res cott.*)

> *Pavonum, et columbarum fera natura est; nec ad rem pertinet, quod ex consuetudine avolare et revolare solent; nam et apes idem faciunt, quarum constat feram esse naturam. Cervos quoque ita quidam mansuetos habent, ut in silvas eant et redeant, quorum et ipsorum feram esse naturam nemo negat* (D. 41, 1, 5, 5 Gayo *res cott.*),

criterio que sigue casi literalmente Justiniano también en sus *Instituta*

> *Pavonum, et columbarum fera natura est, nec ad rem pertinet, quod ex consuetudine avolore et revolare solent; nam et apes idem faciunt, quarum constat feram esse naturam. Cervos quoque ita quidam mansuetos habent, ut in silvas ire et redire soleant; quorum et ipsorum feram esse naturam nemo negat* (Justiniano, *Inst.* 2, 1, 15).

No comparto la opinión de García Garrido según la cual Gayo opinaba de distinta manera a Justiniano; a mi juicio, en D. 41, 1, 5, 2-5[314] se aprecia otra idea en relación con la consideración de las abejas como animales salvajes -y creo que, en este caso, no es

---

ha perdido el *animus revertendi*; cfr. en este sentido, ESPINOSA DE LOS ÁNGELES, M., "Notas a propósito de los animales salvajes en el Derecho Romano", *Derecho y opinión*, 8, 2000, p. 60.

314 (2) *Apium quoque natura fera est: itaque quae in arbore nostra consederint, antequam a nobis alveo concludantur, non magis nostrae esse intelleguntur quam*

obstáculo que la obra en la que se inserta, las *res cottidianae*, sean una obra atribuida a Gayo o de un pseudo-Gayo como sostiene el autor-. Más bien creo que Justiniano, precisamente, sigue una línea ya apuntada por Gayo al considerarlos en ciertos aspectos *ferae* y para otros, *mansuetos*. En mi opinión, una cosa es la naturaleza -*fera*- y otra es que puedan ser amansados; es más, es absolutamente necesario que el amansamiento se realice sobre un animal fiero. A mi juicio, lo que hace Justiniano, siguiendo la estela de las *res cottidianae*, es aclarar la diferencia entre la naturaleza -*fera*- y el resultado -*mansueti o mansuefacti*- que, por otra parte, puede ser reversible. Todo ello entra en conexión con la idea de la *naturalis libertas*, concepto que entronca con la filosofía griega[315].

---

volucres, quae in nostra arbore nidum fecerint. Ideo si alius eas incluserit, earum dominus erit.

(3) *Favos quoque si quos hae fecerint, sine furto quilibet possidere potest: sed ut supra quoque diximus, qui in alienum fundum ingreditur, potest a domino, si is providerit, iure prohiberi ne ingrederetur.*

(4) *Examen, quod ex alveo nostro evolaverit, eo usque nostrum esse intellegitur, donec in conspectu nostro est nec difficilis eius persecutio est: alioquin occupantis fit.*

315 En concreto, en las cuestiones relacionadas con los animales, estoy de acuerdo con Onida cuando señala que "La prima questione è quella relativa al nesso antico tra filosofía greca e diritto romano, con particolare riguardo a una prospettiva di più ampio respiro sul piano generale rispetto al tema specifico della condizione giuridica dell'animale non umano. Su un piano generale tali riflessioni e dispute, connesse al tema della condizione giuridica dell'animale non umano, costituiscono le premesse della celebre enunciazione del *ius naturale*, come diritto che la natura insegna a tutti gli esseri animati, enunciazione formulata, nel terzo sec. d.C., dal giureconsulto romano Ulpiano, che si richiama però a idee espresse già dai filosofi greci, in particolare (ma non solo come si vedrà) da Pitagorae che i compilatori giustinianei pongono in apertura del Digesto"; cfr. ONIDA, P. P., "Dall'animale vivo all'animale morto: modelli filosofico-giuridici di relazioni fra gli esseri animati", en *Diritto@Storia*, 8, 2007, p. 2, https://www.dirittoestoria.it/7/Tradizione-Romana/Onida-Animale-vivo-morto-modelli-relazioni-esseri-animati.htm (rescatado el 15 de febrero de 2023), y, en general, todo el capítulo II por lo que respecta a las conexiones con la filosofía y concepción

La convivencia en algunos fundos de distintos tipos de animales y de las distintas finalidades que se querían conseguir con los mismos, determinó que los juristas analizaran la *naturaleza* de ellos sin olvidar *el medio natural* en el que éstos se insertaban; así, las abejas, los pavos y las palomas, pese a su naturaleza salvaje, son animales que en tiempos de Gayo llevan ya mucho tiempo dentro del ámbito de las *villae*, puesto que formaban parte de la función económico-pecuaria de la misma. Por eso, la equiparación de los ciervos a estos animales tiene una significación especial, ya que la *naturalis libertas* reconocida a algunos de los animales, y que los califica como salvajes, es más notoria si se hace tomando como referencia un animal, el ciervo, del que no se duda de esta condición, pese a que se conozcan muchos casos en los que algunos propietarios

> *[...] cervos quoque ita quidam mansuetos habent, ut in silvas eant et redeant, quorum et ipsorum feram esse naturam nemo negat,*

como dice Justiniano[316]. Los episodios se conocen; algunos de ellos ya han sido narrados por Varrón, como el caso de Hortensio, que congregaba alrededor del triclinio donde cenaba con sus

---

de los animales. Igualmente, el capítulo I "La condizione animale nella filosofia greca" de su monografía *Sulla condizione degli animali*...cit., pp. 17-56. Resulta también interesante la lectura de LI CAUSI, P., "Finalità complementari e sfruttamento degli animali. Una lettura di Arist. Pol.1256B.7-26", *Athenaeum*, 110/2, 2022, pp. 357-352, especialmente, pp. 366ss.

316 Señala Cardilli, en relación con la libertad natural de las *ferae bestiae*, *volucres* y *pisces*, que "qui sembra voler indicare la natura libera, quale qualità innata di tutti gli animali, inestinguibile ed insopprimibile per gli animali selvatici, i pesci e gli uccelli, per i quali essa è solo attenuabile con l'addestramento (come nelle *bestiae mansuefactae*) oppure è comprimibile dalla necessità della cattura e dalla costrizione di cattività (per le *ferae bestiae*). Si ha il riconoscimento dell'istinto naturale insopprimibile degli animali selvatici, degli uccelli e dei pesci a vivere liberi e non in cattività, a differenza degli animali che, pur liberi, possono essere domati dall'uomo al fine del loro utilizzo prezioso nell'agricoltura (*animalia, quae collo dorsove domari solent*)"; cfr. CARDILLI, R., "Il problema della libertà naturale in diritto romano", *dA.Derecho Animal (Forum*

invitados a los animales salvajes que estaban en su finca -no sólo a ciervos, sino también a jabalíes y "otros animales cuadrúpedos"-, al toque de una bocina.

Pero ¿son iguales los ciervos de Gayo 2, 68 y D. 41, 1, 5, 5 o Justiniano *Inst.* 2, 1, 15, que los de la finca de Hortensio en la narración de Varrón? En ambos casos parece que los ciervos y otros animales salvajes deambulan por la finca en libertad, van y vienen al bosque y mantienen, en los textos de los juristas y de Justiniano, la intención de volver –*animus revertendi*, que se explica en ese "soler" *ire et redire, avolare et revolare*-. En el texto de Varrón, sin embargo, el ir y venir se realiza en un régimen de libertad relativa. Cierto que, por la extensión que tenían este tipo de fincas -más de cincuenta yugadas-, los animales podían deambular por ella con una cierta libertad y, probablemente, podrían no acudir al reclamo del dueño o del cuidador, pero realmente no se puede decir que estuvieran en una situación de libertad por cuanto el lugar en el que se encontraban estaba cerrado con límites artificiales -*silva [...] maceria saepta*-; el mismo Varrón se encarga de explicar cómo se construían los muros para evitar que los animales salieran de los confines de la finca y, como se verá, para impedir también que cazadores ajenos entraran en la misma: la lectura del libro III está cargado de referencias a fincas de extensiones significativas, aunque no definitivamente excesivas, alguna de las cuales incluía

---

of Animal Law Studies), 2019, vol. 10/3, DOI https://doi.org/10.5565/rev/da.449, p. 17.

La conexión de estos últimos animales *qui collo dorsove domari solent* con su configuración como *res mancipi*, los lleva a ser considerados, en todo caso, como propiedad del dueño, no rigiendo para ellos la regla de los animales *mansuetos* que mantienen su naturaleza salvaje y, en consecuencia, la posibilidad de volver a ser *nullius* en el caso de perder el *animus revertendi*; en este sentido, NICOSIA, G., "Animalia quae collo dorsove domari solent", *Iura*, 18, 1967, pp. 59ss.; en un momento posterior, este autor realiza una integración de Gayo 2, 15, de donde trae causa la cuestión de los animales *mancipi*, en "Il testo di Gai 2.15 e la sua integrazione", *Labeo*, 14, 2, 1968, pp. 167-186.

bosques –*silvae*- de varias yugadas, en las que había manadas de ciervos y corzos, pero fincas siempre cercadas[317]:

> *nam neque solum lepores in eo includuntur silva, ut olim in iugero agelli aut duobus, sed etiam cervi aut capreae in iugeribus multis* (Varrón, III, 12, 1)

Además de estos casos de espacios cercados con ciervos en su interior que Gayo debió conocer –por citar sólo a los animales de los que también habla el tratadista-, el jurista tiene en su mente aquellos casos en los que los ciervos llegan desde los bosques -no cerrados-, hasta las zonas habitadas, como podía ser una *villa*, en busca de una comida que puede encontrar allí sin que por eso haya perdido su *naturalis libertas*, pero sí constituyendo ese tipo de animal al que Justiniano llamará *mansueto* porque mantiene el *animus revertendi*:

> *In iis autem animalibus, quae ex consuetudine abire et redire solent, veluti columbis et apibus, item cervis, qui in silvas ire et redire solent, talem habemus regulam traditam, ut si revertendi animum habere desierint, etiam nostra esse desinant et fiant occupantium: revertendi autem animum videntur desinere habere, cum revertendi consuetudinem deseruerint* (Gayo, *Inst.* II, 68)

Estos son animales salvajes porque, en libertad, su única posible condición es la de ser salvajes, por eso pueden perder el *ani-*

---

317 Las fincas que se relacionan a continuación en el texto son fincas cercadas. Siguiendo con la finca de Hortensio, la extensión era de *supra quinquaginta iugerum maceria saepta* (Varrón, *re.rust.* III, 13).
Frente al leporario del padre de Axio, que sólo tenía liebres, *neque enim erat magnum id saeptum, quod nunc ut habeat multos apros ac capreas, conplura iugera maceriis concludunt,* (Varrón, *re.rust.* III, 3, 8).
La finca de Fulvio Lupino *in Tarquiniensi saepta iugera quadraginta, in quo sunt inclusa non solum ea quae dixi, sed etiam oves ferae,* (Varrón *re.rust.* III, 12, 1).
En definitiva, extensiones que, en la generalidad de los casos, se encuentran rodeadas por muros.

mus revertendi del que habla Gayo y sobre el que gira el régimen de propiedad para este tipo de animales.

Polara entiende que mientras permanece la costumbre de volver de los animales, la *naturalis libertas* no ha sido adquirida definitivamente sino sólo de manera temporal, aunque periódica y, consiguientemente, no se altera la relación potestativa entre el hombre y el animal[318]. Bajo mi punto de vista, es más bien al contrario: el *animus revertendi* es una excepción a la *naturalis libertas* propia de las *ferae bestiae*; es una cualidad de algunos animales que se manifiesta en los momentos puntuales en los que se actúa (produce la vuelta), y que se presume que se mantiene durante el periodo de tiempo que va de un retorno a otro -*consuetudo revertendi*-, tras la intervención repetida del hombre respecto de ciertos animales, proporcionándoles un espacio -palomas y abejas-, o alimentándoles -ciervos-, pero que puede dejar de darse en cualquier momento. Por tanto, se necesitan dos factores concurrentes para que el *animus revertendi* tenga significación jurídica: que (1) exista un encuentro con el ser humano (2) que ese encuentro permita actuar el *animus revertendi* "propio" de algunos animales. Solo en ese caso se mantiene el hilo de unión con el hombre en tanto en cuanto la *consuetudo* permanezca[319] y solo en ese caso el derecho interviene para resolver los conflictos respecto de la propiedad sobre el animal. Pero la existencia de un *animus revertendi* no anula la naturaleza *ferae* de estos animales: son *naturaliter liberi*; únicamente algunos han generado la costumbre de *abire et redire*, aunque esa costumbre no anula su naturaleza.

Ya he señalado, sin embargo, cómo el *therotrophium* de Hortensio descrito por Varrón no parece que responda a la situación contemplada en las páginas anteriores donde los animales vagan en libertad y sus "idas y venidas" responden a un *animus revertendi* que

---

318 POLARA, G., *Le "venationes"*...cit., p. 128.

319 El hilo lo puede romper tanto el hombre como el animal, por ejemplo, si el primero no acostumbra a dar de comer a los ciervos, o los expulsa, o quema la colmena o pone dispositivos que ahuyenten a las palomas.

podrían dejar de tener, entre otras razones, porque el espacio en el que se encuentran es un espacio no acotado y pueden marchar libremente a otros lugares. En el caso del *therotrophium*, además de facilitar la extensión del bosque, el agrónomo nos habla de una *silva [...] maceria saepta*; igualmente, he aludido a la reiterada utilización por Varrón de participios que indican, en distintos momentos, la existencia de espacios cerrados de distintos tamaños.

También Columela se detiene con cierta minuciosidad en el relato sobre la construcción de los cerramientos y los materiales que se deben utilizar

> *Venio nunc ad tutelam pecudum silvestrium et apium educationem, quas et ipsas, Publi Silvine, villaticas pastiones iure dixerim, siquidem mos antiquus lepusculis capreisque ac subus feris iuxta villam plerumque subiecta dominicis habitationibus ponebat vivaria, ut et conspectu sui clausa venatio possidentis oblectaret oculos, et cum exegisset usus epularum, velut e cella promeretur* (Columela, *rei rust.* IX, *pr.*)
>
> *Modus silvae pro cuisque facultatibus occupantur; ac si lapidis et operae vilitas suadeat, haud dubie caementis et calce formatus circumdatur murus: sin aliter, crudo latere ac luto constructus. Ubi vero neutrum patrifamiliae conducit, ratio postulat vacerris includi: sic enim appellatur genus clatrorum: idque fabricatur ex robore querceo, vel subereo. Nam oleae rara est occasio.* (Columela, *rei rust.* IX, 1)

y, algo muy importante, cómo el cerramiento varía, por un lado, en función de la finalidad que el *dominus* pretenda sobre la finca: el cerramiento sería menos importante si el *dominus* quiere los animales para su deleite y satisfacción de necesidades primarias que si se trata de encerrar animales de caza con una finalidad de explotación económica; y por otro, en el segundo caso, según la distinta capacidad económica de cada *dominus*.

Columela, en esta *praefatio* de su libro IX, aporta una información también muy interesante, puesto que lo que dice es, en primer lugar, que la finalidad originaria de los *vivaria* o cerramientos era la primera de las indicadas –deleite y aprovisionamiento de la casa del amo-

> *ut et conspectu suo clausa venatio posiidetiis oblectaret oculos, et cum exegisset usus epularum, velut e cella promeretur*

y que sólo en un momento posterior aparece la finalidad productiva. En segundo lugar, que, dentro de los dueños dedicados a la explotación ganadera de estos animales a través de *vivaria*, habría personas de muy distinta capacidad económica y, en consecuencia, habría explotaciones de distinto nivel de producción, algo que sucede en todas las *villae*, también las destinadas a la producción agrícola.

En tercer lugar, que Columela, incluso cuando habla de los *vivaria* antiguos, piensa en viveros con animales diferentes –liebres, corzos y jabalíes- de los que se incluían en los originarios *leporaria*, que habrían tenido sólo liebres, según Varrón. La diferente cronología de las obras de estos autores permite pensar que los "antiguos leporarios" de Varrón lo fueron mucho más que los "antiguos viveros" de Columela, y quizá, también, que el cambio en la terminología -leporario *vs* vivero- llevara al escritor de Gades a no sentirse obligado a explicar cómo la etimología de *leporarium* no se correspondía con el concepto actual del mismo, como sí necesita hacerlo Varrón. En cuarto lugar, que los tres tipos de animales reciben, en conjunto, el nombre genérico de *venatio* y que estarían bajo la inmediata disponibilidad del *dominus -ut et conspectu suo clausa venatio possidetiis oblectaret oculos-*, unidos sin solución de continuidad a la *villa -villaticas pastiones-*.

De la explicación de Columela en *praefatio* y 1 se deduce que, en los tiempos en los que escribe el autor, la cercanía al *dominus* se mantiene[320], aunque no de una manera tan inmediata; dicha cercanía, en realidad, está en función de la finalidad que se pretende

---

320 Hay que tener en cuenta que las veces que Columela habla de *dominus* lo hace porque, independientemente de la categoría de animales de que se trate -salvajes, amansados o domésticos- son animales que están bajo la propiedad del *paterfamilias*. En este sentido, véase lo relativo a las abejas, sobre las que Columela recuerda cómo en algunos casos estaban en la propia casa del dueño:

conseguir: si el dueño quiere deleitarse con la visión de los animales, lógicamente necesitará una mayor proximidad a los mismos. Si la finalidad es la productiva, la cercanía queda supeditada a la necesidad de un cerramiento adecuado para la explotación ganadera –un bosque cercano a la *villa* sería lo ideal-. Se está ante un tipo de explotación extensiva, que requiere espacios superiores a los que se necesitarían en el caso de tener los animales para mero placer, en los cuales los animales salvajes –en principio, los mismos que se podrían tener para la finalidad de recreo-, se crían en semilibertad[321], puesto que se habla, en todo caso, también de espacios cerrados –*saeptum venationis, selva circumsepta-*:

> *Ferae pecudes, ut capreoli, damacque, nec minus orygum cervorumque genera et aprorum, modo lautitiis ac voluptatibus dominorum seruiunt, modo quaestui ac reditibus. Sed qui venationem voluptati suae claudunt, contenti sunt, utcunque competit proximus aedificio loci situs, munire vivarium, semperque de manu cibos et aquam praebere: qui vero quaestum reditumque desiderant, cum est vicinum villae nemus (id enim referet non procul esse ab oculis domini) sine cunctatione praedictis animalibus* (Columela, *de re rust.* IX, 1, 1).

La descripción de los animales no deja lugar a dudas en el texto de Columela: son animales salvajes de muy distinto tipo, pero que concuerdan con los enumerados por Varrón y, en algunos casos, con los que se encuentran en las fuentes jurídicas -Gayo y Justiniano, para el caso que estamos viendo-. Pero Columela introduce un elemento importante: los animales salvajes que se incluyen en el bosque vecino no deben estar alejados de la vista del dueño:

> *[...] qui vero quaestum reditumque desiderant, cum est vicinum villae nemus (id enim referet non procul esse ab oculis domini) sine cunctatione praedictis animalibus destinant.*

Apibus quoque dabatur sedes adhunc nostra memoria vel in ipsis villae parietibus excisis, vel in profectis porticibus ac pomariis (Columela, *de re rust.* IX, *pr.*).

321 *A contrario* de lo que sucede con los animales recluidos para recreo, a los que hay que alimentar "con la mano":
[...] *semperque de manu cibos et aquam praebere* (Columela *de re rust.* IX, 1).

La unidad inmediata o mediata con la *villa* es una característica fundamental del *leporarium* independientemente de su extensión y del tipo de animales que se encierren

> *Sequitur, inquit, actus secundi generis afficticius ad villam qui solet esse, ac nomine antico a parte quadam leporarium appellatum. Nam neque solum lepores in eo includuntur silva, ut olim in iugero agelli aut duobus, sed etiam cervi aut capreae in iugeribus multis* (Varrón, *re.rust.* III, 12, 1).
>
> *Primum, inquit, dominum scientem esse oportet earum rerum, quae in villa circumve eam ali ac pasci possint, ita ut domino sint fructui ac delectationi. Eius disciplinae genera sunt tria: ornithones, leporaria, piscinae. Nunc ornithonas dico omnium alitum, quae intra parietes villae solent pasci. Leporaria te accipere volo non ea quae tritavi nostri dicebant, ubi soli lepores sint, sed omnia saepta, afficta villae quae sunt et habent inclusa animalia, quae pascantur* (Varrón, *re.rust.* III, 3, 1-2)

El parque de caza de T. Pompeyo, o el de Q. Fulvio, o la *silva* de Q. Hortensio, no serían elementos independientes en sí mismos, sino que debían estar incluidos, a su vez, dentro de un fundo con una extensión mayor, e incluso, encontrarse dentro de ellos distintos espacios para los diferentes animales, como señala Varrón en relación con los *alvaria, doli y cocliaria* (Varrón *re.rust.* III, 12, 2). Quizá sea esta la diferencia con lo dicho en D. 41, 2, 3, 14, en el que la *silva circumsepta* está pensada como una unidad a tenor de lo dicho sobre su posible venta.

> *Item feras bestias, quas vivariis incluserimus, et pisces, quos in piscinas coiecerimus, a nobis possideri. Sed eos pisces, qui in stagno sint, aut feras, quae in silvis circumseptis vagantur, a nobis non possideri, quoniam relictae sint in libertate naturali: alioquin etiam si quis silvam emerit, videri eum omnes feras possidere, quod falsum est*

La necesidad de que el *dominus* controle -custodie- a los animales será, para los juristas, una de las cuestiones más relevantes para resolver las controversias sobre la propiedad de estos animales en el caso de que un tercero los cace; el criterio de la disponibilidad del dueño sobre los animales, derivado del instrumento técnico de la custodia que permitía mantener la posesión sobre estos, afirmado por Polara y que analizaré más detenidamente, puede servir para explicar que no se perdiera la posesión, pero no puedo compartir la deducción de que el incremento de la extensión de los espacios dedicados a vivarios fue la que determinó la imposibilidad de una relación de control directo del dueño con los animales, que el autor deriva de Columela y, de ahí, a una interpretación extensiva de la custodia[322]. Precisamente, es Columela el que manifiesta la importancia de que no estén alejados de la vista del amo, pero lo hace para remarcar las necesidades relacionadas con la crianza y cuidado de la explotación ganadera. Los *vivarii* de los que habla Columela se construyen en un *nemus* cerrado. Todo IX, 1 habla de los tipos de cerramientos que deben hacerse en función -ya lo he señalado- de la finalidad de éste y de la capacidad económica del dueño, pero siempre de espacios cerrados; es en esos viveros en los que se encierran los animales destinados a una explotación comercial. Y sobre ellos, en muchas ocasiones, se colocan a personas dedicadas al cuidado y control de los animales: los *custos vivarii*

> *Itaque custos vivarii frequenter speculari debebit, si iam effectae sint, ut manu datis sustineantur frumentis* (Columela, *de re rust.* IX, 1, 7)

Los viveros de los que habla Polara, citando este texto de Columela, sean extensos o no, no necesitan del *alargamiento* del mecanismo de la *custodia* para mantener la posesión, porque esos animales son *clausa venatio*; en consecuencia, además de que los animales introducidos en él sean propiedad del dueño en tanto en cuanto permanezcan en el vivero y no se fuguen, la posesión se mantiene sobre los animales cuando, si se quiere, se pueden detentar:

---

322 POLARA, G., *Le "venationes"*...cit., p. 120, n. 14 y p. 121.

> *Nerva filius res mobiles excepto homine, quatenus sub custodia nostra sint, hactenus possideri, id est quatenus, si velimus, naturalem possessionem nancisci possimus* (D. 41, 2, 3, 13, Paulo)

El autor gaditano dice expresamente cómo, estando vecino un bosque, éste es el que se debe destinar a estos animales: se estaría ante el caso del texto de Paulo recogido en D. 41, 2, 3, 14, en su primer inciso,

> *Item feras bestias, quas vivariis incluserimus, et pisces, quos in piscinas coiecerimus, a nobis possideri. Sed eos pisces, qui in stagno sint, aut feras, quae in silvis circumseptis vagantur, a nobis non possideri, quoniam relictae sint in libertate naturali: alioquin etiam si quis silvam emerit, videri eum omnes feras possidere, quod falsum est,*

cuando afirma la posesión sobre las *ferae bestiae* de las que, añado, ya se tiene la propiedad por ocupación[323]; Polara entiende que el texto de Paulo prueba la existencia de una tendencia a extender de manera anormal el concepto de custodia para mantener la posesión sobre los animales que hubieran quedado circundados dentro del bosque[324], a lo que habría tenido que hacer frente el jurista con la tajante afirmación del segundo inciso. En mi opinión, es evidente que las *silvae circumseptae* se presentan para el jurista como un caso distinto al *vivarium*, las cuales, siendo también un espacio cerrado, no tendrían el destino económico del *vivarium*. Y es un caso distinto por dos razones: el cerramiento de la *silva*, con los animales que hubieran quedado dentro, no sería una extensión anormal de la custodia, sino una extensión anormal de la ocupación, que requería como elemento material la aprehensión efectiva; y en segundo lugar, porque no existe una relación con el hombre, aunque ese hombre sea el dueño de la *silva*, porque los animales no dependen en ningún momento de él ya que gozan, aun estando en un espacio cerrado, de su *naturalis libertas*.

---

323 No se tendría de las que vagan por la *silva*.

324 POLARA, G., *Le "venationes"*...cit., p. 122.

En el caso de la *silva* de la que habla Columela, sin embargo, además de existir un cerramiento y de considerar que era mejor que estuviera en un lugar cercano a la casa, se acondicionaba el lugar:

> *Et si naturalis defuit aqua, vel inducitur fluens, vel infossi lacus signino consternuntur, qui receptam pluviatilem contineant* (Columela, *de re rust.* IX, 1, 2)

y procuraba la alimentación de los animales, no solo buscando el mejor sitio para que pudieran alimentarse por sí mismos:

> *[…] tum etiam sua sponte pabula feris benignissime subministrat praecipueque saltus eliguntur, qui et terrenis fetibus et arboribus abundant. Nam ut graminibus ita frugibus roburneis opus est: maximeque laudantur, qui sunt feracissimi querneae glandis et iligneae, nec minus cerrea, tum et arbuti, ceterorumque pomorum silvestrium, quae diligentius persecuti sumus, cum de cohortalibus subus disputaremus* (Columela, *de re rust.* IX, 1, 5)

sino también procurando el alimento en las épocas en las que era más difícil encontrarlo; unido a la existencia de un *custos vivarii* encargado específicamente del cuidado de los animales:

> *Contentus tamen non debet esse diligens paterfamilias cibis, quos suapte natura terra gignit, sed temporibus anni, quibus silvae pabulis carent, condita messe clausis succurrere, hordeoque alere, vel adoreo farrea ut faba, primumque etiam vinaceis, quicquid denique vilissime constiterit, dare. Idque ut intelligant ferae praeberi, unam vel alteram domi mansuefactam convenient inmittere, quae pervagata totum vivarium cunctantes ad obiecta cibaria pecudes perducat. Nec solum istud per hiemis penuriam fieri expedit, sed cum etiam fetae partus ediderint, quo melius educant natos. Itaque custos vivarii frequenter speculari debebit, si iam effectae sint, ut manu datis sustineantur frumentis* (Columela, *de re rust.* IX, 1, 6-7)

Es evidente que la relación con el hombre (un *diligens paterfamilias*) es intensa y extensa en este bosque destinado a la cría de animales, aunque sea un bosque de un tamaño grande, los animales vaguen con una cierta libertad y el propio hábitat les proporcione medios de subsistencia en la mayoría de las ocasiones. En este caso, también, la posesión sobre ellos se mantiene, como se mantiene la de la vajilla que no encontramos, pero está (D. 41, 2, 3, 13, Paulo); no es necesaria la detentación material constante porque, jurídicamente, son de su propiedad aun siendo *ferae bestiae*.

¿Tendría sentido considerar a los animales ocupados e introducidos en un *vivarium*, aunque este sea de una gran extensión, con la misma respuesta jurídica utilizada para los animales con *animus revertendi* que se encuentran en selvas no cerradas, como los ciervos?

Creo que es conveniente insistir en esta cuestión: si la finalidad del cerramiento de los animales es la explotación comercial, la cercanía que debe existir entre el dueño y los animales es una auténtica necesidad para el éxito de la explotación; es algo más que una cercanía física: es la *cura* que permite la correcta crianza de los animales; pero, jurídicamente, establecida la propiedad por ocupación y habiendo quedado los animales recluidos en un vivero, no sería necesario el recurso al concepto de la *interpretación extensiva* de la custodia para mantener la posesión. Volveré a ello[325].

Una última cuestión respecto de los animales que se encuentran en estos viveros; señala Columela que la comida de los animales salvajes es prácticamente la misma que la de los domésticos. Para nombrar a estos animales utiliza la expresión *pecudes silvestris/domesticus* y a continuación, utiliza la expresión *ferae/mansuefactae* para referirse a cómo se deben introducir animales amansados, junto con los salvajes, para que los primeros conduzcan a los segundos hasta los comederos:

> *Idque ut intelligant ferae praeberi, unam vel alteram domi mansuefactam conveniet inmittere, quae pervagata totum vivarium cunctantes ad obiecta cibaria pecudes perducat* (Columela, *de re rust.* IX, 1, 6)

---

[325] A partir de la p. 288.

Es interesante que se tenga presente esta distinción en Columela porque, según la misma, las *mansuefacti* son *ferae* igualmente, a las que se ha conseguido domesticar *domi* y mantendrían las costumbres enseñadas por el hombre hasta el punto de que servirían como ayuda para que los animales *selvatici* se acostumbraran también a ir a comer la comida preparada. Este adiestramiento, sin embargo, no cambia su naturaleza, que es la misma de los animales no amaestrados.

Hay otros animales que tienen características especiales, como los caracoles y los lirones, y que son también objeto de inclusión en viveros junto a las abejas:

> *Praeterea in eodem consaepto fere habere solent [de animalibus] cocliaria atque alvaria atque etiam dolia, ubi habeant conclusos glires* (Varrón, *re.rust.* III, 12, 2)

Las *villae* deben proveer unos lugares cerrados destinados para la reclusión de estos animales; ya he dicho, en este sentido, que Varrón no habla de los animales sino de los espacios destinados a ellos: *cocliaria, alvaria* y *dolia.* Estos animales, pese a ser salvajes y entrar dentro de la categoría de los animales objeto de caza:

> *Sic alterum genus illud venaticum duas habet diversas species, unam, in qua est aper caprea lepus; altera item extra villam quae sunt, ut apes cochleae glires Tertii generis aquatilis item species duae, partim quod habent pisces in aqua dulci, partim quod in marina* (Varrón, *re.rust.* III, 3, 3)
>
> *Quod ad venationem pertinet, breviter secundus trasactus est actus, nec de cochleis ac gliribus quaero, quod relictum est; neque enim magnum molimentum esse potest. Non istuc tam simplex est, inquit Appius, quam tu putas, O Axi noster* (Varrón, *re.rust.* III, 14, 1),

son tratados independientemente del resto de los animales[326] y con mucho más detalle: frente al tratamiento *breviter* de

---

[326] Como las liebres, los jabalíes, los ciervos y las cabras. Realmente, Varrón no incluye a los ciervos dentro de la nómina de los animales de caza entre los que sitúa a los jabalíes, liebres y cabras, por un lado, y a liro-

los anteriores, y pese a que uno de los personajes, Axio, diga que no se va a preocupar de los caracoles ni de los lirones, el autor, a través de otro personaje, Apio, les dedica los capítulos del 14 al 16, con un tratamiento pormenorizado de las abejas en este último.

De todos ellos se parte del hecho de que, en las *villae*, se organizan unos espacios destinados a su reclusión. De los lirones y caracoles, en ningún caso puede predicarse un *animus revertendi*, por lo que su permanencia en la *villa* está condicionada a proveer de estos espacios perfectamente delimitados para que no puedan escapar: en el caso de los caracoles se prepara un lugar al aire libre rodeado de agua para evitar que escapen; en cuanto a los lirones, se les construye un cercado de piedras lisas o enyesadas para que los lirones no puedan trepar y escaparse, aunque también se los mete en tinajas a oscuras para que engorden rápidamente

> *Nam et idoneus sub dio sumendus locus cochleariis, quem circum totum aqua claudas, ne, quas ibi posueris ad partum, non liberos earum, sed ipsas quaeras. Aqua, inquam, finiendae, ne fugitivarius sit parandus […] Parvus iis cibus opus est, et is sine ministratore, et hunc, dum serpit, non solum in area reperit, sed etiam, si rivus non prohibet, parietes stantes invenit* (Varrón, *re.rust.* III, 14).
>
> *Glirarium autem dissimili ratione habetur, quod non aqua, sed maceria locus saepitur; tota levi lapide aut tectorio intrinsecus incrustatur, ne ex ea erepere possit. In eo arbusculas esse oportet, quae ferant glandem [...] Hae saginantur in doliis, quae etiam in villis habent multi, quae figuli faciunt multo aliter atque alia, quod in lateribus eorum semitas faciunt et cavum, ubi cibum constituant. In hoc dolium addunt glandem aut nuces iuglandes aut castaneam. Quibus in tenebris cum operculum impositum est in doleis, fiunt pingues* (Varrón, *re.rust.* III, 15).

---

nes, caracoles y abejas, por otro. Los ciervos aparecen incluidos como ejemplo de algunos de los parques de caza más conocidos.

Téngase en cuenta que Varrón señala cómo el agua es el elemento que permite que no se necesite "contratar" a un *fugitivarius*[327], puesto que, si no están rodeados de agua, habría que ir a buscar a todos los que se hubieran escapado, no sólo a las crías, sino también a los mismos padres. Por lo que se refiere a los lirones, la minuciosa manera en la que Varrón describe cómo debe construirse la obra para su retención, insiste en esta idea de animales salvajes, *naturaliter liberi* que, además, jamás podrán ser *mansuefacti*.

A las abejas destina el larguísimo capítulo 16. A la calificación inicial de animales salvajes se une alguna referencia al carácter *apacible* o doméstico de las mismas, aunque siempre es posible su huida. Con motivo de la distinción entre avispas y abejas, Varrón se refiere también a las clases de abejas que existen: las silvestres -*ferae*- y las domésticas –*cicures*-, entendiendo por *ferae* las viven en lugares silvestres y *cicures* las que viven en sitios cultivados[328]

> *Hae differunt inter se, quod ferae et cicures sunt. Nunc feras dico, quae in silvestribus locis pascitant, cicures, quae in cultis* (Varrón, *re.rust*. III, 16, 19)

La rapidez con la que Varrón se preocupa de explicar la utilización de *ferae* para designar a uno de los tipos de abejas y no con carácter general a todas ellas en este punto, creo que sirve de

---

327 Los *fugitivarii* eran personas encargadas de perseguir a los esclavos que huyeran; en D. 19, 5, 18 (Ulpiano) se utiliza la expresión en su contenido estricto:
Si apud te pecuniam deposuerim, ut dares titio, si fugitivum meum reduxisset, nec dederis, quia non reduxit: si pecuniam mihi non reddas, melius est praescriptis verbis agere: non enim ambo pecuniam ego et fugitivarius deposuimus, ut quasi apud sequestrem sit depositum;
en Varrón se utiliza como símil.

328 En algunas traducciones el carácter fiero o apacible se predica como distinción entre avispas (*vespae*) y abejas (*apes*) con una ligera diferencia de lectura del texto latino (*quae* por *quod*); así en la edición y traducción de D. Tirado Benedí, *Marco Terencio Varrón, De las cosas del campo*... cit. Acordes con el texto latino y, en consecuencia, estableciendo las diferencias entre abejas, Hooper (Loeb) y Guiraud (Les Belles Lettres).

prueba de su consideración como animales salvajes, *ferae*, esto es, como género en su conjunto; de ahí la utilización de *nunc* para referirse a un calificativo, el de *fera*, como algo puntual que sirve a la distinción.

También se ve este carácter salvaje en las referencias al momento en el que las abejas preparan la huida del enjambre y cómo el dueño debe estar atento a esta circunstancia, para evitarla, haciéndose con el nuevo que se constituya. Si no se actúa en estos casos, el enjambre saldría en busca de una nueva colmena; interviniendo el hombre a través de ciertos mecanismos, no habría modo de que fueran a otra:

> *Ubi consederunt, adferunt alvum [prope] eisden inliciis litam intus et prope adposita fumo leni circumdato cogunt eas intrare: [ut] quae in novam coloniam cum introierunt, permanent adeo libenter, ut etiam si proximam posueris illam aluum, unde exierunt, tamen novo domicilio potius sint contentare* (Varrón, *re.rust.* III, 16, 31);

igualmente, sobre el traslado de colmenas y el aseguramiento de que allí donde se las traslade sea un lugar donde haya comida adecuada, y la introducción de cierto tipo de alimentos en la colmena para que no se note el cambio y que tengan cerca agua limpia:

> *Si transferendae sunt in alium locum, id facere diligenter oportet et tempora, quibus id potissimum facias, animadvertendum et loca, quo transferas, idonea providendum. Nec, si ex alvo in alvum in eodem loco traicias, neglegenter faciendum, sed et in quam transiturae sint apes, ea apiastro perfricanda, quod inlicium hoc illis, et favi melliti intus ponendi a faucibus non longe, ne, cum animadverterint aut inopiam esse ... habuisse dicit [...]* (Varrón, *re.rust.* III, 16, 21-22)
>
> *Cibi pars quod potio et ea iis aqua liquida, unde bibant esse oportet, eamque propinquam, quae praeterfluat aut in aliquem lacum influat, ita ut ne altitudine escendat duo aut tres digitos; in qua aqua iaceant testae aut lapilli, ita ut exstent paulum, ubi adsidere et bibere possint. In quo diligenter habenda cura ut aqua sit pura, quod ad mellificium bonum vehementer prodest. Quod non omnis tempestas ad pastum prodire longius patitur, praeparandus his cibus, ne tum melle cogantur solo vivere aut relinquere exinanitas*

> *alvos. Igitur ficorum pinguium circiter decem pondo decoquont in aquae congiis sex, quas coctas in offas prope apponunt [...]* (Varrón, *re.rust.* III, 16, 27-28);

Igualmente, cómo el dueño debe precaverse contra alguno de los tipos de zángano que pueden deshacer el enjambre:

> *Et quidam dicunt, tria genera cum sint ducum in apibus, niger ruber varius, ut Menecrates scribit, duo, niger et varius, qui ita melior, ut expediat mellario, cum duo sint in eadem alvo, interficere nigrum, cum sit cum altero rege, esse seditiosum et corrumpere alvom, quod fuget aut cum multitudine fugetur* (Varrón, *re.rust.* III, 16, 18);

o la existencia de oficios concretos para el cuidado de las colmenas: el *mellarius*

> *A mellario cum id fecisse sunt animadversae, iaciundo in eas pulvere et circumtinniendo aere perterritae, quo volunt perducere, non longe inde oblinunt erithace atque apiastro ceterisque rebus, quibus delectantur. Ubi consederunt, afferunt alvum eisdem inliciis litam intus et prope apposita fumo leni circumdato cogunt eas intrare. Quae in novam coloniam cum introierunt, permanent adeo libenter, ut etiam si proximam posueris illam alvum, unde exierunt, tamen novo domicilio potius sint contentae* (Varrón, *re.rust.* III, 16, 30-31)

Todo este detalle con el que Varrón explica cómo debe actuar el colmenero, los cuidados y necesidades a los que debe atender en su función, así como las referencias a la existencia de estas abejas silvestres y domésticas, hace pensar que Varrón bien pudo compartir la opinión de algunos juristas según la cual las abejas serían animales *mansuefactae* o, dicho de otra manera, animales salvajes –*ferae*- en sentido originario. Si algo destaca del texto varroniano es la constante actividad del dueño de la *villa* en la que se encuentra la colmena para procurar el cuidado del enjambre; y esto es así porque el componente económico que las abejas representan para una *villa* no ofrece ninguna duda:

Son objeto de compra y venta

In emendo emptorem videre oportet, valeant an sint aegrae [...] (Varrón, *re.rust.* III, 16, 19);

no son animales perjudiciales para el hombre

Minime malefica, quod nullius opus vellicans facit deterius, neque ignaua, ut non, qui eius conetur disturbare, resistat (Varrón, *re.rust.* III, 16, 7);

son limpias y trabajadoras

Secuntur omnia pura. Itaque nulla harum adsidit in loco inquinato aut eo qui male oleat, neque etiam in eo qui bona olet unguenta. Itaque iis unctus qui accessit, pungunt, non, ut muscae, ligurriunt, quod nemo has videt, ut illas, in carne aut sanguine aut adipe (Varrón, *re.rust.* III, 16, 6);

sus productos son variados: miel, propóleo, ligamaza y cera, y duraderos -no hay que malvenderlos pensando que pueden perecer-, hasta tal punto que en una yugada de tierra se podían obtener hasta diez mil sestercios por la miel que producían las colmenas

Propolim vocant, e quo faciunt ad foramen introitus protectum ante alvum maxime aestate. Quam rem etiam nomine eodem medici utuntur in emplastris, propter quam rem etiam carius in sacra via quam mel venit. Erithacen vocant, quo favos extremos inter se conglutinant, quod est aliud melle et propoli; itaque in hoc vim esse illiciendi. Quocirca examen ubi volunt considere, eum ramum aliamve quam rem oblinunt hoc admixto apiastro. Favus est, quem fingunt multicavatum e cera, cum singula cava sena latera habeant, quot singulis pedes dedit natura. Neque quae afferunt ad quattuor res faciendas, propolim, erithacen, favum, mel, ex iisdem omnibus rebus carpere dicunt (Varrón, *re.rust.* III, 23-24).

De fructu, inquit, hoc dico, quod fortasse an tibi satis sit, Axi, in quo auctorem habeo non solum Seium, qui alvaria sua locata habet quotannis quinis milibus pondo mellis, sed etiam hunc Varronem nostrum, quem audivi dicentem duo milites se habuisse in Hispania fratres Veianios ex agro Falisco locupletis, quibus cum a patre relicta esset parva villa et agellus non sane maior iugero uno, hos circum villam totam alvaria fecisse et hortum habuisse ac relicum thymo et cytiso opsevisse et apiastro, quod alii meliphyllon, alii melissophyllon, quidam melittaenam appellant. Hos numquam minus, ut peraeque ducerent, dena milia sestertia ex melle recipere esse solitos, cum dicerent velle exspectare, ut suo potius tempore mercatorem admitterent, quam celerius alieno (Varrón, *re.rust.* III, 16, 10-11).

Las liebres también fueron objeto de intenso comercio como se deduce del texto varroniano; la diferencia con otras especies a las que Varrón dedica más atención estriba en que las liebres, una vez cercada la finca, no requieren mayores cuidados: simplemente, tiene que haber alguna madriguera en la que puedan ocultarse entre las hierbas y que el cerramiento sea lo suficientemente alto como para que otros animales no puedan entrar y matarlas

Quis enim ignorat saepta e maceriis ita esse oportere in leporario, ut tectorio tacta sint et sint alta? Alterum ne faelis aut maelis aliave quae bestia introire possit, alterum ne lupus transilire; ibique esse latebras, ubi lepores interdius delitiscant in virgulis atque herbis (Varrón, *re.rust.* III, 12, 3).

Por otro lado, su reproducción está asegurada, al ser un animal tremendamente prolífico

Quis item nescit, paucos si lepores, mares ac feminas, intromiserit, ¿brevi tempore fore ut impleatur? Tanta fecunditas huius quadripedis. Quattuor modo enim intromisit in leporarium, brevi solet repleri. Etenim saepe, cum habent catulos recentes, alios in ventre habere reperiuntur (Varrón, *re.rust.* III, 12, 4).

Por último, en la época de Varrón comienzan a utilizarse nuevas técnicas para el engorde de las liebres, cuya única finalidad tuvo que ser la venta de estas para consumo y que hay que interpretarlo como un cambio en el sistema de producción, que pasa de un sistema extensivo a otro intensivo, a través de su encerramiento en jaulas

Hos quoque nuper institutum ut saginarent plerumque, cum exceptos e leporario condant in caveis et loco clauso faciant pingues (Varrón, *re.rust.* III, 12, 5).

Columela entiende que hay que procurar echar semillas y granos, hojas de lechuga, garbanzos de Cartago, y una especie de masa de cebada y otros cereales remojados en agua de lluvia, para finalizar afirmando lo obvio: que no sirve el sistema de cerramiento de las *vacerras* para las liebres

> *De minoris autem incrementi animalibus, qualis est lepus, haec praecipimus, ut in iis vivariis, quae maceria munita sunt, farraginis et olerum, ferae intubi lactucaeque semina parvulis arcolis per diversa spatia factis iniciantur. Itemque Punicum cicer, vel hoc vermiculum, nec minus hordeum, et cicercula condita ex horreo promantur, et acqua caelesti Macerata obiciantur. Nam sicca non nimis ab lepusculis appetuntur. Hace porro animalia vel similia his, etiam silente me, facile intelligitur, quam non expediat conferre in vivarium, quod vacerris cicumdatum est: siquidem propter exiguitatem corporis facilie clatris subrepunt, et liberos nactae egressus fugam moliuntur* (Columela, *de re rust.* IX, 1, 8-9)

Respecto de los otros animales que convivían en los *leporarii*, se hace alguna alusión concreta a los jabalíes. En el caso de estos animales, se señala que el mismo interés puede haber en engordar a los jabalíes cautivos y mansos, que a aquéllos que se encuentran allí donde han nacido, aludiendo en este caso a los jabalíes en estado salvaje

> *Apros quidem posse haberi in leporario nec magno negotio ibi et captivos et cicuris, qui ibi nati sint, pingues solere fieri scis, inquit, Axi* (Varrón, *re.rust.* III, 13, 1).

Resulta interesante remarcar cómo Varrón utiliza el mismo adjetivo *cicur* para las abejas y los jabalíes, sin por ello dudar de la naturaleza salvaje de estos animales. Sólo basta detenerse en la forma de alimentarlos, desde un sitio elevado, para pensar que estos animales seguirían manteniendo su naturaleza salvaje.

> *ad bucinam inflatam certo tempore apros et capreas convenire ad pabulum, cum ex superiore loco e palaestra apris effunderetur glans, capreis victa aut quid aliud,* (Varrón, *re.rust.* III, 13, 1).

Este adjetivo haría referencia al estado en el que se encuentran; se trataría, en mi opinión de un adjetivo que denotaría el espacio o lugar en el que está el animal y no su naturaleza: *circur*, que se une a *captivos*, es aquí, como en el caso de las abejas, un indicador del medio en el que se va a desarrollar la cría de estos animales.

Cicur demostraría esa incursión del hombre en la naturaleza, en el ámbito más salvaje de la misma, hábitat propio de las *ferae bestiae* que, sin embargo, puede provocar con su acción la adaptación del animal a la vida en cautividad, llegando en algún caso, como el de las abejas y el de los ciervos, a domeñar su naturaleza salvaje al menos temporalmente, mientras permanezcan bajo el dominio del hombre, dando lugar a un nuevo tipo de animales, los *mansuefacti*, con un régimen específico para el Derecho romano. Pero, sobre todo, *circur* habla de la explotación ganadera de estos animales, de las crías de esos animales capturados, que ya han nacido en cautividad y que desde el punto de vista jurídico se verían afectados por un régimen diferente al del animal salvaje cazado u ocupado; en este sentido, aunque mantuvieran su naturaleza salvaje, de cara al derecho serían *fructus fundi* pero esta naturaleza salvaje les podría hacer volver a su estado natural si consiguieran escapar del dominio del dueño. En definitiva, *cicur* se refiere al ámbito doméstico, es un adjetivo que califica no su naturaleza, sino un estado: es el animal que se encuentra en una *villa* bajo la custodia y dominio de un hombre, porque ha nacido dentro de la órbita de poder del dueño. Por eso, *captivos* se opone a *cicuris, qui ibi nati sint* en el texto de Varrón; por eso, en algunos casos se necesitan *aucupes, venatores, piscatores* que cumplirán con esa doble función de capturar a las aves, los mamíferos salvajes y los peces, o si no, comprar las hembras que puedan criar en cautividad a los nuevos animales y, en todo caso, cuidarlas[329]:

---

[329] Polara señala también la diferencia de los animales que, habiendo sido capturados –*captivos*-, constituirían el núcleo base de la explotación, con aquéllos que habrían nacido ya en cautividad "senza che esista una differenza di regime giuridico fra gli uni e gli altri per quanto riguarda

> *De his sex partibus ad ista tria genera item tria genera artificum paranda, aucupes venatores piscatores, aut ab iis emenda quae tuorum servorum diligentia tuearis in fetura ad partus et nata nutricere saginesque, in macellum ut perveniant* (Varrón, *re.rust.* III, 3, 4).

Los textos de Varrón demuestran el interés del hombre en mantener bajo su cuidado a estos animales. Un interés que puede variar de uno a otro dueño, o incluso en el mismo dueño, como ya se ha señalado. La finca de Varrón-Pupio incluía un interés que se concretaba en ese *pingues solere fieri*, es decir, en engordar a los jabalíes, lo que parece que tiene como finalidad lógica la comercialización de los mismos. Creo que nada obstaría a que los dueños también satisficieran, dado el caso, sus aficiones venatorias; ya lo hemos visto en Plinio y otros autores, aunque en Varrón parece que de las funciones que podía cumplir una finca, ocio o explotación comercial, la primera iría dirigida más a los espectáculos no sangrientos del tipo que se daban en el circo cuando no intervenían fieras africanas –a las que también se les llama *venationes*–, mientras que la segunda habría llevado a la introducción y cría de animales salvajes con un valor comercial.

Del análisis de estos animales en Varrón y Columela, y de los que atienden los juristas para establecer su condición de *ferae* o *mansuefactae* y, en consecuencia, aplicarles las reglas precisas en materia de *dominium* y pérdida de este, se puede comprobar que el interés económico que pueden suscitar para el hombre estos tipos de *vivaria* o explotaciones ganaderas estaría en la base del régimen jurídico. Sin embargo, en Varrón queda claro cómo los animales relacionados estrictamente con la caza son los menos tratados en todo el libro III; pese a sus referencias a los leporarios y a las fincas o parques de caza, en realidad, poco interesa cuando se trata de desarrollar sus necesidades, cuidados, etc. La razón estaría, a mi juicio, en que, al menos en la época de Varrón, no debieron suponer una explotación económicamente reconocible; sí

---

il rapporto di proprietà con el *dominus*", POLARA, G., *Le "venationes"...* cit., pp. 100-101.

lo serían otras explotaciones cuyo objeto eran animales salvajes en los que el ser humano podía invertir esfuerzos y dinero en su cría y que reportaban mayores beneficios, entre las que se encontrarían las aves de las que hemos hablado y las abejas, fundamentalmente, así como las liebres que habrían sido, originariamente, los únicos animales existentes en los *leporarium*.

Esta cuestión enlaza con la información contenida en Varrón y Columela acerca de cómo se introducían los animales en los *leporaria*, señalando los tratados agropecuarios que se pueden conseguir de dos formas distintas: con *venatores* para cazar los tres primeros tipos de animales salvajes -los otros tres se adquieren sin las redes de los cazadores-; o con *venatores* que compren madres para que críen

> *De his sex partibus ad ista tria genera item tria genera artificum paranda, aucupes venatores piscatores, aut ab iis emenda quae tuorum servorum diligentia tuearis in fetura ad partus et nata nutricere saginesque, in macellum ut perveniant. Neque non etiam quaedam adsumenda in villam sine retibus aucupis venatoris piscatoris, ut glires cochleas gallinas*[330] (Varrón, *re.rust.* III, 3, 4)

En muchos de los casos vistos se trata de animales capturados, es decir, aquéllos sobre los que se ha actuado una aprehensión material la cual, junto con la intención de hacerlo suyo, ha determinado la adquisición de la propiedad del animal. En las haciendas destinadas a la cría de animales fueron, sin duda, frecuentes estas operaciones no ya como divertimento de sus dueños, sino como un momento más del proceso productivo de la explotación. Todas las referencias vistas a los *aucupes, venatores* y *piscatores*, y también a los *mellarii*, que son necesarios en una *villa* para la captura de los animales para el *leporarium* o *vivarium* y su función dentro de la explotación, hablan de la necesidad de cuidado y, en consecuencia, de las personas encargadas del mismo.

---

330 De las gallinas se ocuparía la *villica* según Catón, *de agr.cul.* 143

En este orden de ideas, se podría pensar que el sentido del término *custodia* en Varrón, al menos en III, 12, 2, podría ser uno genérico de "cuidado":

> *Sed horum omnium custodia, incrementum et pastio aperta, praeterquam de apibus* (Varrón, *re.rust.* III, 12, 2)[331]

Polara señala cómo Varrón entiende en este caso *custodia* como "vigilancia", diferente a *custodia* como "modo di mantenimento del possesso", aunque el propio autor reconoce que es la vigilancia, o la posibilidad de ejercitarla, la que constituye el efecto jurídico del mantenimiento de la posesión y de la propiedad[332]. No obstante, se encuentran textos en los que vigilancia y custodia aparecen de la mano, aunque con contenidos diferentes:

> *Quod autem Quintus Mucius inter genera possessionum posuit, si quando iussu magistratus rei servandae causa possidemus, ineptissimum est: nam qui creditorem rei servandae causa vel quia damni infecti non caveatur, mittit in possessionem vel ventris nomine, non possessionem, sed custodiam rerum et observationem concedit: et ideo, cum damni infecti non cavente vicino in possessionem missi sumus, si id longo tempore fiat, etiam possidere nobis et per longam possessionem capere praetor causa cognita permittit* (D. 41, 2, 3, 23, Paulo)

No parece que Varrón haya utilizado la expresión *custodia* como un término comprensivo de los dos siguientes, *incrementum* y *pastio,* sino más bien como términos yuxtapuestos con los que se

---

331 A los animales que se refiere Varrón es a los caracoles y lirones frente a las abejas.

332 POLARA, G., *Le "venationes"...*, cit. p. 139, n. 32. Es decir, en uno de los sentidos de los diferentes que ofrece Metro, en concreto, el primero de ellos: "in un primo grupo di testi, il significato di «custodia» è quello che potrebbe definirsi volgare, cioè vigilanza, sorvelianza, salvaguardia, conservazione, in un certo senso atecnico perfino tutela", METRO, A., *L´obbligazione di custodire nel diritto romano,* Milano, 1966, p. 3; el texto, no obstante, no es de los que recoge el autor para este sentido a partir de la página 10.

intenta designar las actividades más relevantes en la cría de unos determinados animales dentro de la órbita del hombre en una *villa*. Si se pensara en *custodia* como "cuidado", se debería entender con ello todas aquellas actividades que el encargado debe realizar para el correcto acomodo de los animales, más allá que darles simplemente de comer. Todo queda expresamente reflejado por el autor cuando enumera con minucioso detalle en III, 14 y III, 15, todos los cuidados de caracoles y lirones respectivamente, después de haber dicho que la cuestión *non istuc tam simplex est*, aludiendo al gran esfuerzo –*magnum molimentum*- que puede llevar el mismo. Cuidados, en definitiva, que son los propios de alguien dedicado a una explotación de la naturaleza que pretende Varrón; en este sentido se expresaría en III, 16, 32 cuando, habiendo desgranado las circunstancias que rodean al *cuidado* de las abejas, anuncia que pasa a hablar de su fruto:

> *Quod ad pastiones pertinere sum ratus quoniam dixi, nunc iam, quoius causa adhibetur ea cura, de fructu dicam* (Varrón, *re.rust.* III, 16, 32)

Como se puede comprobar, Varrón no utiliza aquí el término *custodia* sino *cura*. Pero, además, el término *pastio/pastiones* tiene también una dimensión más genérica que un mero alimentar acercándose al sentido de "criar", puesto que si en III, 12, 2 la *custodia*, el *incrementum*, y la *pastio* para lirones y caracoles es más *aperta*, más fácil que para las abejas, en III, 16, 32 las *pastiones* de las abejas han sido ya debidamente explicadas y no dejan de ser consejos sobre el cuidado, con carácter general, de las mismas o, si se prefiere, de su cría.

Sea una u otra la interpretación de la extensión del término *custodia* hay que remarcar cómo, si se entiende por custodia "cuidado" en sentido amplio, en realidad se está pensando en una actuación más positiva –activa- de parte del encargado de *custodiar* a los animales, que si pensamos en custodia como "vigilancia" donde la actuación del hombre podría parecer más pasiva, lo que no parece adecuado con el contenido de los cuidados que requiere la cría de los animales citados. Igualmente, si se piensa que la comparación que hace Varrón entre lirones y caracoles, por un lado, y abejas por otro lo es en relación a su dificultad mayor o menor para su *custodia, incrementum et pastio,* de la narración que hace de los cuidados a todos ellos se evidencia la dificultad de las abejas aunque, ciertamente, lo mismo se puede decir si pensamos en custodia como "vigilancia" o, incluso como modo de mantenimiento de la posesión siendo éstas un tipo de los animales con *animus revertendi.*

Es notable la diferencia entre la imagen del caracol para el que el agua hace de *fugitivarius* (III, 14, 1-2), puesto que le impide escapar, frente a la huida de un enjambre relatada en III, 16, 29-31, algo que, además, forma parte de su propia naturaleza. Hay que pensar que se está hablando de la existencia de un enjambre que va a fundar una nueva "colonia" no, por tanto, de las abejas que *ire et redire solere.* Es por eso por lo que hay que actuar activamente para no perder el nuevo enjambre. Varrón vuelve a poner de manifiesto la naturaleza salvaje de estos animales que, sin una actuación positiva del hombre, dejarían de estar bajo su custodia (su cuidado o su vigilancia)

> *A mellario cum id fecisse sunt animadversae, iaciundo in eas pulvere et circumtinniendo aere perterritae, quo volunt perducere, non longe inde oblinunt erithace atque apiastro ceterisque rebus, quibus delectantur. Ubi consederunt, afferunt alvum eisdem inliciis litam intus et prope apposita fumo leni circumdato cogunt eas intrare. Quae in novam coloniam cum introierunt, permanent adeo libenter, ut etiam si proximam posueris illam alvum, unde exierunt, tamen novo domicilio potius sint contentae* (Varrón, *re.rust.* III, 16, 31)

Ningún *animus revertendi* habría en unas abejas que, si se cree a Varrón, no querrán volver de ninguna manera a la anterior colmena (Varrón, *re.rust.* III, 16, 31, *in fine*).

Se ve, en este caso, cómo la actuación del *mellario* no vendría identificada con "cuidados" ni, probablemente, con una mera "vigilancia" sino como modo de mantenimiento de la posesión en tanto en cuanto está bajo nuestra esfera de actuación (*ex* D. 41,

2, 3, 13)[333], aunque no se tenga la detentación material de la cosa -*naturalem possessionem*-. Quizá Varrón esté utilizando custodia en este sentido. Se sabe que, si el enjambre se escapara, sólo le quedaría al dueño su persecución de forma inmediata, mientras las mantuviera a la vista y la captura fuera posible, puesto que, de otro modo, las perdería definitivamente, se convertirían en *res nullius* y cualquiera las podría ocupar (D. 41, 1, 5, 4 y 2)[334]. Varrón utiliza

---

333 Siklósi entiende que la custodia, en este texto, "signifie seulement une garde effective sur une chose" al igual que en "(p. ex. Gai. 2, 67; Gai. D. 41, 1, 3, 2; Paul. D. 41, 1, 31, 1; Paul. D. 41, 2, 3, 3; Paul. D. 41, 2, 3, 13; Paul. D. 41, 2, 3, 15; Paul. D. 41, 2, 3, 23; Ulp. D. 41, 2, 10, 1; Pap. D. 41, 2, 44 *pr.*; Iav. D. 41, 2, 51; Iul. D. 41, 5, 2 *pr.*)"; SIKLÓSI, I., "Quelques remarques sur la responsabilite de la «custodia» en droit privé romain classique", *RIDROM*, 15, 2015, p. 230. Analizaré este y otros textos sobre custodia en los capítulos siguientes, aunque a mi juicio, aquí no se estaría ante una guardia efectiva, sino ante un criterio utilizado para poder afirmar el mantenimiento de la posesión sobre algo que, precisamente, no está en nuestras manos, pero del cual somos propietarios. En este texto, el tener una cosa bajo custodia implica, por un lado, la idea de que se mantiene sobre ella la posesión, aunque no se tenga materialmente y por otro, la idea de que una búsqueda diligente (de nuevo la *diligentia* unida a la custodia) determinaría la recuperación material de la cosa.

334 Diferente es la situación de aquellas cosas que son nuestras por otro modo de adquisición de la propiedad que las que se adquieren por ocupación; así, en D. 41, 2, 44, *pr.* se formula el caso de una cantidad de dinero enterrada *custodiae causa* y se alude al hecho de que el perder de vista al esclavo no determina la pérdida de la posesión sobre él,

Peregre profecturus pecuniam in terra custodiae causa condiderat: cum reversus locum thensauri memoria non repeteret, an desisset pecuniam possidere, vel, si postea recognovisset locum, an confestim possidere inciperet, quaesitum est. dixi, quoniam custodiae causa pecunia condita proponeretur, ius possessionis ei, qui condidisset, non videri peremptum, nec infirmitatem memoriae damnum adferre possessionis, quam alius non invasit: alioquin responsuros per momenta servorum, quos non viderimus, interire possessionem. Et nihil interest, pecuniam in meo an in alieno condidissem, cum, si alius in meo condidisset, non alias possiderem, quam si ipsius rei possessionem supra terram adeptus fuissem. Itaque nec alienus locus meam propriam aufert possessionem, cum, supra terram an infra terram possideam, nihil intersit.

el término *custodia* para referirse a una actividad que no implica directamente la reproducción y la alimentación o cría-*incrementum et pastio*- y que en el caso de las abejas es especialmente difícil, a diferencia de lo que sucede con caracoles y lirones (*ex re. rust.* III, 12, 2), porque necesita un grado de actuación del cuidador ya no sólo activa, sino especialmente diligente[335]. Y esos cuidados

---

335 La bibliografía sobre custodia es muy extensa, entendiendo que, desde el punto de vista de la doctrina romanística, ha interesado especialmente el análisis de los textos en los que se buscaba el contenido exacto de la expresión *custodiam praestare*; por todos, sin ánimo de exhaustividad, METRO, A., *L´obbligazione di custodire*... cit.; MacCORMACK, G., "Custodia and Culpa", *SZ*, 89, 1972, pp. 148-219; RASCÓN, C., *Pignus y custodia en el derecho romano clásico*, Oviedo, 1976; ARANGIO-RUIZ, V., *Responsabilità contrattuale in Diritto romano* (rist.), Napoli, 1987; ROBAYE, R., *L´obligation de garde. Essai sur la responsabilité contractuelle en droit romain*, Bruxelles, 1987; CARDILLI, R., *L'obbligazione di 'praestare' e la responsabilità contrattuale in diritto romano*, Milano 1995; DE ROBERTIS, F. M., *La responsabilità contrattuale nel diritto romano dalle origini a tutta l´età postclassica*, Bari, 1994; CANNATA, C. A., *Sul problema della responsabilità nel diritto privato romano*, Catania 1996;
SERRANO-VICENTE, M., *Custodiam praestare. La prestación de custodia en Derecho Romano*. Madrid, 2006 (con un buen capítulo dedicado al *status quaestionis*); SALAZAR REVUELTA, M., *La responsabilidad objetiva en el transporte marítimo y terrestre en Roma. Estudio sobre el Receptum nautarum, cauponum et stabulariorum: entre la utilitas contrahentium y el desarrollo comercial*. Madrid, 2007.
El término se utiliza con diferentes sentidos y contenido, no sólo en el lenguaje no técnico desde el punto de vista del derecho, sino también en el de los juristas; así, como término relacionado con la responsabilidad y como contenido de una específica prestación de contenido obligacional, traigo, simplemente, dos textos en los que custodia se une a *diligentia* y *cura*
Ad eos, qui servandum aliquid conducunt aut utendum accipiunt, damnum iniuria ab alio datum non pertinere procul dubio est: qua enim cura aut diligentia consequi possumus, ne aliquis damnum nobis iniuria det?, en el que *cura* se une a *diligentia* D. 13, 6, 19 (Juliano)
Si duobus vehiculum commodatum sit vel locatum simul, Celsus filius scribit libro sexto digestorum quaeri posse, utrum unusquisque eorum in solidum an pro parte teneatur. Et ait duorum quidem in solidum dominium vel possessionem

en sentido general, o actividad de vigilancia, si seguimos a Polara, van directamente dirigidos al mantenimiento de la posesión y, en consecuencia, de la propiedad de las abejas al menos en algunos momentos concretos y especialmente complicados de su ciclo vital: si algo está claro en el texto de Varrón es cómo el *mellario* debe estar pendiente de las señales que el enjambre le va dando sobre la "huida" planeada –*cum examen exiturum*- para no perder la disponibilidad sobre las mismas.

Por otro lado, Varrón, que es un gran conocedor de la lengua latina, ya ha dicho en otro momento qué es *curare*:

> *Curare a cura dictum. Cura, quod cor urat; curiosus, quod hac praeter modum utitur [...] Curiae, ubi senatus rem publicam curat, et illa ubi cura sacrorum publica* [...] (Varrón, *de ling. lat.* VI, 46)

Nada dice, por el contrario, sobre lo que debemos entender por *custodia*.

---

esse non posse: nec quemquam partis corporis dominum esse, sed totius corporis pro indiviso pro parte dominium habere. Usum autem balinei quidem vel porticus vel campi uniuscuiusque in solidum esse (neque enim minus me uti, quod et alius uteretur): verum in vehiculo commodato vel locato pro parte quidem effectu me usum habere, quia non omnia loca vehiculi teneam. Sed esse verius ait et dolum et culpam et diligentiam et custodiam in totum me praestare debere: quare duo quodammodo rei habebuntur et, si alter conventus praestiterit, liberabit alterum et ambobus competit furti actio, D. 13, 6, 5, 15 (Ulpiano),
donde, según Cannata, *diligentia et custodia* son términos que, por sí, indican la actividad frente a dolo y culpa que expresarían criterios de responsabilidad. Pero respecto de *diligentia, custodia* "ha un carattere ulteriore, perché mentre la prima allude ad un darsi da fare non specificato *a priori* nei suoi contenuti, il termine *custodia* allude ad una prestazione precisa: quella, appunto, di custodire la cosa, cioè di porre in essere le misure onde evitare che essa vada perduta o subisca danni per effetto di attività che non provengono dal custode stesso [...] La custodia, dunque, in quanto attività dovuta del debitore, rappresenta l´oggetto di un suo specifico dovere di diligenza", CANNATA, C. A., *Sul problema della responsabilità*...cit., pp. 69-70.

CAPÍTULO IV.

VENATIO, VENATIONES, VENATICUM

Los escritores de tratados agropecuarios, en concreto Varrón y Columela, tratan los animales que se pueden criar o alimentar en una *villa* o en sus alrededores: Columela a lo largo del libro 9 de su *de re rustica* y Varrón en el capítulo 3 del libro tercero.

Ya he señalado cómo Varrón no se ocupa demasiado de los animales que ha incluido en el primer grupo de los relativos a la caza entre los que se encuentran los jabalíes, las cabras y las liebres frente a los segundos (abejas, lirones y caracoles) (III, 3, 3); se ha podido ver también cómo, para algunos autores, especialmente a partir del trabajo de Polara, la expresión *venationes* implica un contenido concreto que concuerda con las explotaciones productivas de estos tipos de animales, además, como es evidente, de la utilización del término para designar los espectáculos con animales que tenían lugar en el anfiteatro.

Los términos *venatio*, con su plural *venationes*, y *venaticum* son los relacionados con la caza y los utilizados por Varrón para identificar a aquellos animales que ingresarían en un leporario. Creo conveniente ver gráficamente un cuadro con los fragmentos en los que se recoge cualquiera de estas expresiones, en cualquiera de los posibles casos en los que podrían aparecer, y sus posibles acepciones tanto en Varrón como en Columela, para poder tener una correcta visión de la cuestión[336].

---

336 Además de los textos que voy a analizar, Columela habla de cazadores en V, 1:
Quapropter ut in magna silva boni venatoris est indagantem feras quam plurimas capere, nec cuiquam culpae fuit non omnes cepisse;

VENATIO-nis (Posibles acepciones)	**VENATIONES (Posibles acepciones)**	**VENATICUM (Posibles acepciones)**
Ejercicio de la caza. Caza. Caza como espectáculo. La presa cogida en la caza. Producto de la caza. *Septum venationis* cercado de caza.	Plural de *venatio*. Espectáculos en la arena. Para algunos autores, explotación económica de ciertos tipos de animales.	(*venaticus-a-um*) Propio o relativo a la caza; que anda a la caza de algo; *canes venatici* perros de caza
Var. III, 3, 5 *Secunda, quae macerie ad villam venationis causa cluduntur.*	Var. III, 2, 14 *nam ibi vidi greges magnos anserum, gallinarum, columbarum, gruum, pavonum, nec non glirium, piscium, aprorum, ceterae venationis* (algunos autores leen *venationes*, de ahí la razón de que se encuentre en esta columna)	Var. II, 9, 2 *Quare de canibus quoniam genera duo, unum venaticum et pertinet ad feras bestias silvestres, alterum quod custodiae causa paratur et pertinet ad pastorem, dicam de eo ad formam artis expositam in novem partes.*
Var. III, 3, 8 *Sic in secunda parti ac leporario pater tuus, Axi, praeterquam lepusculum e venatione vidit numquam.*	Var. III, 13, 3 *Qui cum eo venisset cum stola et cithara cantare esset iussus, bucina inflavit, ut tanta circumfluxerit nos cervorum aprorum et ceterarum quadripedum multitudo, ut non minus formosum mihi visum sit spectaculum, quam in Circo Maximo aedilium sine Africanis bestiis cum fiunt venationes.*	Var. III, 3, 3 *Sic alterum genus illud venaticum duas habet diversas species.*

Palladio, más tardío (siglos IV-V d.C.), sólo utiliza una vez un término derivado de *venatio* y se refiere a la ropa de los cazadores:
Tunicas vero pellicias cum cucullis et ocreas manicasque de pellibus, quae vel in silvis vel in vepribus, rustico operi et venatorio possint esse comunes (Palladio, *opus agriculturae* 1, 42 (43), 4).
En el extremo más antiguo de autores que escriben tratados agropecuarios como es Catón, no se encuentra ninguna vez el término *venatio* o sus derivados.

Var. III, 12, 2 *in Gallia vero transalpina T. Pompeius tantum saeptum venationis, ut circiter ∞ ∞ ∞ ∞ passum locum inclusum habeat.*		Col. 7, 12 *De villatico igitur et pastorali dicendum est, nam venaticus nihil pertinet ad nostram professionem.*
Var. III, 14, 1 *Quod ad venationem pertinet, breviter secundus trasactus est actus, nec de cochleis ac gliribus quaero, quod relicum est; neque enim magnum molimentum esse potest.*		
Col. *Praefatio lib. 9* *Venio nunc ad tutelam pecudum silvestrium et apium educationem, quas et ipsas, Publi Silvine, villaticas pastiones iure dixerim, siquidem mos antiquus lepusculis capreisque ac subus feris iuxta villam plerumque subiecta dominicis habitationibus ponebat vivaria, ut et conspectu sui clausa venatio possidentis oblectaret oculos, et cum exegisset usus epularum, velut e cella promeretur.*		
Col. 9, 1 *Sed qui venationem voluptati suae claudunt contenti sunt, utcumque conpetit proximus aedificio loci situs, munire vivarium semperque de manu cibos et aquam praebere*		

Pasaré, ahora, al examen de los fragmentos en los que aparecen estos términos y lo haré comenzando por Varrón y en sentido ascendente de su ubicación

§ *1. Varrón*

(*Venaticum*)

Quare de canibus quoniam genera duo, unum venaticum et pertinet ad feras bestias silvestres, alterum quod custodiae causa paratur et pertinet ad pastorem, dicam de eo ad formam artis expositam in novem partes (Varrón, *re.rust.* II, 9, 2)

El fragmento no ofrece más lecturas posibles que la relacionada con la actividad de la caza; Varrón distingue entre el perro de caza que sirve para la caza de *feras bestias silvestres* y otros dedicados a la vigilancia del ganado. Hay que recordar en este punto, la importante iconografía sobre la caza con perros que se encuentra en mosaicos romanos.

(*Venatio*)

nam ibi vidi greges magnos anserum, gallinarum, columbarum, gruum, pavonum, nec non glirium, piscium, aprorum, ceterae venationis (Varrón, *re.rust.* III, 2, 14)

La lectura de *ceterae venationis* engarza con la secuencia anterior de genitivos plurales que termina con este genitivo singular que opera como genérico frente a los específicos plurales, cerrando la enumeración: *anserum, gallinarum, columbarum, gruum, pavonum, nec non glirium, piscium, aprorum, ceterae venationis,* no aludiendo, por tanto, a animales concretos que pueden estar en los leporarios, sino a otros animales objeto de caza –"vi grandes rebaños (de otro tipo) de caza"-.

Sin embargo, autores como Polara han visto en esta esta expresión la posibilidad de entender las *venationes* no en relación a la caza como actividad sino a la explotación económica de las mismas; en cierto modo, lo que hace este autor es leer *ceterae venatio-*

nis como si fuera un acusativo plural, *ceteras venationes*: este acusativo plural, se anudaría al *vidi* y vendría a significar que "vi grandes rebaños de patos, de gallinas, de palomas, de grullas, de pavos, así como de lirones, peces, jabalíes y vi otras *venationes*, es decir, "complessi di selvaggina non necesariamente destinati all´attività venatoria perché industrialmente organizzati a fine di lucro", si se transpone literalmente el sentido que Polara da a la palabra *venationes*[337]. A mi juicio, esta lectura no es necesaria por resultar, en cierto modo, reiterativa: si algo queda claro del pasaje es que Varrón está hablando de la finca de Seyo como ejemplo de finca económicamente rentable como explotación de diferentes tipos de animales; pero sobre todo conviene remarcar que la expresión utilizada es *ceterae venationis*, genitivo singular cuyo antecedente es *greges magnos* y que la palabra inmediatamente anterior es *aprorum*, es decir, jabalíes, un tipo de animal claramente objeto de caza.

Ciertamente, hay una ampliación del contenido semántico de la palabra *venatio:* ya no sólo significa caza como actividad, sino que también se refiere a los animales objeto de caza; pero de esto no hay que deducir que la expresión refleje, en sí misma, el contenido semántico de "allevamenti produttivi". Esta idea aparece recogida a lo largo del texto de manera clara y palmaria con las distintas narraciones hechas por Varrón, como sucede en este mismo pasaje cuando se habla de los 50.000 sextercios que Seyo percibe anualmente de su granja[338]. No es necesario recurrir a dotar a la palabra *venationes* de un sentido que no tiene, cuando el propio discurso de Varrón gira en torno a la idea del beneficio económico que deriva

---

337 POLARA, G., *Le "venationes"*...cit., p. 70.

338 En concreto, utiliza la expresión *ex iis pastionibus* para referirse a estos complejos productivos destinados a la cría de animales:
quae Seius legisse videtur et ideo ex iis pastionibus ex una villa maioris fructus capere, quam alii faciunt ex toto fundo (Varrón, *re.rust.* III, 2, 13)
Este sentido que aparece a lo largo del texto es el que le da, por ejemplo, Guiraud, cuando traduce *Ex quibus rebus* por "En raison de ces élevages", III, 2, 14; cfr. *Varrón. Économie rurale. Livre III* ... cit.

de explotaciones ganaderas de manera intensiva y las claves y herramientas para implantarlas.

> (*Venaticum*)
>
> *Sic alterum genus illud venaticum duas habet diversas species, unam, in qua est aper caprea lepus; altera item extra villam quae sunt, ut apes cochleae glires* (Varrón, *re.rust.* III, 3, 3)

Los animales *quae pascantur* y que se encuentran encerrados en todos los cercados adjuntos a la *villa –omnia saepta, afficta villae quae sunt et habent inclusa animalia–* son los que forman los leporarios actuales según Varrón (III, 3, 2). Estas dos características parecen ser las que Varrón pone de relieve a la hora de iniciar la explicación de los leporarios, en lo que será el análisis detallado que, posteriormente, realizará de cada uno de los lugares de la granja destinados a la cría de los distintos animales: *ornithones, leporaria, piscinae.*

Si se comparan las tres explicaciones iniciales:

> *Nunc ornithonas dico omnium alitum, quae intra parietes villae solent pasci. Leporaria te accipere volo non ea quae tritavi nostri dicebant, ubi soli lepores sint, sed omnia saepta, afficta villae quae sunt et habent inclusa animalia, quae pascantur. Similiter piscinas dico eas, quae in aqua dulci aut salsa inclusos habent pisces ad villam,* (Varrón, *re.rust.* III, 3, 1-2),

mientras que la primera y la tercera dejan claro qué tipo de animales incluyen *–alitum, pisces–*, en la segunda, la relativa a los leporarios, se habla, simplemente, de los animales que se alimentan, se crían, y se encuentran encerrados dentro de cercados *afficta villae.* Es decir, se utilizan para los leporarios prácticamente las mismas características que, con carácter general, había expresado para todos ellos en su conjunto: animales criados en la granja o en sus alrededores

> *Merula non gravate, Primum, inquit, dominum scientem esse oportet earum rerum, quae in villa circumve eam ali ac pasci possint,*

> *ita ut domino sint fructui ac delectationi. Eius disciplinae genera sunt tria: ornithones, leporaria, piscinae* (Varrón, *re.rust.* III, 3, 1)[339].

En consecuencia, no identifica, *a priori*, los animales que están en los leporarios, salvo la expresa mención a las liebres.

La identificación viene después, en este 3, 3 objeto de análisis, cuando se utiliza el adjetivo *venaticum* para la designación de los animales que se encuentran en el *alterum genus*–los leporarios- de los tres que va a tratar a partir del capítulo 4. Es ahí donde se distinguen, a su vez, entre dos especies que incluyen, por un lado, a jabalíes, cabras y liebres y, por otro, a abejas, caracoles y lirones, en una subdivisión que permanecerá a lo largo de los capítulos siguientes y que se justifica por la lógica del diferente cuidado que requieren ambos grupos. Desde esta perspectiva, *venaticum* se estaría utilizando en la misma línea que el término *venatio* de III, 14, 1

> *Quod ad venationem pertinet, breviter secundus trasactus est actus, nec de cochleis ac gliribus quaero, quod relicum est* (Varrón, *re.rust.* III, 14, 1)

Se hace referencia al segundo de los géneros que Varrón quería analizar: el relativo a los animales que integran un leporario. Y también aquí se produce la diferenciación entre jabalíes, cabras, ciervos y liebres de los que ha estado hablando anteriormente y aquellos otros que, aun dentro del concepto de *venaticum* o *ad venationem*, sin embargo, forman otra especie distinta (3, 3 *venaticum duas habet diversas species*).

---

339 El texto se encuentra dentro del capítulo 3 (1-10) en el que se introduce por parte de Varrón una serie de consideraciones genéricas -origen de los espacios y cambio de costumbres en relación con esta materia, con algunos ejemplos incluidos- sobre los animales que se pueden criar en una granja o en sus alrededores y que sirve de introducción a los capítulos siguientes en los que se detalla el cuidado que requiere cada uno de ellos.

La pregunta es por qué se le da este adjetivo a las abejas, lirones o caracoles, cuando parece, a primera vista, que calificar como *venaticum* o *ad venationem pertinet* a estos animales está fuera de lugar, hasta el punto de que se dice que se hacen con ellos –*glires* y *cochlias,* III, 3, 4- sin las redes de los cazadores

> *Neque non etiam quaedam adsumenda in villam sine retibus aucupis venatoris piscatoris, ut glires cochleas gallinas* (Varrón, *re.rust.* III, 3, 4)

Para Guiraud, la razón estaría en el gusto de Varrón por las clasificaciones, divisiones y subdivisiones que le llevaría, en este punto, a incluir conjuntamente dentro de una única categoría –*venaticum*- no solamente lo que sería esperable (jabalíes, ciervos o liebres), sino también las abejas, caracoles y lirones[340]. Creo, sin embargo, que debió haber otras razones. En primer lugar, siguiendo el argumento de la exclusión, el no poder clasificarlas en las otras dos categorías (aunque a las abejas se les denomine en III, 16, 3, *volucres*[341]), ni poder formar una categoría independiente porque abejas, caracoles y lirones no presentan entre sí características comunes; en realidad, son características bien dispares. En segundo lugar, porque entre los animales *venaticum stricto senso* y abejas, caracoles y lirones hay un punto de unión como es la cons-

---

340 GUIRAUD, C., en *Varrón. Économie rurale. Livre III*...cit., p. 65.

341 Varrón, *re.rust.* III, 5, 7
Praeterea meum erat, non tuum, eas novisse volucres, quibus plurimum natura ingeni atque artis tribuit. Itaque eas melius me nosse quam te ut scias, de incredibili earum arte naturali audi. Merula, ut cetera fecit, historicos quae sequi melitturgoe soleant demonstrabit.
Las traducciones normalmente vuelcan este término en una circunlocución: "especie de avecillas" (Tirado); "êtres ailés" (Guiraud) o "winged creatures" (Hooper) que eluden un significado estricto. También aparece en III, 16, 7:
Quae cum causa Musarum esse dicuntur volucres, quod et, si quando displicatae sunt, cymbalis et plausibus numero redducunt in locum unum,
destacando la utilización de *volucres* como adjetivo (aladas).

tatación de que son animales *extra villam*, como señala el propio Varrón.

En tercer lugar, podría haber una razón de relación entre unos y otros en lo que suponía la práctica de las explotaciones de este tipo en época de Varrón, como se señala en III, 12, 2

> *in Gallia vero transalpina T. Pompeius tantum saeptum venationis, ut circiter ∞ ∞ ∞ ∞ passum locum inclusum habeat. Praeterea in eodem consaepto fere habere solent cocliaria atque alvaria atque etiam dolia, ubi habeant conclusos glires* (Varrón, *re.rust.* III, 12, 2)

Es decir, en el mismo cerramiento destinado a los animales de caza propiamente dicho, se instalarían habitualmente otros cerramientos destinados a las abejas, caracoles y lirones.

En cuarto lugar, la unión de todos estos animales en una única categoría podría venir dada por el hecho de que se encerraran en lugares cercanos a la *villa*, si bien cada uno en un cerramiento diferente; basta ver la terminología de III, 12, 2 que acabo de citar, para darse cuenta de que con *cocliaria atque alvaria atque etiam dolia*[342], se hace referencia no a los animales, sino a los lugares en los que se encierran.

Desde esta perspectiva, si bien ninguna de estas razones explica por sí sola por qué se engloba a abejas, caracoles y lirones en la categoría de *venaticum*, sí pueden hacerlo todas ellas juntas.

En mi opinión, siendo *venaticum* una categoría en la que la primera especie que la integraría es la liebre, un animal *venaticum* que, además, habría dado nombre a los recintos en los que se encierran, las abejas, caracoles y lirones se unen a aquélla con la que tienen más en común no pudiendo formar una categoría independiente, ni incluirse en las otras dos, y a la que aportan, como

342 *Cocliaria* no se encuentra en los diccionarios; aparece *cochlearium* como el criadero de caracoles; *Coclia* aparece en Probo en los *Gramatici Latini* de Keil, IV, 198, 6 (App.) como uso indebido *cochlea non coclia, cocleare non cocliarium*; KEIL, H. *Grammatici Latini*, IV, Lipsiae, 1857.

bien pone de manifiesto Varrón a partir de III, 16, un *plus* de interés: son, sin duda, los animales que, de una manera más clara, pueden generar grandes beneficios económicos a los dueños de la *villa*, si se atiende a la extensión que dedica Varrón a cada uno de ellos y al hecho de que difícilmente se pueda englobar a las abejas, caracoles y lirones entre los animales que se tienen en la granja para recreo del *dominus*. Ocurre, además, que todos ellos tienen la característica de poder estar *extra villam*, puesto que son animales *extra villam*, y serán varios los momentos en los que Varrón señale cómo pueden vivir tanto *afficta villae*, como en sus alrededores, o en *saepta venationis*, como ya he señalado.

Desde esta perspectiva, el adjetivo *venaticum* se utiliza para calificar a aquellos animales que son propios de la caza u objeto de caza con carácter general, especificando después cuáles son, del mismo modo que *aquatilis* se utiliza para calificar al tercer género –que también resulta subdividido- y, por tanto, a los animales que se incluyen en él

> *Tertii generis aquatilis item species duae, partim quod habent pisces in aqua dulci, partim quod in marina* (Varrón, *re.rust*. III, 3, 4).

Estos adjetivos, *venaticum* y *aquatilis*, califican al género de que se trata en cada caso, leporarios y piscinas, respectivamente, y, en consecuencia, a los animales que se integran en éstos.

Con *venaticum*, pues, se estaría aludiendo a los animales que son objeto de caza, entre los que estaría tanto los animales "cazables" en sentido estricto y a aquéllos que como las abejas, caracoles y lirones tienen en común con los primeros el ser o estar *extra villam*, salvajes o agrestes, y por ello tienen que estar encerrados en espacios *ad hoc* para su cría, que, a menudo, se encuentran dentro de una mismo terreno porque suelen formar parte de una misma explotación económica o unidad agropecuaria. La diferencia de trato dada a las *duas diversas species* de animales *venaticum* en cuanto a extensión de sus respectivas exposiciones hace pensar que los lirones, caracoles y abejas –por orden de importancia- fueron los animales verdaderamente interesantes desde el punto de vista de la rentabilidad económica y no los animales "cazables" o propios de la actividad de la caza en sentido estricto que, desde esta perspectiva, podrían satisfacer un interés del *dominus* más basado en el ocio que en otro tipo de consideraciones. Creo, además, que se puede ver en esta categoría de *venaticum* la afirmación de una realidad histórica cual fue que los animales *venaticum* estaban originariamente *extra villam* y es en un momento posterior, cuando comienza también la explotación económica de estos animales, cuando se reúnen en la misma categoría animales tan dispares como un jabalí o un lirón. No deja de ser significativo, en primer lugar, que Varrón dé una definición de *villa* relacionada con la tenencia de animales que ofrezcan un beneficio económico y no del tipo de animal concreto[343]; y, en segundo lugar, que se califique

---

[343] Las referencias al valor gastronómico de estos animales están presentes en las fuentes de manera clara; lo que puede que no esté tan claro es el beneficio económico real que podía obtenerse de su cría como explotación. Respecto de los lirones en la comida Apicio, VIII, 9:
Glires: isicio porcino, item pulpis ex omni membro glirium trito, cum pipere, nucleis, lasere, liquamine farcies glires, et sutos in tegula positos mittesin furnum aut farsos in clibano coques;
("Rellenar el lirón con tripas de cerdo y con la carne de las extremidades del lirón picada, piñones, pimienta, benjuí y garum. Una vez cosido, colocarlo en una tabla y meter en el horno, o bien a la parrilla", trad. B. Pastor Artigues, *Marco Gavio Apicio, Cocina romana,* Traducción de B. Pastor Artigues, 3ª ed., Madrid, 1987)
Marcial, *epigr.* III, 58, en un epigrama cargado de referencias a otros animales y no solo a los *glires*:
Nec venit inanis rusticus salutator:
fert ille ceris cana cum suis mella
metamque lactis Sassinate de silva;
somniculosos ille porrigit glires,
hic vagientem matris hispidae fetum,
alius coactos non amare capones
("Tampoco llega el campesino con las manos vacías a saludar al amo; uno trae una rubia miel en sus panales y el queso cónico de la selva de Sisina; otro presenta lirones somnolientos; aquel un cabrito que bala por su peluda madre; otro, en fin, capones condenados a la impotencia", Trad. Torrens Béjar, cit.)

como *villa* otro tipo de instalaciones cuando se habla de pastos y establos en un fundo:

---

y Petronio, *Sat.*, XXXI, 10
Ponticuli etiam ferruminati sustinebant glires melle ac papavere sparsos
("Una especie de puentecillos soldados entre sí sostenían unos lirones aderezados con miel y adormidera", trad. C. Díaz Díaz, *Petronio. Satiricón*, Barcelona, 1968)
Si nos fijamos en las referencias gastronómicas a otros animales, Apicio dedica el libro VIII a los *Tetraphus quadripedia,* y entre ellos se encuentran los *apros* (10 recetas); *cervos* (8); *caprea* (3); *oviferos* (3); *bubula sive vitellina* (4); *haedos vel agnos* (11); *porcellos* (17); *lepores* (13) y *glires* (1). Si se relaciona el número de recetas con la –posible- importancia práctica de los animales, la conclusión sería que la cocina de lirones no estaba extendida entre la población, lo que lleva a pensar que, efectivamente, se está ante un bocado sibarita, alejado de los ciudadanos en su mayoría o bien porque con el paso del tiempo algunas recetas, o sus ingredientes, habrían pasado de moda (pensemos que si Apicio es el Marco Gavio Apicio del 25 a.C., fue un hombre muy rico que no escatimaba en el uso de los ingredientes más costosos); o que la exclusión de los banquetes operada por la *lex Aemilia* siguiera operativa, lo que chocaría con la información varroniana sobre su explotación.
Respecto de los animales que, junto con los lirones, forman la segunda especie del género de los *venaticum,* también se encuentran recetas cuya base son los caracoles y el modo de prepararlos (Apicio VIII, 16, 1-4) y por supuesto, la miel, ingrediente que está permanentemente unido al recetario apicianeo.
Una última cuestión; en Apicio encontramos la receta de una salsa para todo tipo de *venationes*:
Ius in venationibus omnibus elixis et assis: piperis scripulos VIII, rutam, ligusticum, apii semen, iuniperum, thymum, mentam aridam scripulos senos, pulei scripulos III. haec omnia ad levissimum pulverem rediges et in uno commisces et teres. adicies in vasculum melle quod satis erit, et his uteris cum oxygaro, (Apicio, VIII, 4, 2).
Con la expresión *venationes* se refiere, evidentemente, a animales objeto de caza. Recordemos que está dando las recetas dentro del apartado dedicado a los *oviferos,* es decir, ovejas o corderos salvajes. De nuevo, la idea de lo salvaje o *extra villam* como punto de unión entre todos los animales *venaticum.*

> *Quid? inquit, si propter pastiones tuus fundus in Rosea probandus sit, et quod ibi pascitur pecus ac stabulatur, recte villa appellatur, haec quoque simili de causa debet vocari villa, in qua propter pastiones fructus capiuntur magni. Quid enim refert, utrum propter oves, an propter aves fructus capias?* (Varrón, *re.rust*. III, 2, 10-11)
>
> (*Venatio*)
>
> *Secunda, quae macerie ad villam venationis causa cluduntur* (Varrón, *re.rust*. III, 3, 5)
>
> *Sic in secunda parti ac leporario pater tuus, Axi, praeterquam lepusculum e venatione vidit numquam* (Varrón, *re.rust* III, 3, 8)

Secunda es continuación de la *prima cultura instituta* del mismo 3, 5 y hace referencia a la posterior *secunda parti* de 3, 8, donde se explican los animales que forman los leporarios en el momento en el que escribe Varrón y al que se alude, de nuevo, en 14, 1. No me convence la interpretación de Polara, diferenciando dos posibles sentidos en *venatio*, bien como actividad venatoria, bien como *venatio* como "allevamento di *ferae bestiae*", entendiendo en el primer caso, una finalidad de ocio y en el segundo una finalidad productiva[344]. La finalidad que se pretenda conseguir puede ser cualquiera de ellas, pero eso no afecta a la palabra que, a mi juicio, se entiende como "por razón de la caza, o de los animales cazados u objeto de caza". La traducción sería "en la segunda *cultura instituta*, los que, por causa de ser animales cazados, u objeto de caza, son encerrados entre muros cerca de la *villa*". Se trata de señalar algo muy lógico, como es que los animales objeto de caza son animales salvajes que tienen que quedar recluidos, como las abejas que empiezan a ser encerradas en colmenas frente a lo que sucedía anteriormente. No se alude, entiendo, a la finalidad que se pretende conseguir –dos posibles, como señala Polara- con el cerramiento, sino a la necesidad del mismo. Recordemos que Varrón está hablando de la *cultura* en relación con estos animales.

> *Sic in secunda parti ac leporario pater tuus, Axi, praeterquam lepusculum e venatione vidit numquam* (Varrón, *re.rust*. III, 3, 8)

---

344 POLARA, G. *Le "venationes"*...cit., p. 98, n. 61.

La expresión se refiere claramente a los animales objeto de caza que forman parte de un leporario. La *secunda parti* es la que se ha referido en III, 3, 2 cuando dice que leporarios son toda clase de recintos en los que se tienen encerrados *animalia quae pascantur*, fragmento en el que no se utiliza, en ningún momento, el término *venatio/venationis/venaticum*.

La idea, por tanto, es la cría de esos animales, animales que se identifican con el término *venatio* en 3, 8 y que, en consecuencia, sólo se refieren a aquéllos que son objeto de caza, cazados o cazables. La comparación, además, con *lepusculum*, no es inocua a mi juicio. El diminutivo utilizado -gazapo, liebre pequeña-, se refiere a un tipo de animal que también ha sido cazado, pero al que se le reconoce, además de implícita, expresamente, una menor entidad que los animales que actualmente se encierran en los nuevos leporarios.

Frente a estos tipos de leporarios antiguos, con sólo una clase de animales, los nuevos recogen también animales *ferae*, -igualmente *e venatione*-, que se pueden identificar, en parte, con lo que hoy llamaríamos "caza mayor", y a los que se refieren III, 12, 1 y ss. En cualquiera de los casos no se alude a animales concretos, sino a su cualidad de animales "cazables", es decir, animales cuya característica es ser *ferae bestiae* y, además, apropiables a través del ejercicio de la caza *-e venatione-*. *Venatio*, aquí, es término ambivalente. En este fragmento, utilizado en ablativo, puede entenderse tanto la caza como actividad, como los animales susceptibles de caza, a los que ésta está referida, lógicamente.

No obstante, si se une este texto con III, 3, 3, donde se señalaban las *duas diversas species* de animales *venaticum*, parece que Varrón utiliza el *e venatione* con un carácter más restringido, refiriéndose a los animales objeto de caza *stricto senso* o al ejercicio de la caza en sí mismo. La referencia concreta en 3, 8 a los dos animales que, junto con las liebres, componían en 3, 3 la *prima species –apros* y *caprea-*, unida a la alusión a la mayor extensión de los leporarios en el momento de Varrón, excluye a los animales de la *secunda species* –lirones, abejas y caracoles-, de esta categoría.

Y es que, como ya he señalado, la unión de *glires, cochleae et apes* a la categoría de *venaticum* se debe a su consideración de animales salvajes *extra villam* los cuales, sin embargo, pueden tener una importancia grande en la producción económica de la misma.

> (*Venatio*)
> *in Gallia vero transalpina T. Pompeius tantum saeptum venationis, ut circiter ∞ ∞ ∞ ∞ passum locum inclusum habeat* (Varrón, *re.rust.* III, 12, 2)

Se está ante lo que se suele traducir como "coto o reserva de caza". La traducción literal sería "cercado de caza". La utilización del singular y el sentido de la frase puede indicar que Varrón se refiere, en este caso, tanto a un tipo de cerramiento destinado a la caza como actividad, como a un cerramiento para el producto de la misma.

La extensión de la finca aludida pueden ser un criterio para clarificar este punto; sin embargo, sigue siendo una cruz la traducción de la superficie de la finca de T. Pomponio en III, 12, 1-2: *ut circiter ∞ ∞ ∞ ∞ passum locum inclusum habeat,* como ya he señalado en el capítulo precedente. El hecho de que las fincas referidas en Varrón sean menores que las que hoy en día se usan como cotos de caza, no impediría, en absoluto, ejercitar la caza en ellas por parte del *dominus,* aunque lo que le interesa a Varrón es su consideración como leporarios, es decir espacios para la cría de animales cazados, que en un determinado momento podrían ser también objeto de caza.

En cuanto al tipo de animales, en la frase

> *Praeterea in eodem consaepto fere habere solent cocliaria atque alvaria atque etiam dolia, ubi habeant conclusos glires,*

se alude a unos animales alojados en el *saeptum* de Pompeyo a los que es necesario tener bajo unos cuidados concretos –no difíciles, excepto las abejas-, por sus características naturales. Varrón comienza así lo que va a ser su explicación de los leporarios; en 12, 3 se vuelve a utilizar el término *saepta* para señalar que deben estar rodeados de paredes altas y enlucidas, y evitar así que animales como los gatos, zorros o lobos entren en el cercado: el tipo de animales que pueden acechar a los que están en el leporario no hace pensar en que el objetivo de estos animales sean los animales salvajes grandes, sino más bien los pequeños –liebres, lirones-; de ahí también que haya que proteger de las rapaces durante el día a estos animales -*quae aquilae inpediant conatus*-. A partir de aquí, Varrón continúa con el comentario relativo a las liebres puesto que, en definitiva, son también animales *venatici* y, por si fuera poco, los que dieron nombre a los leporarios en su origen. Desde su perspectiva, los primeros animales de los que se debe hablar son las liebres, aunque de forma breve, como también lo hace, después, con los jabalíes y ciervos a los que nombra en 13.

> (*Venationes*)
> *Qui cum eo venisset cum stola et cithara cantare esset iussus, bucina inflavit, ut tanta circumfluxerit nos cervorum aprorum et ceterarum quadripedum multitudo, ut non minus formosum mihi visum sit spectaculum, quam in Circo Maximo aedilium sine Africanis bestiis cum fiunt venationes* (Varrón, *re.rust.* III, 13)

En realidad, estamos ante el único fragmento en el que Varrón, de manera indudable, utiliza el término en plural e, indudablemente también, se refiere a los espectáculos que con fieras salvajes se celebraban en el circo. Varrón equipara el espectáculo que Q. Hortensio prepara a sus amigos y los que organizan los ediles en el Circo Máximo cuando no se presentan *Africanis bestiis*. Se está, en ambos casos, ante espectáculos incruentos en los que no intervienen cazadores ni los animales habituales en los que sí hay muerte de estos, como las panteras, etc…

Teniendo esto en cuenta, no parece muy seguro afirmar que con la expresión *venationes* los autores de tratados *de agri cultura* se estuvieran refiriendo a las explotaciones productivas de animales. Vuelvo a subrayar que, especialmente, Varrón y Columela se fijan en la productividad de las *villae* en este campo, por lo que no tendría ninguna explicación, a mi juicio, el no encontrar el término en más ocasiones (tampoco en Columela y Palladio).

> (*Venatio*)
> *Quod ad venationem pertinet, breviter secundus trasactus est actus, nec de cochleis ac gliribus quaero, quod relicum est; neque enim magnum molimentum esse potest* (Varrón, *re.rust.* III, 14, 1)

El fragmento tiene su origen del capítulo 12 en el que se expone el *actus secundus* de los cuidados de la granja, esto es, los leporarios:

> *Appius, Sequitur, inquit, actus secundi generis adficticius ad villam qui solet esse, ac nomine antico a parte quadam leporarium appellatum* (Varrón, *re.rust.* III, 12, 1)

En 12, Varrón comienza por una idea que ya había repetido en 3, 2: los cambios producidos en los leporarios desde los tiempos antiguos hasta el momento en el que escribe. En 3, 2 alude a esta diferencia en relación con el tipo de animales que se encuentran en ellos; en 12, 1, se une a esta diferencia la de la extensión de los leporarios, es decir, de los sitios en los que se encierran estos animales, derivada, como es lógico, de las propias necesidades vitales de los animales que se han incorporado recientemente a este tipo de espacio. Los *nuevos* animales que se encuentran ahora recluidos en los *nuevos* leporarios de mayor extensión son enumerados por Varrón[345]: ciervos y corzos -*cervi aut capreae*- y ovejas salvajes -*oves ferae*- (12, 1), y caracoles, abejas y lirones, -*cocliaria atque alvaria atque [...] glires*- (12, 2). Tras una referencia brevísima a los cuidados de las liebres y poco más a los tipos que existen de las mismas según las zonas –incluida la alusión a los conejos de Hispania (12, 7)-, Varrón dedica un, de nuevo, brevísimo capítulo 13 a los jabalíes –*apros*- (13, 1) que cierra con las ya analizadas referencias a las fincas de Pupio Pisón y Hortensio. Hay que recordar que,

345 Recordemos que, en III, 3, 8 no había hecho ninguna enumeración, simplemente había recurrido a la expresión *e venatione* para referirse a los nuevos animales que, junto a las liebres, se encuentran en los leporarios modernos. En realidad, es en el capítulo 12 donde nos encontramos con la enumeración, no exhaustiva, de los animales *venaticum*.

salvo la expresión *saeptum venationis* ya comentada, Varrón no va a utilizar los términos *venatio, venationes,* o *venaticum* en ningún otro momento a lo largo del capítulo 12 dedicado a los leporarios y, en consecuencia, a los animales que se encuentran en los mismos.

En 14, 1, el mismo Varrón reconoce la brevedad del tratamiento dispensado a los animales que se encierran en un leporario a la que estoy haciendo referencia. La comparación que se produce entre los animales salvajes como el jabalí, el corzo o el ciervo, y los caracoles y los lirones -*ferae bestiae* todos ellos- nos puede dar la pauta de lo que se quiere indicar con la expresión *venatio.* Varrón excluye expresamente los caracoles y los lirones del tratado que ha hecho de la caza (de los animales objeto o producto de la caza): "Ni me preocupo de los caracoles y de los lirones que es lo que queda". Una primera posibilidad que justifique esta exclusión podría estar en el hecho de que los caracoles y lirones, aun siendo animales *venatici,* no entran en puridad dentro del concepto de *venatio,* así como los siervos encargados de cogerlos para encerrarlos entre paredes o en toneles, tampoco son, respectivamente, *venatores*[346], y del mismo modo, su mantenimiento en la *villa* requiere, además, una serie de cuidados especiales como se apuntaba en III, 12, 2 que los podrían alejar, al igual que a las abejas, de la categoría de animales *e venatione.* Dicho de otro modo, estos animales –abejas incluidas- no son "cazables" u "objeto de caza" en sentido estricto, aunque sean salvajes. Y cuando digo *en sentido estricto* me refiero, evidentemente, al hecho de que estos animales procedan o sean un producto de la actividad de la caza, puesto que ya he señalado cómo con el adjetivo *venaticum* Varrón se estaría refiriendo a la cualidad de los animales que integran un leporario y que aparece en III, 3, 3, y la consiguiente división de

---

[346] Ya había señalado en III, 3, 4 cómo no se necesitaban las redes de los cazadores para hacerse con ciertos animales, como los caracoles y los lirones,
Neque non etiam quaedam adsumenda in villam sine retibus aucupis venatoris piscatoris, ut glires cochleas gallinas.

esta categoría en dos especies diversas: por un lado, jabalí, cabra y liebre; por otro, caracoles, lirones y abejas.

Además, del sentido de los fragmentos anteriores y de este mismo cuando se dice "*quod ad venationem pertinet*", se puede deducir que Varrón no se está refiriendo tanto a la caza como ejercicio o actividad, sino a una categoría de animales que, aquí de manera especial, adquiere un carácter general que engloba a diversos tipos tanto por su forma de apropiación, como por sus condiciones vitales y, en consecuencia, la necesidad de cuidados. Estas diversas realidades que diferencian a los animales del leporario, no obstan para que todos ellos sean calificados como *venaticum* –III, 3, 3-, procedentes *e venatione* –III, 3, 8-, o relativos *ad venationem* –III, 14, 1-: todos son animales salvajes; se necesitan medios artificiales para apropiarse de ellos –sean *venatores* o no-; y deben estar encerrados de algún modo y vigilados por el ser humano porque, de lo contrario, volverían a recuperar su libertad natural.

Sin embargo, sí hay una diferencia notable entre las *duas diversas species* en que se pueden dividir los animales *venaticum*[347]: su productividad económica. El *breviter secundus trasactus est actus* concerniente *ad venationem,* lo es sólo en apariencia o, mejor dicho, lo es sólo referido al primer grupo de animales. El recurso literario de Varrón mostrando el desinterés de Axio por los caracoles y lirones –e ignorando a las abejas- es simplemente eso, un recurso; y se explica como un mecanismo para remarcar, todavía más, el interés de Apio, el otro interlocutor y, evidentemente, despertar en el lector el deseo de saber más[348]. Primero los caracoles, a los que dedica el capítulo 14; segundo, los lirones, más breve, pero también con un capítulo específico, el 15. Y finalmente, las

---

347 Y ésta sería la segunda explicación posible a la expresa, pero aparente, exclusión del segundo grupo.

348 Hace igual con las abejas en III, 16, en lo que constituye la explicación más amplia sobre la cría de cualquiera de los animales que ha tratado en su obra.

abejas, sin duda los animales que trata en mayor extensión, detallando con minuciosidad los cuidados de estas a lo largo del larguísimo capítulo 16, hasta el fragmento 31, y del 32 hasta el final, el 38, los frutos que se derivan de ellas. Bastante más, por tanto, que el capítulo 13 dedicado a los jabalíes y otros animales como cabras silvestres o ciervos, de los que no se dice nada acerca de sus cuidados salvo la escasísima referencia relativa a la llamada para la comida a una hora determinada. En 13, ya se sabe, lo más relevante son los comentarios sobre las fincas en las que están estos animales -las de Pupio Pisón y la de Quinto Hortensio-, no los cuidados de estos animales o la forma en cómo hay que criarlos[349].

El porqué de la diferencia de trato a unos y otros animales aparece claro. El propósito de Varrón con su *de rerum rusticarum* es obtener los mejores frutos de las fincas que se tienen. Así, en la dedicatoria del Libro I (en el que trata *de agri cultura*) a su mujer Fundania:

> *Quare, quoniam emisti fundum, quem bene colendo fructuosum cum facere velis, meque ut id mihi habeam curare roges, experiar; et non solum, ut ipse quoad vivam, quid fieri oporteat ut te moneam, sed etiam post mortem* (Varrón, *re.rust.* I, 1, 2);

en el inicio del Libro II, (en el que trata *de re pecuaria*), dedicado a Níger Turranio:

> *Alia, inquam, ratio ac scientia coloni, alia pastoris: coloni ea quae agri cultura factum ut nascerentur e terra, contra pastoris ea quae nata e pecore* (Varrón, *re.rust.* II, *pr.*, 5);

y en el Libro III, que trata *de villaticis pastionibus* (*de villaticis fructibus*, III, 1, 9), dedicada a Quinto Pinno,

> *Cum enim villam haberes opere tectorio et intestino ac pavimentis nobilibus lithostrotis spectandam et parum putasses esse, ni tuis quoque litteris exornati parietes essent, ego quoque, quo ornatior ea esse posset fructu, quod facere possem, haec ad te misi, re-*

349 Más espacio dedica a las liebres en III, 12, 3-7.

> *cordatus de ea re sermones, quos de villa perfecta habuissemus* (Varrón, *re.rust.* III, 1, 10),

en todos ellos se recuerda la capacidad para obtener beneficios con estas actividades.

La menor entidad histórica de las *villatica pastiones* en cuanto a los frutos obtenidos y su capacidad para generar riqueza[350], lleva a Varrón a elevar este estudio a la categoría de las otras dos ya explicadas. Es la constatación de que no existe un tratado sobre la cría y apacentamiento de animales dentro de la *villa* lo que empuja a Varrón a escribir este Libro III; actividades estas que, por otro lado, producen beneficios notables también, como se señala en II, *pr.* 5:

> *Quarum quoniam societas inter se magna, propterea quod pabulum in fundo compascere quam vendere plerumque magis expedit domino fundi et stercoratio ad fructus terrestres aptissima et maxume ad id pecus appositum, qui habet praedium, habere utramque debet disciplinam, et agri culturae et pecoris pascendi, et etiam villaticae pastionis. Ex ea enim quoque fructus tolli possunt non mediocres ex ornithonibus et leporariis et piscinis.*

y en el propio inicio del Libro III, -*qui reliquus est tertius de villaticis fructibus* [...]-, así como a lo largo de muchos pasajes del Libro III que ya he citado.

Es, por tanto, una constante en Varrón buscar el argumento económico en las actividades que trata. Es normal; él pretende

---

350 En III, 1, 8 se compara con las *agrestis pastiones*, es decir, con la ganadería tratada en el Libro II y se señala cómo ésta genera muchas más riquezas, al tiempo que se considera una actividad noble frente a la humildad de los *pastiones* de las *villae*, a menudo consideradas como una actividad secundaria en relación con la agricultura
Quae ipsa pars duplex est, tametsi ab nullo satis discreta, quod altera est villatica pastio, altera agrestis. Haec nota et nobilis, quod et pecuaria appellatur, et multum homines locupletes ob eam rem aut conductos aut emptos habent saltus; altera villatica, quod humilis videtur, a quibusdam adiecta ad agri culturam, cum esset pastio, neque explicata tota separatim, quod sicam, ab ullo.

una vuelta al campo de unos hombres que, no necesitándolo ya para su propia subsistencia, han puesto su mirada en la ciudad[351]. Y la única manera de que esos hombres vuelvan a gozar de la plenitud que sólo se consigue en el campo es hablándoles en un lenguaje que conocen: el economicista[352], que no utiliza

---

351 Véase II, *pr.* 1-3, como ejemplo de las numerosas referencias en Varrón al cambio operado por los nuevos tiempos:
Viri magni nostri maiores non sine causa praeponebant rusticos Romanos urbanis. Ut ruri enim qui in villa vivunt ignaviores, quam qui in agro versantur in aliquo opere faciendo, sic qui in oppido sederent, quam qui rura colerent, desidiosiores putabant. Itaque annum ita diviserunt, ut nonis modo diebus urbanas res usurparent, reliquis septem ut rura colerent. Quod dum servaverunt institutum, utrumque sunt consecuti, ut et cultura agros fecundissimos haberent et ipsi valetudine firmiores essent, ac ne Graecorum urbana desiderarent gymnasia. Quae nunc vix satis singula sunt, nec putant se habere villam, si non multis vocabulis retinniat Graecis, quom vocent particulatim loca, procoetona, palaestram, apodyterion, peristylon, ornithona, peripteron, oporothecen. Igitur quod nunc intra murum fere patres familiae correpserunt relictis falce et aratro et manus movere maluerunt in theatro ac circo, quam in segetibus ac vinetis, frumentum locamus qui nobis advehat, qui saturi fiamus ex Africa et Sardinia, et navibus vindemiam condimus ex insula Coa et Chia.

352 De las tres actividades parece que la que más riqueza genera es la ganadería, de ahí que desde los orígenes se relacionen riqueza y ganadería, como señala Varrón:
Non idem, quod multa etiam nunc ex vetere instituto bubus et ovibus dicitur, et quod aes antiquissimum quod est flatum pecore est notatum [...] *est scientia pecoris parandi ac pascendi, ut fructus quam possint maximi capiantur ex eo, a quibus ipsa pecunia nominata est; nam omnis pecuniae pecus fundamentum* (II, 1, 9-11),
incluso cuando una desplace a la otra por un exceso de ambición y la ignorancia de lo que sucedía en los tiempos pasados:
Itaque in qua terra culturam agri docuerunt pastores progeniem suam, qui condiderunt urbem, ibi contra progenies eorum propter avaritiam contra leges ex segetibus fecit prata, ignorantes non idem esse agri culturam et pastionem. Alius enim opilio et arator, nec, si possunt in agro pasci armenta, armentarius non aliud ac bubulcus. Armentum enim id quod in agro natum non creat, sed tollit dentibus; contra bos domitus causa fit ut commodius nascatur frumentum in segete et pabulum in novali (II, *pr.* 4).

como mero recurso, porque probablemente él también creía en esta perspectiva.

Es, precisamente, la constatación de este elemento fundamental[353] de la obra de Varrón el que me lleva a valorar el libro III también en esos términos. Polara lo hace así entendiendo que las *venationes* fueron un fenómeno económico, pero, en mi opinión, no da un paso más y es aplicar el hecho económico en tiempos de Varrón a lo que *ad venationem pertinet*. Si lo hacemos, nos daremos cuenta de que los animales que pueden criarse encerrados dentro o en las inmediaciones de la villa, los leporarios *afficta villae*, de III, 3, 2, debido a su naturaleza salvaje, ofrecen diferente interés a Varrón, desde el punto de vista económico, que el resto de los animales que se pueden criar en una granja. El análisis que he realizado de los textos en los que aparecen las palabras *venatio, venationes, venaticum* así lo demuestran: excepto las abejas, apenas caracoles, lirones y liebres tienen algo de entidad económica. El resto –jabalíes, cabras, ciervos- no parecen aportar una función económica significativa, quizá porque tendrían una finalidad básicamente de recreo.

No basta para pensar de otra manera, a mi juicio, la referencia a las ganancias que se pueden obtener por criar jabalíes en cautividad frente a los que se obtienen por la caza de los salvajes (III, 13, 1). Es curioso cómo se utilizan dos adjetivos *captivos* y *cicuris* para referirse a los animales cazados y nacidos en cautividad (*cicuris* se traduce por mansos amaestrados[354]); si hubiera sido una actividad económicamente rentable en el conjunto de las que el autor estudia –aviarios, leporarios, piscinas-, Varrón

[353] En el sentido de fundamento; además de la preocupación derivada de lo que parece pudo ser una pérdida de la importancia de la actividad agrícola frente a la ganadera como podría desprenderse del último texto citado en la nota anterior.

[354] También se habla de los cerdos nacidos en la granja en Varrón III, 2, 11: *Et num pluris tu e villa illic natos verres lanio vendis, quam hinc apros macellario Seius?* cuando compara las dos formas diferentes de crianza de animales en las *villae* de Seyo y Axio.

habría dedicado más tiempo a informar sobre los cuidados de estos animales que la brevísima referencia a cómo se les da de comer, del mismo modo que hace con el resto de animales, o como hace Columella en IX[355].

Pensemos, además, que Varrón quiere hablar de todo ello *porque no se ha hablado antes*, luego su propósito a la hora de escribir el tratado es ser el primero que se dedique a exponer no sólo la utilidad del conocimiento de las técnicas para la cría de los animales en el entorno de la *villa*, sino las propias técnicas. La falta de detalle en relación con los animales *venaticum* me hace pensar que en tiempos de Varrón la cría de animales *ferae* para su venta y consumo, como explotación económica, no estaba demasiado extendida, siendo mayoritaria su finalidad de ocio en aquellos casos en los que se tenían animales salvajes dentro de las *villae* o fundos. Parece, más bien, un recurso económico limitado el que se obtenga por esta vía, existente, sin duda, y dirigido por algunos *domini*[356], pero limitado. En cualquier caso, lo que se dice en III, 13, 1 es que es un negocio equiparable al que se pueda obtener

---

355 Tampoco se puede extraer mucho más de la referencia a las personas dedicadas al cuidado de los tres establecimientos para la cría: los *aucupes, venatores* y *piscatores*, que no sólo deben ocuparse de hacerse con los que están en estado salvaje, sino también comprar madres para facilitar la reproducción, puesto que la propia referencia es conjunta a todos ellos (Varrón III, 3, 4).

356 Ver las referencias a la actividad de Seyo citadas. Como ejemplo:
Itaque Seius iis dat in menses singulos hordei singulos modios, ita ut in fetura det uberius, antequam salire incipiant. In has a procuratore ternos pullos exigit eosque, cum creverunt, quinquagenis denariis vendit, ut nulla avis hunc assequatur fructum (Varrón, *re.rust.* III, 6, 3).
Señala Verboven cómo "The arrangement may have applied to M. Seius´s procurator, who according to Varro had been commissioned to raise three fowls for every peacock hen and sell them for 200 denarii each. Obviously, if Seius's procurator was allowed to keep the difference if he obtained a higher price, the arrangement was extra-legal and Seius's procurator could have been forced to render the extra money he had made", VERBOVEN, K., *The Economy of Friends. Economic Aspects of Amicitia and Patronage in the Late Republic, Latomus*, 2002, p. 252.

con la venta de animales salvajes cazados en estado salvaje, es decir, que en los mercados no habría distinción en cuanto a los beneficios por las ventas de estos animales, independientemente de su sistema de cría, lo que sí ocurre, por ejemplo, en nuestros días.

De hecho, la comparación con Seyo en III, 2 viene a partir de que se ha puesto en duda que la *villa* de éste sea una verdadera *villa*[357] para concluir que *debet vocari villa, in qua propter pastiones fructus capiuntur magni*, de igual modo que *recte villa appellatur* al fundo de Axio en Rósea debido a los productos que se sacan de él con la cría de animales[358]. En realidad, Varrón, con la comparación entre la *villa* de Seyo y la de Axio, plantea las dos maneras diferentes de producción de las *villae*[359], una extensiva, que se relaciona con lo que ha sido, probablemente, la forma de producción habitual en las partes de la finca dedicadas a la explotación: territorios extensos donde los animales pueden alimentarse sin que el hombre tenga que proporcionales alimentos de manera externa

> *Quid igitur, inquit, est ista villa, si nec urbana habet ornamenta neque rustica membra? [...] Quid? inquit, si propter pastiones tuus fundus in Rosea probandus sit, et quod ibi pascitur pecus ac stabulatur, recte villa appellatur, [...] et hic aprum glans cum pascit empticia, facit pinguem, illic gratuita exilem* (Varrón, *re.rust.* III, 2, 9-12)

---

357 Varrón, *re.rust.* III, 2, 9,
Axius aspicit Merulam et, Quid igitur, inquit, est ista villa, si nec urbana habet ornamenta neque rustica membra?

358 La idea es que si a la *villa*/fundo de Axio en Rósea se le puede dar ese nombre, también a la de Seyo, aunque no tenga ese doble carácter de casa de campo y urbana -*nihilo minus esse villam eam quae esset simplex rustica, quam eam quae esset utrumque, et ea et urbana*, también III, 2, 10-13.

359 Más allá de la constatación de sus componentes, explotación agrícola y de lujo, el que esté situada en el campo, como señala Guiraud; según este autor, los interlocutores de Varrón son bastante informales y poco precisos en sus comentarios, cfr. p. 60, comentario al libro III, chap. 2 de Varrón, n.15, en *Varrón. Économie rurale. Livre III*...cit.

y otra intensiva, en la que no hay cabida para una *pars urbana* de la *villa* en la que hay adornos de cuadros, estatuas de bronce o mármol, sino a aquellas estancias dedicadas a la producción concreta y lugares en lo que se encierra y engorda a los animales con alimentos comprados

> *tabulam pictam, signum aheneum aut marmoreum, torcula vasa vindemiatoria aut serias olearias aut trapetas, glas empticia* (Varrón, *re.rust.* III, 2, 8)
>
> *[...] haec quoque simili de causa debet vocari villa, in qua propter pastiones fructus capiuntur magni* (Varrón, *re.rust.* III, 2, 10)

Son, en definitiva, las *agreste pastiones* y las *villaticum pastiones*[360], respectivamente, dos modos de producción diferentes, y Varrón va a dedicar su estudio a la segunda (*de villaticis pastionibus*) –Libro III-, debido, fundamentalmente, a que esta producción puede llegar a ser mucho más rentable que la extensiva:

> *et ideo ex iis pastionibus ex una villa maioris fructus capere, quam alii faciunt ex toto fundo*, (Varrón, *re.rust.* III, 12, 13).

La búsqueda del beneficio económico podría ser una actividad reciente en la época en la que Varrón escribe su tratado; no quiero decir con esto que no existiera ya una rentabilidad económica en estas actividades, sino que en época de Varrón no era de las dimensiones que pudo adquirir después, cuando Plinio habla, por ejemplo, de los viveros de peces; hay que pensar que la prohibición de determinados alimentos en los banquetes se produce por el excesivo coste de estos, lo que apunta a una escasez de los mismos y su consiguiente precio elevado[361]. Una actividad en expansión, todavía no extendida suficientemente, lo que provoca la conveniencia de un tratado en el que se presente la nueva forma de explotación intensiva como una manera eficaz de obtener be-

---

[360] Varrón III, 2, 13.

[361] Varrón III, 2, 16.

neficios[362]; estos beneficios se alcanzarían a través de la cría de animales en vivarios, aunque en el tratado de Varrón se distingan unos animales más productivos que otros en el tratamiento que les da a efectos de los cuidados necesarios.

De todo lo visto, creo que no se puede deducir, como hace Polara, que con el término *venationes* Varrón esté haciendo referencia a un fenómeno económico consistente en la cría de animales salvajes procedentes o fruto de la caza, sino que se refiere a los propios animales que integran habitualmente las unidades, productivas o no, en las que los *domini*, por distintas razones, los crían, esto es, los leporarios.

Para cerrar este análisis sobre la utilización de las voces estudiadas, quiero recordar cómo en el *de lingua latina* de Varón no encontramos referencias a la voz *venaticum, venationes, venatio.* Sí a *venatores* que, por otro lado, nada aclara en relación con nuestro tema[363].

Cabe hacer una última y breve consideración al capítulo 17, con 10 fragmentos, que sirve de cierre al libro III y trata someramente el último de los aspectos de los que se había anunciado que se iba a hablar: el tercer acto, el cuidado y cría de peces.

---

362 En expansión y en continua experimentación; así, el leporario como herramienta para la cría de animales en constante evolución: Varrón III, 12, 5, aquí deja de ser el único sitio para criar liebres porque recientemente se ha demostrado que engordan fácilmente encerradas en jaulas (estabulación)
Hos quoque nuper institutum ut saginarent plerumque, cum exceptos e leporario condant in caveis et loco clauso faciant pingues.

363 Varrón, *de ling. lat.* V, 94,
Haec si minus aperta vindemiator, vestigator et venator, tamen idem, quod vindemiator vel quod vinum legit dicitur vel quod de viti id demunt; vestigator a vestigiis ferarum quas indagatur; venator a vento, quod sequitur cervum ad ventum et in ventum,
sobre la etimología de *venator*, en una explicación según la cual, viene de viento, porque el cazador persigue el ciervo contra y en el viento.
Tampoco se encuentra en Festo indicios del término *venatio* ni relacionados con él.

Dos ideas sobresalen de la lectura de este capítulo: en primer lugar, las diferencias entre viveros, los de la plebe, de agua dulce, que se preparan para obtener ganancias, claramente destinados al consumo de un público general y los de los nobles, de agua salada, que no sólo no aportan ganancias, sino que generan pérdidas:

> *et potius marsippium domini exinaniunt, quam implent. Primum enim aedificantur magno, secundo implentur magno, tertio aluntur magno* (Varrón, *re.rust.* III, 17, 2)

y que no están destinados al consumo, ni propio ni ajeno

> *Quintus Hortensius, familiaris noster, cum piscinas haberet magna pecunia aedificatas ad Baulos, ita saepe cum eo ad villam fui, ut illum sciam semper in cenam pisces Puteolos mittere emptum solitum,* (Varrón, *re.rust.* III, 17, 5).

De nuevo sale a escena Quinto Hortensio, personaje dibujado como un hombre de gustos exquisitos, no faltos de una cierta excentricidad puesta de manifiesto por Varrón en sus comentarios: fijémonos en la alusión a que cuida más la alimentación de sus peces que la de sus esclavos

> *Atque, ille inquit, non minor cura erat eius de aegrotis piscibus, quam de minus valentibus servis* (Varrón, *re.rust.* III, 17, 8),

o en los gastos en la construcción de un canal subterráneo para hacer llegar a sus peces agua de mar dos veces al día a través de una esclusa, lo que le había costado toda su fortuna

> *In Baiano autem aedificans tanta ardebat cura, ut architecto permiserit vel ut suam pecuniam consumeret, dummodo perduceret specus e piscinis in mare obiecta mole, qua aestus bis cotidie ab exorta luna ad proximam novam introire ac redire rursus in mare posset ac refrigerare piscinas* (Varrón, *re.rust.* III, 17, 9)

A modo de conclusión se puede decir que, siendo el leporario el lugar donde se encierra a animales salvajes, este podía tener dos finalidades, la económica/productiva y de mero placer. *Venatio-is* es un término ambivalente que puede ser utilizado para referirse a la caza como actividad y para designar a todos aquellos animales salvajes de los que el hombre se puede apoderar, habitualmente, mediante el ejercicio de la caza. Quedarían incluidos los caracoles, lirones y abejas, porque también son *extra villam* (*e venatione, ad venationem pertinet*).

También se encuentra, en plural, el término *venationes* referido a las cacerías, en concreto juegos en la arena con animales salvajes que, a partir de un cierto momento, provienen de las provincias africanas. Sería, por tanto, un tipo de *ludus* que se exhibiría en los espacios destinados al efecto.

Por último, *venaticum* es un adjetivo que se aplica a todos aquellos animales que están en los leporarios, es decir animales salvajes con la doble finalidad vista. Su cualidad es ser cazables o haber sido objeto de caza; provendría de la característica común de ser todos ellos *extra villam*, pero poder encontrarse *in villam* o *ad villam* por la finalidad de explotación o de placer, es decir, en un leporario.

El común denominador de todos es ser animales salvajes. Y a ellos se les aplica el adjetivo cazables o propios de la caza (*venaticum*) aunque algunos de ellos (caracoles, lirones y abejas) no sean obtenidos con las artes propias de la caza. Sin embargo, su consideración de animales salvajes prima sobre otras y hace que se extienda sobre ellos el adjetivo *venaticum* o el sustantivo *venatio*, que se convierte en un nombre genérico (sustantivo colectivo) para designar a estos tipos de animales, expresando una cualidad de los animales, un indicativo de la característica de estos como animales cazables y, por tanto, apropiables por ocupación a través del ejercicio de la caza habitualmente o cualquier otro medio de captura; este sería el sentido de Varrón III, 14, 1.

¿Escaparon animales salvajes a esta consideración de *venaticum*? Varrón habla, por ejemplo, de *gallinae rusticae* comparándolas con las *villaticae*. Realmente, Varrón no hace, en ningún caso, un elenco taxativo de los animales que se pueden considerar *venaticum*, pero además, la idea principal sobre la que giran las distinciones entre los animales que conforman cada uno de los espacios cerrados -aviarios, leporarios y piscinas- es la división entre animales que, perteneciendo al mismo género, pueden dividirse en especies en función de las diferencias morfológicas o de hábitat entre unos y otros, conocidas, por otro lado, por cualquiera: por un lado, los que no solo viven en la tierra, sino también en el agua, como los patos o los gansos; los animales grandes, de caza "propiamente dichos", frente a los animales pequeños (lirones, abejas y caracoles), que se sustraen a las artes habituales de caza pero que tienen que ser capturados igualmente; y los animales acuáticos, que se distinguen entre los de agua dulce y agua salada[364].

Por último, creo que es reseñable la ausencia del término *venatio* en todo el capítulo 12, es decir, allí donde se anuncia que se va a hablar de los leporarios y de los animales en él incluidos, salvo en la expresión comentada donde, por otro lado, queda claro que se refiere a caza como actividad –*saeptum venationis*-; tampoco en el 13, salvo la expresión *venationes* en el sentido clásico de espectáculos en el circo, y no se vuelve a utilizar más. Resulta extraño, en mi opinión, que, si con *venationes/venatio* se quisiera aludir a las explotaciones productivas, no se use más la palabra cuando se habla de ellas; en realidad, es extraño que no se use nunca para referirse a ellas.

§ 2. Columela

Columela dedica el Libro IX de su *de re rustica* al cuidado de los *pecudes silvestres*, es decir, en palabras del propio autor, a las *villaticas pastiones* en las que, antiguamente, se encerraban gazapos

---

364 *Gallinae rusticae sunt in urbe rarae nec fere nisi mansuetae in cavea videntur Romae, similes facie non his gallinis villaticis nostris, sed Africanis. Aspectu ac facie incontaminatae in ornatibus publicis solent poni cum psittacis ac merulis albis, item aliis id genus rebus inusitatis. Neque fere in villis ova ac pullos faciunt, sed in silvis* (Varrón, *re.rust.* III, 9, 16-17).
Hay que observar la dificultad puesta de manifiesto por Varrón en que este tipo de animales puedan poner huevos dentro de la *villa.*

y cabras salvajes en viveros construidos al efecto tanto para recreo de la vista del dueño, como para su alimento; sin embargo, en el tiempo en el que escribe el de Gades, la destinación de estas a la manutención del dueño de la *villa* deja de ser remarcable, habiendo sido sustituido por la finalidad de la explotación económica de la cría de los animales. Las características puestas de manifiesto por Columela son las siguientes:

Se trata de animales salvajes: *pecudum silvestrium/ferae pecudes*, a los que se les da el nombre de *venatio*. A ellos se asimilan las abejas las cuales, al igual que sucedía en Varrón, reciben un régimen independiente y más extenso en cuanto al estudio de su cuidado

> *Venio nunc ad tutelam pecudum silvestrium et apium educationem: quas et ipsas, Publi Silvine, villaticas pastiones iure dixerim, siquidem mos antiquus lepusculis capreisque, ac subus feris iuxta villam plerumque subiecta dominicis habitationibus ponebat vivaria, ut et conspectu sui clausa venatio possidentis oblectaret oculos, et quum exegisset usus epularum, velut e cella promeretur* (Columela, *de re rust.* IX, 1, 1)

Los animales son encerrados -*clausa/clauduntur*- en recintos de mayor o menor extensión: *vivaria*, según el *mos antiquus*, o bosques -*nemus/silvae*-; en cualquiera de los casos, cercanos a la *villa* –*iuxta villam, proximus aedificio loci situs, vicinum villae*-, puesto que resulta muy importante que no estén lejos de la vista del dueño. Y en cualquiera de los dos casos, reciben el nombre de *vivarium* (Columela, IX, 1, *passim*). La finalidad de estas *villatica pastiones* puede ser tanto la de recreo como la económica; de ambas se predica la necesidad de cercanía al dueño, tanto en los *vivaria* antiguos como en los modernos construidos en la época de Columela, ya sea en los bosques en los que se encierran estos animales.

> *Ferae pecudes, ut capreoli, dammaeque, nec minus orygum cervorumque genera et aprorum, modo lautitiis ac voluptatibus dominorum serviunt, modo quaestui ac reditibus. Sed qui venationem voluptati suae claudunt, contenti sunt, utcumque competit proximus aedificio loci situs, munire vivarium, semperque de manu cibos et aquam praebere: qui vero quaestum reditumque desiderant, quum est vicinum villae nemus (id enim refert non procul esse ab oculis*

> *domini), sine cunctatione praedictis animalibus destinant* (Columela, *de re rust.* IX, 1, 1)

Como se puede ver, el tipo de animales encerrados, además de pequeñas liebres y cabras de otras épocas anteriores, que se mantienen en el momento en el que escribe Columela

> *De minoris autem incrementi animalibus qualis est lepus* (Columela, *rei.rust.*, IX, 1, 8),

incluye a corzos, gamos, órices, ciervos y jabalíes; en cualquier caso, son todos animales salvajes.

En cuanto al tipo de cerramiento, este está relacionado, en gran medida, con el destino o finalidad que se le dé al *vivarium*. Si es para recreo y placer del dueño, no se dedica demasiada atención al sistema de cierre empleado para retener a los animales

> [...] *contenti sunt, utcunque competit proximus aedificio loci situs, munire vivarium, semperque de manu cibos et aquam praebere* (Columela, *de re rust.* IX, 1, 1);

igualmente, ellos mismos les dan de comer y beber a mano, es decir, artificial o, si se prefiere, personalmente. Si es para obtener ganancias como explotación económica, deberán cercarse los espacios destinados a los animales –bosques cercanos a la *villa*–. El tamaño del vivario no tiene por qué depender de la capacidad económica del dueño de la explotación, ya que Columela señala algún tipo de cerramiento como la *vacerras*, que son más económicas frente a los que implican obra de mampostería, lo que permite circundar enormes extensiones de terreno:

> *[...] ac si lapidis et operae vilitas suadeat, haud dubie caementis et calce formatus circumdatur murus; sin aliter, crudo latere ac luto constructus. Ubi vero neutrum patrifamiliae conducit, ratio postulat vacerris includi: sic enim appellatur genus clatrorum: idque fabricatur ex robore querceo, vel subereo. Nam oleae rara est occasio. Quidquid denique sub iniuria pluviarum magis diuturnum est, pro conditione regionis ad hunc usum eligitur. Et sive teres arboris truncus, sive ut crassitudo postulavit, fissilis stipes compluribus lo-*

> *cis per latus efforatur, et in circuitu vivarii certis intervenientibus spatiis defixus erigitur: deinde per transversa laterum cava transmittuntur ramices, qui exitus ferarum obserent. Satis est autem vacerras inter pedes octonos defigere, serisque transversis ita clatrare, ne spatiorum laxitas, quae foraminibus intervenit, pecudi praebeat fugam. Hoc autem modo licet etiam latissimas regiones tractusque montium claudere, sicuti Galliarum nec-non et in aliis quibusdam provinciis locorum vastitas patitur* (Columela, *de re rust.* IX, 1, 2-4).

A lo largo de este libro IX, 1 (y prefacio), Columela no habla nunca de leporarios, sólo de vivarios, utilizando esta expresión en siete ocasiones: *ponebat vivaria* (IX, prefacio); *munire vivarium,* (IX, 1, 1); *in circuitu vivarii* (IX, 1, 3); *totum vivarium cunctantis* (IX, 1, 6); *custos vivarii* (IX, 1, 7); *ut in iis vivariis* (IX, 1, 8); *in vivarium* (IX, 1, 9). El término se utiliza para indicar tanto los cerramientos realizados según los antiguos, como en el momento en el que escribe el autor; tanto cerramientos para animales grandes como para pequeños; tanto cerramientos destinados al placer como a la ganancia económica. Se podría deducir que la palabra *vivarium,* por no tener las connotaciones de origen de leporario, se convierte en la época de Columela en el término genérico para designar los espacios acotados para la cría de animales con una finalidad productiva.

Utiliza Columela el término *pecudes* para referirse a los animales que integran los *vivaria* en dos ocasiones, también como genérico. En realidad, a lo largo de su obra *pecudes* es utilizado genéricamente como sinónimo de ganado –colectivo- o animales, con carácter general; sirva como ejemplo, además de otras muchas referencias las siguientes:

> *Sedes apium collocanda est contra brumalem meridiem procul a tumultu, et coetu hominum ac pecudum, nec calido loco, nec frigido* (Columela, *de re rust.* IX, 5, 1),

donde se compara hombres y animales o ganado;

> *Nec minus quotidie corpora pecudum quam hominum defricanda sunt* (Columela, *de re rust.* VI, 30, 1),

donde *pecudum* se refiere a los caballos, pero se utiliza como *animal* para compararlo a los hombres;

> *Ea res omnem pituitam per nares elicit, et pecudem expurgat,* (Columela, *de re rust.* VI, 34, 2)

como animal;

> *Nec tamen aliter admittendus est etiam clementioris libidinis, quoniam multum refert naturaliter sopitum pecudis ingenium modica exercitatione concuti atque excitari, vegetioremque factum marem... quam sunt nobis equarum* (Columela, *de re rust.* VI, 37, 2),

como animal;

> *Epicharmus autem Syracusanus, qui pecudum medicinas diligentissime conscripsit, affirmat pugnacem arietem mitigari terebra secundum auriculas foratis cornibus, qua curvantur in flexum. Eius quadrupedis aetas ad progenerandum optima est trima,* (Columela, *de re rust.* VII, 3, 5-6),

como ganado, aunque venía hablando de machos cabríos y carneros. Como se puede comprobar se les denomina, también genéricamente, como cuadrúpedos en una terminología que se repite a lo largo de los libros que componen su obra. Son sólo algunos casos, pero hay muchos más.

En realidad, por lo que interesa a este estudio, *pecudes* se relaciona con los *vivaria* en la medida en que los animales que se integran en estos son *silvestri,* salvajes o, si se prefiere, silvestres; además de las referencias ya vistas en IX, *pr.*, -*pecudum silvestrium*- y en 1, 1, -*ferae pecudes*-, también la comparación entre *domestici pecudes* y *silvestres pecudes* aparece recogida naturalmente en Columela:

> *Sed in his tam discordantibus votis est tamen quaedam societas atque coniunctio: quoniam et pabulum e fundo plerumque domesticis pecudibus magis quam alienis depascere ex usu est, et*

> *copiosa stercoratione, quae contingit e gregibus, terrestres fructus exuberant* (Columela, *de re rust.* VI, *pr.*)[365];

o más significativamente en IX, 1, 5-6 cuando se explica que los salvajes se alimentan prácticamente igual que los domésticos:

> *Nam eadem fere sunt pecudum silvestrium pabula, quae domesticarum,*

incluida la referencia a los amansados cuando se introduce en IX, 1, 6, junto a los salvajes, su referencia como *tertium genus*:

> *Idque ut intelligant ferae praeberi, unam vel alteram domi mansue-factam conveniet immittere, quae pervagata totum vivarium cunctantes ad obiecta cibaria pecudes perducat.*

---

365 En la tensión agricultura/ganadería, Columela utiliza prácticamente los mismos argumentos que Varrón al comienzo de su libro II para justificar la diferencia y, al mismo tiempo, la unión colaborativa entre ambas ciencias.

Columela VI, *pr.*,1-3:

Scio quosdam, Publi Silvine, prudentes agricolas pecoris abnuisse curam, gregariorumque pastorum velut inimicam suae professionis disciplinam constantissime repudiasse. Neque infitior id eos aliqua ratione fecisse, quasi sit agricolae contrarium pastoris propositum: cum ille quam maxime subacto et puro solo gaudeat, hic novali graminosoque; ille fructum e terra speret, hic e pecore; ideoque arator abominetur, at contra pastor optet herbarum proventum. Sed in his tam discordantibus votis est tamen quaedam societas atque coniunctio: quoniam et pabulum e fundo plerumque domesticis pecudibus magis quam alienis depascere ex usu est, et copiosa stercoratione, quae contingit e gregibus, terrestres fructus exuberant.

Varrón, II, *pr.*,5:

Alia, inquam, ratio ac scientia coloni, alia pastoris: coloni ea quae agri cultura factum ut nascerentur e terra, contra pastoris ea quae nata e pecore. Quarum quoniam societas inter se magna, propterea quod pabulum in fundo compascere quam vendere plerumque magis expedit domino fundi et stercoratio ad fructus terrestres aptissima et maxume ad id pecus appositum, qui habet praedium, habere utramque debet disciplinam, et agri culturae et pecoris pascendi, et etiam villaticae pastionis. Ex ea enim quoque fructus tolli possunt non mediocres ex ornithonibus et leporariis et piscinis.

El resto de la información proporcionada por Columela es, básicamente, muy similar a la que nos da Varrón. No obstante, siendo la obra de Columela más escueta en extensión en relación con esta temática, les dedica mayor detenimiento a los sistemas de cerramiento de los vivarios que Varrón, especialmente el llamado de *vacerras*[366]. Por lo demás, destaca la idea, también manifestada en Varrón, de que los *vivarii/leporaria* deben encontrarse cercanos o adjuntos a la *villa*, incluso si se trata de extensiones mayores, como bosques, estos deben estar cerca de la vista del dueño. La necesidad de la *afficta villae* varroniana se recoge en el *iuxta villam, in villam* o *circa villam* de Columela. Y es que los dos, están hablando de las *villaticas pastiones*:

> *Quippe villaticae pastiones, sicut pecuariae, non minimam colono stipem conferunt, cum et avium stercore macerrimis vineis et omni surculo atque arvo medeantur; et eisdem familiarem focum mensamque pretiosis dapibus opulentent; postremo venditorum animalium pretio villae reditum augeant. Quare de hoc quoque genere pastionis dicendum censui. Est autem id fere vel in villa, vel circa villam. In villa est, quod appellant Graeci ὀρνιθῶνας καὶ περιστερεῶνας; atque etiam eum datur liquoris facultas ἰχθυοστροφεῖα sedula cura exercentur. Ea sunt omnia, ut Latine potius loquamur, sicut avium cohortalium stabula, nec minus earum, quae conclavibus saeptae saginantur, vel aquatilium animalium receptacula. Rursus circa villam ponuntur μελισσῶνες καὶ χηνοτροφεῖα, quin etiam λαγοτροφεῖα studiose administrantur, quae nos similiter appellamus apum cubilia, apiaria, vel nantium volucrum, quae stagnis piscinisque laetantur, aviaria, vel etiam pecudum silvestrium, quae nemoribus clausis custodiuntur, vivaria.* (Columela, *de re rust.* VIII, 1, 1-4)

---

366 Varrón se limita a señalar, dándolo por sabido por todos, que los *saepta* deben estar rodeados por muros altos y bien construidos, con escondites para las liebres y árboles con buenas copas que impidan que las aves rapaces entren a coger sus presas (III, 12, 3-7). Varrón se refiere en este pasaje fundamentalmente a las liebres y no al resto de animales; no hay que olvidar que, incluso cuando habla del sistema nuevo de engorde de estas en jaulas, tampoco da muchas más explicaciones.

O, a modo de cierre en IX, 16, 2:

> *Sed iam consummata disputatione de villatici pecudibus atque pastionibus, quae reliqua nobis rusticarum rerum pars subest, de cultu hortorum, Publi Silvine, deinceps ita, ut et tibi et Gallioni nostro complacuerat, in carmen conferemus*

Son ideas básicas que se repiten en ambos autores: *villaticas pastiones, in villam, afficta villam, circa villam, extra villam, leporarium, vivarium, ferae bestiae, pecudum silvestrium* y la idea del beneficio económico de estas explotaciones frente a una finalidad en los primeros tiempos de recreo y/o de autoconsumo, porque, en definitiva, sobre ellas gira el tratado. La necesidad o conveniencia de cuidados adicionales para este tipo de animales encerrados en extensiones más o menos grandes de terreno es uno de los datos reveladores de su dimensión económica; en Columela, que escribe bastantes años después que Varrón, ya ni siquiera hay referencia a lo que eran los vivarios/leporarios en tiempos pasados. Directamente se explica qué cuidado hay que dar a estos animales.

Se diferencia Columela de Varrón a la hora de hablar del *custos vivarii* y su encargo expreso de vigilar el envejecimiento de los animales a efectos de ponerlos a la venta antes de que dejen de ser rentables económicamente[367], así como el facilitarles comida más allá de lo que pueda ofrecerles la naturaleza del bosque en el que se encuentran, a la que habrá que ayudar en el invierno y en épocas de cría de los animales por parte de las hembras. Para ello, tendrá que ocuparse de una función fundamental cual es el haber amansado a algunos animales que sirvan de guía al resto de animales salvajes para llegar a la comida que se les facilita externamente

> *Idque ut intelligant ferae praeberi, unam vel alteram domi mansuefactam conveniet immittere, quae pervagata totum vivarium cunctantes ad obiecta cibaria pecudes perducat* (Columela, *de re rust.* IX, 1, 6).

---

367 Como pensaba Catón de los esclavos, según Plutarco, *Cat.*, 4, 5.

El texto resulta de especial interés porque refleja cómo una *fera* no pierde su naturaleza salvaje ni por haber sido encerrada ni por nacer en cautividad, sino que el haber sido *mansuefacta* le hace desarrollar unas características que le permiten vivir bajo el dominio del hombre.

Analizaré a continuación, como he hecho con Varrón, los textos de Columela en los que aparecen los términos que dan título a este capítulo.

(*Venatio*)

Columela utiliza el término *venatio* en dos ocasiones: la primera, en nominativo, en el prefacio,

> *ut et conspectu suo clausa venatio possidetis oblectaret oculos, et cum exegisset usus epularum, vellut et cella promeretur* (Columela, *de re rust.* IX, *praef.*),

donde está relacionado con las pequeñas liebres, las cabras salvajes y los jabalíes –*lepusculis, capreisque, ac subus feris*- del *mos antiquus.*

La segunda, en IX, 1, 1, en acusativo:

> *Sed qui venationem voluptati suae claudunt, contenti sunt, utcumque competit proximus aedificio loci situs, munire vivarium, semperque de manu cibos et aquam praebere: qui vero quaestum reditumque desiderant, quum est vicinum villae nemus (id enim refert non procul esse ab oculis domini), sine cunctatione praedictis animalibus destinant*

que se relaciona con la frase que da inicio al fragmento citado:

> *Ferae pecudes, ut capreoli, damacque, nec minus orygum cervorumque genera et aprorum,*

es decir, los tipos de animales que en el momento en el que escribe Columela se encuentran, normalmente, en los vivarios, ya sean de placer o económicamente rentables.

El término, en consecuencia, se encuentra utilizado siempre en relación con los animales salvajes o silvestres –*pecudes silvestrium*–, de los que se predica su condición de animales cazados o cazables, objeto de caza. La expresión *venatio* o *venationem* se refiere a un tipo de animales que pueden integrar el vivario y que tienen la cualidad de ser objeto de caza. Se usa, por tanto, el término como sustantivo colectivo, como también en la actualidad, que aglutina a un número diverso de animales, lo que se puede denominar animales de caza, o caza en general. Por eso se utiliza en singular: la caza está cerrada en un vivario y sirve tanto para recreo, como para ser servidos en un banquete, como para constituir réditos económicos en una explotación, finalidad esta última que queda también puesta de manifiesto en la obra de Columela. No se refiere, en ningún caso a la actividad de cazar, sino a la característica de los animales de ser cazables u objeto de caza. *Venatio*, en este contexto, tendría el mismo sentido que el *venaticum* que emplea Varrón. Igualmente, es evidente que en los fragmentos vistos el término no se está utilizando en el sentido de criaderos de animales, entendidos como complejos productivos, puesto que hace referencia, en primer lugar, a los animales de caza capturados con una finalidad de un placer cercano al espectáculo de recreo visual.

> (*Venaticus*)
>
> *De villatico igitur et pastorali dicendum est, nam venaticus nihil pertinet ad nostram professionem* (Columela, *de re rust.* VII, 12, 3)

El fragmento se inserta en el capítulo 12 dedicado a los perros. Poco se puede añadir cuando la lectura está tan clara que no ofrece ninguna duda: frente a los perros destinados a la vigilancia de la *villa* (*villae custos*) y aquellos que se tienen como defensa frente a otros animales y de vigilancia del ganado (*pastoralibus* o *pecuarius* VII, 12, 7-8), el tercer género aludiría a los perros de caza, que nada interesan, como dice Columela, al tratado:

> *Eius autem parandi tuendique triplex ratio est. Namque unum genus adversus hominum insidias eligitur, et id villam, quaeque iuncta sunt villae, custodit. At alterum propellendis iniuriis hominum ac ferarum; et id observat domi stabulum, foris pecora*

> *pascentia. Tertium venandi gratia comparatur; idque non solum nihil agricolam iuvat, sed et avocat, desidemque ab opere suo reddit* (Columela, *de re rust.* VII, 12, 2),

en lo que se podría ver como una llamada de atención a los hombres que se dedican al cuidado del campo para que no se distraigan con la caza, lo que aleja, también en Columela, la utilización de estos términos como sinónimo de explotaciones productivas en el sentido dado por Polara. Otras razones podré aportar en el capítulo siguiente

CAPÍTULO V.

LOS JURISTAS Y SU VISIÓN DEL PROBLEMA

§. 1. Diferentes modos de estar los animales en las villae y régimen jurídico

Los juristas romanos debieron fijarse, indudablemente, en la estructura habitual de las *villae* en las que se incluían *vivarii* para elaborar la construcción jurídica de los mismos y, en este sentido, la naturaleza de los animales y su habitual comportamiento fueron cuestiones tenidas en cuenta para la solución jurídica de las distintas eventualidades en la vida económica del *vivarium*. Sin embargo, el jurista es menos minucioso que el escritor en la toma en cuenta de los animales que entran dentro del ámbito de la *villa*; para empezar, el jurista no distingue entre los animales que se pueden encontrar en un aviario, en un leporario o en un vivero de peces, como hace Varrón, sino en la naturaleza de estos animales. Al segundo le interesa explicar cómo es la cría de estos animales; al primero, qué régimen jurídico le es aplicable.

¿Pensarían ambos en la idea de los animales que son rentables desde el punto de vista económico? La clasificación de los animales hecha por los juristas según el criterio de su naturaleza salvaje, doméstica o amansada tiene la indiscutible finalidad de explicar el régimen del *dominium* sobre los mismos y todos aquellos problemas que pueden surgir en relación con la pérdida y subsiguiente adquisición del animal por parte de otras personas. A Varrón y a Columela les interesa hablar de estos animales para explicar cómo debe funcionar una explotación como actividad económica y a los juristas para poder configurar unas reglas válidas con el mayor carácter general posible. Las explicaciones puntuales que ofrece el jurista son de animales de los que, siendo conocida su rentabilidad, su naturaleza (salvaje, pero con *animus revertendi*) puede dar lugar a dudas en los problemas que surjan relacionados con la propiedad del animal: de ahí que las explicaciones de los juristas sean sobre abejas, pavos y palomas, fundamentalmente, a los que se unen los ciervos, que constituyen una especie de cajón de sastre que engloban a los animales salvajes con *animus revertendi.*

Los animales con la costumbre de volver, como tipo de animal -*mansueti* o *mansuefacti*-, tienen una doble importancia: por un lado, la económica y, por otro, y derivada de esta, los problemas que el comportamiento de un animal causa en relación con la propiedad, animales que se sitúan como un *tertium genus* entre los salvajes indómitos y los domésticos. Son animales que, por su importancia económica derivada de su existencia, cuidado o desaparición, pueden tener consecuencias económicas lo suficientemente importantes como para que el Derecho entrara a considerar las contingencias que pueden concurrir en torno a ellos.

Digo esto porque si se comparan los textos de los juristas en los que se habla de los animales de naturaleza salvaje y de los *mansueti* con los de Varrón, cuando el tratadista analiza los distintos animales que pueden entrar en el ámbito de la *villa,* se puede ver cómo los caracoles y los lirones -animales salvajes indómitos-, no aparecen en la lista de los primeros, siendo, sin embargo, su cría, una más que posible fuente de ganancia; o cómo no aparecen otros animales salvajes que, se sabe, estaban recluidos en espacios cerrados en *villae,* en fundos y en cualquier lugar frecuentado, como demuestra el edicto *de feris* que, no prohibiendo la tenencia de los animales, sí sujeta a sus propietarios a un cuidado especial para que no causen daños a los que frecuentan los caminos[368].

---

368 Aunque la fuente es tardía, las *Sententiae* de Paulo hablan de propietarios o quien tenga la obligación de custodiar:
Feram bestiam in ea parte, qua populo iter est, colligari praetor prohibet: et ideo, sive ab ipsa sive propter eam ab alio alteri damnum datum sit, pro modo admissi

> *"qua vulgo iter fiet, ita habuisse velit, ut cuiquam nocere damnumve dare possit. si adversus ea factum erit et homo liber ex ea re perierit, solidi ducenti, si nocitum homini libero esse dicetur, quanti bonum aequum iudici videbitur, condemnetur, ceterarum rerum, quanti damnum datum factumve sit, dupli"* (D. 21, 1, 42, Ulpiano)

En realidad, los juristas no entran a ofrecer una lista de estos animales salvajes capturados porque se resuelve con una regla de

---

extra ordinem actio in dominum vel custodem datur, maxime si ex eo homo perierit (P.S., 1, 15, 2)
y su *Interpretatio:*
Fera bestia in ea parte, qua populi transeunt vel frequentant, ligari vel custodiri prohibetur, ne aut ipsa aliquem noceat aut terrore eius quolibet casu aliquis ab altero fortasse laedatur. Quod si factum fuerit, in dominum, si hoc praecepit, vel in custodem eius damni vel cuiuscumque laesionis actio non exspectata ordinis sententia revertetur.
Que se permitía la tenencia de animales peligrosos está constatado en épocas más tempranas como se puede comprobar, por todos, en Séneca en *de ira*, 2, 31, 6 donde se habla de animales salvajes amansados que prodigan caricias a sus amos:
Illud ante omnia cogita, foedam esse et execrabilem vim nocendi et alienissimam homini, cuius beneficio etiam saeva mansuescunt. Aspice elephantorum iugo colla summissa et taurorum pueris pariter ac feminis persultantibus terga inpune calcata et repentis inter pocula sinusque innoxio lapsu dracones et intra domum ursorum leonumque ora placida tractantibus adulantisque dominum feras: pudebit cum animalibus permutasse mores.
"[...] el cuello de los elefantes sometidos al yugo, las espaldas de los toros impunemente pisoteadas a la vez por niños y por mujeres que dan saltos sobre ellas [...] las bocas pacíficas antes quienes las acarician de osos y leones dentro de las casas, las fieras acariciando a sus amos" Séneca, *Diálogos. La filosofía como terapia y camino de perfección*, Introducciones, Traducción y Notas de Matías López López, Lleida, 2000, y la referencia que hace el traductor a cómo en sus *Epístolas*, 85, 41, se habla nuevamente de este hecho; cfr. p. 170, n. 135.
Certi sunt domitores ferarum qui saevissima animalia et ad occursum expavescenda hominem pati subigunt nec asperitatem excussisse contenti usque in contubernium mitigant: leonis faucibus magister manum insertat, osculatur tigrim suus custos, elephantum minimus Aethiops iubet subsidere in genua et ambulare per funem.

carácter general; parece que en los textos de los juristas se pretende, por un lado, ofrecer criterios generales, soluciones sobre el *dominium* de los animales según su naturaleza, y en otros se tratan cuestiones puntuales referidas a ciertos animales cuya naturaleza no se discute, pero cuyo régimen jurídico, ligado a su naturaleza, cambia debido a una intervención humana prolongada en el tiempo.

En definitiva, son varias las posibles maneras en las que se encuentra un animal salvaje *–fera bestia–* dentro de una *villa* bajo la dirección y cuidado de un *dominus* y sobre estas diferentes posibilidades se irá construyendo el régimen jurídico.

- Animales capturados y encerrados en jaulas o en un espacio acotado, de los que se tiene perfecta disponibilidad.

Son espacios no excesivamente amplios sobre los que permanece el control del dueño en todo momento, prácticamente. El animal salvaje ha dejado de ser *res nullius* y pasa por ocupación a estar bajo el *dominium* del dueño de la *villa*. En todo caso, se perdería el *dominium* cuando dejan de estar *sub custodia* del dueño y podrían volver a ser ocupados:

> *Itaque si feram bestiam aut volucrem aut piscem ceperimus, simul atque captum fuerit hoc animal, statim nostrum fit, et eo usque nostrum esse intellegitur, donec nostra custodia coerceatur; cum vero custodiam nostram evaserit et in naturalem se libertatem receperit, rursus occupantis fit, quia nostrum esse desinit: naturalem autem libertatem recipere videtur, cum aut oculos nosotros evaserit, aut licet in conspectu sit nostro, difficilis tamen eius persecutio sit* (Gayo, *Inst.* 2, 67),
>
> *Quidquid autem eorum ceperimus, eo usque nostrum esse intellegitur, donec nostra custodia coercetur: cum vero evaserit custodiam nostram et in naturalem libertatem se receperit, nostrum esse desinit et rursus occupantis fit* (D. 41, 1, 3, 2, *res cott.*)
>
> *Naturalem autem libertatem recipere intellegitur, cum vel oculos nostros effugerit vel ita sit in conspectu nostro, ut difficilis sit eius persecutio* (D. 41, 1, 5, *pr. res cott.*)

Respecto de la posesión de animales salvajes encerrados en vivarios o piscinas son importantes los siguientes textos, de los que interesa, ahora, el régimen de la posesión para el supuesto del primer inciso del texto de Paulo; el segundo inciso, y el segundo texto, que examinaré completos y con detalle posteriormente:

> *Item feras bestias, quas vivariis incluserimus, et pisces, quos in piscinas coiecerimus, a nobis possideri. Sed eos pisces, qui in stagno sint, aut feras, quae in silvis circumseptis vagantur, a nobis non possideri, quoniam relictae sint in libertate naturali: alioquin etiam si quis silvam emerit, videri eum omnes feras possidere, quod falsum est* (D. 41, 2, 3, 14, Paulo),
>
> *Si vivariis inclusae ferae in ea possessione custodiebantur, quando usus fructus coepit, num exercere eas fructuarius possit, occidere non possit? alias si quas initio incluserit operis suis vel post sibimet ipsae inciderint delapsaeve fuerint, hae fructuarii iuris sint? [...]* (D. 7, 1, 62, Trifonino),

Por su parte, el Título primero del libro 9 del Digesto ofrece respuesta a los daños causados por un cuadrúpedo (*Si quadrupes pauperiem fecisse dicatur*) y se complementa con algunos fragmentos del Título segundo sobre la *lex Aquilia*. En el primero de ellos se afirma la no pertinencia de la *actio de pauperie* ante aquellos daños ocasionados *por* un animal salvaje que se ha escapado de nuestro poder, así como la posibilidad de que otro lo haga suyo, al haber desaparecido el derecho de propiedad del dueño sobre el animal,

> *In bestiis autem propter naturalem feritatem haec actio locum non habet; et ideo si ursus fugit et sic nocuit, non potest quondam dominus conveniri, quia desinit dominus esse, ubi fera evasit: et ideo et si eum occidi, meum corpus est.* (D. 9, 1, 1, 10 Ulpiano).

En este caso, además, se está contemplando la acción de un animal salvaje, que sería el caso opuesto al supuesto de hecho previsto para la *actio de pauperie* que, en principio, es que el animal se comporte movido por una ferocidad que, en principio, no se corresponde con su naturaleza[369].

---

369 Sobre la *actio de pauperie*, origen, terminología, contenido y su conexión con la responsabilidad noxal por daños causados por animales, ya contemplada desde la ley de las XII Tablas, sin ánimo de exhaustividad, se pueden consultar los siguientes autores y la bibliografía en ellos citadas para una mayor profundidad: BIONDI, B., "Le actiones noxales nel diritto romano classico", *Annali dell'Università di Palermo,* 10, 1925, pp. 1-366; ROBBE, U., "L´actio de pauperie"; Est. *Rivista italiana per le scienze giuridiche,* fasc. III-IV, 1932, p. 327-384; WYLIE, J. K., "A. de pauperie ", *Studi in onore di S. Riccobono,* Palermo 1936; ARANGIO-RUIZ, V., *Enciclopedia Italiana,* I App., 1938, *s.v. pauperies*; DE VISSHER, F. *Le régime romain de la noxalité. De la vengeance collective à la responsabilité individuelle,* Bruxelles, 1947; SARGENTI, M., *Contributo allo studio della responsabilità nossale in diritto romano,* Pavia, 1949; Id. *Limiti, fondamento e natura della responsabilità nossale,* Pavia, 1950; ASHTON-CROSS, D. I. C., "Liability in Roman Law for Damage Caused by Animals", *The Cambridge Law Journal,* 1953, Vol. 11, No. 3, pp. 395-403; MÜLLER, L., *RE,* Supl. X, 1965, *s.v. pauperies,* pp. 521-529; MacCORMACK, G., "On the Third Chapter of the Lex Aquilia", *Irish Jurist* , Vol. 5, No. 1, 1970, pp. 164-178; WATSON, A., "The original meaning of *pauperies*", 1970, pp. 357-367, Available at: https://digitalcommons.law.uga.edu/fac_artchop/391; JACKSON, B. S., "Liability for Animals in Roman Law: An Historical Sketch", *The Cambridge Law Journal,* 1978, Vol. 37,1, pp. 122-143; ANKUM, H., "L´actio de pauperie e l´a. legis Aquiliae dans le droit romain Classique", en *Studi in onore di C. Sanfilippo,* II, Milano, 1982, pp. 13-57; GIANGRIECO PESSI, M. V., *Ricerche sull'actio de pauperie. Dalle XII Tavole ad Ulpiano,* Napoli, 1995; POLOJAC, M., "L'*actio de pauperie* ed altri mezzi processuali nel caso di danneggiamento provocato dall'animale nel diritto romano", *Diritto@storia. Ius Antiquum* 8, 2001, pp. 83-89, www.dirittoestoria.it/iusantiquum/articles/N8Polojac.htm; CASINOS MORA, F. J., "De la *Actio de pauperie* al artículo 1905 del Código Civil Español", *Revista de Historia del Derecho Privado,* 6, 2003, pp. 9-36; ONIDA, P. P.,"Il guinzaglio e la museruola: animali, umani e non, alle origini di un obbligo", Diritto@storia, 3, 2004; POLOJAC, M., "Actio de pauperie: anthropomorphism and rationalism", *Fundamina,* 18 (2) 2012, pp. 119-144.

> *Itaque, ut Servius scribit, tunc haec actio locum habet, cum commota feritate nocuit quadrupes, puta si equus calcitrosus calce percusserit, aut bos cornu petere solitus petierit, aut mulae propter nimiam ferociam: quod si propter loci iniquitatem aut propter culpam mulionis, aut si plus iusto onerata quadrupes in aliquem onus everterit, haec actio cessabit damnique iniuriae agetur* (D. 9, 1, 1, 4, Ulpiano);

la pertinencia de la *lex Aquilia*, en cambio, resulta por los daños ocasionados *a* los animales salvajes que tenemos en propiedad -por tanto, encerrados-.

> *Hac actione ex hoc legis capite de omnibus animalibus laesis, quae pecudes non sunt agendum est, ut puta de cane; sed et de apro et leone el ceterisque feris et auibus idem erit dicendum* (D. 9, 2, 29, 6, Ulpiano)

- Animales nacidos en cautividad, en espacios acotados

Son animales que, aun habiendo nacido en cautividad, tienen naturaleza salvaje por ser cría de animales salvajes ocupados. En realidad, se está ante frutos nacidos de un bien propiedad del *dominus*. El régimen es el mismo que en el caso anterior: pertenecen al dueño mientras se encuentren bajo su custodia

> *Vel quae ex his apud nos sunt edita* (D. 41, 1, 2 Florentino),

que trae causa del fragmento anterior de Gayo *-res cottidianae-*, según el cual

> *Omnia igitur animalia, quae terra mari caelo capiuntur, id est ferae bestiae et volucres pisces, capientium fiunt* (D. 41, 1, 1, 1 Gayo)

Cuando los daños los produce un animal salvaje que está bajo el cuidado del dueño tendría cabida la *actio de feris*; ampliamente, RODRÍGUEZ ENNES, L., *Estudio sobre el "edictum de feris"*, Madrid, 1992, *passim*.

- Animales capturados y recluidos en espacios cerrados pero lo suficientemente amplios como para que puedan vagar por ellos con una cierta libertad y animales con *animus revertendi*

Para Polara estos animales son, sin duda, propiedad del dueño de la *villa*: el derecho de propiedad del *dominus* del fundo se extiende sobre los animales incluidos en el *vivarium*, cualquiera que fuera la extensión de éste[370].

La misma regla, según el autor, rige para aquellos animales que vienen y van del recinto, entrando dentro de la propiedad del *dominus* o saliendo de ella, respectivamente (p. 106). Para estos animales el concepto de custodia se alarga, en el sentido de que la disponibilidad necesaria para hablar de posesión se hace más débil ya no sólo, como dice Polara en el sentido de que sobre el animal no existe una disponibilidad material, sino también porque desaparece este contacto visual que permite individualizarlo y en el que consistiría la custodia, lo que no dejaría de ocasionar problemas jurídicos según señala (pp. 120-121). Disponibilidad se entendería, pues, en el sentido de que se encuentra bajo la esfera de influencia del *dominus* (p. 121).

Este problema debe ser examinado con detenimiento porque, mientras que en el primer caso existe un cerramiento de los animales, en el segundo, gozan de libertad natural *ex intervalo*, es decir, mientras el animal está fuera del alcance material del hombre, aunque "sujeto" por él a través del mecanismo de la custodia.

Esta es la cuestión fundamental en relación con el problema; como señala García Garrido, los textos lo que tratan es "determinar cuándo el animal salvaje sale de nuestra inmediata disponibilidad"[371]. En realidad, se trataría de aplicar el régimen establecido por Paulo en D. 41, 2, 3, 13 cuando señala que

---

370 POLARA, G., *Le "venationes"*...cit., p.105.

371 GARCÍA GARRIDO, M. J., "Derecho a la caza...", cit., p. 281.

> *Nerva filius, res mobiles excepto homine, quatenus sub custodia nostra sint, hactenus possideri, id est, quatenus, si velimus, naturalem possessionem nancisci possimus; nam pecus simul atque aberraverit, aut vas ita exciderit, ut non inveniatur, protinus desinere a nobis possideri, licet a nullo possideatur; dissimiliter atque si sub custodia mea sit, nec inveniatur, quia praesentia eius sit, et tantum cessat interim diligens inquisitio,*

es decir, la introducción del concepto de custodia como el elemento que permite el mantenimiento de la posesión independientemente o, mejor dicho, sin necesidad del contacto material inmediato, sino a través de uno mediato.

Esta intervención claramente activa y directa del hombre sobre los animales salvajes llega a su máxima expresión con los animales que, siendo salvajes, han adquirido un *animus revertendi*. Ya he tenido ocasión de hablar de ellos en páginas anteriores y he señalado cómo, tanto para los encargados de explicar cómo debía ser una explotación de un *vivarium* –Varrón y Columela-, como para los juristas, la existencia del *animus revertendi* se había convertido en una pieza fundamental para mantener la propiedad sobre aquéllos animales que lo conservaran[372], probablemente porque también para juristas y estudiosos el componente económico que subyacía en la explotación de estos animales y la actuación que sobre ellos realizaba el hombre –con el alojamiento de las colmenas, la construcción de comederos o al menos, facilitando comida, probablemente- debió pesar lo suficiente como para considerar a estos animales con *animus revertendi* como una categoría intermedia entre el animal salvaje y el doméstico, a efecto de dar respuesta a la pérdida de la propiedad sobre los mismos que se produciría con su vuelta a la libertad natural, cuya consecuencia inmediata era la conversión en *res nullius*, de nuevo[373]. Pieza fundamental, por tanto, es el *animus revertendi* y al mismo tiempo difícil de aprehender en la práctica, como señala García Garrido,

---

372 Ampliamente, Polara sobre el *animus revertendi*, con estudio de textos, POLARA, G., *Le "venationes"*...cit., pp. 125ss.

373 *Vide* GARCÍA GARRIDO, M. J., "Derecho a la caza...", cit., p. 277ss.

que "podía dar lugar a dudas y dificultades para decidir sobre la propiedad del animal capturado lejos del fundo al que tenía el instinto de volver"[374], especialmente con aquellos animales como las abejas y las palomas a las que difícilmente se les podía encerrar físicamente si se pretendía que siguieran con sus ciclos vitales[375].

Por eso resulta especialmente difícil de comprender el *animus revertendi* como un criterio que permitió solucionar dudas acerca de la propiedad de los animales *mansuetos*. El criterio del *animus revertendi* necesariamente se tuvo que complementar con otras soluciones y, en este sentido, el interés que los juristas dedicaron a las abejas nos permite ver que, para estas, el criterio fundamental está en que 1) las abejas que vuelan de nuestras colmenas y vuelven por costumbre permanecen en nuestra posesión –y en nuestra propiedad-

> *Quidam recte putant columbas quoque, quae ab aedificiis nostris volant, item apes, quae ex alveis nostris evolant et secundum consuetudinem redeunt, a nobis possideri* (D. 41, 2, 3, 16, Paulo);

2) si se escapa un enjambre de nuestra colmena, es nuestro mientras permanezca a nuestra vista y no sea difícil su persecución

> *Examen, quod ex alveo nostro evolaverit, eo usque nostrum esse intellegitur, donec in conspectu nostro est nec difficilis eius persecutio est: alioquin occupantis fit* (D. 41, 1, 5, 4, *res cott.*);

3) el que encuentre el enjambre en un árbol suyo, sólo se hace con la propiedad del mismo si realiza un acto inequívoco de ocupación del mismo, encerrándolo en una colmena

> *Apium quoque natura fera est: itaque quae in arbore nostra consederint, antequam a nobis alveo concludantur, non magis nostrae esse intelleguntur quam volucres, quae in nostra arbore nidum fe-*

374 GARCÍA GARRIDO, M. J., "Derecho a la caza…", cit., pp. 282-284.

375 Los espacios destinados para las palomas reciben el nombre de *peristerotrophion*, con una obra y orientación determinada como informa Columela en VIII, 8-10.

> *cerint. Ideo si alius eas incluserit, earum dominus erit* (D. 41, 1, 5, 2, *res cott.*).

Del enjambre, como unidad económica frente a las abejas como elementos que individualmente no tienen mayor interés, se mantiene su propiedad en tanto en cuanto se persiga fácilmente y permanezca a nuestra vista y es, realmente, la única solución clara a una controversia que pudo darse con una cierta frecuencia; quizá se estaba pensando en los casos en los que las abejas se preparan para huir toda vez que han nacido los nuevos habitantes de la colmena y se necesita más espacio, cuestión de la que habla detalladamente Varrón en III, 16, 29[376], o quizá se piense en un enjambre, por decirlo de alguna manera, "originario" que ha salido de la órbita de actuación del dueño, de su *custodia.* En cualquiera de los dos casos, lo cierto es que la solución ofrecida en estas situaciones se equipara a la de los animales salvajes, no a

376 Varrón relata con minuciosidad las señales que dan las propias abejas cuando están dispuestas a abandonar la colmena originaria y marcharse a una nueva. La labor del apicultor ante esta situación, como ya he señalado, es estar atento a estas señales y tener preparada la nueva colmena para llevar al enjambre que se ha originado hasta allí. Si todo sale bien, como dice el propio Varrón, no habrá forma de hacerla volver a la colmena anterior:
Cum examen exiturum est, quod fieri solet, cum adnatae prospere sunt multae ac progeniem ut coloniam emittere volunt, ut olim crebro Sabini factitaverunt propter multitudinem liberorum, huius quod duo solent praeire signa, scitur: unum, quod superioribus diebus, maxime vespertinis, multae ante foramen ut uvae aliae ex aliis pendent conglobatae; alterum, quod, cum iam evolaturae sunt aut etiam inceperunt, consonant vehementer, proinde ut milites faciunt, cum castra movent. Quae primum exierunt, in conspectu volitant reliquas, quae nondum congregatae sunt, respectantes, dum conveniant. A mellario cum id fecisse sunt animadversae, iaciundo in eas pulvere et circumtinniendo aere perterritae, quo volunt perducere, non longe inde oblinunt erithace atque apiastro ceterisque rebus, quibus delectantur. Ubi consederunt, afferunt alvum eisdem inliciis litam intus et prope apposita fumo leni circumdato cogunt eas intrare. Quae in novam coloniam cum introierunt, permanent adeo libenter, ut etiam si proximam posueris illam alvum, unde exierunt, tamen novo domicilio potius sint contentae (Varrón III, 16, 29-31).

la de los *mansuetos* o animales salvajes con *animus revertendi*. En el primer caso, incluso, si se atiende a la explicación varroniana de que son las abejas nacidas las que son enviadas por las antiguas a formar su propio enjambre, en realidad se estaría, técnicamente, ante un fruto del enjambre primigenio, es decir, animales nacidos dentro del fundo en cautividad y, por tanto, propiedad del dueño del mismo, como lo era del enjambre originario, lo que no empece para su categorización como animales salvajes, con las consecuencias jurídicas vistas para este tipo de animales.

Así, para el Gayo de las *res cottidianae* (D. 41, 1, 5, 2 y 4), se pierde la propiedad del enjambre cuando se deja de ver o cuando, estando a la vista, es difícil su persecución, exactamente la misma regla que para los animales salvajes

> *Naturalem autem libertatem recipere intellegitur, cum vel oculos nostros effugerit vel ita sit in conspectu nostro, ut difficilis sit eius persecutio.* (D. 41, 1, 5, *pr.* Gayo *res cott.*)
>
> *Itaque si feram bestiam aut volucrem aut piscem ceperimus, simul atque captum fuerit hoc animal, statim nostrum fit, et eo usque nostrum esse intellegitur, donec nostra custodia coerceatur; cum vero custodiam nostram evaserit et in naturalem se libertatem receperit, rursus occupantis fit, quia nostrum esse desinit: naturalem autem libertatem recipere videtur, cum aut oculos nostros evaserit, aut licet in conspectu sit nostro, difficilis tamen eius persecutio sit* (Gayo, *Inst.* 2, 67);

constatada la imposibilidad de la vuelta del enjambre a nuestra inmediata disponibilidad, la naturaleza salvaje de las abejas las convierte en res *nullius*, lo que implica que cualquiera pueda ocuparlas haciéndolas suyas.

Pese a su consideración como animales (individuales) que *ex alveis nostris evolant et secundum consuetudinem redeunt*, en la mente del jurista aparecen claramente su condición de *ferae* en cuanto a la pérdida de la propiedad sobre las mismas como conjunto (el enjambre), dejando inaplicable la regla establecida para los animales *mansuetos* según la cual son nuestros mientras tengan el *animus revertendi*

> *Pavonum et columbarum fera natura est nec ad rem pertinet, quod ex consuetudine avolare et revolare solent: nam et apes idem faciunt, quarum constat feram esse naturam: cervos quoque ita quidam mansuetos habent, ut in silvas eant et redeant, quorum et ipsorum feram esse naturam nemo negat. In his autem animalibus, quae consuetudine abire et redire solent, talis regula comprobata est, ut eo usque nostra esse intellegantur, donec revertendi animum habeant, quod si desierint revertendi animum habere, desinant nostra esse et fiant occupantium. Intelleguntur autem desisse revertendi animum habere tunc, cum revertendi consuetudinem deseruerint* (D. 41, 1, 5, 5 Gayo *res cott.*)

> *In iis autem animalibus, quae ex consuetudine abire et redire solent, veluti columbis et apibus, item cervis, qui in silvas ire et redire solent, talem habemus regulam traditam, ut si revertendi animum habere desierint, etiam nostra esse desinant et fiant occupantium: revertendi autem animum videntur desinere habere, cum revertendi consuetudinem deserverint.* (Gayo, *Inst.* 2, 68)

La derogación de la regla apenas afirmada para el enjambre pone el foco en la discusión que despertó en los juristas romanos la consideración de la naturaleza fiera o *mansueta* de las abejas con las conocidas opiniones de Proculo, a favor de su condición de salvajes, con todo lo que eso implicaba; de Celso, a favor de su condición de *mansuetas*, seguida por Paulo y Ulpiano –quien recoge a su vez la opinión de Pomponio-; y la probable solución conciliadora de Justiniano[377], por utilizar la terminología de García Garrido[378] que, no obstante, estaba ya apuntada en Gayo, desde mi punto de vista.

> *Item Celsus libro XXVII digestorum scribit: si, cum apes meae ad tuas advolassent, tu eas exusseris, quosdam negare conpetere legis Aquiliae actionem, inter quos et Proculum, quasi apes domini mei non fuerint. Sed id falsum esse Celsus ait, cum apes revenire*

---

[377] En la *Paráfrasis* de Teófilo se incluyen expresamente las abejas dentro de los animales con *animus revertendi*:
De his animalibus quae ex consuetudine abire et redite solent, talis regula nobis tutissima traditur, veluti in apibus columbis pavonibus cervis. Dicimus enim eousque nostra ea esse, donec animum habebant ad nos revertendi (2, 1, 15).

[378] GARCÍA GARRIDO, M. J., "Derecho a la caza...", cit., p. 278.

> *soleant nec mansuetae nec ita clausae fuerint. Ipse autem Celsus ait nihil inter has et columbas interesse, quae, si manum refugiunt, domi tamen fugiunt;* (Coll. 12, 7, 10)
>
> *Quidam recte putant, columbas quoque, quae ab aedificiis nostris volant, item apes, quae ex alveis nostris evolant, et secundum consuetudinem redeunt, a nobis possideri;* (D. 41, 2, 3, 16, Paulo)
>
> *Si, quum apes meae ad tuas advolassent, tu eas exusseris, legis Aquiliae actionem competere Celsus ait;* (D. 9, 2, 27, 12, Ulpiano)
>
> *Idem Pomponius ait, columbas, quae emitti soleant de columbario, venire in familiae erciscundae iudicium, quum nostrae sint tamdiu, quamdiu consuetudinem habeant ad nos revertendi; quare si quis eas apprehendisset, furti nobis competit actio. Idem in apibus dicitur, quia in patrimonio nostro computantur* (D. 10, 2, 8, 1, Ulpiano)
>
> *Apium quoque natura fera est: itaque quae in arbore tua consederint, antequam a te alveo includantur, non magis tuae esse intelleguntur, quam volucres quae in tua arbore nidum fecerint: ideoque si alius eas incluserit, is earum dominus erit [...] Pavonum et columbarum fera natura est. Nec ad rem pertinet, quod ex consuetudine avolare et revolare solent: nam et apes idem faciunt, quarum constat feram esse naturam: cervos quoque ita quidam mansuetos habent, ut in silvas ire et redire soleant, quorum et ipsorum feram esse naturam nemo negat. In his autem animalibus, quae ex consuetudine abire et redire solent, talis regula comprobata est, ut eo usque tua esse intellegantur, donec animum revertendi habeant: nam si revertendi animum habere desierint, etiam tua esse desinunt et fiunt occupantium. revertendi autem animum videntur desinere habere, cum revertendi consuetudinem deseruerint* (*Inst.* 2, 1, 14-15)

Armonizando todos los textos, la *custodia*, como criterio para mantener la posesión, estaría vinculada, en el caso de las abejas, al mantenimiento de la persecución del enjambre mientras se mantuviera a la vista; es decir, el mismo criterio que se utiliza para el caso de la ocupación del animal salvaje herido. Hay que recordar lo dicho en D. 41, 1, 5, 4 por su relación con el mantenimiento de la propiedad; ciertamente que, en este texto, la unidad no es el animal, la abeja, sino el colectivo, el enjambre, que es la verdadera unidad económica desde el punto de vista productivo y es la solución a la propiedad del enjambre la que preocupa al jurista.

En el campo de los tratados de agronomía, la alerta la da Varrón a los que crían abejas cuando éstas, en virtud de su ciclo vital, van a abandonar la colmena, para que estén atentos y procuren que no vayan a formar una nueva colonia fuera de la finca del criador, sino que, más bien, éste procure construir una colmena en la que no sientan la necesidad de hacer una nueva en lugar diferente. Si el criador no persigue este enjambre cuando sale de la colmena, no lo recuperará, porque las abejas no tendrán, en este caso –probablemente el más común-, el *animus revertendi,* ya que su ciclo vital predominará sobre una hipotética *consuetudo revertendi.* Con el resto de los animales habrá que decir lo mismo: aquéllos, como los ciervos, que se hayan amansado de tal modo que estén habituados a ir y venir a una *silva,* por ejemplo, porque se les ha acostumbrado a darles de comer, se mantendrán bajo el *dominium* del propietario. Y aquí el criterio de la *custodia* será el principal a la hora de este mantenimiento.

García Garrrido entiende que la regla del *animus revertendi* tuvo escasa aplicación práctica. Su criterio de comprobación: que se haya perdido la costumbre de volver,

> *revertendi autem animum videtur desinere habere, cum revertendi consuetudinem deserverint* (Gayo, *Inst.* 2, 68; *id* D. 41, 1, 5, 5, *in fine*)

es un criterio tan indeterminado como el propio *animus revertendi.* Quizá, la cierva de la que habla Teófilo, que solía ir y venir de la *silva* a su *villa* tardando como mucho tres días, mostraba una forma habitual de comportamiento en estos animales, cuantificado en un número concreto de días[379], o bien para el caso de las

[379] GARCÍA GARRIDO, M. J., "Derecho a la caza...", cit., p. 283. El texto explica la pérdida de la *consuetudo revertendi*:
Finge enim meam cervam me relinquere solitam silvasque petere vel eodem vel postero die reversuram vel etiam tertio: nunquam vero ultra tres diez me abfuisse domo. Si ergo tertium diem, intra quem reverti solita fuit, ab aliquo capta est, utpote circa dominium laesus, actionem in rem adversus eum habebo; quodsi quarta die eam quis ceperit, nullam in eum actionem exacerbo; patet enim,

abejas era de sobra conocida la realidad vital de las mismas que suponía que, huido un enjambre y no mediando persecución, difícilmente se podrían recuperar y que volvieran a la colmena primitiva.

La solución del *animus revertendi* intenta tomar en cuenta el esfuerzo realizado por el hombre en la cría de determinados animales que, aun siendo salvajes, se han visto "favorecidos" por determinados comportamientos del dueño de la *villa* y, de hecho, esa actuación ha determinado que el animal contraiga un hábito o costumbre de volver bajo la influencia del dueño, una vez que ha marchado, pese a su naturaleza salvaje[380]. Hábito que, en el caso de las abejas, se mantiene mientras las consideramos como individuos, pero que deja de verse claramente cuando se contempla como colectividad, como enjambre, al menos en lo que a la solución jurídica se refiere para la pérdida de la propiedad.

La relevancia económica de los fundos dedicados a la explotación de estos animales debió ser importante; los ingresos por los frutos que producían, también, pero no probablemente comparables con los beneficios obtenidos de *villae* y fundos destinados a la agricultura. Estoy de acuerdo con Polara en que en la fecha

---

cum revertendi consuetudinem non servaverit, meum sprevisse dominium (*Par.* Teof. 2, 1, 15).

380 Gayo no es, precisamente, de los juristas que tienden a hacer más expansivos los criterios sobre adquisición o pérdida de la propiedad en animales salvajes como podemos comprobar en su opinión contraria a la solución de Trebacio que, como es sabido, entendía que el animal herido se hacía nuestro y era nuestro mientras se perseguía
Illud quaesitum est, an fera bestia, quae ita vulnerata sit, ut capi possit, statim nostra esse intellegatur. Trebatio placuit statim nostram esse et eo usque nostram videri, donec eam persequamur, quod si desierimus eam persequi, desinere nostram esse et rursus fieri occupantis: itaque si per hoc tempus, quo eam persequimur, alius eam ceperit eo animo, ut ipse lucrifaceret, furtum videri nobis eum commisisse. Plerique non aliter putaverunt eam nostram esse, quam si eam ceperimus, quia multa accidere possunt, ut eam non capiamus: quod verius est
(D. 41, 1, 5, 1, *res.cott.*)
y lo mismo se puede decir en relación con las abejas.

en la que los juristas tratan estas cuestiones se tendría en cuenta la existencia de fincas destinadas a una ganadería intensiva y bien pudo ser que los juristas buscaran una solución general a unos supuestos que, no obstante, no eran generales, al menos en cuanto a los animales de los que se podía predicar el *animus revertendi.*

Se estaría, pues, ante una solución intermedia para una categoría intermedia que se habría conseguido a través de la identificación progresiva de una serie de animales cuyo comportamiento le permitía convivir con el hombre manteniendo, al mismo tiempo, su capacidad de volver a un estado de libertad, en algunos casos propio de su ciclo vital, como el caso de las abejas y de las palomas, como recuerda Polara[381]. El *animus revertendi* es el instrumento jurídico que se utiliza para resolver estos casos en los que la actuación *ex ante* sobre unos animales tiene, *ex post,* consecuencias posesorias y de *dominium* sobre el animal pero que no resolvió todas las cuestiones, llevando a algunos juristas a proponer las soluciones generales para el caso de pérdida de la propiedad de las *ferae bestiae* también a algunos *mansuetos,* como las abejas.

Cuando Gayo expresa esta idea al señalar

> *In iis autem animalibus, quae ex consuetudine abire et redire solent [...] revertendi autem animum videtur desinere habere, cum revertendi consuetudinem deserverint* (Gayo, *Inst.* 2, 68),

en el caso del *animus revertendi,* hay que entender más la cualidad natural de algunos animales que subyace en el comportamiento de volver, comportamiento o costumbre que se adquiere tras una repetición de acciones. Por eso no hay que preguntarse cuántas veces sería necesario que se produjeran las idas y venidas de un animal para entender que la costumbre se habría adquirido. A mi juicio, los juristas no se plantearon las cosas de este modo,

---

381 POLARA, G., *Le "venationes"*...cit., p. 143, quien señala cómo no puede haber otro sistema de cría de estos animales si no es aquél en el cual la presencia física de los animales en la explotación es irregular y periódica.

sino en términos, se podría decir, de acto y potencia: hay animales que potencialmente (*animus*) pueden actuar de un modo reiterado determinado (*consuetudo*), lo que tiene unas concretas consecuencias en el mundo del derecho.

¿Cabría aplicar este régimen a los animales salvajes sin *animus revertendi* que consiguiéramos "amansar" y que "fueran y vinieran" por comida? Ya se ha dicho cómo en la finca de Hortensio, a la llamada de la bocina, acudían para comer jabalíes y otros animales salvajes sin la cualidad del *animus revertendi*. Sin embargo, estos animales se encontraban en una *silva circumsepta* y su "ir y venir" no se basa en un *animus revertendi* natural sino en una *consuetudo revertendi* dada, entre otras cosas, por (1) no encontrarse en una situación de libertad y (2) la facilidad de encontrar comida que provocaba el hombre. Por tanto, en puridad, tampoco se podría decir que los animales que tienen dicho *animus* (los ciervos) y que se encontraban igualmente en la *silva* cerrada, lo estuvieran actuando; ya he citado alguna fuente en la que se habla de animales salvajes que vivían dentro de un espacio doméstico, como se dice de Heliogábalo en la *Historia Augusta*, pero, evidentemente, estos animales tampoco entrarían en esta categoría[382].

En realidad, *ferae bestiae* hay muchas; si pensamos en el *edictum de feris*, se enuncian como animales potencial y actualmente peligrosos al *canem, verrem vel minorem aprum, lupum, ursum, pantheram, leonem* (D. 21, 1, 40, Ulpiano, *ad aed. cur.*) y *generaliter "aliudve quod noceret animal* [...]" (D. 21, 1, 41, Paulo, *ad aed. cur.*), no solo, evidentemente, los que más frecuentemente se podían incluir en espacios cerrados, ni tampoco solo aquéllos que se incluían por razones de explotación económica. Incluso, en un determinado momento, Gayo, en otro contexto jurídico, se plantea animales salvajes como los elefantes y camellos como animales que se pueden domar por el cuello, eliminando para ellos la consideración

---

382 *Habuit leones et leopardos exarmatos in deliciis, quos edoctos per mansuetarios subito ad secundam et tertiam mensam iubebat accumbere, ignorantibus cunctis quod exarmati essent, ad pavorem ridiculum excitandum* (*Hist. Aug.*, *Helio.*, 21).

de *res mancipi* al entender que, en el momento en el que se establece la distinción entre *res mancipi* y *res nec mancipi*, estos animales no eran conocidos:

> *At ferae bestiae nec mancipi sunt, velut ursi, leones, item ea animalia quae ferarum bestiarum numero sunt, velut elefanti et cameli et ideo ad rem non pertinet, quod haec animalia etiam collo dorsove domari solent: nam ne notitia quidem eorum animalium illo tempore fuit, quo constituebatur quasdam res mancipi esse, quasdam nec mancipi* (Gayo, *Inst.* 2, 16).

Algo parecido sucede con los animales que *propter nimiam feritatem* no llegan a ser domados, aunque pertenecen a la categoría de aquellos que *collo dorsove domari solent*

> *Sed quod diximus ea animalia, quae domari solent, mancipi esse, n[. . . . . vv. 1 3/4 . . . .] statim ut nata sunt, mancipi esse putant; Nerva vero et Proculus et ceteri diversae scholae auctores non aliter ea mancipi esse putant quam si domita sunt; et si propter nimiam feritatem domari non possunt, tunc videri mancipi esse incipere, cum ad eam aetatem pervenerint, in qua domari solent* (Gayo, *Inst.* 2, 15)

La escuela Proculeyana entendió que el criterio para considerarlos mancipables era la doma efectiva del animal y, en el caso visto de resultar indómitos, se tomaba como válido un criterio presuntivo en virtud del cual se entendían como mancipables llegados a la edad en la que suelen ser domados; Gallo, analizando la opinión proculeyana sobre la admisión de estos animales como *mancipi*, considera que el criterio establecido para los animales *propter nimiam feritatem* sería un criterio adoptado tardíamente, por juristas de la propia escuela o de finales de la república, y que vendría a confirmar la idea de que en la época arcaica "l´attitudine, attuale o futura, di tali animali ad essere addestrati, bensì che essa esprimesse, e presupponesse in essi, l´effettivo requisito dell´addestramento"[383] sería el criterio utilizado. Una idea

---

383 GALLO, F., *Studi sulla distinzione fra 'res mancipi' e 'res nec mancipi'*, Torino, 1958, p. 42.

que, a mi juicio, se configura como criterio basado en la experiencia práctica y el conocimiento de la realidad circundante.

En la misma línea, en mi opinión, los juristas partieron de la praxis y del conocimiento de la naturaleza y de los animales que había quedado establecido en los tratados agropecuarios respecto del llamado *animus revertendi*, y sabían que determinados animales, siendo salvajes, tenían esa cualidad de convivir con el hombre y de ir y volver bajo la custodia de este. En este sentido, estoy con Melillo cuando señala que "basti pensare alla catena dei trattati «*de re rustica*», alla loro origine, comune, attraverso Catone, all´origine delle prime codificazioni di formulari giuridico-commerciali, alle tratazioni della moneta nei «naturalisti», per rendersi conto come Roma -seppure in forme assai diverse dalla Grecia- conobbe con ravvisabile continuità lo stimolo alla organizzazione dottrinale dei fatti economici.

In ogni caso, il comercio, l´organizzazione finanziaria, lo sfruttamento dei popoli vinti, la política agricola, passano, già in età repubblicana, attraverso attività in senso lato normative, in cui è del tutto evidente la consapevolezza delle interreazioni tra momenti guiridico-politici e momenti economici"[384]. Esto no implica que, en este caso también, se presentaran dudas entre los juristas a la hora de considerarlos *ferae* o *mansuetos*[385], entre otras razones

---

384 MELILLO, G., *Categorie economiche nei giuristi romani*, Napoli, 2000, p. 34.

385 Sin dudas, Justiniano, *Inst.* 2, 1, 12:
Ferae igitur bestiae et volucres et pisces, id est omnia animalia quae in terra mari caelo nascuntur, simulatque ab aliquo capta fuerint, iure gentium statim illius esse incipiunt: quod enim ante nullius est id naturali ratione occupanti conceditur [...];
2, 1, 14: *Apium quoque natura fera est [...]*;
2, 1, 15: *Pavonum et columbarum fera natura est. Nec ad rem pertinet, quod ex consuetudine avolare et revolare solent: nam et apes idem faciunt, quarum constat feram esse naturam: cervos quoque ita quidam mansuetos habent, ut in silvas ire et redire soleant, quorum et ipsorum feram esse naturam nemo negat. In his autem animalibus, quae ex consuetudine abire et redire solent, talis regula comprobata est, ut eo usque tua esse intellegantur, donec animum revertendi habeant: nam si revertendi animum habere desierint, etiam tua esse desinunt et*

porque los propios naturalistas ya habían dudado, en ciertos casos, de esas naturalezas[386].

Esto sucede con las abejas, con las palomas y con los pavos también; más claramente con las dos primeras, que siendo quizá más previsibles porque son animales capaces de construir su espacio vital, también en determinados momentos pueden migrar hacia otros lugares debido a su capacidad voladora. Los ciervos, en este sentido, podrán compartir un *animus revertendi* provocado fundamentalmente por el hecho de que se les facilite alimentación, pero encontrándola en otros lugares puede significar, en cualquier momento, la pérdida del mismo; por eso, como ya he

---

fiunt occupantium. Revertendi autem animum videntur desinere habere, cum revertendi consuetudinem deserverint, quien recoge la idea del *animus* asociada a la costumbre o hábito provocado por el *avolare et revolare* o el *ire et venire.*

Ya he señalado cómo autores como GARCÍA GARRIDO, M. J., "Derecho a la caza..." cit., p. 278, han entendido que los considerarían animales *mansuetos*, cfr. p. 166: Paulo en D. 41, 2, 3, 16, apoyándose en la opinión de otros juristas; Ulpiano en D. 9, 2, 27, 12, donde habla de abejas "mías" y "tuyas"; y por extensión, también, Pomponio, en Ulpiano, D. 10, 2, 8, 1, quien, citando a aquel, habla de animales que *consuetudinem habeant ad nos revertendi* (palomas y abejas). Sin embargo, en los textos citados no se encuentra la expresión *mansuetos* para designar a estos animales, salvo en Justiniano que, no obstante, expresamente declara la naturaleza salvaje de los mismos; la expresión sí aparece en la *Collatio*, 12, 7, 10, en la que se informa de la opinión de Próculo -frente a la de Celso ya vista en D. 9, 2, 27, 12- respecto de estos animales en un texto que se refiere a la oportunidad de una *actio ex lege Aquilia:* Próculo basa su decisión de no considerar dueño a aquel que tenía las abejas fugadas, en el hecho de que ni eran *mansuetae* ni estaban encerradas.

386 Plinio, en concreto, duda sobre algunas liebres, las golondrinas, las abejas y los delfines, a los que llama animales semi-fieros:

hi mansuescunt raro, cum feri dici iure non possint; complura namque sunt nec placida nec fera, sed mediae inter utrumque naturae, ut in volucribus hirundines, apes, in mari delphini, (*nat. hist.* VIII, 82)

de la que, por cierto, Rackham sugiere otra posible lectura: *aper*, en el campo, que no parece probable; cfr. H. RACKHAM, Loeb Classical Library, 1940.

dicho, Justiniano señala que, pese a que *quoque ita quidam mansuetos habent*, es decir, algunos han conseguido amansar de tal forma a los ciervos, no por ello pierden su naturaleza salvaje. Volviendo a la finca de Hortensio, si bien tanto los jabalíes como los ciervos acudían al sonido de la bocina, sólo de estos últimos se predica su condición de *mansuetos* en los textos jurídicos, sin duda por el peso que tiene el comportamiento natural (cualidad, le he llamado antes) de cada uno de los animales citados. Evidentemente, lo trascendental de este asunto, desde el punto de vista jurídico, es la cuestión relativa a la propiedad de estos animales "amansados" que quedó establecida bajo el principio del *animus revertendi*.

Sobre esta cuestión entiende Onida que juristas como Gayo, Próculo, Celso y Paulo se habrían fijado en algunos casos en la naturaleza *mansueta* de los animales, más que en el *animus revertendi*, *ex* Coll. 12, 7, 10, y en D. 41, 2, 3, 15:

> *Aves autem possidemus, quas inclusas habemus, aut si quae mansuetae factae custodiae nostrae subiectae sunt*[387].

No tengo claro que se pueda hacer una distinción tan radical en esta cuestión, puesto que animales *mansuefacti* pudieron ser algunos que no tenían *animus revertendi*, como aquellos animales domados por el cuello o el lomo, como he señalado con anterioridad. La condición *mansuefacta*, provocada por una acción del hombre, se tuvo en cuenta desde el punto de vista jurídico, de igual modo que el *animus revertendi* se convirtió en un criterio, basado en la *consuetudo revertendi*, para justificar la retención de la propiedad en manos de aquellos que hubieran realizado dicha intervención; pero no tienen por qué coincidir en todos los casos.

La diferencia con los animales domésticos es neta: Justiniano, en sus Instituciones 2, 1, 16 y las *res cottidianae* en D. 41, 1, 5, 6, mantienen la propiedad de gallinas y patos aun cuando no se sepa

---

[387] ONIDA, P. P., *Studi sulla condizione...* cit., pp. 319-321.

dónde se encuentran si alguien, por la razón que fuera, los hicieran salir volando:

> *Gallinarum et anserum non est fera natura: palam est enim alias esse feras gallinas et alios feros anseres. Itaque si quolibet modo anseres mei et gallinae meae turbati turbataeve adeo longius evolauerint, ut ignoremus ubi sint, tamen nihilo minus in nostro dominio tenentur. Qua de causa furti nobis tenebitur, qui quid eorum lucrandi animo adprehenderit* (D. 41, 1, 5, 6 Gayo *res.cott.*)
>
> *Gallinarum et anserum non est fera natura idque ex eo possumus intellegere, quod aliae sunt gallinae quas feras vocamus, item alii anseres quos feros appellamus. Ideoque si anseres tui aut gallinae tuae aliquo casu turbati turbataeve evolaverint, licet conspectum tuum effugerint, quocumque tamen loco sint, tui tuaeve esse intelleguntur: et qui lucrandi animo ea animalia retinet, furtum committere intellegitur* (Justiniano, *Inst.* 2, 1, 16)

En este caso, su naturaleza doméstica determina un régimen diferente, no perdiéndose la propiedad sobre los mismos. Para otros animales como las abejas, palomas, ciervos y pavos, la naturaleza *ferae* es una característica que no pierden, aunque su hábito de *ire et redire* o *avolare et revolare* determine un régimen diferente en cuanto a la propiedad o que sean considerados, ya tardíamente, como animales *mansueti* -o *mansuefacti*-, si bien Justiniano, con buen criterio, no niega su naturaleza originaria, aunque estén bajo la custodia o cuidado del hombre. Por lo demás, el texto de Paulo recogido en D. 41, 2, 3, 15, al que alude Onida, hay que leerlo en relación con el siguiente 16:

> *Quidam recte putant columbas quoque, quae ab aedificiis nostris volant, item apes, quae ex alveis nostris evolant et secundum consuetudinem redeunt, a nobis possideri,* (D. 41, 2, 3, 16, Paulo)

donde habla de una categoría (palomas y abejas) que se presenta como diferente a las señaladas en 15 -aquellas encerradas y las *mansuetae factae*-, que atiende al régimen de la propiedad y no nos sirven, a mi juicio, para decir que estos animales -palomas, pavos, abejas y ciervos- no tuvieron naturaleza *ferae*.

La diferencia fundamental, si existe, entre unos y otros es, por tanto, su condición jurídica como objeto –*res nullius* o *res aliena*–, el hecho de pertenecer o no a un *dominus*, y no tanto su naturaleza teórica. Desde este punto de vista, un ciervo, como las abejas o las palomas, es, por naturaleza, un animal salvaje que, en determinadas circunstancias puede establecer una relación de cierta dependencia con el ser humano; la relación con el humano no es permanente, de ahí que siempre esté presente la posibilidad de perder la *consuetudo revertendi* que se ha construido a través de una repetición de actos. Pero, al mismo tiempo, mientras exista una (más que) cierta dependencia y no aparezca como evidente su pérdida, la condición de *res nullius* propia del animal salvaje cederá ante la de *res aliena.*

Esto sólo sucede con determinados animales que son aquéllos que, desde las épocas más remotas, han estado vinculados a los hombres por su productividad, fundamentalmente, y que debido a sus características propias –capacidad de vuelo, en el caso de las abejas y palomas- y por su naturaleza salvaje, gozan de una autonomía que minimiza dicha dependencia, hasta el punto de que puede desaparecer en cualquier momento. Los pavos y los ciervos, que debieron ser los siguientes animales en ingresar en la nómina de los *mansuetos,* tendrían esa característica mixta de animales capaces de vivir en el ámbito humano pero que, en libertad, gozan de una autonomía que también les puede alejar definitivamente del contacto con el hombre[388].

Se pretende, en consecuencia, tener en cuenta el tiempo y la dedicación que el humano ha invertido en determinados animales a efectos del régimen de propiedad y esto se consigue a través

---

388 Como señala Polara, el alejamiento de los animales salvajes con *animus revertendi* del ámbito humano se produce también por causas naturales, POLARA, G., *Le "venationes"*...cit., p. 127 n.21. Es por ello por lo que yo considero a estos animales como *liberi naturaliter* y, por tanto, entiendo que no cambia su naturaleza de *ferae bestiae,* sino su condición de *res nullius/res aliena* respecto del humano con el que ha establecido esa cierta relación de dependencia.

del alargamiento de la propiedad sobre unos animales de los que se presume que tienen el ánimo de permanecer en la órbita del hombre en tanto en cuanto no se demuestre lo contrario, pero que en determinados momentos están alejados de su poder material; del mismo modo que, históricamente, desde los tiempos más antiguos, se estableció una consideración especial por un tipo de animales *qui collo dorsove domantur*, porque se entendía que, una vez domados, el interés económico sobre ellos, como instrumentos de la actividad agrícola necesaria para el sustento familiar[389] no podía entenderse como algo provisional, sino definitivo. Y esto sucede, aunque no se pueda negar una libertad natural innata a dicho animales, como ha sostenido Cardilli[390].

---

389 Como *instrumenta fundi* solo los domados, *ex* D. 33, 7, 8, Ulpiano:
In instrumento fundi ea esse, quae fructus quaerendi cogendi conservandi gratia parata sunt, Sabinus libris ad vitellium evidenter enumerat. Quaerendi, veluti homines qui agrum colunt, et qui eos exercent praepositive sunt is, quorum in numero sunt vilici et monitores: praeterea boves domiti, et pecora stercorandi causa parata, vasaque utilia culturae, quae sunt aratra ligones sarculi falces putatoriae bidentes et si qua similia dici possunt,
pone como ejemplo BONFANTE, P., *Corso di diritto romano. La proprietà*, I, Milano, 1966, p. 204.

390 CARDILLI, R., "Il problema della libertà naturale..." cit., p. 17, n. 7. Rodríguez Ennes considera que "para los romanos, bueyes, caballos, mulos y asnos no fueron jamás «animales selváticos», es decir, *ferae bestiae* que se deben domesticar, sino animales domésticos que están en la casa y que, por su misma naturaleza y aptitud idónea, son adiestrados al tiro y a la carga", RODRÍGUEZ ENNES, L., "El elenco de los animales...", cit. p. 15.
Contra esta visión de los animales *mancipi* relacionados con la economía agrícola, remito al trabajo clásico de de Visscher en el que se replantea las conclusiones de la corriente mayoritaria en la doctrina en el momento en el que publicó su trabajo, según las cuales los bienes incluidos en esta categoría lo serían en función de su carácter de elemento o instrumento con un destino eminentemente agrícola. Por lo que se refiere a animales como caballos, mulas o asnos, de Visscher hace un recorrido por su función originaria, que no fue el agrícola, sino otras como la guerra, la caza o el transporte ligero -caballos-; como bestias de carga o como tracción de carros o vehículos ligeros en el

Este alargamiento del régimen de la propiedad se ve en los casos de las palomas y las abejas que formarían parte de un caudal hereditario y, por consiguiente, se asegura la posibilidad del ejercicio de la *actio familiae erciscundae* y la de hurto en el caso de que alguien se hubiera hecho con ellas:

> *Idem Pomponius ait columbas, quae emitti solent de columbario, venire in familiae erciscundae iudicium, cum nostrae sint tamdiu, quamdiu consuetudinem habeant ad nos revertendi: quare si quis eas adprehendisset, furti nobis competit actio. Idem et in apibus dicitur, quia in patrimonio nostro computantur* (D. 10, 2, 8, 1 Ulpiano)

---

ejército -mulas-; o como bestias de carga y en transportes comerciales -asnos-; cfr. DE VISSCHER, "Mancipium et res mancipi", *SDHI*, II, 1936, pp. 268-272. Igualmente son interesantes las posiciones de GALLO, F., *Studi sulla distinzione*...cit., pp. 21ss., sobre el fundamento económico-social de la distinción y la calificación de las *res mancipi* como *pretiosiores*; y la postura ya citada de NICOSIA en n. 288, en la línea de de Visscher. La discusión doctrinal recoge, en definitiva, la propia de los juristas romanos sobre el momento de inclusión en la categoría de *res mancipi*: desde el nacimiento, para los Sabinianos y desde la doma efectiva o la edad en la que suelen domarse, para los Proculeyanos. No puedo detenerme en esta cuestión, interesantísima, y que ha sido tratada con bastante profundidad por la doctrina; remito, por todos, a la revisión doctrinal que realiza ONIDA, *Studi sulla condizioni*...cit., pp. 207-243 y a su posición, pp. 243-263, pero, por lo que a este estudio más interesa, simplemente creo que hay que remarcar la idea expresada por Gayo, 2, 15 cuando señala que si *propter nimiam feritatem domari non possunt, tunc videri mancipi esse incipere, cum ad eam aetatem pervenerint, in qua domari solent* en la que, al menos en tiempos de Gayo, se entiende que hay una fiereza "natural" de los animales que, en algunos casos, se convierte en una gran fiereza, lo que determinaba, para los Proculeyanos, la necesidad de adoptar un criterio presuntivo, basado en el conocimiento de la realidad de ciertos animales. Y esa realidad era, precisamente, su naturaleza salvaje. Y, en segundo lugar, la idea de la presunción que implica el conocimiento de la realidad, que ya hemos visto cómo actúa también en el *animus revertendi*.

Lo mismo sucede en el caso del animal capturado por una fiera, que podría ser devuelto al patrimonio en el caso de que consiguiera escapar:

> *Sed et si quid de pecoribus nostris a bestia ereptum sit, venire in familiae erciscundae iudicium putat, si feram evaserit: nam magis esse, ut non desinat nostrum esse, inquit, quod a lupo eripitur vel alia bestia, tamdiu, quamdiu ab eo non fuerit consumptum.* (D. 10, 2, 8, 2 Ulpiano)

Lambertini ha estudiado bien estos textos, que une con D. 41, 1, 44[391] y que tienen su interés por cuanto se relaciona con la propiedad de los animales y el *animus revertendi*; señala el autor cómo el mantenimiento de la propiedad sobre palomas y abejas es "in certa ottica fantomatici" frente a otros coherederos que han podido obtener bienes inmediatamente tangibles; sin embargo,

391 *Pomponius tractat: cum pastori meo lupi porcos eriperent, hos vicinae villae colonus cum robustis canibus et fortibus, quos pecoris sui gratia pascebat, consecutus lupis eripuit aut canes extorserunt: et cum pastor meus peteret porcos, quaerebatur, utrum eius facti sint porci, qui eripuit, an nostri maneant: nam genere quodam venandi id erant nancti. Cogitabat tamen, quemadmodum terra marique capta, cum in suam naturalem laxitatem pervenerant, desinerent eorum esse qui ceperunt, ita ex bonis quoque nostris capta a bestiis marinis et terrestribus desinant nostra esse, cum effugerunt bestiae nostram persecutionem. Quis denique manere nostrum dicit, quod avis transvolans ex area aut ex agro nostro transtulit aut quod nobis eripuit? si igitur desinit, si fuerit ore bestiae liberatum, occupantis erit, quemadmodum piscis vel aper vel avis, qui potestatem nostram evasit, si ab alio capiatur, ipsius fit. Sed putat potius nostrum manere tamdiu, quamdiu reciperari possit: licet in avibus et piscibus et feris verum sit quod scribit. Idem ait, etsi naufragio quid amissum sit, non statim nostrum esse desinere: denique quadruplo teneri eum qui rapuit. et sane melius est dicere et quod a lupo eripitur, nostrum manere, quamdiu recipi possit id quod ereptum est. Si igitur manet, ego arbitror etiam furti competere actionem: licet enim non animo furandi fuerit colonus persecutus, quamvis et hoc animo potuerit esse, sed et si non hoc animo persecutus sit, tamen cum reposcenti non reddit, supprimere et intercipere videtur. Quare et furti et ad exhibendum teneri eum arbitror et vindicari exhibitos ab eo porcos posse* (Ulpiano, *19 ed.*).

no deja de ser entendido como un activo patrimonial como cualquier otro[392].

El mantenimiento de la propiedad (en realidad, de la posesión), *en cierto modo fantasmal*, se basa en la idea de la custodia; custodia "presunta", que se convierte en el criterio que mantiene ese hilo de unión con el humano, según dice Polara en el sentido ya expresado por Metro, en virtud del cual la *fictio custodiae* es, a efectos reales, custodia, ya que opera sobre los elementos esenciales de la misma "in particolare il concepto di disponibilità inteso non in astratto, ma in concreto secondo le abitudini dell´animale"[393]. Se puede estar de acuerdo con Polara en que los juristas clásicos tuvieron que crear un expediente que permitiera mantener la

392 LAMBERTINI, R., "*Erepta a bestiis*" e occupazione", *Labeo*, 30, 2, 1984, p. 199.

393 POLARA, G., *Le "venationes"*...cit., p. 127, n. 21. Para Metro, en D. 41, 2, 3, 13, Paulo establece la regla de que la posesión de las cosas muebles se conserva mientras que estas permanezcan bajo nuestra custodia, esto es, en un estado de disponibilidad material por el cual, nosotros, en cualquier momento, podemos dar vida a la *naturalis possesio*, esto es, a la detentación propia y verdadera: "Non occorre dunque necessariamente la materiale detenzione della cosa, ma è sufficiente la potenzialità di essa, che viene denominata «custodia»" (pp. 35 y 36); en el caso de los animales salvajes (D. 41, 1, 3, 2 y 5 *pr.*; Gayo, 2, 67; *Inst.*, 2, 1, 12) la regla cambia: "Gaio, infatti, pone un rapporto di alternatività fra la «*custodia nostra*» e la «*libertas naturalis*» [...] nel senso che venendo meno l´una si acquista l´altra: di conseguenza, definendo la libertà naturale, il giurista dà implicitamente una definizione della custodia [...] può dirsi infatti che essi permangono «*sub custodia possidentis*» fino a quando questi è nell´obiettiva possibilità di acchiapparli; se dunque quelli si occultano o, pur essendo visibili, non possono essere materialmente presi (ovvero lo possono solo con grande difficoltà) riacquistano la libertà naturale, facendo cessare la situazione possessoria" (pp. 41-42). La custodia sería, según el autor, "la possibilità obiettiva di apprensione fisica della cosa, vale a dire in sostanza la presenza della cosa stessa nella sfera di disponibilità materiale del soggeto" quedando la disponibilidad sujeta a una doble condición: que sean visibles para el hombre y que no sea difícil la persecución (p. 42); METRO, A., *L´obbligazione di custodire*...cit.

propiedad de animales salvajes amansados basado en la custodia; la custodia se mantendría en tanto en cuanto permaneciera el *animus revertendi* que, hay que entender, estaría establecido por la praxis y el conocimiento de las formas de vida de dichos animales. En este sentido, el conocimiento proporcionado por los tratados agropecuarios serviría a los juristas para entender que el *animus revertendi* no era algo lo suficientemente impreciso como para permitir "alargamientos" de la propiedad que condujeran a situaciones indeterminadas[394]. A la pregunta ¿cuándo se pierde el *animus revertendi*?, rápidamente se podría contestar: cuando no vuelva el animal en el tiempo que se considera que debería haberlo hecho, como sucede con la cierva de la *Parafrasis* de Teófilo. Esta respuesta, que puede parecer imprecisa, era la respuesta que debían conocer todos los que se dedicaran, de un modo u otro, al mundo del campo y la única posible para aportar un mínimo de seguridad jurídica. Dicho de otro modo, se entendería que, una vez establecida la conexión con un hombre, existe una presunción de propiedad en favor del que acostumbra a alimentar al animal (o le permite construir una colmena en su árbol, o le construye un *columbarium*), en tanto en cuanto no se demuestre que dicho animal ha perdido el hábito de volver, lo que se confirmaría, únicamente, con la prueba de que el animal no ha vuelto pasado el tiempo habitual para el retorno; en caso de que esto sucediera, el animal vuelve a ser *res nullius* y, en consecuencia, posible objeto de ocupación[395].

---

394 En este sentido, Zamorani, en referencia a los animales que tenían la *consuetudo revertendi*, señala que "Gli animali in parola, infatti, sono tali che il loro sfruttamento economico postula, in osservanza di precise norme di zootecnia, il periodico allontanamento dal luego ove sono custoditi", poniendo como ejemplo las referencias de Varrón y Columela sobre la necesidad de las palomas de salir de los *columbarii* cuando están criando, p. 20, n. 12; ZAMORANI, P., *Possessio e animus*, I, Milano 1997, p. 16; el autor ofrece una visión distinta de la custodia en relación al mantenimiento de la posesión respecto de la señalada por Metro.

395 Sobre esta cuestión, remitimos a la obra de ONIDA, P. P., *Studi sulla condizione*...cit., pp. 414 ss. y a la bibliografía allí citada.

Este problema puede estar ligado a la concepción de la mayoría de los juristas clásicos sobre la adquisición de la pieza de caza en el caso de la pieza herida y perseguida, según la cual esta no se adquiría hasta que fuera efectivamente aprehendida; frente a esta posición, Trebacio habría mantenido la opinión contraria, entendiendo que "su pensamiento realmente ahonda en la substancia íntima de la naturaleza posesoria del fenómeno de la *occupatio*: según él (Trebacio), es en la intencionalidad posesoria que se expresa en el acto de la persecución como se muestra el *animus possidendi* necesario para la apropiación posesoria que, en definitiva, supone la ocupación", como dice Castro[396].

El texto referido es el conocidísimo de las *res cottidianae* gayanas (D. 41, 1, 5, 1 *res.cott.*), donde se cita a Trebacio:

> *Illud quaesitum est, an fera bestia, quae ita vulnerata sit, ut capi possit, statim nostra esse intellegatur. Trebatio placuit statim nostram esse et eo usque nostram videri, donec eam persequamur, quod si desierimus eam persequi, desinere nostram esse et rursus fieri occupantis: itaque si per hoc tempus, quo eam persequimur, alius eam ceperit eo animo, ut ipse lucrifaceret, furtum videri nobis eum commisisse. Plerique non aliter putaverunt eam nostram esse, quam si eam ceperimus, quia multa accidere possunt, ut eam non capiamus: quod verius est* (D. 41, 1, 5, 1 Gayo *rer.cott.*)

¿Por qué una decisión diferente en relación con el animal herido y con el animal que tiene la costumbre de volver? Trebacio mantiene el mismo criterio para el animal herido que para el animal cazado -ocupado- que se escapa, pero la mayoría de los juristas se manifiestan en contra de esta solución. Ciertamente, la falta de contacto con el animal herido, que únicamente se produce a través de la flecha o dardo clavada en él, pudo significar para muchos juristas clásicos la falta de un *corpore possidere* que se apoyaba en un *animus possidendi* demasiado espiritualizado como

---

396 CASTRO, A., "D. 41, 7, 2: Reflexiones sobre la "traditio in incertam personam" y otras puntualizaciones sobre la "occupatio", en *El Derecho de familia y los derechos reales en la romanística española (1940-2000)*, R. López-Rosa y F. del Pino-Toscano, Huelva, 2001, p. 356.

para aceptar que se hubiera generado una *occupatio* sobre la pieza. En este sentido, el "*favor possesionis*" del que habla Metro para justificar el mantenimiento de la posesión sobre los animales que tienen la *consuetudo revertendi* durante el tiempo de alejamiento del animal[397], no serviría para justificar el mantenimiento de la posesión en el caso de la caza. Quizá, también, porque la cualidad de *revertere* de ciertos animales que han tenido un contacto con el hombre -*mansuetos*- presentaría menos problemas prácticos, a la hora de la prueba, que la persecución del animal herido; en definitiva, aportaba una mayor seguridad jurídica. Quizá, también, porque los juristas habrían valorado la actividad operada por el hombre en relación con el animal -alimentación o procurar un espacio, lo cual es favorecer su desarrollo y *modus vivendi*- en lo que se podría considerar una inversión a lo largo de un periodo de tiempo más o menos extenso, según los casos, o más o menos estable (por ejemplo, los columbarios). Algo que, por otra parte, estaría en la justificación de la no pérdida de la propiedad/posesión en los casos del *servus fugitivus*[398].

En definitiva, los juristas afrontaron los problemas jurídicos de las *res mancipi/nec mancipi* en los *animalia quae collo dorsove domantur solent* y de las *res nullius/res aliena* en los animales *quae ex consuetudine abire et redire solent,* del mismo modo: fijándose en qué es lo que sucede en relación a la naturaleza (salvaje) y cualidad de estos animales, cuando por una acción del hombre adquieren una nueva condición (*mansuetos*) y cómo afecta esto al régimen de

---

397 METRO, A., *L´obbligazione di custodire*...cit., p. 41, n. 83. Metro utiliza la misma expresión, pero referida al dueño -*favor dominii*- respecto de la justificación del mantenimiento de la posesión en el supuesto del esclavo huido, p. 48.

398 Sobre el tema y justificaciones de la decisión jurisprudencial, vide ampliamente, por todos, CARCATERRA, A., "Il *servus fugitivus* e il *possesso*", *AG,* 120, 1938; ALBERTARIO, E., *I problema possessori relativi al* servus fugitivus, Milano, 1929; Id., en *Studi,* 1; ARCES, P., "Il «servus fugitivus» nelle previsioni edittali e nella giurisprudenza romana", *Rivista di diritto romano,* XXI, 2021, (n.s. VI), pp. 1-34.

la propiedad. Para dar una solución jurídica se fijan, igualmente, en la realidad económica circundante y del momento, en el valor del animal antes y después de ser domado, domesticado o cazado; de ahí las discusiones entre escuelas que buscan una respuesta oportuna para unos animales en los que ha intervenido, en mayor o menor medida, la mano del hombre, tanto en atención al momento de su consideración como *res mancipi*, como de su consideración como *res nullius* derivada de su naturaleza salvaje y los consiguientes problemas de propiedad.

No se trata de entrar en la discusión clásica sobre unos juristas ejerciendo una ciencia "aislada" o no[399], ni en el grado de conexión entre los juristas y la realidad económica; en este sentido, me quedo con las palabras de Melillo cuando señala cómo "In verità, ricostruzioni romanistiche che vogliano collocarsi nella realtà della storia, piuttosto che nelle ipotesi dommatiche, non possono fare a meno di guardare al rapporto diritto-società in Roma tenendo innanzitutto conto del carattere estremamente selettivo del materiale testimoniale; cercando, sempre che sia possibile, di reinterpretarlo essenzialmente come elemento di una realtà assai più articolata, di cui le stesse discordanze nel materiale testuale possono talora suggerire le spinte e le forze, alternative o contrastanti"[400].

---

399 "Responde también a esta actitud de los juristas clásicos romanos la circunstancia de que la relación genética del derecho con el mundo extrajurídico esté fundamentalmente excluida de su exposición científica. Las relaciones económico-políticas que han determinado la formación de una regla de derecho no son nunca descritas y ni siquiera mencionadas. Falta por completo la exposición del derecho desde el punto de vista económico. El sentido económico de una institución jurídica, las funciones económicas que debe normalmente cumplir las razones económicas que han determinado su introducción, todo esto se excluye como «no jurídico» SCHULZ, F., *Principios del derecho romano,* Madrid, 1990, p. 44. Lo que no excluye que, como dice Schulz, se tuviera en cuenta la realidad económica para formular la regulación jurídica.

400 MELILLO, G., *Categorie economiche...* cit., p. 12.

- Animales que viven en *silvae circumseptae*, no en viveros.

Esta es la diferenciación que hace Paulo en D. 41, 2, 3, 14 respecto a si existe posesión o no sobre las mismas, resolviendo que, mientras que en las primeras no habría posesión sobre los animales que en ella estuvieran incluidos, en los segundos sí.

> *Item feras bestias, quas vivariis incluserimus, et pisces, quos in piscinas coniecerimus a nobis possideri. Sed eos pisces, qui in stagno sint, aut feras, quae in silvis circumseptis vagantur, a nobis non possideri, quoniam relictae sint in libertate naturali; alioquin, etiamsi quis silvam emerit, videri eum omnes feras possidere, quod falsum est* (D. 41, 2, 3, 14 Paulo)

El texto, inserto en el Título correspondiente a la adquisición o pérdida de la posesión, distingue entre dos espacios *vivarii/silva circumsepta*, en los que la diferencia se encuentra en la intervención del hombre sobre los mismos. Sobre esta cuestión, Polara rechaza que la distinción pueda hacerse sobre la base de la extensión menor o mayor, respectivamente, de los dos espacios e insiste en la idea de la *naturalis libertas* expresada por el jurista, que indicaría la inexistencia de una situación posesoria sobre los animales[401].

En realidad, el texto remarca la acción del hombre como la determinante de la distinción entre la situación de los animales en los *vivarii* y en las *silvae circumseptae*: mientras que en el primer caso, las *feras bestias* son el objeto sobre el que recae una acción –*incluserimus*- realizada por el hombre –*nos*-, en el segundo, las *feras* son el sujeto de la acción –*vagantur*-, y la *silva* es el objeto sobre el que recae el derecho; la misma correlación para el caso de los peces que *coniecerimus* –nosotros- a las piscinas o los que *sint* –los

---

[401] POLARA, G., *Le "venationes"*...cit., p.123. Para GARCÍA GARRIDO, M. J., "Derecho a la caza...", cit., p. 287, "la distinción fundamental es la de que gocen de *naturalis libertas*, o, por el contrario, permanezcan *sub custodia* [...] no otra cosa indica la distinción entre *vivaria* y *silva circumsepta*".

peces- en los estanques. Dicho de otro modo, los animales que encerramos en un vivario o los peces que echamos en un estanque son nuestros porque hemos realizado previamente un acto de adquisición sobre ellos –que será, normalmente, una ocupación-, y mantendremos la posesión sobre los mismos mientras mantengamos la custodia sobre ellos; por el contrario, los animales que se encontraran en una *silva circumsepta* no nos pertenecen porque no hemos realizado ningún acto de adquisición sobre ellos y lo mismo sucede con los peces que se encuentran en un lago. Todos estos animales ya se encontraban allí; los actos de adquisición se realizan sobre el espacio –lago o *silva*- y no sobre los animales[402]. En definitiva, no se ha realizado ningún acto de adquisición que les prive de su *naturalis libertas*; no se ha modificado su *status* jurídico, el único que sirve para que los juristas apliquen las reglas sobre propiedad o posesión, que son, para la propiedad, las relativas a la naturaleza de los animales: *ferae*, *ferae* con *animus revertendi* –*mansuetae*-, *non ferae* (*cicures*) y también para el mantenimiento de la posesión, la *custodia*, con el caso especial de algunos animales con *animus revertendi* a los que se les aplica una regla de la custodia "alargada" para permitir la no pérdida de la posesión en los tiempos intermedios en los que no están directamente bajo nuestra disponibilidad.

Para los animales salvajes que están en *vivarii* regiría la regla de la propiedad por ocupación y mantenimiento de posesión por custodia y para los que están en *silvae circumseptae*, la general de su condición de *res nullius* en tanto en cuanto mantengan su *naturalis libertas*. Se trataría de alertar a los dueños de la necesidad de realizar actos inequívocos de aprehensión del animal para que se pueda hablar de posesión sobre el mismo o de ocupación, directamente. Lo explica Paulo cuando niega la eficacia de la compra-

---

402 En esta línea, POLARA, G., *Le "venationes"*...cit., pp. 123-124. Ante la práctica, dice el autor, de un ejercicio habitual por parte de los dueños de *silvae* de vallar los espacios con la intención de hacerse con los animales en ellos incluidos, el jurista se habría revelado ante este modo "troppo spiritualizzato di acquisto del possesso" (p. 124).

venta para englobar la posesión de los animales que vivieran en la *silva*, del mismo modo, se podría decir, que no sería posible con un acto traslativo de dominio sobre la *silva* abrazar la propiedad de los animales en ella contenidos; en caso contrario, se estaría ante un caso de adquisición de la propiedad de los animales por accesión, algo descartado a lo largo de los textos jurídicos romanos que afirman el medio de la *occupatio* como el único posible para la adquisición de la propiedad de los animales salvajes. Lo mismo sucede, en otra medida, con las abejas *ferae* que no se hacen nuestras, ni ellas, ni los panales que hubieran hecho, por el mero hecho de posarse o hacerlos en nuestros árboles -igual que las aves-.

> *Apium quoque natura fera est; itaque quae in arbore nostra consederint, antequam a nobis alveo concludantur, non magis nostrae esse intelliguntur, quam volucres, quae in nostra arbore nidum fecerint; ideo si alius eas incluserit, earum dominus erit* (D. 41, 1, 5, 2 Gayo, *rer.cott.*)
>
> *Favos quoque, si quos hae fecerint, sine furto quilibet possidere potest. Sed, ut supra quoque diximus, qui in alienum fundum ingreditur, potest a domino, si is providerit, iure prohiberi, ne ingrederetur* (D. 41, 1, 5, 2 Gayo, *rer.cott.*)
>
> *Si apes ferae in arbore fundi tui apes fecerint, si quis eas, vel favum abstulerit, eum non teneri tibi furti, quia non fuerint tuae; easque constant captarum terra, mari, coelo numero esse.* (D. 47, 2, 26 Paulo 9 *ad Sab.*)

y, *a contrario*, no se pierde la posesión de las que tienen la costumbre de volver a nuestras colmenas *ex* Paulo D. 41, 2, 3, 16[403].

Conviene incidir en el uso del posesivo por parte de Paulo en este último texto, que no se aplica a las abejas –*ferae bestiae*- sino a la colmena –*ex alveis nostris*-, esto es, al elemento sobre el que la acción del hombre es determinante. Esto significa que la acción del hombre debe consistir en algo más que un mero circundar

---

403 *Quidem recte putant, columbas quoque, quae ab aedificiis nostris volant, item apes, quae ex alveis nostris volant, item apes, quae ex alveis nostris evolant, et secundum consuetudinem redeunt, a nobis possideri.*

o acotar un espacio para evitar la salida de animales o la entrada de cazadores ajenos a la propiedad[404] y requiere, en el caso de los animales salvajes, el acto de aprehensión material del mismo al que se le une la intención de hacerlo propio para poder hablar de ocupación, así como el establecimiento de unas estructuras determinadas, más o menos complejas según los casos, para un

---

404 Dejando al margen la capacidad del *dominus* de prohibir la entrada de terceros a la finca, como se recuerda en D, 8, 3, 16 Calistrato.
Divus pius aucupibus ita rescripsit: non est consentaneum rationi, ut per aliena praedia invitis dominis aucupium faciatis.
O Ulpiano en D. 47, 10, 13, 7:
Si quis me prohibeat in mari piscari vel everriculum, quod Graece σαγήνη dicitur, ducere, an iniuriarum iudicio possim eum convenire? sunt qui putent iniuriarum me posse agere: et ita Pomponius et plerique esse huic similem eum, qui in publicum lavare vel in cavea publica sedere vel in quo alio loco agere sedere conversari non patiatur, aut si quis re mea uti me non permittat: nam et hic iniuriarum conveniri potest. Conductori autem veteres interdictum dederunt, si forte publice hoc conduxit: nam vis ei prohibenda est, quo minus conductione sua fruatur. Si quem tamen ante aedes meas vel ante praetorium meum piscari prohibeam, quid dicendum est? me iniuriarum iudicio teneri an non? et quidem mare commune omnium est et litora, sicuti aer, et est saepissime rescriptum non posse quem piscari prohiberi: sed nec aucupari, nisi quod ingredi quis agrum alienum prohiberi potest. Usurpatum tamen et hoc est, tametsi nullo iure, ut quis prohiberi possit ante aedes meas vel praetorium meum piscari: quare si quis prohibeatur, adhuc iniuriarum agi potest. In lacu tamen, qui mei dominii est, utique piscari aliquem prohibere possum (D. 47, 10, 13, 7 Ulpiano).
Favos quoque si quos hae fecerint, sine furto quilibet possidere potest: sed ut supra quoque diximus, qui in alienum fundum ingreditur, potest a domino, si is providerit, iure prohiberi ne ingrederetur,
aunque no afectaría a la propiedad de los animales cazados en ella a pesar de la prohibición según D. 41, 1, 5, 3 Gayo *rer. cott*).
Sobre la cuestión, por todos, GARCÍA GARRIDO, M. J., "Derecho a la caza...", cit., pp. 309ss. Téngase en cuenta que los textos citados hablan de *aucupium* y *piscatio*, no de *venatio*, es decir de actividades que, como señala García Garrido se realizan sobre *res communis*; LOMBARDI, G., "Libertá di caccia...", cit., pp.302ss. Evidentemente, ante la existencia de un vivario las reglas cambiarían dando relevancia a la propiedad del dueño.

vivarium[405]. No parece, en consecuencia, asumible, sin más matizaciones, la afirmación de Polara cuando señala que los animales salvajes que entran dentro del recinto acotado recaen en la posesión y, por tanto, en el *dominium* del propietario sólo por el hecho de haber entrado en él y, en consecuencia, "senza che sia necesario alcuno specifico atto di apprensione"; y, *a contrario*, los animales salvajes que están bajo la propiedad del *dominus* y que salen del recinto, se convierten en *res nullius*[406]. Esta afirmación cabe hacerla respecto de algunos animales, pero no de todos; evidentemente, si se entiende el *leporarium* o *vivarium* como una inmensa trampa en la que pueden caer animales salvajes, habrá que concluir que todo animal salvaje que entre dentro del mismo se ha hecho propiedad del dueño en tanto en cuanto no sean capaces de salir del mismo y recobren su antigua libertad, como en el caso recogido por Próculo en D. 41, 1, 55

> *In laqueum, quem venandi causa posueras, aper incidit: cum eo haereret, exemptum eum abstuli: num tibi videor tuum aprum abstulisse? et si tuum putas fuisse, si solutum eum in silvam dimisissem, eo casu tuus esse desisset an maneret? et quam actionem mecum haberes, si desisset tuus esse, num in factum dari oportet, quaero. Respondit: laqueum videamus ne intersit in publico an in privato posuerim et, si in privato posui, utrum in meo an in alieno, et, si in alieno, utrum permissu eius cuius fundus erat an non permissu eius posuerim: praeterea utrum in eo ita haeserit aper, ut expedire se non possit ipse, an diutius luctando expediturus se fuerit. Summam tamen hanc puto esse, ut, si in meam potestatem pervenit, meus factus sit. sin autem aprum meum ferum in suam naturalem laxitatem dimisisses et eo facto meus esse desisset, actionem mihi in factum dari oportere, veluti responsum est, cum quidam poculum alterius ex nave eiecisset* (D. 41, 1, 55 Próculo);

---

405 Lo que se ve claramente en el caso de las abejas y otros animales salvajes –de los menores-.

406 POLARA, G., *Le "venationes"*...cit., p. 106.

por eso las abejas que se posaran en un árbol dentro de un *vivarium* de una cierta extensión, no se harían nuestras[407] porque, en función de su naturaleza particular, el acto de aprehensión material tiene que ser adecuado a su capacidad de volar[408]. El "specifico atto di apprensione" que Polara entiende que no es necesario hacer –y es ahí donde difiero- es el propio hecho de haber creado un *leporarium* cerrado, una gran trampa, si se prefiere. Sólo a partir de la construcción del *vivarium*, todos los animales que entren en él se harán del propietario, de igual modo que perderá la propiedad sobre los que salgan. Pero, en cualquier caso, este hecho será accesorio respecto del principal, en el sentido de que el *vivarium* se construye con una finalidad económica para la explotación intensiva de animales y no como un "modo" de caza.

Por eso, los juristas remarcan cómo cercar una *silva* no implica la adquisición de la posesión sobre los animales en ella contenidos; la finalidad del cerramiento de la *silva* pudo ser, como señala Polara, un intento de espiritualizar los actos de entrada en la posesión de unos animales que eran diferentes al régimen general de la misma, pero también pudo constituir otras finalidades distintas, entre las que se intuye el ánimo de excluir a ajenos a la propiedad del terreno. Se revela así, de nuevo, la finalidad como uno de los criterios que pudieron tener en cuenta los juristas para dar las soluciones oportunas a este problema[409].

---

407 Gayo, D. 41, 1, 5, 2. Sólo se harán nuestras cuando las encerremos en una colmena; es evidente lo que quiere decir el jurista, por cuanto el término encerrar que se utiliza es relativo debido a su ciclo vital.

408 Paulo, D. 41, 2, 3, 15.

409 Que existiera una dificultad real para "discernere caso per caso se il singolo animale fosse o non fosse in proprietà del *dominus* in quanto entrato o uscito fuori dal recinto" es algo obvio y que a ello haya que dar una solución, también; pero igualmente lo es, a mi juicio, que los juristas englobaron esta cuestión en el hecho de que al entrar en el *vivarium* el animal había quedado bajo la disponibilidad del dueño de la *villa* y, en consecuencia, el régimen de propiedad y posesión establecida para el resto de animales.

La ulterior consecuencia es la exclusión de la posibilidad de adquirir los animales por accesión cuando se comprara la *silva circumsepta,* que los juristas se encargaron de remarcar. Los animales vagan con total libertad por la *silva* y sólo un acto de ocupación concreto sobre los mismos permitirá que el propietario de la finca, u otra persona, se haga con el *dominium* de los mismos[410]. La construcción de un *vivarium* y la posterior entrada en él de *ferae bestiae* es muy diferente a la existencia de animales que viven en total y absoluta libertad y el posterior acotamiento de una extensión amplia, por mucho que en el aspecto teórico nada implique una diferenciación sustantiva en razón de la extensión del espacio cerrado; esto, que se intuye de manera sencilla, tuvo, además, su acomodo argumentativo con las reglas generales sobre posesión y aquéllas sobre adquisición de la propiedad sobre animales salvajes y con conceptos como la *naturalis libertas.* Además, la finalidad económica del *vivarium* como eje fundamental para que los juristas decidieran en los distintos casos, difiere de la finalidad de la *silva circumsepta* que, probablemente, fue otra en la mayoría de los casos: quizá la de recreo, como se ve en los ejemplos de Varrón, entre la que se podría comprender la caza. Sin embargo, sobre estos animales podría no haberse realizado ningún acto de ocupación concreto y, de hecho, esta es la idea de la que parte Próculo para afirmar la no posesión de los animales que se incluyen en la *silva,* aunque sobre ellos, algunos, al menos, se habían establecido unos lazos de dependencia como deriva de la información de Varrón acerca de que a menudo se les proporcionaba comida. A la pregunta retórica de Polara de si Quinto Hortensio no sería propietario de la multitud de *ferae bestiae* recluidos en el bosque de cincuenta yugadas (p. 105) habría que contestar que no, si sólo hubiera realizado el cerramiento de esta; ni siquiera sería poseedor *ex* D. 41, 2, 3, 14. Únicamente en el caso de considerar que la *silva* de Quinto es un *vivarium* y que los animales salvajes hubieran sido incluidos en él, se podría entender que es el propietario; en este caso concreto, el nombre que da es el de *therotrophium,* que

---

410 Paulo, D. 41 2, 3, 14.

alude más a un parque de caza que a un vivero que, además, en el caso de Quinto Hortensio, utiliza como espectáculo. Dicho de otra manera, finalidades diferentes, al menos aparentemente.

Por otro lado, ya se sabe que para aquellos animales que tienen *animus revertendi*, se podría aplicar la regla de la custodia para afirmar el mantenimiento de la posesión, pero los animales que engloban la nómina de la *silva* de Q. Hortensio son de muy distinta naturaleza (*cervorum aprorum et ceterarum quadripedum multitudo*).

El *vivarium* o *leporarium* responde a una finalidad y tiene una naturaleza distinta de la *silva circumsepta* y como cosas diferentes fueron tratados por los juristas romanos en relación con los animales en ellos recluidos. Si bien son acertadas las palabras de Polara cuando señala que el derecho de propiedad del *dominus* del fundo sobre los animales contenidos en los criaderos de animales es indiscutible, independientemente de su extensión, esto no obsta para que la *silva circumsepta* fuera algo distinto a un *vivarium* en la mayoría de los casos; de hecho, según dice Varrón, dentro de estas grandes extensiones se encontrarían otras de menor tamaño en las que se produciría la cría de otros animales, como en la finca de T. Pompeyo donde a menudo se tenían sitios reservados para los lirones -*dolia*- además de *cocliaria* y *alvaria* (Varrón III, 12, 2).

En realidad, el tratadista ya había expresado claramente la idea de la finalidad, al igual que Columela, al señalar que los animales que se encuentran en una *villa* o en sus alrededores pueden estarlo para su aprovechamiento o por recreo[411] y que los espacios destinados a estos animales son los llamados *leporaria*, que son todos los recintos anexos a la *villa* donde se encuentran los animales que se crían, no sólo donde hay liebres como antiguamente. He señalado ya, en más de una ocasión, que lo que se define en este caso son los lugares –los espacios- y no los animales que se encuentran en esos lugares, de ahí que lo importante para destacar por

---

411 *Primum, inquit, dominus scientem esse oportet earum rerum, quae in villa circumve eam [animalia] ali ac pasci possint, ita ut domino sint fructui ac delectationi* (Varrón III, 3, 1)

Varrón en este momento sea que los *leporaria* son lugares donde están toda clase de animales recluidos *en cercados adjuntos a la villa –saepta, afficta villae*-. Lo mismo se predica de los aviarios y de las piscinas que son todos lugares asociados íntimamente con esta.

Es sólo en un segundo momento cuando se dice qué tipo de animales están en cada uno de estos espacios; es en III, 3, 3 cuando se explica que esos animales son "los animales de caza" divididos, a su vez, en dos clases: *apros, caprea, lepus,* por un lado, y *apes, cochleae* y *glires,* por otro

> *Leporaria te accipere volo non ea quae tritavi nostri dicebant, ubi soli lepores sint, sed omnia saepta, afficta villae quae sunt et habent inclusa animalia, quae pascantur. Similiter piscinas dico eas, quae in aqua dulci aut salsa inclusos habent pisces ad villam. Harum rerum singula genera minimum in binas species dividi possunt: in prima parte ut sint quae terra modo sint contentae, ut sunt pavones turtures turdi; in altera specie sunt quae non sunt contentae terra solum, sed etiam aquam requirunt, ut sunt anseres querquedulae anates. Sic alterum genus illud venaticum duas habet diversas species, unam, in qua est aper caprea lepus; altera item extra villam quae sunt, ut apes cochleae glires. Tertii generis aquatilis item species duae, partim quod habent pisces in aqua dulci, partim quod in marina. De his sex partibus ad ista tria genera item tria genera artificum paranda, aucupes venatores piscatores, aut ab iis emenda quae tuorum servorum diligentia tuearis in fetura ad partus et nata nutricere saginesque, in macellum ut perveniant. Neque non etiam quaedam adsumenda in villam sine retibus aucupis venatoris piscatoris, ut glires cochleas gallinas. Earum rerum cultura instituta prima ea quae in villa habetur; non enim solum augures Romani ad auspicia primum pararunt pullos, sed etiam patres familiae rure. Secunda, quae macerie ad villam venationis causa cluduntur et propter alvaria; apes enim subter subgrundas ad initio villatico usae tecto. Tertiae piscinae dulces fieri coeptae et e fluminibus captos recepere ad se pisces* (Varrón, III, 3, 2-4)

Esos animales de caza son los que reciben el nombre de *venaticum. Venaticum* es, en Varrón, todo animal cazable, aquél que se puede cazar, como Gayo en D. 41, 1, 1, 1, cuando habla de las *ferae bestiae* que podemos adquirir por ocupación

> *Omnia igitur animalia, quae terra, mari, coelo capiuntur, id est ferae bestiae, et volucres, pisces, capientium fiunt* (D. 41, 1, 1, 1 Gayo *rer. cott*)

Polara cita también este texto, pero no lo asocia al de Varrón[412]; sin embargo, creo que las *ferae bestiae* de Gayo son el *venaticum* de Varrón. Ya se había expresado Varrón en la misma línea en III, 2, 13, cuando divide en dos clases los animales que se pueden criar –*pastio*-: los que se crían en el campo –*agrestes*- y los que se crían en la granja –*villaticum*-

> *Duo enim genera cum sint pastionum, unum agreste, in quo pecuariae sunt, alterum villaticum, in quo sunt gallinae ac columbae et apes et cetera, quae in villa solent pasci, de quibus et Poenus Mago et Cassius Dionysius et alii quaedam separatim ac dispersim in libris reliquerunt, quae Seius legisse videtur et ideo ex iis pastionibus ex una villa maioris fructus capere, quam alii faciunt ex toto fundo* (Varrón, *re.rust*. III, 2, 13);

en este segundo grupo están las gallinas, palomas, abejas y en general *cetera, quae in villa solent pasci.* En la mente de Varrón, sin embargo, están siempre clasificados de manera diferente ciertas aves, algunas de ellas domésticas[413], de aquellos salvajes que se obtienen a través de la caza y así, en (14) vuelve a separarlos: por un

---

412 POLARA, G., *Le "venationes"*...cit., p. 69.

413 Gayo, D. 41, 1, 5, 5, ya visto, para los pavos y las palomas, que incluye entre los animales que tienen la costumbre de ir y volver. Que la diferenciación hecha por Varrón no se deba considerar en sentido estricto, puede ser, pero también podría ocurrir que Varrón pensara de hecho en estos animales, muchos de los cuales estarían en las *villae* habitualmente en términos de domesticidad. Hay que tener en cuenta que Varrón y Columela relacionan el término *venationes* o *venaticum* pensando siempre en los lirones, abejas, jabalíes, ciervos, y otros similares que responden a las mismas características –*caprae, orygo,* etc...-, es decir, los *ceterae venationis* (Varrón III, 2, 14). Sobre las palomas, Varrón también distingue las que son agrestes de las que son más tranquilas -*saxatile*- (Varrón III, 7, 1).

lado, gansos, gallinas, palomas, grullas, pavos; por otro, lirones, peces, jabalíes y otros animales de caza:

> *Certe, inquit Merula: nam ibi vidi greges magnos anserum, gallinarum, columbarum, gruum, pavonum, nec non glirium, piscium, aprorum, ceterae venationis* (Varrón, *re.rust.* III, 2, 14)

Creo que hay que concluir que se pueden criar en explotaciones de este tipo todos los nombrados y otros más, pero serían los segundos los que se asocian a "otros animales de caza" -*ceterae venationis*-. Esto es importante porque para Polara, con el término *venatio/venationes,* Varrón estaría haciendo referencia a los "allevamenti" de animales que normalmente eran objeto de *venatio,* que se formarían como una unidad económica integrada en las *villae*[414]. Sin embargo, Varrón habla en este texto de los animales concretos que forman parte de esos *greges magnos*; dicho de otro modo, *anserum, gallinarum, columbarum, gruum, pavonum, nec non glirium, piscium, aprorum, ceterae venationis* son todos genitivos cuyo antecedente es *greges magnos,* son grandes manadas de animales de distinto tipo, no tipos de explotaciones económicas. Por eso, frente a los plurales que utiliza para referirse a los animales concretos, Varrón utiliza el singular –*ceterae venationis*- para referirse "al resto de la caza". *Venationis,* aquí, se refiere a la caza con carácter general, a los animales objeto de caza –así se suele traducir, utilizando el plural, y ese, desde luego es el sentido-, pero se refiere a los animales –tipos de animales- y no a la explotación -tipo de explotación- en sí misma como sugiere Polara. Pensar que *greges magnos anserum,* o *greges magnos gallinarum,* o *greges magnos aprorum,* o, finalmente, *greges magnos ceterae venationis* significa explotaciones de cría de animales creo que es ir un paso por delante en relación con lo que dice Varrón, puesto que afirma en numerosas ocasiones las finalidades distintas que puede tener un propietario en la tenencia de estos tipos de animales en la *villa,* no sólo el comercial. Y esto no significa que el sentido, evidentemente, no gire

---

[414] POLARA, G., *Le "venationes"*...cit., p. 70 en relación con el texto que se está analizando.

en torno a la idea de los beneficios que se obtienen con la cría de estos animales en explotaciones económicas de esta naturaleza: eso es algo de lo que no cabe duda; lo que no cabe, a mi juicio, es deducir de eso que la expresión *venatio* se utiliza "a proposito di stanziamenti di animali appartenenti a specie che normalmente formano oggetto di "venatio" e la cui destinazione è l´allevamento finalizzato alla produzione di un reddito".

Lo mismo ocurre cuando Polara analiza III, 3, 5:

> *Secunda, quae macerie ad villam venationis causa cluduntur et propter alvaria* (Varrón, *re.rust.* III, 3, 5),

en este caso, de forma similar a lo que sucedía con III, 2, 14, *secunda* hace referencia a la *cultura instituta* en las *villae* en relación con los animales que se criaban en ella; no es necesario ver en *venationis causa* la expresión de los criaderos de animales objeto de caza, porque esta idea está ya expresada en *secunda cultura instituta,* sino los propios animales como también lo son las gallinas a las que alude en primer lugar o los peces, en tercero.

Pero es que, además, en relación a este texto, Polara señala que el concepto de *venationis causa* puede referirse tanto a la actividad venatoria como al nuevo concepto de "*venatio* come allevamento di *ferae bestiae*", siendo el primero un empleo destinado al ocio del *dominus* y el segundo, de un destino productivo[415]; desde mi punto de vista, resulta extraño que Varrón utilice la expresión *venatio/ venationes* -tanto en singular como en plural-, con distintos sentidos en párrafos tan cercanos. *Venatio/ venationes* hace referencia al tipo de animal que se encierra en un tipo determinado de espacios –*leporaria*- y otra cosa distinta es la finalidad que cada *domini* quiera dar a esos cerramientos o a los animales en ellos contenidos: comercial, de ocio o ambas.

Igual situación se produce cuando se lee en III, 3, 3, íntimamente ligado a los anteriores y posteriores, la expresión *venaticum*:

415 POLARA, G., *Le "venationes"*...cit., p. 98, n. 61.

> *Sic alterum genus illud venaticum duas habet diversas species, unam, in qua est aper caprea lepus; altera item extra villam quae sunt, ut apes cochleae glires* (Varrón, *re.rust.* III, 3, 3),

que se refiere, sin lugar a duda, a aquel otro género relativo a la caza –*leporarium*-, que cobra todo su sentido como expresión de los animales objeto de esta que pueden estar en un leporario, cuando se enumeran a continuación los mismos[416]. Y aquí no se hace ninguna distinción sobre la finalidad que se pretende con los *leporaria*, como es normal; al fin y al cabo, Varrón acababa de señalar que todos los animales que estaban en la *villa* o sus alrededores podían estarlo *fructui ac delectationi* (Varrón III, 3, 1)[417].

Lo mismo se puede decir de todas y cada una de las veces que Varrón usa el término *venatio/venationes*: la utilización del término va siempre referida a los tipos de animales –objeto de caza o cazables- que se pueden encontrar en un leporario "moderno", no a un tipo de leporario con una finalidad de explotación comercial; así, en III, 3, 8 cuando distingue entre el leporario y el tipo de animales que hay dentro del mismo, utilizando el término *venatio*. Igualmente, en III, 12, 2 y en III, 14, 1, ya vistos. Sólo cuando utiliza el plural *venationes* lo hace en un sentido diferente a los animales objeto de caza, pero entonces es para darle el significado de espectáculo (III, 13, 3).

La expresión *venationis causa* de III, 3, 5 presenta de manera clara el carácter genérico que encierra: *por razón de la caza* que equivaldría a decir *por razón de los animales cazados*, por analogía a lo que sucede con los peces pescados en los ríos y que se echan en estanques, como dice Varrón inmediatamente, y para los que sí reserva el plural[418].

---

416 Recuérdese que en estos fragmentos el *genus* es el espacio –aviarios, leporarios, piscinas- y las *species* los animales.

417 No sólo Columela es explícito en esta cuestión como da a entender POLARA, G., *Le "venationes"*...cit., p. 98, n. 61.

418 *Secunda, quae macerie ad villam venationis causa cluduntur et propter alvaria; apes enim subter subgrundas ad initio villatico usae tecto. Tertiae piscinae dul-*

Resulta significativa la asimilación que hace de los animales que se encierran en cercados y las abejas: ambos tipos de animales son *ferae bestiae* y además necesitan "estar encerrados". Sabemos que el caso de las abejas es diferente; especial, en realidad, puesto que, técnicamente, las abejas no pueden ser recluidas puesto que su subsistencia, cría y reproducción pasan necesariamente por la salida al exterior de la colmena. Lo que sí se procura, como Varrón se encarga de detallar minuciosamente a lo largo del larguísimo capítulo 16 del libro III que ya he analizado, es disponer todos los medios al alcance del dueño de las colmenas para que las abejas retornen a las mismas y no se escapen formando nuevas colonias. Por otro lado, si los *captos pisces* se encierran en *piscinae*, los animales que se incluyen dentro del concepto *venationis causa* son encerrados *macerie* -entre paredes-. Si esta expresión se pone en relación con Columela, IX, 1, a nuestra mente vienen automáticamente las libres, que necesitan, como es lógico muros para ser recluidas frente a otro tipo de cerramientos (fueron las liebres los animales *venationis causa* que de manera más generalizada se recluían y que normalmente constituían los *allevamenti* productivos, como dice Polara y, desde luego, en el origen). Sin embargo, el propio Varrón dice en III, 3, 8, cuando compara los antiguos leporarios con los actuales, que estos requieren una mayor extensión por el tipo de animales que se encierran dentro –jabalíes y cabras montesas-, aunque también se encierran entre paredes muchas yugadas de tierra

> *Sic in secunda parti ac leporario pater tuus, Axi, praeterquam lepusculum e venatione vidit numquam. Neque enim erat magnum id saeptum, quod nunc, ut habeant multos apros ac capreas, complura iugera maceriis concludunt* (Varrón, *re.rust.* III, 3, 8)

Estas situaciones debían estar lo suficientemente generalizadas como para que se siguiera manteniendo un nombre que, etimológicamente, expresaba un contenido más reducido en origen que

---

ces fieri coeptae et e fluminibus captos recepere ad se pisces (Varrón, *re.rust.* III, 3, 5-6)

el existente en el momento en el que Varrón escribe su obra y, no obstante, esto no representara un problema –lo que sí ocurre en el caso de los aviarios para los que se ha cambiado el nombre, de *aviaria* a *ornithones, quae palatum suave domini paravit,* aludiendo a su procedencia "moderna" fruto de los nuevos gustos por las cosas agradables-

> *Contra nunc aviaria sunt nomine mutato, quod vocantur ornithones, quae palatum suave domini paravit, ut tecta maiora habeant, quam tum habebant totas villas, in quibus stabulentur turdi ac pavones* (Varrón, *re.rust.* III, 3, 7).

Por ello, no creo que se excluyan otros tipos de animales que entran genéricamente dentro del concepto *venationis causa* y que responden todos a la categoría de *ferae bestiae.* Es algo en lo que ya he insistido: de esa expresión -*venationis causa*- no se puede deducir, a mi juicio, que con *venationes* se esté refiriendo a otra cosa diferente a la existencia de *ferae bestiae* –tipos de animales- que son cazables y que pueden estar encerrados, con independencia de la finalidad. Polara también parece decir esto en ocasiones; sin embargo, el problema reaparece cuando *venationes* lo equipara sistemáticamente con *allevamenti* productivos, *allevamento speculativo, cespite produttivo di un reddito.* Sobre todo, cuando lo equipara con *allevamenti.*

La cuestión, a mi juicio, está en que Polara da un salto lógico –puesto que Varrón habla en muchas ocasiones en términos productivos de los animales que se pueden encontrar *afficta villa*-, cuando identifica *venationes* con un "*allevamento di ferae bestiae*", pero lo pretende justificar terminológicamente, lo que es arriesgado –y, probablemente innecesario, en mi opinión-, porque manteniendo el sentido de *venationes* como el tipo de animales –*ferae*- que se incluyen en un *vivarium,* se entiende exactamente lo mismo que diciendo que *venationes* es la cría –con fines productivos- de animales salvajes. Puede ser cierto que, como dice Polara, "Lo stabilizzarsi di tale prassi portò all´uso sempre più frequente del plurale «*venationes*», che non venne ad assumere il significato di "cacce" (attività venatorie), bensì indicó gli animali selvatici oggetto di caccia e, progressivamente, adirittura le specie che astrattamente potevano formare oggetto di caccia", pero de ahí, deducir, como hace inmediatamente después, que "Le «*venationes*», quindi sganciate dal concetto originario di attività idonea alla cattura e, quindi, all´occupazione delle *ferae bestiae*, vennero ad indicare in senso oggettivo complessi di selvaggina non necessariamente destinati all´attività venatoria perché industrialmente organizzati a fine di lucro"[419], es, a mi juicio, un salto deductivo que no corresponde con las premisas de las que deriva.

Y ello, entre otras razones, porque, como he analizado, Varrón apenas usa el plural. Tampoco Columela:

> *Venio nunc ad tutelam pecudum siluestrium et apium educationem: quas et ipsas, Publi Siluine, villaticas pastiones iure dixerim; siquidem mos antiquus lepusculis capreisque, ac subus feris iuxta villam plerumque subiecta dominicis habitationibus ponebat vivaria, ut et conspectu suo clausa venatio possidentis oblectaret oculos, et cum exegisset usus epulatum, velut e cella promeretur* (Columela, *de re rust.* IX, *pr*)
>
> *Ferae pecudes, ut capreoli, damacque, nec minus orygum ceruorumque genera et aprorum, modo lautitiis ac voluptatibus dominorum seruiunt, modo quaestui ac reditibus. Sed qui venationem voluptati suae claudunt, contenti sunt, utcunque competit proximus aedificio loci situs, munire vivarium, semperque de manu cibos et aquam praebere: qui vero quaestum reditumque desiderant, cum est vicinum villae nemus (id enim referet non procul esse ab oculis domini) sine cunctatione praedictis animalibus* (Columela, *de re rust.* IX, 1)

Los juristas, en los textos examinados, no llegan a utilizar la expresión *venatio* en plural de manera generalizada; sólo se encuentra la expresión declinada en algún caso del plural en tres textos del Digesto: D. 7, 1, 9, 5; D. 33, 7, 12, 12, de Ulpiano y D. 33, 7, 22, *pr.* de Paulo:

---

[419] POLARA, G., *Le "venationes"*...cit., pp. 69-70.

> *Aucupiorum quoque et venationum reditum Cassius ait libro octavo iuris civilis ad fructuarium pertinere: ergo et piscationum* (D. 7, 9, 1, 5, Ulpiano)
>
> *Si in agro venationes sint, puto, venatores quoque, et vestigatores, et canes, et cetera, quae ad venationem sunt necessaria, instrumento contineri, maxime si ager et ex hoc reditum habuit* (D. 33, 7, 12, 12, Ulpiano)
>
> *Fundo legato "ita ut optimus maximusque est" retia apraria et cetera venationis instrumenta continebuntur: quod etiam ad instrumenta pertinet, si quaestus fundi ex maxima parte in venationibus consistat* (D. 33, 7, 22, *pr.* Paulo)[420]

Sin entrar en ulteriores consideraciones, me interesa remarcar cómo, en el texto de Paulo, se utiliza el singular en la primera parte del texto y el plural en la segunda, en relación con la palabra *venatio*: *venationis instrumenta* e *in venationibus consistat*. En este texto lo razonable es traducir la primera *venatio* como caza-actividad, y la segunda, como animales de caza u objeto de caza. Ciertamente, se podría pensar con Polara que el plural *venationes* está haciendo referencia a explotaciones ganaderas: los *instrumenta fundi* mencionados de manera expresa en el texto son, únicamente, las redes para cazar jabalíes y, junto a estas, *el resto de los instrumentos de caza*. Se podría pensar, siguiendo esta línea, que las redes permitirían cazar sin muerte a estos animales para que pudieran ingresar en el espacio cerrado al efecto y permitir su cría y reproducción, pero igualmente, se podría pensar en un fundo destinada a la actividad de la caza en la que las redes, al igual que los *venatores*, son considerados *instrumenta fundi*.

En Ulpiano, D. 7, 1, 9, 5, el texto queda inscrito en el título sobre el usufructo y las facultades del usufructuario; en él encontramos la utilización del plural –*venationum, aucupiorum,*

---

420 Este último texto aparece con alguna leve diferencia (*quod/quae*) en las *Pauli Sententiae*:
Fundo legato "ita ut optimus maximusque est" retia apraria et cetera venationis instrumenta continebuntur: quae etiam ad instrumentum pertinent, si quaestus fundi ex maxima parte in venationibus consistat (PS III, 6, 45)

piscationum- en el sentido de animales objeto de caza, o producto de la caza, pero igualmente se pueden interpretar estos genitivos que acompañan a *reditum* como los beneficios de las cazas de aves y de animales terrestres. La explicación de Polara según la cual los beneficios de las *venationes* serían considerados por la jurisprudencia romana frutos del fundo y, en consecuencia, ser para el usufructuario, puede ser convincente: la idea es que si se caza una *fera bestia res nullius* por el usufructuario –en virtud de la actividad venatoria-, se haría de éste por ocupación, como si la cazara un tercero; pero si se considera que la *venatio* es fruto del fundo, la adquiriría por su derecho de usufructo[421]. Sin embargo, tal y como el texto aparece inserto en el título, Ulpiano parte del régimen general según el cual todo lo que de él pueda percibirse es fruto del fundo

> *Item, si fundi ususfructus sit legatus, quidiquid in fundo nascitur, quidquid inde percipi potest, ipsius fructus est, sic tamen, ut boni viri arbitratu fruatur* (D. 7, 1, 9, *pr.* Ulpiano)

para pasar a analizar los distintos supuestos de bienes que se pueden encontrar en el fundo y sobre los que podrían existir dudas acerca de las facultades del usufructuario sobre los mismos. No deja de ser significativo que, entre estos supuestos, se encuentren las abejas –que, como hemos visto, gozan de un tratamiento individualizado en los textos jurídicos y técnico-literarios debido, sin duda, a la importancia que alcanzaron en las haciendas romanas-

> *Et si apes in eo fundo sint, earum quoque usus fructus ad eum pertinet* (D. 7, 9, 1);

pero también las canteras, tanto las que ya estaban cuando se legó el usufructo, como las que se encuentran después (la *inventio* se produciría, lógicamente, por obra del propio usufructuario),

---

421 POLARA, G., *Le "venationes"*...cit., p. 238.

> *Sed si lapidicinas habeat et lapidem caedere velit vel cretifodinas habeat vel harenas, omnibus his usurum Sabinus ait quasi bonum patrem familias: quam sententiam puto veram* (D. 7, 1, 9, 2, Ulpiano)
>
> *Sed si haec metalla post usum fructum legatum sint inventa, cum totius agri relinquatur usus fructus, non partium, continentur legato* (D. 7, 1, 9, 3, Ulpiano)

con la matización correspondiente al legado del *totius agri, non partium*. Respuesta parecida para los casos de *alluvio*, en los que el incremento se produce poco a poco, de manera apenas percetible *ubi latitet incrementum, et ususfructus augetur*

> *Huic vicinus tractatus est, qui solet in eo quod accessit tractari: et placuit alluvionis quoque usum fructum ad fructuarium pertinere. Sed si insula iuxta fundum in flumine nata sit, eius usum fructum ad fructuarium non pertinere pegasus scribit, licet proprietati accedat: esse enim veluti proprium fundum, cuius usus fructus ad te non pertineat. Quae sententia non est sine ratione: nam ubi latitet incrementum, et usus fructus augetur, ubi autem apparet separatum, fructuario non accedit* (D. 7, 1, 9, 4, Ulpiano)

En esta secuencia, el siguiente caso es el que interesa a este estudio: *Aucupiorum quoque et venationum reditum* [...] *et piscationum* nos lleva a la misma solución que en el caso de las abejas, de las canteras y de lo que produzca el terreno adherido al fundo por *alluvio*: el usufructo sobre el fundo comprende todo lo que nace en el fundo o lo que del fundo puede obtenerse, es decir, todo lo que es fruto de él–*ipsius fructus est*-; si los animales son cosas que pueden obtenerse del fundo se puede adquirir el fruto –o el beneficio, *reditum*- de los mismos. Es decir, el usufructo sobre un fundo se extiende, en algunos casos -los vistos-, a ciertas cosas que se encuentran en el mismo y que son capaces de producir un beneficio o utilidad –miel, minerales, frutos de la tierra, ganancias-.

La misma idea queda recogida en las Sentencias de Paulo 3, 6, 22:

> *Accessio ab alluvione ad fructuarium fundum, quia fructus fundi non est, non pertinet: venationis vero et aucupii reditus ad fructuarium pertinente* (PS. 3, 6, 22)

aunque en esta obra no se considera que el usufructo se extienda hasta la zona incorporada al fundo por *alluvio* frente a lo dicho por Ulpiano en Digesto[422].

La pregunta que cabría hacerse es si el régimen de este tipo de cosas, especialmente los animales objeto de caza, estarían sometidos también al régimen de uso del *boni viri arbitratu*, o más allá, como se señala para el fruto de un semillero -que engrosaría la categoría de los *intrumentum agri*-, en reponer lo usado o vendido

> *Seminarii autem fructum puto ad fructuarium pertinere ita tamen, ut et vendere ei et seminare liceat: debet tamen conserendi agri causa seminarium paratum semper renovare quasi instrumentum agri, ut finito usu fructu domino restituatur* (D. 7, 1, 9, 6 Ulpiano)

Esta idea es la que aparece en un texto de Trifonino, más que probablemente interpolado[423]:

> *Si vivariis inclusae ferae in ea possessione custodiebantur, quando ususfructus coepit, num exercere eas fructurarius possit, occidere non possit? Alias, si quas initio incluserit operis suis, vel post si-*

---

[422] En este caso, la línea de respuestas a favor del usufructuario se rompe, pero ¿de qué lado? Dicho de otro modo, ¿se debe entender que el pensamiento postclásico, negando la extensión del usufructo en el caso de *alluvio* -imperceptible-, fue distinto al clásico de Ulpiano? ¿o que esta parte del texto de Ulpiano fue retocada por los compiladores justinianeos? Parece probable esta segunda posibilidad y bastante acertado considerar interpolada la secuencia *quae sententia [...]non accedit.*
Maddalena entiende que las *Sententiae* de Paulo ofrecen la misma solución que el texto ulpianeo, aunque con diversa motivación; por otro lado, considera que no se puede entender que Ulpiano en este texto, aceptara la distinción entre *alluvio* y *avulsio* como un *incrementum latens* el primero y *patens* el segundo; MADDALENA, P., *Gli incrementi fluviali nella visione giurisprudenziale classica*, Napoli, 1970, p. 20 y 34, respectivamente.

[423] Polara lo entiende básicamente genuino (p. 238); Lombardi, considera que la segunda parte del principio no es clásico; LOMBARDI, G., Libertá di caccia e proprietà privata in diritto romano", BIDR, XII-XIII n.s., 1948, pp. 299ss y LOMBARDI, G., *Sul concetto di ius gentium*, Roma-Istituto di Diritto romano 1947, pp. 175ss.

> *bimet ipsae inciderint delapsaeve fuerint, hae fructuarii iuris sint? Commodissime tamen, ne per singula animalia facultatis fructuarii propter discretionem difficilem ius incertum sit, sufficit eundem numerum per singula quoque genera ferarum finito usufructu domino proprietatis assignare, qui fuit coepti ususfructus tempore* (D. 7, 1, 62, 1 Trifonino),

el cual, aunque pueda no expresar el sentir clásico, sí deja claro cuál era el justinianeo y la solución adoptada, siguiendo el régimen del usufructo del rebaño. Aunque las respuestas a las preguntas clásicas formuladas por Trifonino puede ser que no se tengan, lo cierto es que se podrían integrar con lo dicho por Ulpiano en los textos anteriores sobre la utilización de la cosa usufructuada según el criterio de un hombre bueno, o con el criterio de la reposición del semillero que es el que se recoge en la época justinianea.

Lo importante del texto, a mi juicio, es que se está en uno de los casos en los que, sin lugar a duda, el jurista habla de un vivario de *ferae bestiae*, es decir de "*venationes*" en el sentido que da Polara a esta palabra, viveros de animales con una finalidad productiva desde el punto de vista económico. Los argumentos de Polara intentan echar por tierra la hipótesis de que Trifonino hubiera considerado los *vivarii* como equivalentes a la *grex*, algo que sí habrían hecho de manera burda los compiladores; para este autor, Trifonino habría intentado resolver la cuestión en términos de establecer los límites del derecho de usufructo en relación a una *mutatio rei* –al considerar que la palabra *occidere* pudiera referirse a "una attività tendente a servirsi dell´allevamento in modo atipico mediante l´uccisione degli animale in numero tanto conspicuo, o addirittura totale, da determinare una notevole riduzione o addiritura il perimento dell´allevamento in quanto tale"[424]-, lo que, a mi juicio, no deja de ser una hipótesis no demostrada[425]; tampoco son convincentes los argumentos que resaltan la ingenuidad de la

---

424 POLARA, G., *Le "venationes"*...cit., p. 191.

425 Tampoco para MARTINI, R., "Sui frutti..." cit., p. 217.

solución debido a la imposibilidad de llevarla a la práctica, para lo cual entiende que el usufructuario debía conocer el número de animales existentes en el vivario (p. 193), pero sí los relativos a que no se podría configurar un titular de un derecho sobre el vivero distinto al titular del derecho sobre el fundo (p. 196). En relación con los dos primeros argumentos, en realidad son consecuencia de un punto de partida de Polara, que creo que no es correcto, cual es el considerar que el fragmento 1 plantea el mismo supuesto que *principium*:

> *Usufructuarium venari in saltibus vel montibus possesionis probe dicitur; nec aprum aut cervum, quem ceperit, proprium domini capit, sed fructus aut iure, aut gentium suos facit* (D. 7, 1, 62, *pr.* Trifonino)

Sin entrar aquí en la lectura discutida desde antiguo del texto, a mi juicio Trifonino no está planteando el mismo supuesto, sino supuestos diferentes: para Polara el supuesto, en ambos fragmentos, es el de "vivai di *ferae bestiae* stanziati «*in saltibus vel montibus possessionis*»". Desde mi punto de vista, Trifonino lo que hace es, precisamente, distinguir el supuesto del usufructuario que caza jabalíes y ciervos en los bosques y montes y que hace suyos los beneficios derivados de los animales y los propios animales (o según la lectura de Polara, los animales salvajes como fruto del fundo); y por otro lado, aquéllos animales que se encuentran en viveros y, por tanto, sí son *proprium dominum* sobre los que tendría un derecho de uso para percibir sus frutos, aunque se dudaría si ese uso podría implicar la muerte del animal. Por eso también, su preocupación por distinguir los casos en los que, *operis suis*, se hubieran incluido nuevos animales en el vivero. ¿Se estaría con esta interpretación vulnerando las reglas generales sobre adquisición de la propiedad de las *res nullius*? No, a mi juicio.

Trifonino mantiene la *occupatio* como modo de adquirir la propiedad sobre las *ferae bestiae* que se cazan en los bosques y montes –*iure gentium*–, aunque también recoge una línea jurisprudencial que habría afirmado que la adquisición de los réditos o frutos obtenidos de las *ferae bestiae* entran dentro de las facultades del usufructuario –*iure fructuarius*-, como ya había afirmado Ulpiano en D. 7, 1, 9, 5, recogiendo la opinión de Cassio. En este sentido, entiende Lombardi que la frase *nec aprum [...] suos facit* estaría interpolada, así como el texto de Juliano en el que muchos autores se apoyan en unión con el de Trifonino, habiendo querido este subrayar que, "mentre nei confronti degli eventuali *vivaria* l´usufruttuario doveva comportarse in un certo modo, in tutta la rimanente *possessio* egli era autorizzato a cacciare liberamente"[426].

Polara habla de dos grupos de textos en los que se trata, por un lado, los animales salvajes como *res nullius* a los que se les aplican las reglas de la ocupación y otro grupo, en el que los animales salvajes que se consideran fruto del fundo, y que sin perder su "condizione naturale della *res*, non è più la sua qualità a determinare la tipología della figura acquisitiva, bensì è la volontà dell´uomo che, organizando lo fruttamento dell´animale per sua natura selvatico, subordina la natura della *res* alla destinazione"[427]. La *fera bestia* a la que se refiere el autor es "per sua natura *res nullius*, piegata dalla destinazione del *dominus fundi*, è ora «sub custodia» di questi, e costituisce fonte di produzione dei frutti del fondo, sicché, chiaramente, si esclude su di essa possa esercitarsi l'attività venatoria". Esta afirmación -que la naturaleza del animal ceda ante su destino como objeto de producción económica en manos del *dominus*- no es exacta ni para los animales salvajes capturados, ni tampoco para los animales con *animus revertendi*. A mi juicio, lo que varía es la regla sobre el dominio: para los primeros la adquisición de la propiedad se actúa a través de la ocupación y mientras se mantenga la posesión de estos mediante la *custodia*, la condición del animal será *res propria*, pero en el momento en que esta se pierde, se pierde también la propiedad sobre el animal que vuelve a tener la condición de *res nullius*.

---

426 Con la consiguiente afirmación de que varias manos sucesivas habrían añadido el inciso relativo a *nec aprum*... LOMBARDI, G., "Libertá di caccia..." cit., p. 299.

427 POLARA, G., *Le "venationes"*...cit., p. 21.

Para los animales con *animus revertendi*, aunque de naturaleza salvaje, la regla es distinta que para los animales salvajes sin ese *animus*. Los juristas se fijan en un "nuevo" tipo de animales –y sólo ese tipo-, los salvajes que, en algunos casos, por la intervención del *dominus fundi*, han adquirido un determinado hábito de vida que supone el ir y venir de forma habitual fuera y dentro del ámbito de actuación del hombre, y que se considera debe ser tenido en cuenta por los juristas a efectos de la pérdida/adquisición de la propiedad, dejando a un lado las reglas que regían, con carácter general, para las *ferae bestiae* como *res nullius*. Ese nuevo tipo de animales son los *mansuefacti*, o aquéllos que han adquirido el *animus revertendi*; es éste el elemento que influye en los juristas a la hora de variar el criterio sobre la adquisición de la propiedad y no tanto el hecho de la "destinazione" o el "fruttamento dell´animale per sua natura selvatico", como afirma Polara, aunque, evidentemente, es una actuación humana repetida la que ha permitido que se formara la *consuetudo revertendi*. En consecuencia, no creo que se deba partir de la comparación *res nullius/fructus fundi* para entender que la actividad venatoria está excluida de los animales considerados como *fructui fundi*, sino que es el ejercicio de las facultades como propietario lo que impide a otras personas hacerse con las piezas de animales salvajes, como de cualquier otra *res* sujeta a su *dominium*.

Y, desde esta perspectiva, nada tiene que ver la naturaleza del animal ni la destinación económica con el ejercicio de sus facultades: la misma solución se daría para un único animal salvaje encerrado en una *villa*, destinado al recreo del dueño -como el que nos relata Séneca, por ejemplo o de los que nos habla Columela-, y al que difícilmente podríamos dar la calificación de *fructus fundi* mientras se mantuviera la propiedad sobre él, que es lo mismo que decir mientras se mantuviera la custodia sobre él.

Pero es que, además, lo que pueden sugerir estos textos es que para los juristas de la época clásica el usufructo, íntimamente ligado a la idea de beneficio –*reditus, fructus*- que se puede obtener del bien usufructuado y que permite que el titular del derecho vea satisfecho su interés, se resolvió en función de ese mismo interés en los casos relacionados con la caza, animales objeto de caza y viveros de animales salvajes: si los animales "cazables" no suponen un rédito, fruto, beneficio del fundo en sí mismos o derivados de ellos, se aplican las reglas de la *occupatio* para el caso de que sean cazados, *ex* Juliano en D. 22, 1, 26:

> *Venationem fructus fundi negavit esse, nisi fructus fundi ex venatione constet,* (D. 22, 1, 26, Juliano),

respecto de la caza como un beneficio en sí mismo, que estaría hablando de fincas destinadas a la caza; hay que tener en cuenta, además, que las dos veces en las que se utiliza el término *venatio* en este texto de Juliano es en singular, no haciendo referencia a *venationes,* que es la expresión que Polara asimila a las explotaciones económicas de estos animales.

En D. 7, 1, 9, 5 (Ulpiano) sí se utiliza el término en plural, como he señalado; Polara considera esto como una demostración de que por *venationes* se entendían los complejos de animales salvajes en una finca con finalidad comercial-productiva, puesto que, al afirmar Ulpiano que correspondían al usufructuario los réditos de las *venationes* y del *aucupium,* sólo podía estar refiriéndose al fruto de animales ya en propiedad, como en el caso de las abejas. El argumento del autor se basa en la comparación de este texto de Ulpiano con Gayo 2, 66-75[428] en los que expone los casos "di

---

[428] 66. *Nec tamen ea tantum, quae traditione nostra fiunt, naturali nobis ratione adquiruntur, sed etiam quae occupando ideo adepti erimus, quia antea nullius essent, qualia sunt omnia, quae terra mari caelo capiuntur.*
67. *Itaque si feram bestiam aut volucrem aut piscem ceperimus, simul atque captum fuerit hoc animal, statim nostrum fit, et eo usque nostrum esse intellegitur, donec nostra custodia coerceatur; cum vero custodiam nostram evaserit et in naturalem se libertatem receperit, rursus occupantis fit, quia nostrum esse desinit: naturalem autem libertatem recipere videtur, cum aut oculos nostros evaserit, aut licet in conspectu sit nostro, difficilis tamen eius persecutio sit.*
68. *In iis autem animalibus, quae ex consuetudine abire et redire solent, veluti columbis et apibus, item cervis, qui in silvas ire et redire solent, talem habemus*

res nullius su cui si acquista la proprietà a titolo orginiario (*ferae bestie, alluvio, insula in flumine nata,* l´*aliquid aedificatum,* la *plantatio* e la *satio*)", señalando que igual sistemática se encuentra en D. 7, 1, 9, en el cual se trata la atribución al usufructuario de los frutos de las cosas adquiridas en propiedad a título originario[429]. Independientemente de que la calificación de *res nullius* no me parece adecuada a alguna de las cosas que acceden, creo que hay un error en el enfoque de este argumento por cuanto Ulpiano habla del usufructo de un fundo y de las cosas que en él se encuentran: abejas, una cantera, la *alluvio* -con la excepción de la *avulsio*-, la *venatio* o el fruto de los semilleros; son cosas que *ya están*, de ahí que se detenga el jurista en analizar el régimen de un yacimiento o cantera descubiertos en el fundo, después de haber sido legado el usufructo.

Por otro lado, extraer del plural *venationum* de D. 7, 1, 9, 5 la idea de que las *venationes* fueron las explotaciones económicas

regulam traditam, ut si revertendi animum habere desierint, etiam nostra esse desinant et fiant occupantium: revertendi autem animum videntur desinere habere, cum revertendi consuetudinem deseruerint.

69. *Ea quoque, quae ex hostibus capiuntur, naturali ratione nostra fiunt.*

70. *Sed et id, quod per alluvionem nobis adicitur, eodem iure nostrum fit: per alluvionem autem id videtur adici, quod ita paulatim flumen agro nostro adicit, ut aestimare non possimus, quantum quoquo momento temporis adiciatur: hoc est, quod volgo dicitur per adluuionem id adici videri, quod ita paulatim adicitur, ut oculos nostros fallat.*

71. *Itaque si flumen partem aliquam ex tuo praedio resciderit et ad meum praedium pertulerit, haec pars tua manet.*

72. *At si in medio flumine insula nata sit, haec eorum omnium communis est, qui ab utraque parte fluminis prope ripam praedia possident; si vero non sit in medio flumine, ad eos pertinet, qui ab ea parte, quae proxuma est, iuxta ripam praedia habent.*

73. *Praeterea id, quod in solo nostro ab aliquo aedificatum est, quamuis ille suo nomine aedificaverit, iure naturali nostrum fit, quia superficies solo cedit.*

74. *Multoque magis id accidit et in planta, quam quis in solo nostro posuerit, si modo radicibus terram complexa fuerit.*

75 *Idem contingit et in frumento, quod in solo nostro ab aliquo satum fuerit.*

429 POLARA, G., *Le "venationes"*...cit., p. 227, n. 173.

de animales salvajes, debería llevar a la misma conclusión para *aucupiorum* y *piscationum*, con todas las salvedades que se puedan hacer de añadido justinianeo para el segundo caso; es decir, habría que concluir que *venationes* no tendría un sentido genérico y comprensivo de todas los *vivarii* de animales salvajes, sino uno específico para los animales *ferae bestiae* "cazables" y terrestres y que, al lado de ellos, habría otras explotaciones llamadas *aucupiones* y *piscationes* de las que, por cierto, no hay rastro, pese a que los textos de Plinio citados en el Cap. II demuestran el valor económico considerablemente elevado de todas estas explotaciones; bastante mayor, por cierto, que el de las hipotéticas *venationes.*

Salvo el texto de Ulpiano analizado en D. 7, 9, 1, 5, ninguno más en todo el Digesto utiliza el plural en ninguno de los casos de los términos *aucupium-ii* o *piscatio-nis*; tampoco en *Codex* ni en Instituciones, como tampoco en estas obras se recogen los casos en plural de *venatio-nis*; tampoco en las *Sententiae* de Paulo citadas. De hecho, el mismo Polara tiene que hablar del "reddito delle *venationes* e dell´*aucupium*", utilizando el singular para el segundo caso, refiriéndose con él más a la actividad que a un hipotético sistema de explotación.

En mi opinión, el texto de Ulpiano se refiere al hecho de que todo lo que sea capaz de producir un beneficio dentro de un fundo –el *quidquid inde percepi potest* de D. 7, 1, 9, *pr.* -, entra dentro de las facultades del usufructuario –lo adquiere como fruto-. Desde esta perspectiva, no sólo los frutos de los *vivarii* ya existentes, sino también todos aquellos beneficios derivados de los animales de caza[430], toda vez que se hubiera realizado una acción, cazar el animal, igual que habría que sacar arena o piedras para poder obtener beneficio de ello, serían para el usufructuario. Al usufructuario le compete la posibilidad de *uti* y de *frui*, pero el segundo no vendrá dado si no se ejercita el *usus* primero: *fructus sine usus esse non potest.* ¿Qué diferencia esto a los usufructuarios de cualquier tercero que pueda

---

430 Esta idea también es afirmada por Polara en la p. 226, aunque la derivación que hace de ella no me parece adecuada.

cazar? Probablemente, como dice Lombardi, el hecho de poder cazar una *fera bestia* disponiendo de los *instrumenta fundi* dispuestos de manera estable[431]; en todo caso, a lo que no puede llegar la solución jurídica es a hacer de peor derecho a cualquier dueño de un fundo (no sujeto a usufructo) que no tiene la propiedad sobre los animales cerrados en *silva circumsepta* antes de ser efectivamente cazados, que al usufructuario: lo que le espera a este es la posibilidad de hacerse con los animales, (como tiene el propietario que cierra su finca cuando efectivamente los caza) y los réditos o beneficios que obtenga de la pieza cazada serán para el usufructuario.

Scialoja lo explica señalando que hay que diferenciar entre lo que sería el rédito de la caza, entendido como el beneficio obtenido de la actividad de la caza y la propiedad de la caza que recaería sobre la pieza misma[432]. Habría que diferenciar, en consecuencia, el acto de ocupación que atiende a la adquisición de la propiedad, de lo que espera al usufructuario, que es un derecho a obtener todo lo que derive del fundo, todo lo que de él pueda obtenerse, incluida la caza. Esto, creo, tiene sentido si se piensa en la frase de Ulpiano en D. 7, 1, 9, 5 como las actividades relacionadas con la caza de aves, *ferae bestiae* y la pesca o incluso, con las propias piezas, como era el sentido en Varrón y Columela. No estoy hablando de espacios o de explotaciones perfectamente identificadas en las que hay animales dentro, sino de la actividad tendente a la caza de estos o a los propios animales objeto de dicha actividad.

En cuanto al texto de Trifonino, D. 7, 1, 62, *pr.* debe entenderse, a mi juicio, en el sentido de un supuesto de la caza como actividad por parte del usufructuario y la pregunta de qué ocurre con lo cazado: la respuesta es que, o se hace con la pieza por derecho de usufructo (en el caso de que la finca sea de aquéllas en las que el fruto consiste en la caza, según dice Juliano en D. 22, 1, 26) o la adquiere *iure gentium.* Aparte de que tanto el texto de Juliano

---

431 LOMBARDI, G., "Libertà di caccia...." cit., p. 292.

432 SCIALOJA, V., *Teoría della proprietà nel diritto romano,* II, Roma, 1933p. 36.

como el de Trifonino hayan sufrido modificaciones postclásicas o justinianeas, estas, no obstante, confirman, a mi juicio, la línea de los textos que he analizado: el usufructuario no puede adquirir las piezas como *proprium domini*, porque no son propiedad del dueño en el caso de los animales salvajes que se encuentran *in saltibus vel montibus posessionis*, pero sí son apropiables por el usufructuario porque tiene el derecho de uso y de disfrute de todo lo derivado del fundo, incluida la caza tanto de aves como de animales salvajes terrestres -*aucupiorum et venationum*-, especialmente de aquellos fundos en los que estas actividades se encuentran cuidadas de un modo específico. Cuando se niega en Juliano (en el primer inciso) que la caza sea fruto del fruto, se está diciendo lo mismo, y cuando en el segundo inciso se añade, probablemente en época postclásica, la excepción de que la caza sea el fruto del fundo, la intención pudo ser dar satisfacción a una nueva realidad de fundos destinados a la caza, de los que no se podía predicar conforme a derecho que la propiedad de los efectivos animales existentes en ellos fueran propiedad del dueño del fundo pero sí establecer esa finalidad como prioritaria para el caso de que concurriera en él, por ejemplo, un usufructo. Serían fincas lo más parecidas a las reservas o cotos de caza actuales, con todas las diferencias existentes a la hora del *ius prohibendi*. Hay que tener en cuenta, además, que el texto de Juliano lo incorporan los comisarios justinianeos en un título sobre los frutos y que, justo en el fragmento anterior, se ha explicitado cómo el usufructuario adquiere los frutos por percepción

> *[...] cum fructuarii quidem non fiant, antequam ab eo percipiantur*
> (D. 22, 1, 25, 1 Juliano)

También se ha explicado en este fragmento que en la adquisición de los frutos se atiende más a la propiedad de la cosa fructífera que a la semilla que los origina

> *In alieno fundo, quem Titius bona fide mercatus fuerat, frumentum sevi: an Titius bonae fidei emptor perceptos fructus suos faciat? Respondi, quod fructus qui ex fundo percipiuntur intellegi debet propius ea accedere, quae servi operis suis adquirunt, quoniam in*

percipiendis fructibus magis corporis ius ex quo percipiuntur quam seminis, ex quo oriuntur aspicitur: et ideo nemo umquam dubitavit, quin, si in meo fundo frumentum tuum severim, segetes et quod ex messibus collectum fuerit meum fieret

Si se traslada esta afirmación a la caza, el resultado sería que, si se considera la caza como fruto del fundo, teniendo en cuenta la propiedad del mismo, cabría acción de hurto para aquellos que cazan en el fundo, lo que choca con el régimen de la libertad de caza en Roma (pensemos en el caso de aquel que realiza actividades destinadas a la captura de los animales, como poner redes en un terreno ajeno para cazar); en este aspecto, la mención a la no consideración de *fructus fundi* pudo ser sentida como necesaria respecto de la *venatio*. Otra cosa distinta es que, constituido un usufructo sobre un fundo, se entienda que todo lo que se derive de él es fruto, incluido lo que se obtenga de la caza, como se ha afirmado en D. 7, 1, 9, *pr.* (Ulpiano). En todo caso, solo la percepción de la pieza significará la adquisición del fruto (D. 22, 1, 25, 1 Juliano) y, de ahí que Trifonino se pregunte en virtud de qué título se hace con la propiedad de lo cazado un usufructuario que caza *in saltibus vel montibus*, a lo que concluye en una aparente duplicidad de posibilidades: o como del derecho de *fructus* o *iure gentium*[433].

Aunque la lectura de Trifonino también está cargada de sospechas, lo cierto es que el supuesto del *principium* es diferente a 1, y mientras que en aquel se está pensando en animales libres y, por tanto, *nullius*[434], en este se piensa en animales introducidos en complejos de *ferae bestiae* destinados a una producción comercial –

---

433 *Vide* Lombardi, quien entiende que las referencias al *ius fructis* se encuadran en la tendencia a considerar la caza, en circunstancias particulares, como *fructus fundi*, tendencia de inspiración postclásica, LOMBARDI, G., "Libertà di caccia..." cit., p. 301.

434 Lo que efectivamente es, puesto que queda tajantemente excluida la propiedad del dueño del fundo sobre los animales que han sido cercados sin que haya existido un acto de ocupación efectiva *ex* D. 41, 2, 3, 14 ya analizado.

fructuarius iure, según la lectura de Polara- y enclavados en un fundo que se lega en usufructo. En ambos casos el foco está puesto en el usufructuario, pero mientras que en *principium* se dice que puede cazar libremente porque los animales no son del dueño, en el segundo se plantea si puede explotar, de alguna manera, animales que sí son del dueño porque forman parte de un *vivarium*. Y creo, en la línea de Lombardi[435], que en el primer caso se está ante fincas destinadas a la caza como actividad y en el segundo, ante fincas destinadas a la cría productiva de animales salvajes; en ambos casos, a partir de la época postclásica, se va a entender que estas situaciones van a permitir al usufructuario obtener réditos de los animales, tanto de los cazados, como de los que se crían en el vivero, con el límite, en el segundo caso, del usufructo del rebaño: devolver al dueño de la explotación el mismo número de cabezas que existían al comienzo del usufructo.

Los otros dos únicos textos en los que la palabra *venatio* aparece en plural son

> *Si in agro venationes sint, puto, venatores quoque, et vestigatores, et canes, et cetera, quae ad venationem sunt necessaria, instrumento contineri, maxime si ager et ex hoc reditum habuit* (D. 33, 7, 12, 12 Ulpiano)
>
> *Fundo legato "ita ut optimus maximusque est" retia apraria et cetera venationis instrumenta continebuntur: quod etiam ad instrumenta pertinet, si quaestus fundi ex maxima parte in venationibus consistat* (D. 33, 7, 22, *pr.* Paulo)

En ambos casos se utiliza el plural y además se vincula al campo y a los *instrumenta* que pueden encontrarse relacionados con la actividad agropecuaria. Los textos se han relacionado también con una *sententia* de Paulo

> *Venatores servi vel aucupes an inter urbana ministeria contineantur, dubium remansit: et ideo voluntatis est quaestio. Tamen si instruendarum cotidianarum epularum gratia habentur, debentur* (PS. 3, 6, 71),

---

[435] LOMBARDI, G., "Libertà di caccia…" cit., 300.

donde el criterio que se sigue, en este caso, es la intención con la que se tiene al esclavo ocupado de la caza o la captura de pájaros: si fueran utilizados como instrumento para la provisión de víveres para la manutención cotidiana serían esclavos *inter urbana contineantur*, en caso contrario, habría que entender que serían destinados al *opus rusticum*. Sin embargo, el propio tenor literal de la *sententia* da pie a entender que esta consideración como *servi* de ciudad era una excepción no exenta de dudas: *dubium remansit*.

La *sententia* concuerda totalmente con lo dicho por Ulpiano en D. 33, 7, 12, 12 en el que se habla de *in agro venationes*, en un fragmento en el que se atiende a las distintas clases de esclavos vinculados a trabajos en el campo (el Título 7 es *De instructo vel instrumento legato* y comienza hablando del fundo legado con sus pertenencias): el esclavo guardabosques -*saltuarium*- encargado de vigilar los frutos; el panadero y el peluquero -*pistor* y *tonsor*-, el obrero -*faber*-, el molinero, -*molitor*-, el despensero -*cellarius*-, el portero –*ostiarium*- el mulero -*mulio*-, así como las mujeres dedicadas a otros trabajos. Ciertamente, en la primera parte del texto se encuentra *venatio* en plural y, según la lectura de Polara, debería ser entendida como esos "allevamenti" de animales salvajes; sin embargo, el singular utilizado, prácticamente a continuación, *ad venationem*, lleva a leer el texto, en su conjunto, como referido a la caza como actividad. Si acaso, podría verse en *venationes* una alusión a los animales objeto de caza y en el singular, a la propia actividad. Por otro lado, el jurista reafirma esta solución para todos los casos en los que *in agro venationes sint*, independientemente de que esas *venationes* sean por puro recreo o busquen la obtención de un beneficio; así se debe entender, a mi juicio, el inciso final *maxime si ager et ex hoc reditum habuit* es decir, campos, fundos destinados a la caza, para lo cual contaban con perros, rastreadores y cazadores, pero que deja abiertas otras posibilidades. Pero, sobre todo, me parece que la utilización de *ex hoc* puede ser considerado como un neutro genérico entendido como "lo anteriormente señalado", más que referido al *instrumento ad venationem*, es decir, algo así como "máxime si el campo obtiene beneficio de esto", siendo "esto" la caza. En todo caso, se piense que se refiere a *instrumento* o a la caza en general, en ambos supuestos aparece en singular, no dejando mucho margen para no entender que el beneficio viene la caza o lo relacionado con ella y, por esta expresión, hay que entender la actividad.

Esta idea se ve confirmada con el siguiente fragmento de Ulpiano cuando señala

> *Et si ab aucupio reditus fuit, aucupes, et plagae, et huius rei instrumentum agri instrumento continebitur; nec mirum, quum et aves instrumento exemplo apium contineri Sabinus et Casius putaverunt* (D. 33, 7, 12, 13 Ulpiano)

El texto reproduce prácticamente la misma idea; los *aucupes*, sus redes y las cosas de estos, es decir, las relacionadas con su actividad, se consideran pertenencias del campo en el caso de que *ab aucupio reditus fuit*; la idea del beneficio o de la dedicación del campo a esta actividad aparece, en este fragmento, como la única situación sobre la que pronunciarse. Es lógico si se piensa que la actividad del *aucupium* no fue considerada como una actividad adecuada para ser ejercitada por los ciudadanos, especialmente los de las clases más elevadas, quedando reservada a esclavos y a niños, a diferencia de lo que sucedía con la *venatio*, según he podido señalar en capítulos precedentes. En cualquier caso, y en la línea de lo ya dicho para otros textos, la utilización del singular para referirse al *aucupium* lleva a pensar en una actividad -la caza de aves- económicamente muy rentable para ese *ager*, pero no en las instalaciones de criaderos en las que piensa Polara. El interés del texto está, además, en la posición de Sabino y Casio cuando consideran que los propios animales (incluidas las abejas) son también *instrumento* del fundo, en el entendimiento de que el beneficio obtenido con ellos los convertía en una pertenencia del mismo.

En consecuencia, de los textos analizados no se desprende la equiparación de *venatio* y *venationes* con los "allevamenti" de animales salvajes, siendo el uso del plural muy restringido y perfectamente entendible como referido a la actividad o a los animales objeto de caza, independientemente del propósito o finalidad con los que se procediera a su captura. En todo caso, queda suficientemente puesto de manifiesto en los textos jurídicos la existencia de fundos destinados a la explotación económica de los animales, como ya había lo habían hecho los tratados agropecuarios, así como otros destinados al ejercicio de la caza o al recreo.

Toledo, junio de 2023

BIBLIOGRAFÍA

Aa.Vv., *Quantifying the roman economy: Methods and Problems*, A. Bowman y A. Wilson (eds.), Oxford, 2009.

Aa.Vv., *Mérida. Museo Nacional de Arte Romano*, Getafe, 1997.

AGUADO, F., *Misterios de la Fe, Misterio de la Visitación de la Santísima Virgen*, http://books.google.es/books/about/Misterios_de_la_fe.html?id =uc9XLqeCmCEC

ALBALADEJO GARCÍA, M., *Derecho Civil*, III, *Derecho de Bienes*, vol. 1, 5ª ed. Barcelona, 1993.

ALBAREDA Y HERRERA, M., *Fuero de Alfambra*, Madrid, 1926.

ALBERTARIO, E., *I problema possessori relativi al* servus fugitivus, Milano, 1929.

ALEMÁN, M. *Guzmán de Alfarache*. Edición, introducción y notas de S. Gili Gaya, Madrid, 1962-1969.

ALVAR, M., "Estudio lingüístico y Vocabulario", en *Los Fueros de Sepúlveda*, (Edición crítica y Apéndice documental (E. Sáez); Estudio histórico-jurídico (R. Gibert); Estudio lingüístico y Vocabulario (M. Alvar); Los términos antiguos de Sepúlveda (A. G. Ruiz-Zorrilla), Segovia, 1953, pp. 575-871.

ALVARADO PLANAS, J., "Los fueros de concesión real en el espacio castellano-manchego (1065-1214): el fuero de Toledo", en *Espacios y Fueros en Castilla-La Mancha (siglos XI-XV). Una perspectiva metodológica*, Alvarado, J., (Coord.), Madrid, 1995, pp. 91-139.

ALVARADO PLANAS, J., "Una interpretación de los fueros de Castilla", en *Los Fueros de Castilla*, Alvarado, J. y Oliva, G., Madrid, 2004, pp.13-152.

ALVARADO PLANAS, J./ OLIVA MANSO, G., *Los Fueros de Castilla*, Madrid, 2004.

ANDERSON, J. K., *Hunting in the ancient world*, Los Ángeles, 1985.

ANKUM, H., "L´*actio de pauperie* e l´*a. legis Aquiliae* dans le droit romain Classique", en *Studi in onore di C. Sanfilippo*, II, Milano, 1982, pp. 13-57.

Marco Gavio Apicio, Cocina romana, Traducción de B. Pastor Artigues, 3ª ed., Ed. Coloquio, Madrid, 1987.

ARANGIO-RUIZ, V., *Enciclopedia Italiana*, I App., 1938, *s.v. pauperies*.

ARANGIO-RUIZ, V., *Responsabilità contrattuale in Diritto romano (rist.)*, Napoli, 1987.

ARCES, P., "Il «servus fugitivus» nelle previsioni edittali e nella giurisprudenza romana", *Rivista di diritto romano,* XXI, 2021, (n.s. VI), pp. 1-34.

Arriano, Tratado de la Caza. Traducción Beatriz Seral Aranda, Madrid, 1965.

ASHTON-CROSS, D. I. C., "Liability in Roman Law for Damage Caused by Animals", *The Cambridge Law Journal,* 1953, Vol. 11, No. 3, pp. 395-403.

AYMARD, J., *Essai sur les chasses romaines des origenes a la fin du siècle des Antonins (CYNEGETICA),* Paris, 1951.

BALACH, M., *Juvenal. Sátiras.* Introducciones, traducción y notas de M. Balach, Madrid, 1991.

BAYLLY, A., *Dictionnaire Grec-Français,* París, 1950.

BIONDI, B., "Le actiones noxales nel diritto romano classico", *Annali dell'Università di Palermo,* 10, 1925, pp. 1-366.

BIONDI, B., "La terminologia romana come prima dommatica giuridica", *Scritti giuridici,* Milano, 1965, pp. 181-212.

BLÁZQUEZ, J. M., "Cacerías y corridas de toros en la Antigüedad", *Antigua. Historia y Arqueología de las civilizaciones (web),* 1973-1974, (edición digital a partir de *Jano,* ca. 1973-1974, pp. 45-47. Edición digital de la Biblioteca Virtual Miguel de Cervantes por cortesía del autor Jano, ca. 1973-1974, 45-47), pp. 2-4. Cacerías y corridas de toros en la antigüedad / José María Blázquez Martínez | Biblioteca Virtual Miguel de Cervantes (cervantesvirtual.com).

BLÁZQUEZ, J. M., "*Venationes* y juegos de toros en la Antigüedad", *Zephyrus* (13), 1962, pp. 47-65.

BLONDEL, "Note sur les origines de la propriété", en *Mélanges Appleton,* [*Annales de l'Universitè de Lyon, n.s. II, 13*], Lyon-Paris 1903.

BONFANTE, P., *Corso di Diritto Romano.* (*La Proprietà*), I y II, Milano, 1966-1968.

BOTTIGLIERI, A., "La leggi sul lusso tra Reppublica e Principato: mutamento di prospettive", *Mélanges de l'École française de Rome,* 128-1, 2016.

BOTTIGLIERI, A., *La legislazione sul lusso nella Roma Reppublicana,* Napoli, 2002.

BRÉGUET, E., *Le Roman de Sulpicia. Elégies IV, 2-12 du "Corpus Tibullianum",* Roma, 1972.

CALASSO, F., *Medioevo del diritto,* I, Milano, 1954.

CALVO DELCÁN, C., *Opiano. De la Caza. De la Pesca. Anónimo. Lapidario órfico,* Traducciones, introducciones y notas, Madrid, 1990.

CAMPBELL, B., "Shaping the Rural Environment: Surveyors in Ancient Rome", *The Journal of Roman Studies,* 86 (1996), pp. 74-99.

CAMPBELL, B., *The writings of the roman land surveyors*. Introduction, Text, Translation and Commentary, London, 2000.

CANCIANI, P., *Barbarorum leges antiquae, cum notis et glossariis: accedunt formularum fasciculi et selectae constitutiones medii aevi*, 1725-1810. http://viaf.org/viaf/90347382

CANNATA, C. A., *Sul problema della responsabilità nel diritto privato romano*, Catania, 1996.

CANTARELLA, E. y GAGLIARDI, L., *Diritto e teatro in Grecia e a Roma*, (Premessa), Milano, 2007.

CAPOGROSSI-COLOGNESI, L., *Proprietà e signoria in Roma antica*, 2a ed., Roma, 1994.

CAPPONI, F., "Cynegetica Ouidiana (Her. V, 19-20)", *Latomus*, 41 (3), 1982, pp. 597-601.

CARANDINI, A. *Schiavi in Italia. Gli strumenti pensanti dei Romani fra tarda Repubblica e medio Impero*, Roma, 1998.

CARCATERRA, A., "Il *servus fugitivus* e il *possesso*", *Archivio Giuridico "Filippo Serafini"*, 120, 1938.

CARDILLI, R., *L'obbligazione di 'praestare' e la responsabilità contrattuale in diritto romano*, Milano, 1995.

CARDILLI, R., "Il problema della libertà naturale in diritto romano", *dA.Derecho Animal (Forum of Animal Law Studies)*, 2019, vol. 10/3, DOI https://doi.org/10.5565/rev/da.449, pp. 15-25.

CARO LÓPEZ, C., "La caza en el siglo XVIII: sociedad de clase, mentalidad reglamentista", *Hispania*, vol. LXVI, n. 224, 2006, pp. 997-1018.

CARUANA GÓMEZ DE BARREDA, J., *El Fuero latino de Teruel*, Teruel, 1974, pp.7-51.

CASINOS MORA, F. J., "De la *Actio de pauperie* al artículo 1905 del Código Civil Español", *Revista de Historia del Derecho Privado*, 6, 2003, pp. 9-36.

CASINOS MORA, F.J., "Pasión por el lujo y renovación moral en Roma en los inicios del Principado", *Estudios Clásicos*, 147, 2015.

CASINOS MORA, F.J., *La restricción del lujo en la Roma Republicana. El lujo indumentario*, Madrid, 2015.

CASTILLO PASCUAL, M. J., *Espacio en orden*, Logroño, 1996.

CASTRO, A., "D. 41, 7, 2: Reflexiones sobre la "traditio in incertam personam" y otras puntualizaciones sobre la "occupatio", en *El Derecho de familia y los derechos reales en la romanística española (1940-2000)*, R. López-Rosa y F. del Pino-Toscano (Coords.), Huelva, 2001, p. 353-368.

Cato and Varro. On agriculture. Translation W. Hooper, London, 1934. Loeb Classical Library. Harvard University Press.

Catulo. Poemas. Tibulo. Elegías. Traducción de A. Soler Ruiz, Gredos, Madrid, 1993.

Catulo. Poemas. Introducciones, traducción y notas de A. Soler Ruiz, Ed. Gredos, Madrid, 1993.

Catulo. Poesías. Texto revisado y traducido por M. Dolç, Barcelona, ed. Alma Mater, 1963

Catulo. Poesías completas. Traducción y estudio preliminar de J. M. Alonso Gamo, Ed. Aache, Guadalajara, 2004.

CERDEIRA, G., "El bienestar animal como ser sintiente: un "nuevo" principio general para el derecho de animales", en *Un nuevo Derecho civil para los animales (Comentarios a la Ley 17/2021 de 15 de diciembre),* G. Cerdeira (Dir.), Madrid, 2022, pp. 111-115.

CERDEIRA, G., "Entre personas y cosas: ¿Un nuevo derecho para los animales?", *Diario La Ley,* 9853, 2021.

CLAVEL-LÉVÊQUE, M., CONSO, D., GONZALES, A., GUILLAUMIN, J.-Y., ROBIN, Ph., *Hygin l´Arpenteur. L´Établissement des limites (Corpus agrimensorum romanorum IV. Hygini Gromatici Constitutio Limitum,* Texte traduit par M. Clavel-Lévêque, D. Conso, A. Gonzales, J.-Y. Guillaumin, Ph. Robin M. Napoli, 1996.

CLEMENTE, G., "Le leggi sul lusso e la società romana tra III e II secolo a.C", en *Società romana e produzione schiavistica. Modelli etici, diritto e trasformazione sociali,* Giardina, A./Schiavone, A. (Cur.), Bari, 1981.

COLONNELLI, G., "Uso alimentare dei ghiri (Familia Myoxidae) nella storia antica e contemporanea", *Antrocom, 3*(1), 2007, pp. 69-76

Corpus agrimensorum romanum, C.Thulin, Leipzig, 1971, reimpr.

CRISTÓBAL, V., *Catulo,* Biblioteca de la Literatura Latina, Madrid, 1996.

CUÉLLAR MONTES, T., *El Derecho de Caza. Análisis y consideraciones desde la óptica del derecho civil,* Cáceres, 2018.

CUMMINS, J. G., *Pero López Ayala, Libro de la caça de las aves. El Ms 16.392 (British Library, Londres),* editado con Introducción, Notas y Apéndices, London, 1986.

DARI-MATTIACI, G./PLISECKA, A. E., "Luxury in Ancient Rome: Scope, Timing and Enforcement of Sumptuary Laws", *Legal Roots,* 1, 2012.

DE LAS HERAS, "Una nota sobre la *damnatio ad bestias*", *Cuadernos de la Facultad de Derecho,* 11, (Palma de Mallorca) 1985, pp. 143-146.

DE LOS MOZOS Y DE LOS MOZOS, J. L., *Estudios de Derecho agrario*, Valladolid, 1981.

DE LOS MOZOS Y DE LOS MOZOS, J. L., "Precedentes históricos y aspectos civiles del Derecho de caza", *Revista de Derecho Privado*, 56, 1972, pp. 285-304.

DE MARTINO, F., *Historia económica de la Roma antigua*, trad. E. Benítez, I y II, Madrid, 1985.

DE ROBERTIS, F. M., *La responsabilità contrattuale nel diritto romano dalle origini a tutta l´età postclassica*, Bari, 1994.

DE UREÑA Y SMENJAUD, R., *Las ediciones del fuero de Cuenca*, Real Academia de la Historia, Madrid, 1917.

DE UREÑA Y SMENJAUD, R., *Fuero de Cuenca (Formas primitiva y sistemática: texto latino, texto castellano y adaptación del fuero de Iznatoraf)*, Madrid, 1935.

DE VISSCHER, F., "Individualismo ed evoluzione della proprietà nella Roma repubblicana", *Studia et Documenta Historiae et Iuris*, 23, 1957.

DE VISSCHER, F., "Mancipium et res mancipi", *Studia et Documenta Historiae et Iuris*, 2, 1936, pp. 263-324.

DE VISSHER, F. *Le régime romain de la noxalité. De la vengeance collective à la responsabilité individuelle*, Bruxelles, 1947.

DEHON, P. J., "Horace et la chasse", *Latomus*, 47, 1988, pp. 830-833.

DEL BARRIO SANZ, E./ GARCÍA ARRIBAS, L./ MOURE CASAS, A. Mª./ HERNÁNDEZ MIGUEL, L. A./ ARRIBAS HERNÁEZ, Mª. L., *Plinio el viejo. Historia Natural* (libros VII-XI), Madrid, 2003.

DEL HOYO, J., "*Cursus certari*. Acerca de la afición cinegética de *Q. Tullius Maximus* (C.I.L., II, 2660)", *Faventia: Revista de filología clàssica* 24, (1), 2002, pp. 69-98.

Dion Casio, Historia romana, (libros I- XXXV. Fragmentos), Introducción, traducción y notas de D. Plácido Suárez, Madrid, 2004.

DI RIENZO, D., "Isidoro di Siviglia: le fonti del capitolo *De Mediterraneo mari* (*etym.* XIII, 16)", *Annali 2004-2006* (Università degli Studi Suor Orsola Benincasa), 2008, Napoli, p. 12, http://www.unisob.na.it/: http://www.unisob.na.it/ateneo/annali/2004-2006_1_DiRienzo.pdf

DI STEFANO, G., "Don Juan Manuel en su Libro de la caza", en *Don Juan Manuel y el Libro de la Caza*, J. M. Fradejas (Ed.), Tordesillas, 2001, pp. 49-56.

DÍEZ DE REVENGA, F. J./MOLINA MOLINA, Á. L., "D. Juan Manuel y el Reino de Murcia: notas al "Libro de la Caza"", *Miscelánea Medieval Murciana*, VIII, 1973, pp. 9-47.

Don Juan Manuel. Libro del cauallero et del escudero, edición de Miguel VICENTE PEDRAZ, https://www.ensayistas.org/antologia/XV/manuel/cauallero/cauallero42.htm

Epigramas de Marco Valerio Marcial. Traducción J. Guillén, Institución Fernando el católico, Zaragoza, 2004.

ERNOUT, A.-MEILLET, A., *Dictionnaire étymologique de la langue latine* (reimp. de la 4ª ed.), París, 2001.

ESPÍN FORCÉN, C./ GARCÍA CANO, J. M., "Martial's hawk and Iberian falconry. An exception in the ancient world", *Anthropozoologica,* (57) 5, 2022, pp. 141-155.

ESPINOSA DE LOS ÁNGELES, M., "Notas a propósito de los animales salvajes en el Derecho Romano", *Derecho y opinión,* 8, 2000, págs. 59-64.

EULA, E-ARIENZO, A., *s.u. Caccia, Novissimo Digesto,* II, Torino, 1980-1984, pp. 636-657.

FERNÁNDEZ DE BUJÁN, A., *Contribuciones al estudio del derecho administrativo, fiscal y medioambiental romano,* Madrid, 2021.

FERNÁNDEZ DE BUJÁN, A., *Derecho Púbico Romano,* Madrid, 2020 (23ª ed.).

FRADEJAS LEBRERO, J., *Pero López de Ayala, Libro de la caza de las aves,* "Estudio Preliminar", Madrid, 1980.

FRADEJAS RUEDA, J. M., "Creençia/Crençia o querencia en el Libro de la Caza", en *Lengua y Discurso: estudios dedicados al Prof. Vidal Lamínquiz,* G. Manzano, C. Cano, y C. Velarde (Coord.), Madrid, pp. 317-321.

FRADEJAS RUEDA, J. M., "Las fuentes del Libro de la caza de don Juan Manuel", en *Don Juan Manuel y el Libro de la Caza,* J. M. Fradejas (Ed.), Tordesillas, 2001.

FRADEJAS RUEDA, J. M (Ed.), *Don Juan Manuel y el Libro de la Caza,* Tordesillas, 2001.

FRADEJAS RUEDA, J., "Juan de Sahagun, "Libro de cetrería de ... Glosas de don Beltrán de la Cueva, seguido del Discurso del falcón esmerejón del Conde de Puñonrostro", (reseña), *Castilla: Estudios de literatura* (9-10), 1985.

FRADEJAS RUEDA, J. M., "Los libros de caza medievales y su interés para la historia natural", *ARBOR Ciencia, Pensamiento y Cultura,* Vol. 193-786, octubre-diciembre, 2017, http://dx.doi.org/10.3989/arbor.2017.786n4002, pp. 1-10.

FRADEJAS RUEDA, J. M., *Literatura cetrera de la Edad Media y Renacimiento español,* London, 1998.

FRADEJAS RUEDA, J. M., "El supuesto Libro de cetrería de Alvar Gómez de Castro", *Revista de literatura medieval* (1), 1989, pp. 15-30.

FUENTESECA DEGENEFFE, M., *La formación romana del concepto de propiedad*: (*dominium, proprietas* y *causa possessionis*), Madrid, 2004.

FURLAN, I., "La ilustración de los Cynegetica", en *Tratado de Caza. Oppiano. Cynegetica, Biblioteca Nazionale Marciana de Venecia (COD. GR.Z.479(=881),* P. Eleuteri/ S. Marcon/ I. Furlan (Coords.), Valencia, 2002, pp. 37-52.

FURLAN, I., "Las representaciones miniadas del Códice Marciano", en *Tratado de Caza, Oppiano. Cynegetica, Biblioteca Nazionale Marciana de Venecia (COD. GR.Z.479(=881),* P. Eleuteri/ S. Marcon/ I. Furlan (Coords.), Valencia, 2002, pp. 53-170.

GACTO, E./ALEJANDRE, J. A./ GARCÍA, J. M., *El Derecho histórico de los pueblos de España (Temas para un curso de Historia del derecho),* Madrid, 1982, 1ª reimp.

GALLO, F., "*Potestas* e *dominium* nell'esperienza giuridica romana", *Labeo,* 16, 1970.

GALLO, F., *Studi sulla distinzione fra 'res mancipi' e 'res nec mancipi',* Torino, 1958.

GÁLVEZ CANO, M. R., *El Derecho de caza en España,* Granada, 2006.

GARCÍA CAÑÓN, P., "La caza en la montaña noroccidental leonesa en la baja Edad Media", en *La caza en la Edad Media,* J. M. Fradejas Rueda (Ed.), Tordesillas, 2002, pp.91-98.

GARCÍA GALLO, A., "Aportación al estudio de los Fueros", *Anuario de Historia del Derecho Español,* 26, 1956, pp. 387-446.

GARCÍA Y GARCÍA, A., "El derecho común en Castilla durante el siglo XIII", *Glossae. Revista de Historia del derecho europeo* (5-6), pp. 45-74.

GARCÍA GARRIDO, M. J., "Derecho a la caza e *ius prohibendi* en Roma", *Anuario de Historia del Derecho Español,* (26), 1956, pp. 269-336.

GARCÍA DE VALDEAVELLANO, L., *Curso de Historia de las Instituciones españolas,* Madrid, 1982.

GIANGRIECO PESSI, M. V., *Ricerche sull'actio de pauperie. Dalle XII Tavole ad Ulpiano,* Napoli, 1995.

GIBERT, R., "Antiguo régimen español de montes y caza", en *Exposición de la acción administrativa en materia de montes y caza. Catálogo,* De Ceballos, I. / Crespo, M.D./ García, J., (Dirs.), ENAP, Alcalá de Henares, 1970, pp. 9-57.

GIBERT, R., "Estudio Histórico-Jurídico", en *Los Fueros de Sepúlveda,* (Edición crítica y Apéndice documental (E. Sáez); Estudio histórico-jurídico

(R. Gibert); Estudio lingüístico y Vocabulario (M. Alvar); Los términos antiguos de Sepúlveda (A. G. Ruiz-Zorrilla), Segovia, 1953, pp. 335-569.

GIBERT, R., *Historia General del Derecho Español,* Madrid, 1981.

GIESECKE, A. L., "Beyond the Garden of Epicurus: The Utopics of the Ideal Roman Villa", *Utopian Studies.* 12(2), 2001, pp. 13-32.

Gratio/ Ovidio/ Calpurnio Sículo/ Nemesiano/ Endelequio, Poesía latina pastoril de caza y pesca/ Cinegética/ Haliéutica/ Bucólicas. Bucólicas einsidlenses/ Bucólicas. Cinegética. De la caza de los pájaros/ De la mortandad de bueyes, Introducción, traducción y notas de J. A. Correa Rodríguez, Gredos, Madrid, 1984.

Gratti Cynegeticon, (*Minor Latin Poets*), edición de J. Wight Duff y A. M. Duff, traducción y notas, Loeb Classical Library, Cambridge (Massachusetts), 1971.

GISLAIN, G., "L´evolution du droit de garenne au Moyen Age", en *La chasse au Moyen Age, Actes du Colloque de Nice (22-24 juin 1979),* Nice, 1980, pp. 37-58.

GRAU FERNÁNDEZ, S., "El actual Derecho de Caza en España", *Revista de Estudios Agrosociales,* 85, 1973, pp. 7-32.

GRIMAL, P., *Les jardins romains,* Paris, 1969, (2eme ed.).

GUILLAUMIN, J.-Y., *Balbus. Présentation systématique de toutes les figures. Podismus et textes connexes.* Introduction, Traduction et notes par Jean-Yves Guillaumin, Napoli, 1996.

GUIRAUD, C., *Varrón. Économie rurale. Livre III. Index.* Texte établi, traduit et commenté par C. Guiraud, París, 2003.

GUIZARD, F., "Les accidents de chasse dans les récits du premier Moyen Âge: leçon morale ou leçon politique?", en *Faire lien. Aristocratie, réseaux et échanges compétitifs, Mélanges en l'honneur de Régine Le Jan, S.* Joye, T. Lienhard, J. Schneider, L. Jégou (Eds.), Paris, 2015, pp. 289-297.

GUIZARD-DUCHAMP, F., "Louis le Pieux roi-chasseur: gestes et politique chez les Carolingiens", *Revue belge de philologie et d'histoire,* 85, fasc. 3-4, 2007. *Histoire medievale, moderne et contemporaine–Middeleeuwse. moderne en hedendaagse geschiedenis,* pp. 521-538.

GUTIÉRREZ-RODRÍGUEZ; M.; ORFILA PONS, M.; SÁNCHEZ-LÓPEZ, E. H., "La identificación del catastro rural romano a través de los *fundi.* una metodología aplicada en el *ager iliberritanvs*", *Zephyrus,* LXXIX, enero-junio 2017, pp. 103-125.

HELLEGOUARC´H, J., *C. Sallustius Crispus. De Catilinae coniuratione.* Paris, 1972.

HERNÁNDEZ RAMÍREZ, J., "Las pinturas murales del anfiteatro de Augusta Emérita", en *Actas de las IV Jornadas de Humanidades Clásicas,* C. Cabanillas y J.A. Calero, (Coords), Mérida, 2006.

Hispania epigraphica, http://eda-bea.es/pub/list.php?quicksearch=venator

HONORÉ, T., *Law in the Crisis of Empire 379-455 AD. The Theodosian Dynasty and its Quaestors,* Oxford, 1998.

IGLESIA FERREIRÓS, A., "Alfonso X el Sabio y su obra legislativa. Algunas reflexiones", *Anuario de Historia del Derecho Español* (50), 1980, pp. 531-561.

IGLESIA FERREIRÓS, A., "Derecho municipal, derecho señorial, derecho regio", *Historia, Instituciones, Documentos,* IV, 1977.

JACKSON, B. S., "Liability for Animals in Roman Law: An Historical Sketch", *The Cambridge Law Journal,* 1978, Vol. 37,1, pp. 122-143.

JAKAB, É., "Property Rights in Ancient Rome", en *Ownership and Exploitation of Land and Natural Resources in the Roman World,* P. Erdkamp, K. Verboven, A. Zuiderhoek (eds.), Oxford 2015, pp. 107-131.

JIMÉNEZ SÁNCHEZ, J. A., "La crisis de las *venationes* clásicas: ¿Desaparición o evolución de un espectáculo tradicional romano?", *Ludica* (9), 2003, pp. 93-117.

JONES, F., *Virgil´s Garden: The Nature of Bucolic Space.* London, 2011.

JOVELLANOS, G. M., *Memoria sobre las diversiones públicas [1790, 1796] https://www.cervantesvirtual.com/obra-visor/memoria-sobre-las-diversiones-publicas/html/b5cf428d-d02d-49e8-b0c6-d720f71a5aa1_33.html#I_10*

Juvenal. Sátiras. Introducciones, traducción y notas de M. Balach, Madrid, Gredos, 1991.

KEHOE, D. P., *Investment, Profit, and Tenancy. The Jurists and the Roman Agrarian Economy,* Michigan, 1997.

KEHOE, D. P., *Law ant the rural economy in the Roman Empire,* Michigan, 2007.

KEHOE, D. P., "Property Rights over Land and Economic Growth in the Roman Empire", en *Ownership and Exploitation of Land and Natural Resources in the Roman World,* P. Erdkamp, K. Verboven, A. Zuiderhoek (eds.), Oxford 2015, pp. 88-106.

KEIL, H. *Grammatici Latini,* IV, Lipsiae, 1857

LACRUZ BERDEJO, J. L., *Elementos de Derecho Civil,* III, 1, Barcelona, 1979.

LACRUZ MANTECÓN, M. L., "Nuevas reglas sobre adquisición de animales por ocupación", en *Un nuevo derecho civil para los animales,* G. Cerdeira (dir.) Madrid, 2022, pp. 273-303.

LADERO QUESADA, M. A., *Poder político y sociedad en Castilla. Siglos XIII al XV*, Madrid, 2014.

LAGUNA DE PAZ, J. C., *Libertad y propiedad en el derecho de caza*, Madrid, 1997.

LAMBERTINI, R., "*Erepta a bestiis*" e occupazione", *Labeo*, 30, 2, 1984, pp. 191-202.

LANDUCCI, "Il dirito di proprietà e il diritto di caccia presso i romani (Commento alla l. 62 D. *De usufructu* VII, 1 del giureconsulto Trifonino e note al progetto de legge italiano sulla caccia)", *Archivio giuridico*, 29, 1883, pp. 306-375.

LESAGE DE LA HAYE, Y., "La Venerie du roi de France, d´après les comptes du Maître Veneur Philippe de Courguilleroy 1388-1398", en *La chasse au Moyen Age, Actes du Colloque de Nice (22-24 juin 1979)*, Nice, 1980, pp. 149-158.

LI CAUSI, P., "Finalità complementari e sfruttamento degli animali. Una lettura di Arist. Pol.1256B.7-26", *Athenaeum*, 110/2, 2022, pp. 357-372.

LO CASCIO, E., *Crescita e declino: Studi di storia dell'economia romana*, Roma, 2009.

LOMBARDI, G., *Sul concetto di iusgentium*, Roma-Istituto di Diritto romano, 1947.

LOMBARDI, G., "Libertá di caccia e proprietà privata in diritto romano", *Bulletino dell´Istituto di Diritto Romano*, XII-XIII n.s., 1948, pp. 274-343.

LONGO, O., "Le regole della caccia nel mondo greco-romano", *Aufidus*, 1, 1987, p. 60.

LÓPEZ LÓPEZ, M., *Invitación a Plauto: el hombre, el cómico, la obra. Guía de lectura de Miles Glosriosus y Mostellaria*, Rosario, 2006.

LÓPEZ LÓPEZ, M., «Nueva propuesta de cronología de las comedias de Plauto», *Florentia iliberritana. Revista de estudios de antigüedad clásica*, II, 18, 2007, pp. 203-235.

LÓPEZ RAMÓN, F., *La protección de la fauna en el Derecho Español*, Sevilla, 1980.

MacCORMACK, G., "Custodia and Culpa", *Zeitschrift der Savigny-Stiftung für Rechtsgeschichte, romanistiche Abteilung*, 89, 1972, pp. 148-219.

MacCORMACK, G., "On the Third Chapter of the *Lex Aquilia*", *Irish Jurist*, Vol. 5, No. 1, 1970, pp. 164- 178.

MADDALENA, P., *Gli incrementi fluviali nella visione giurisprudenziale classica*, Napoli, 1970.

MAGANZANI, L., "Agricoltura e scambi nell'Italia tardo-repubblicana", en *Convegno sul tema Agricoltura e scambi nell´Italia tardo-repubblicana, 2008*, Roma, Jesper Carlsen e Elio Lo Cascio (cur.), Bari, 2009.

MAGANZANI, L., *Gli agrimensori nel proceso privato romano*, Roma, 1997.

Museo Arqueológico Nacional de Nápoles (MANN) https://mann-napoli.it/affreschi/#gallery-14

Museo Nacional de Arte Romano de Mérida (MNAR)

http://ceres.mcu.es/pages/Viewer?accion=4&AMuseo=MNAR&Museo=MNAR&Ninv=CE27922

Museo Nacional de Arte Romano de Mérida (MNAR) http://ceres.mcu.es/pages/SimpleSearch?index=true

MANZANARES SAMANIEGO, J. L., "La protección de los animales en la Ley Orgánica 3/2023, de 28 de marzo", *Diario LA LEY*, Nº 10282, Sección Tribuna, 9 de Mayo de 2023, LA LEY, pp. 1-12.

MARABEL MATOS, J. J., "De la *ocupatio* al *fructus fundi*. La evolución de la responsabilidad extracontractual en accidentes de tráfico causados por especies cinegéticas", *Revista de Derecho UNED*, 19, 2016, pp. 411-430.

MARCHI, A., *Le* res mancipi *e la proprietà della* gens, [Estr. dall *Archivio Giuridico*, LXXXVI, I (4a s. II, I)], Modena, 1921.

Marco Valerio Marcial. Epigramas completos. Libros de los espectáculos. Traducción J. Torrens, Barcelona, 1959.

MARCONE, A., *Storia dell'agricoltura romana: dal mondo arcaico all'etá imperiale*, Roma, 1997.

MARINER, S., *Prólogo* a PIERNAVIEJA, P., *Corpus de Inscripciones deportivas de la España romana*, Madrid, 1977, pp. 9-10.

MARTÍNEZ CARRILLO, M. D. (2001). "El Obispado de Sigüenza en el Libro de la Caza: un itinerario geográfico", en *Don Juan Manuel y el Libro de la caza*, Tordesillas, J. M. Fradejas Rueda (dir.), 2001, pp. 81-90.

MARTÍNEZ MARINA, F., *Ensayo histórico-crítico sobre la antigua legislación y principales cuerpos legales de los Reynos de León y Castilla, especialmente sobre el Código de D. Alonso el Sabio conocido con el nombre de las Siete Partidas*, Madrid, 1845.

MARTÍNEZ-PEREDA, J. M., *Sanciones y responsabilidad en materia de caza*, Madrid, 1972.

MARTÍNEZ RUIZ, E./ PI CORRALES, M. P., "Los guardabosques reales y su entorno (1762-1784)", *Studia historica. Historia moderna*, 6, 1988, pp. 579-587.

MARTINI, R., "Sui frutti delle "venationes", *Labeo*, 32, 1986, 2, pp. 215-218.

MAYER, M.; OLESTI, O., "La *sortitio* de *Ilici*. Del documento epigráfico al paisaje histórico", *Dialogues d'Histoire Ancienne*, 27/1, 2001, pp. 109-130.

MELILLO, G., *Categorie economiche nei giuristi romani*, Napoli, 2000.

MENÉNDEZ PIDAL, G., *La España del s. XIII leída en imágenes,* Madrid, 1987.

MENJOT, D., "Juan Manuel: autor cinegético", en *Don Juan Manuel y el Libro de la caza,* J. FRADEJAS (Ed.) Tordesillas, 2001, pp. 91-104.

MERCURO, N./MEDEMA, S. G., *Economics and the law: from Posner to post-modernism,* Princeton, 1997.

MESSING, G. M., "The etymology of Lat. Mentula", *Classical Philology,* 51 (4), 1956, pp. 247-249.

METRO, A., *L´obbligazione di custodire nel diritto romano,* Milano, 1966.

Minor Latin Poets. Edición de J. Wight Duff y A. M. Duff, traducción y notas, Loeb Classical Library, Cambridge (Massachusetts), 1971.

MOMMSEN, T., *Historia de Roma,* IV, (Trad. García Moreno), Madrid, 1988.

MONTERO, S., "El consumo de aves en la Roma de Augusto", en *Sabores de Roma. Actas del I Simposio Internacional sobre gastronomía antigua romana,* Madrid, 2015.

MONTERO, S., "La figura del *auceps* en el mundo romano: economía y religión", *Gerión* (número extra), 2007, pp. 265-276.

MORALES MUÑIZ, D. C., "Las aves cinegéticas en la Castilla medieval según las fuentes documentales", en *La caza en la Edad Media,* J. Fradejas Rueda (Coord.), Tordesillas, 2002, pp. 129-150.

MOREU BALLONGA, J. L., *Ocupación, Hallazgo y Tesoro,* Barcelona, 1980.

MOREU BALLONGA, J. L., "Sobre la línea divisoria entre ocupación y accesión", *Revista Crítica de Derecho Inmobiliario,* 550, 1982, pp. 721-742.

MOURE ROMANILLO, A./GONZÁLEZ MORALES, M. R., *La expansión de los cazadores. Paleolítico superior y mesolítico en el viejo mundo,* Madrid, 1992.

MÜLLER, L., *RE,* Supl. X, 1965, *s.v. pauperies,* pp. 521-529.

MUÑOZ-SANTOS, Mª Engracia, *Animales in Harena. Los animales exóticos en los espectáculos romanos,* Antequera, 2016.

NEBRIJA, A. de, *s.u. varetas con liga para coger pájaros.*

NICOSIA, G., "*Animalia quae collo dorsove domari solent*", *Iura,* 18, 1967, pp. 45-107.

NICOSIA, G., "Il testo di Gai 2.15 e la sua integrazione", *Labeo,* 14, 2, 1968, pp. 167-186.

NOGALES BASARRATE, T. y ÁLVAREZ MARTÍNEZ, J., "Espectáculos circenses en Augusta Emerita: Documentos para su estudio", en AA. VV, *El circo en Hispania Romana,* Madrid, 2001, pp. 217-232.

NORMAND, H., *Les rapaces dans les mondes grec et romain. Catégorisation, représentations culturelles et pratiques,* Bordeaux, 2015.

OLESTI, O., "La *sortitio* de *Ilici* un ejemplo de la precisón agrimensoria", en *Les vocabulaires techniques des arpenteurs romains. Actes du colloque international* (Besançon, 19-21 septembre 2002) Besançon, 2006, pp. 47-61.

ONIDA, P. P., "Dall'animale vivo all'animale morto: modelli filosofico-giuridici di relazioni fra gli esseri animati", *Diritto@Storia*, 8, 2007.

ONIDA, P. P.,"Il guinzaglio e la museruola: animali, umani e non,alle origini di un obbligo", Diritto@storia, 3, 2004.

ONIDA, P. P., *Studi sulla condizione degli animali non umani nel sistema giuridico romano,* Torino, 2ª ed. 2012.

Obras Poéticas. Catulo/Tibulo. Traducción de J. Torrens Béjar, Iberia, Barcelona, 1969.

Opiano. De la caza. De la pesca. Anónimo. Lapidario Órfico. Traducciones, Introducciones y Notas de C. Calvo Delcán, Gredos, Madrid, 1990.

ORDUNA, G., "Los prólogos a la Crónica abreviada y al Libro de la Caza", en *Don Juan Manuel y el Libro de la Caza,* J. Fradejas (Ed.), Tordesillas, 2001, pp. 105-119.

ORFILA PONS, M.; CHÁVEZ-ÁLVAREZ, E.; ELENA H. SÁNCHEZ LÓPEZ, E. H., "Fundaciones en época romana. De lo intangible a lo tangible. ¿Cuándo, por qué, dónde, cómo, simbología?", en *Homenaje a la Profesora Carmen Aranegui Gascó,* F. Arasa y C. Mata (Eds.), Valencia, 2017, pp. 267-278.

ORFILA PONS, M., "Las *uillae* agropecuarias", en *Las villas romanas de la Bética,* I, R. Hidalgo Prieto (Coord.), Granada, 2016, pp. 93-113.

ORTEGA CARILLO DE ALBORNOZ, A., "Las *ferae bestiae* en el derecho romano, en el derecho civil y en la Ley de Caza de 1970", *Cuadernos informativos de derecho histórico público, procesal y de la navegación,* 1987, (4-5), pp. 483-498.

OURLIAC, J./MALAFOSSE, J. D., *Derecho Romano y Francés Histórico. II. Los bienes,* II, Barcelona, 1963.

OTERO VARELA, A., "El Códice López Ferreiro del «Liber Iudiciorum» (Notas sobre la aplicación del *Liber Iudiciorum* y el carácter de los fueros municipales)", *Anuario de Historia del Derecho Español,* (29), 1959, pp. 557-573.

PACAUT, M., "Esquisse de l´evolution du droit de chasse au haut Moyen-Age", en *La chasse au Moyen Age, Actes du Colloque de Nice (22-24 juin 1979),* Nice, 1980, pp. 59-68.

PANTALEÓN PRIETO, A. F., *Comentarios al Código Civil y Compilaciones Forales,* Albaladejo, M. (Dir.), VIII, 1, Artículos 609 al 617, Madrid, 1987.

PAOLÌ, U. E., *Urbs. La vida en la Roma antigua,* Barcelona, 1964.

PAPINI, M., Munera gladiatoria *e* venationes *nel mondo delle immagini,* Roma, 2004.

PARRA LUCÁN, M. A., "La responsabilidad por daños producidos por animales de caza", *Revista de derecho civil aragonés,* 5, 5, 1999, pp. 11-74.

PELÁEZ ALBENDEA, M. J., "Algunas manifestaciones del derecho de caza en Cataluña (siglos XIII y XIV)", en *La chasse au Moyen Age, Actes du Colloque de Nice (22-24 juin 1979),* Nice, 1980, pp. 69-82.

PEREA YÉBENES, S., "La caza, deporte militar y religión", *Aquila Legionis* 4, (98), 2003, pp. 1-25.

PÉREZ BUSTAMANTE, R., "Privilegios fiscales y jurisdiccionales de los Monteros de Castilla (siglo XV), en *La chasse au Moyen Age, Actes du Colloque de Nice (22-24 juin 1979),* Nice, 1980, pp. 83-95.

PEÑA BERNALDO DE QUIRÓS, M., *Derechos reales. Derecho hipotecario,* Madrid, 1982.

Petronio. Satiricón. Traducción M. C. Díaz Díaz, Alma Mater, Barcelona, 1968.

PIERNAVIEJA, P., *Corpus de Inscripciones deportivas de la España romana,* Madrid, 1977.

PLÁCIDO SUÁREZ, D., *Dion Casio. Historia romana, (libros I- XXXV. Fragmentos,* Introducción, traducción y notas de D. Plácido Suárez, Madrid, 2004.

Plautus, The Comedies of Plautus. Henry Thomas Riley, London, 1912.

Plinio el Viejo. Historia natural. Libros VII-XI. Traducción y notas de Del Barrio, E., et alt. Madrid, 2003.

Pliny the Elder. Naturalis Historia. Karl Friedrich Theodor Mayhoff, Lipsiae, Teubner, 1906.

Pliny. Natural History. H. Rackham, Loeb Classical Library, London-Cambridge (Mss), 1940.

Poesía de amor en Roma. Traducción de A. Alvar, Madrid, Akal, 1993.

POLARA, G., *Le "venationes". Fenomeno economico e costruziones giuridica.* Milano, 1983.

Polybius, The Histories, VI. W. R. Paton (translator), Loeb classical library, Cambridge, 1980.

POLO TORIBIO, G., "Abejas, enjambre y colmena: evolución histórico-jurídica a la luz del Fuero de Cuenca", en *Actas del II Congreso Internacional y V Iberoamericano de Derecho Romano: los Derechos Reales,* A. Torrent (Coord.), Madrid, 2001, págs. 211-231.

POLOJAC, M., "L'*actio de pauperie* ed altri mezzi processuali nel caso di danneggiamento provocato dall'animale nel diritto romano", *Diritto@storia. Ius Antiquum* 8, 2001.

POLOJAC, M., "*Actio de pauperie*: anthropomorphism and rationalism", *Fundamina*, 18 (2) 2012, pp. 119-144.

POVEDA ARIAS, P., "Incidencia y regulación de las dinámicas cinegéticas en la sociedad visigoda", *Studia historica, H.ª medieval*, 39(1), 2021, pp. 173-196.

POWERS, J. F., *The Code of Cuenca. Municipal law on the twelfth-century Castilian frontier*, Philadelphia, 2000.

Propercio. Elegías. Traductores A. Tovar y M. T. Belfiore, Barcelona, Alma Mater, 1963.

QUESADA LÓPEZ, J. M., *La caza en la prehistoria*, Madrid, 1998.

RADFORD, R., "Tibullus and Ovid: The authoship of the Sulpicia and Cornutus Elegies in the Tibullan Corpus", *American Journal of Philology, 44/1*, 1923, pp. 1-26.

RASCÓN, C., *Pignus y custodia en el derecho romano clásico*, Oviedo, 1976.

ROBAYE, R., *L´obligation de garde. Essai sur la responsabilité contractuelle en droit romain*, Bruxelles, 1987.

ROBBE, U., "L´actio de pauperie"; Est. *Rivista italiana per le scienze giuridiche*, fasc. III-IV, 1932, p. 327-384.

RODRÍGUEZ CACHÓN, I., *El Libro de cetrería (1583) de Luis de Zapata: estudio y edición crítica*, Tesis Doctoral disponible en http://uvadoc.uva.es/handle/10324/4221.

RODRÍGUEZ ENNES, L., "El elenco de los animales a los que se refiere el "edictum de feris" en las fuentes literarias", *RIDROM. Revista Internacional De Derecho Romano*,1 (20), pp. 1–27.

RODRÍGUEZ ENNES, L., *Estudio sobre el "Edictum de feris"*, Madrid, 1992.

RODRÍGUEZ LÓPEZ, R., "La agronomía romana en el 'Libro del Prior", en *Homenaje al Profesor Armando Torrent*, Murillo, A./ Calzada, A. / Castán, S. (Coords,), Madrid, 2016, p. 845-865.

RODRIGUEZ LÓPEZ, R., *EL huerto en la Roma antigua*, Madrid, 2008.

ROMÁN BRAVO, J., *Comedias II (Plauto)* (4ª ed.), Madrid, 2010.

ROMERO DE LECEA, "Un incunable desconocido de la obra", en *Belisario de Acquaviva, La caza y la cetrería*, Vol. II, Madrid, 1971, pp. 9-33.

ROTONDI, G., *Leges publicae populi romani*, Hildesheim-Zürich-New York, 1990, (ed. facsimil de la edición de 1912).

SABBATINI TUMOLESI, P., *Gladiatorum paria: annunci di specttacoli gladiatori a Pompei*, Roma, 1980.

SAGE, E., "Advertising among the Romans", *The Classical Weekly*, 9(26), 1916, pp. 202-208.

SALAZAR REVUELTA, M., *La responsabilidad objetiva en el transporte marítimo y terrestre en Roma. Estudio sobre el* Receptum nautarum, cauponum et stabulariorum*: entre la* utilitas contrahentium *y el desarrollo comercial.* Madrid, 2007.

SÁNCHEZ, G., "Para la historia de la redacción del antiguo derecho territorial castellano", *Anuario de Historia del Derecho Español,* VI, 1929, pp. 260-328.

SÁNCHEZ DONCEL, G., "Un gran señor medieval: Don Juan Manuel", *Anales de la Universidad de Alicante. Historia medieval,* 1982, (1), pp. 87-116.

SÁNCHEZ GASCÓN, A., *El Derecho de caza en España,* Madrid, 1988.

SÁNCHEZ GASCÓN, A., *Jurisprudencia en materia de caza,* Pamplona, 1992.

SÁNCHEZ GASCÓN, A., *Leyes históricas de caza (recopilación),* Madrid, 2007.

SÁNCHEZ HERNÁNDEZ, A., "La responsabilidad civil por los daños causados por piezas de caza", en *Libro homenaje al prof. Manuel Albaladejo García,* Porras J.M. y Méndez, F.P. (Coord.), Vol. II, Murcia, 2004, pp. 4529-4584.

SARDINA PÁRAMO, J. A., *El concepto de fuero. Un análisis filosófico de la experiencia jurídica,* Santiago de Compostela, 1979.

SARGENTI, M. *Contributo allo studio della responsabilità nossale in diritto romano,* Pavia, 1949.

SARGENTI, M. *Limiti, fondamento e natura della responsabilità nossale,* Pavia, 1950.

Sátiras. Juvenal/Persio. Introducciones generales de Manuel Balasch y Miquel Dolç. Introducciones particulares, traducción y notas de Manuel Balasch, Ed. Gredos, Madrid, 1991.

SCIALOJA, V., *Teoría della proprietà nel diritto romano,* I y II, Roma, 1933

SCHULZ, F., *Principios del derecho romano,* Madrid, 1990.

Séneca, Diálogos. La filosofía como terapia y camino de perfección. Introducciones, Traducción y Notas de Matías López López, Lleida, 2000.

SERRANO-VICENTE, M., *Custodiam praestare. La prestación de custodia en Derecho Romano.* Madrid, 2006.

SIKLÓSI, I., "Quelques remarques sur la responsabilite de la «custodia» en droit privé romain classique", *RIDROM . Revista Internacional De Derecho Romano,* 15, 2015, pp. 223-248.

SILVA SÁNCHEZ, T., "Aproximación al contenido y estructura de las obras griegas sobre caza", en *Actas del IX Congreso Español de Estudios Clásicos,* 1998, pp. 323-327.

SILVA SÁNCHEZ, T., *Sobre el texto de los* Cynegetica *de Opiano de Apamea,* Cádiz, 2002.

SIRAGO, V. A., *Storia agraria romana*, I y II, Napoli 1995-1996.

STORCH DE GRACIA Y ASENSIO, J. J., "Aportaciones a la iconografía de los *ludi circenses* en Hispania", en AA.VV., *El circo en Hispania Romana*, Madrid, 2001, pp. 233-252.

TERRÓN ALBARRÁN, M., "La Montería de Alfonso XI: Tipología y técnicas venatorias en el libro III", en *La caza en la Edad Media*, J. M. Fradejas Rueda (Coord.), Tordesillas, 2002, pp. 193-220.

TORRENT RUIZ, A., "El Derecho musulmán en la España medieval", *RIDROM. Revista Internacional De Derecho Romano*, 8, 2012, pp. 143-227.

TORRENT RUIZ, A., *Fundamentos del Derecho Europeo. Ciencia del derecho; derecho romano-ius commune-derecho europeo*, Madrid, 2007.

TORRENT RUIZ, A., "La recepción del derecho justinianeo en España en la Baja Edad Media (siglos XII-XV). Un capítulo en la historia del derecho europeo", *RIDROM . Revista Internacional De Derecho Romano*, 10, 2013, pp. 26-119.

TOURÓN TORRADO, B., "Sobre las fuentes medievales del Arte de caça de altaneria de Diogo Fernandes Ferreira", en *La caza en la Edad Media*, J. M. Fradejas Rueda (dir.), Tordesillas, 2002, pp. 221-228.

TOVAR PAZ, F. J., "El motivo de la "caza" en el *Sollertia animalium* de Plutarco", en *Actas del IV Simposio Español sobre Plutarco*, Madrid, 1996, pp. 211-217.

VALCÁRCEL, P. F., "Traducción al castellano", en *B. Acquaviva, La caza y la cetrería*, Vol. II, Madrid, 1971, pp. 35-108.

VALLÉS, JUAN, *Libro de acetrería*, Cairel ed., 1993.

VALMAÑA OCHAÍTA, A., "Sulpicia. El amor según una *docta puella*", en *Mujeres en tiempos de Augusto. Realidad social e imposición legal*, R. Rodríguez y M. Bravo (Dirs.), Valencia, 2016, pp. 401-427.

VALMAÑA VICENTE, A., *El Fuero de Cuenca*, Cuenca, 1978.

Marco Terencio Varrón, De las cosas del campo. Introducción, Traducción y notas de D. Tirado Benedí, Universidad Nacional Autónoma de México, 1945.

Varrón. Économie rurale. Livre III. Index. Texte établi, traduit et commenté par Trad. C. Guiraud, Les Belles Lettres, París, 2003.

Marco Terencio Varrón. Rerum Rusticarum. Libri III. Traducción J. I. Cubero Salmerón, Sevilla, 2010 http://www.juntadeandalucia.es/opencms/opencms/system/bodies/contenidos/publicaciones/pubcap/2010/pubcap_3356/ResRustica.pdf

Varrón, de lingua Latina, Traducción M. A. Marcos Casquero, Ed. Anthropos,1990.

VELA TEJADA, J., "Jenofonte", *Liceus,* http://www.liceus.com/cgi-bin/aco/culc/aut/1020.asp

VENTURINI, C., "Leges Sumptuariae: divieti senza sanzioni", en *Mélanges de l'École française de Rome,* 128-1, "Le luxe et les lois somptuaires dans la Rome antique", Roma, 2016.

VERBOVEN, K., *The Economy of Friends. Economic Aspects of Amicitia and Patronage in the Late Republic,* Bruxelles, 2002.

VESPIGNANI, G., "Nauraleza e ideologia politica romana en el simbolismo del circo", en *Naturaleza y religión en el mundo clásico,* S. Montero y M. C. Cardete (dirs.) Salamanca, 2010, pp. 249-257.

VICENTE PEDRAZ, M., (ed.) *Don Juan Manuel. Libro del caualler et del escudero,* https://www.ensayistas.org/antologia/XV/manuel/cauallero/cauallero42.htm

VILLE, G., *Le gladiature en Occident des origines à la mort de Domitien,* Rome, 1981.

VIRÉ, F., "La fauconnerie dans l'Islam medieval (d'après les manuscrits árabes, du VIIIème au XIVème siècle)", en *La chasse au Moyen Age, Actes du Colloque de Nice (22-24 juin 1979),* Nice, 1980. pp. 189-197.

WALLACE, R., *An introduction to wall inscriptions from Pompeii and Herculaneum.* Wauconda, Illinois, 2005.

WATSON, A., "The original meaning of *pauperies*", 1970, pp. 357-367, Available at: https://digitalcommons.law.uga.edu/fac_artchop/391

WEBER, M., *Historia agraria romana,* trad. es. V. A. González, Madrid, 1982.

WOOD, S., "Rus in Urbe: The Domus Aurea and Neronian *Horti* in the City of Rome", en *The School of Historical Studies Postgraduate Forum e-Journal,* Edition Three, 2004, https://www.societies.ncl.ac.uk/pgfnewcastle/files/2015/05/Wood-Rus-in-urbe.pdf.

WYLIE, J. K., *A. de pauperie,* in *Studi in onore di S. Riccobono,* Palermo, 1936.

YOUNG, A. P., "*Green Architecture": The Interplay of Art and Nature in Roman Houses and Villas,* UC Berkeley Electronic Theses and Dissertations, 2015, https://escholarship.org/uc/item/6qm8t5b2.

ZAMORANI, P., *Possessio e animus,* I, Milano, 1997.

ZECCHINI, G., "Ideologia suntuaria romana", en *Mélanges de l'École française de Rome,* 128-1, "Le luxe et les lois somptuaires dans la Rome antique", 2016.

ÍNDICE DE FUENTES

FUENTES JURÍDICAS HISTÓRICAS ESPAÑOLAS

FUENTES JURÍDICAS VIGENTES

JURISPRUDENCIA

FUENTES JURÍDICAS ROMANAS

FUENTES LITERARIAS GRECO-ROMANAS

FUENTES EPIGRÁFICAS